全国船舶工业职业教育教学指导委员会推荐教材

舰 船 管 理

主　编　张选军
副主编　占惠文　王　斌
主　审　祁国常

哈尔滨工程大学出版社
Harbin Engineering University Press

内容简介

本书通过对舰船概述，舰船适航性控制，国际公约与国内法律、法规，舰船安全管理，舰船业务管理，舰船油类、物料及备件管理以及机舱资源管理等方面的讲述，对海船船员适任培训和海船轮机的实践做出了要求和规定。

本书既可作为高等院校军士类轮机工程技术、船舶电子电气技术等相关专业的中职和高职教材，也可作为舰船管理方面的自学教材和参考用书。

图书在版编目(CIP)数据

舰船管理/张选军主编. —哈尔滨:哈尔滨工程大学出版社,2023. 8
ISBN 978-7-5661-3959-7

Ⅰ. ①舰… Ⅱ. ①张… Ⅲ. ①船舶管理-教材 Ⅳ. ①U692

中国国家版本馆 CIP 数据核字(2023)第 140136 号

舰船管理
JIANCHUAN GUANLI

选题策划 张志雯
责任编辑 刘海霞
封面设计 李海波

出版发行 哈尔滨工程大学出版社
社　　址 哈尔滨市南岗区南通大街 145 号
邮政编码 150001
发行电话 0451-82519328
传　　真 0451-82519699
经　　销 新华书店
印　　刷 黑龙江天宇印务有限公司
开　　本 787 mm×1 092 mm　1/16
印　　张 21. 75
字　　数 552 千字
版　　次 2023 年 8 月第 1 版
印　　次 2023 年 8 月第 1 次印刷
定　　价 68. 00 元
http://www. hrbeupress. com
E-mail:heupress@ hrbeu. edu. cn

前　言

教材之于教育,如行水之舟楫。本书定位于继承海洋文化传统,着眼智能舰船发展的未来,特别是立足于培养舰船机电管理的创新型人才,在编写中注重“三基”(基本理论、基本知识、基本技能)内容,同时注重向学生传递“安全、健康、环保”的航海文化理念和培养学生守正创新的实践能力。另外,本书注重与相关课程的协调性,保持舰船管理综合运用能力的作用,以体现其核心课程的性质。

本书编写符合全国高职轮机工程技术专业的培养目标,并注意涵盖部分海船三管轮适任考试大纲的内容。本书在编写过程中,自始至终以传承舰船机电设备运用知识为首要任务,注重对学生的机电设备管理技能与思维能力的培养,并注意选取反映舰船发展趋势的新技术、新工艺和新设备等内容,为教与学提供一定的专业思考和发展提高的空间。

本书由来自海军、海警部队和航运企业的一线管理人员,以及中国人民解放军海军士官学校、武汉船舶职业技术学院和湖北交通职业技术学院等学校的一线教师组成的编写团队编写完成。

本书在编写过程中参考和汲取了已出版的《船舶管理》等教材的成功经验,教材包含 7 个项目:项目 1 是舰船概述;项目 2 是舰船适航性控制;项目 3 是国际公约与国内法律、法规;项目 4、项目 5 是舰船业务管理;项目 6 是舰船油类、物料及备件管理;项目 7 是机舱资源管理。本书结构框架包括项目描述、项目实施、任务引入、思想火花、知识结构、知识点以及巩固与提高等部分。

本书既可作为高等院校军士类轮机工程技术、船舶电子电气技术等相关专业的中职和高职教材,也可作为舰船管理方面的自学教材和参考用书。

本书编写分工:项目 1 由曹传强编写;项目 2 由占惠文编写;项目 3 由占惠文和张选军编写;项目 4、项目 5 由张选军编写;项目 6 由张选军、王斌编写;项目 7 由李军编写。

本书在编写过程中,承蒙各院校的相关专家及同人们的帮助与支持。武警军士学校祁国常副教授对本书的编写十分关注,对本书全部内容进行了审定,并提出了许多宝贵的意见和建议,使本书渐臻完善。在编写过程中,武汉船舶职业技术学院轮机工程技术教研室的冯晔、罗彬、成利等老师为本书资料的审核、文献的检索、书稿的审定做了大量的工作,在此特别致谢。

本书在编写的指导思想、教材的框架结构及内容设计方面均进行了探索。然而由于水平有限,编写中的疏漏之处在所难免,殷切地希望各位读者及同人提出宝贵意见,以便后续完善。

编　者
2023 年 5 月

目　录

项目1 舰船概述

【项目描述】

通过对舰船分类、特点与舰船结构等相关知识的学习，达到士官第一任职能力所要求具备的有关舰船的基本构造的知识标准。

一、知识要求

1. 了解舰船的发展与种类；

2. 了解舰船强度相关知识及总纵弯曲强度与应力分布规律；

3. 掌握舰船构件与结构。

二、技能要求

1. 会识别不同舰船；

2. 能认识舰船构件；

3. 能识别舰船的构造。

三、素质要求

1. 具有自主学习意识，能主动建构知识结构；

2. 具有团队意识和协作精神。

【项目实施】

任务1.1 舰船的发展与种类

【任务引入】

舰船发展历程与造船技术发展的特点

【思想火花】

中国撤侨第一船光华轮起航60周年

【知识结构】

舰船的发展与种类结构图

【知识点】

舰船的发展与种类

1.1.1 舰船发展概况

1. 舰船发展历程

舰船作为一种水上交通或作战工具，发展至今大约有 5 000 年的历史，其发展历程如下。

(1)从造船材料的发展来看

19 世纪以前几乎都是木船统领的时代；19 世纪 50 年代开始进入铁船全盛时期；19 世纪 80 年代开始至今，绝大部分舰船均采用钢材建造。20 世纪 40 年代以前，舰船都采用铆接结构，以后部分舰船采用焊接结构，20 世纪 50 年代以后基本都采用焊接结构。图 1-1 为造船材料的发展。

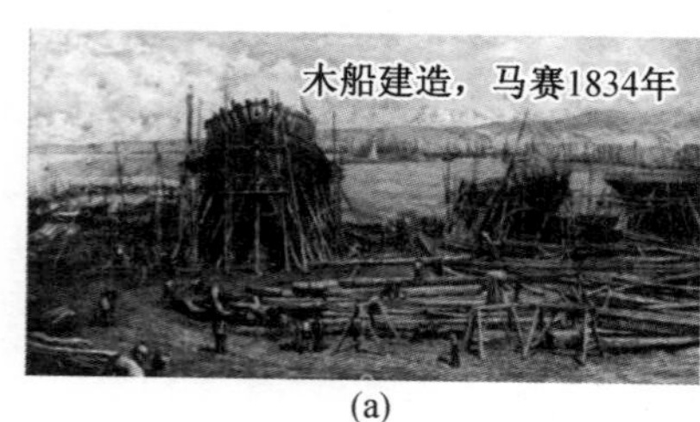

(a)

(b)

(c)

图 1-1 造船材料的发展

(2)从推进装置的发展来看

舟筏时代所用的推进工具是木制的桨、橹或竹制的篙。

早在公元前 4 000 年就出现了帆船；15 世纪到 19 世纪中叶为帆船的鼎盛时期；直到 19 世纪 70 年代，帆船才逐渐被新兴的蒸汽机船取代。

蒸汽机船包括往复式蒸汽机船和回转式汽轮机船两种类型。1807 年，世界上第一艘往复式蒸汽机船"克莱蒙特"号在美国建成并试航成功。1894—1896 年，世界上第一艘新型的回转式汽轮机船"透平尼亚"号在英国建成。蒸汽机发明后，舰船的发展非常快，而且被应用到各个领域中，主要包括军事、民用、商用及其他领域。

1904 年，世界上第一艘柴油机船“万达尔”号在俄国建成。动力推进舰船的推进器经历了一个从明轮到螺旋桨的发展过程。目前，绝大多数舰船均采用螺旋桨作为推进器。图 1-2 为推进装置。

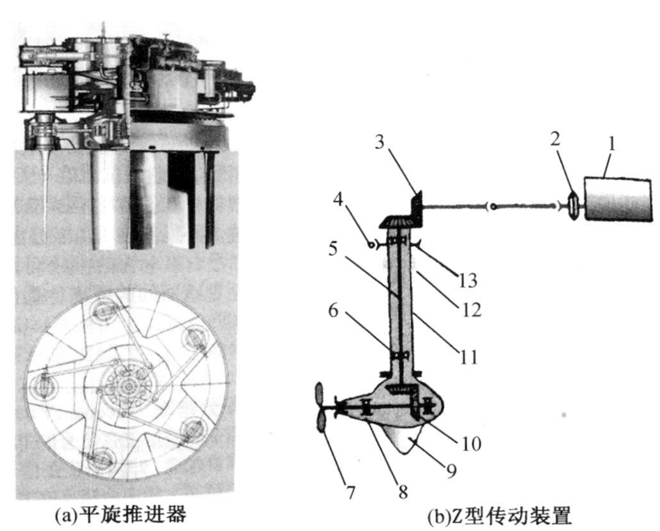

(a)平旋推进器　　(b)Z型传动装置

1—柴油机；2—联轴节；3—上锥齿轮；4—蜗杆；5—传动轴；6，8—滚动轴承；7—螺旋桨；9—舵叶；10—下锥齿轮；11—艉管；12—支架；13—蜗轮。

图 1-2　推进装置

2. 造船技术的发展

半个世纪以来，铆接技术、焊接技术、成组技术和信息技术逐一促进和主导了造船模式的发展，依次形成了舰船的“整体制造模式”“分段制造模式”“分道制造模式”和“集成制造模式”。造船模式如同整个制造业一样，都是以“技术为中心”发展的。21 世纪的造船模式将是敏捷制造模式，该模式的核心是“以人为中心”的智能技术。表 1-1 为造船模式的演变过程。

表 1-1　造船模式的演变过程

发展阶段	传统船舶工业		现代船舶工业		未来船舶工业
时间	20 世纪 50 年代以前	20 世纪 60 年代	20 世纪 70 年代	20 世纪 80 年代以来	—
生产模式	整体制造模式	分段制造模式	分道制造模式	集成制造模式	敏捷制造模式
主导技术	铆接技术	焊接技术	成组技术	信息技术	智能技术
工程状态	船体散装； 码头舾装； 全船涂装	分段建造； 先行舾装； 预先涂装	分道建造； 区域舾装； 区域涂装	船体建造舾装 和涂装一体化	动态(虚拟)组合； 建造过程仿真； 全面模块化

3. 舰船发展的特点

舰船发展的突出特点是专业化、大型化、自动化。最早的专业化运输舰船，主要是运输散装石油的油船。近年来，智能化发展是当今舰船发展的主题。表 1-2 为国际海事组织(IMO)关于智能船舶等级的划分。

表 1-2　国际海事组织(IMO)关于智能船舶等级的划分

智能化或自主程度	对在船船员的依赖程度			
	感知	分析	决策	执行
非自主船舶(现有船舶)	100%	100%	100%	100%
配备自动系统和辅助决策的船舶	<100%	<100%	<100%	<100%
有船员在船的遥控船舶	<30%	<30%	<30%	<30%
无船员在船的遥控船舶	0	0	0	0

4. 舰艇发展历史

从古代战舰发展到军舰，经历过漫长的年代。舰体从木壳到钢铁装甲；动力从人工划桨和风帆动力发展到蒸汽轮机和核动力；武器装备从冷兵器到火器，再至核武器。航空母舰(简称航母)的出现与发展则让海上战斗(简称海战)的形式起了根本性的变化。现代海战已经从水面战争变成水下、水面、空间的三维立体战争。

中国舰艇发展历程：1956 年 4 月，首艘国产护卫舰下水；1966 年 9 月，中国自行研制的首艘护卫舰试航成功；1970 年 7 月，中国自行研制的首艘驱逐舰下水；1981 年 4 月，首艘战略核潜艇下水；1991 年 10 月，中国第二代驱逐舰首舰“哈尔滨”号下水；2003 年 4 月，首艘新型 052C 防空驱逐舰“兰州”号下水；2006 年 12 月，首艘大型两栖舰“昆仑山”号下水；2012 年 9 月，首艘航母“辽宁”号交付中国海军；2017 年 4 月，首艘国产航母 001A 型下水；2017 年 6 月，首艘万吨级驱逐舰下水。图 1-3 为中国海军发展历程。

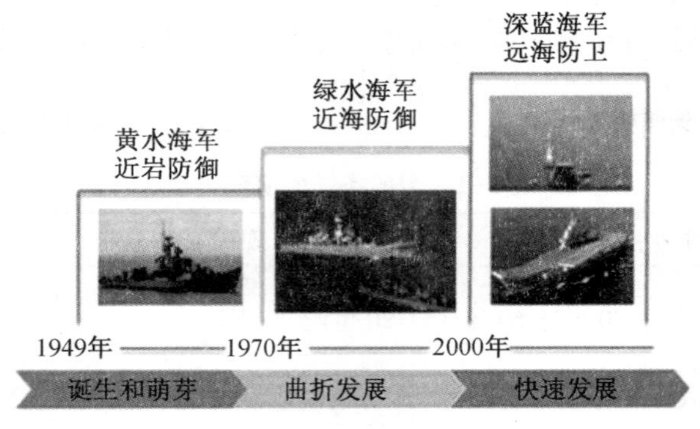

图 1-3　中国海军发展历程

1.1.2　舰船分类

舰船通常可按舰船用途、航区、主推进动力装置的形式、推进器形式、机舱位置、造船材料、航行状态以及上层建筑的结构形式等进行分类。其中，按舰船用途分类最普遍。

我国海军舰艇按装备类型分为主战舰艇(航母、驱逐舰、护卫舰)、两栖舰(两栖攻击舰、两栖登陆舰)、潜艇(常规动力、核动力)、军辅船(补给舰、扫雷艇、科考船等)四大类。

1. 按舰船用途分类

(1)军用船,用于作战或辅助作战的各种舰艇。

(2)民用船,包括运输船、工程作业船、渔业船、工作船等。

①运输船,又称商船,是指从事水上客货运输的船舶。

②工程作业船,是指在港口、航道等水域从事各种工程作业的船舶,主要有挖泥船、打捞船、测量船、起重船、打桩船、钻探船等。

③渔业船,是指从事捕鱼和渔业加工的船舶。

④工作船,又称特殊用途船,是指为航行提供服务工作或从事其他专业工作的船舶,如破冰船、引航船、供应船、消防船、航标船、科学调查船、航道测量船等,如图 1-4 所示。

2. 按航区分类

(1)远洋船舶,是指能在环球航线上航行的船舶,即通常所指的能航行于无限航区的船舶。

(2)近海船舶,是指航行于距岸不超过 200 n mile(1 n mile=1 852 m)海域的船舶,即航行于近海航区的船舶,可以来往于邻近国际港口。

(3)沿海船舶,是指航行于距岸不超过 20 n mile 海域(在个别海区不超过 10 n mile)的船舶,即沿海岸航行的船舶。

(4)内河船舶,是指在内陆江河中航行的船舶。

(5)极区船,是指在南北两极附近冰区航行的船舶,如图 1-5 所示。

图 1-4　长艏楼工作船

图 1-5　“雪龙 2”号极地科考船

3. 按主推进动力装置的形式分类

(1)蒸汽机船,是指以往复式蒸汽机为主机的舰船。

(2)汽轮机船,是指以回转式汽轮机为主机的舰船。

(3)柴油机船,是指以柴油机为主机的舰船。

(4)燃气轮机船,是指以燃气轮机为主机的舰船。

(5)电力推进船,是指由主机带动主发电机发电,再通过推进电动机驱动螺旋桨的舰船。

(6)核动力船,是指利用核燃料在反应堆中发生裂变反应放出的巨大热能,再加热水产生蒸汽供汽轮机驱动螺旋桨工作的舰船。

4. 按推进器形式分类

(1)螺旋桨船,是指以螺旋桨为推进器的舰船,常见的有定距桨船和调距桨船两种。

(2)平旋推进器船,是指以平旋轮为推进器(又称直翼推进器)的舰船。

(3)明轮船,是指以安装在舰船两舷或船尾的明轮为推进器的舰船。

(4)喷水推进船，是指利用船内水泵自船底吸水，将水流从喷管向后喷出所获得的反作用力作为推进动力的舰船。

(5)喷气推进船，是指将航空用的喷气式发动机装在船上以供推进用的舰船。

5. 按机舱位置分类

(1)中机型船，是指机舱位于其中部的舰船。

(2)艉机型船，是指机舱位于其艉部的舰船。

(3)中艉机型船，是指机舱位于舰船中部偏后，又称中后机型船。例如，有 4 个货舱的舰船，在机舱的前部布置 3 个货舱，在机舱的后部布置 1 个货舱，通常称为“前三后一”。

6. 按造船材料分类

(1)钢船，是指以钢板及各种型钢为主要材料的舰船。

(2)木船，是指以木材为主要材料，仅在板材连接处采用金属材料的舰船。

(3)钢木结构船，是指船体骨架用钢材，船壳用木材建造的舰船。

(4)铝合金船，是指以铝合金为主要材料的舰船。

(5)水泥船，是指以钢筋为骨架，涂以抗压水泥而成的舰船。

(6)玻璃钢船，是指以玻璃钢为主要材料的舰船。

7. 按航行状态分类

(1)排水型船，是指靠船体排开水面而获得浮力，从而漂浮于水面上航行的舰船。

(2)潜水型船，是指潜入水下航行的舰船，如潜水艇等。

(3)腾空型船，是指靠舰船高速航行时所产生的水升力或靠船底向外压出空气，在船底与水面之间形成气垫，从而脱离水面并在水上滑行或腾空航行的舰船，如水翼艇、滑行艇、气垫船等。

8. 按上层建筑的结构形式分类

(1)平甲板型船，是指上甲板上无船楼的舰船。

(2)艏楼型船，是指上甲板上只设有艏楼的舰船。

(3)艏楼和艉楼型船，是指上甲板上设有艏楼和艉楼的舰船。

(4)艏楼和桥楼型船，是指上甲板上设有艏楼和桥楼的舰船。

(5)三岛型船，是指上甲板上设有艏楼、桥楼和艉楼的舰船。

9. 军用舰艇的种类

世界主流战舰可分成舰与艇：排水量大于 500 t 的通常叫作舰；低于 500 t 的叫作艇。艇分成轻、重两种：250~500 t 的叫作重型快艇；低于 250 t 的叫作轻型快艇。目前军舰可分为如下几类。

轻型护卫舰：排水量小于 2 000 t，通常具备点防空、反舰能力，有的还加装了直升机，但极少有直升机机库，如图 1-6 所示。

护卫舰：排水量小于 4 500 t，通常具备面防空、反舰、反潜能力，防空能力较驱逐舰弱。护卫舰吨位小，为航母伴随护航，如图 1-7 所示。

驱逐舰：排水量小于 8 000 t，具备较弱的区域防空、反舰、反潜能力，如图 1-8 所示。

巡洋舰：排水量大于 8 000 t，具备较强的区域防空能力、反舰、反潜能力，有双机库。早期巡洋舰作为战列舰辅助火力，具有高机动性和高火力。巡洋舰一般作为远程打击平台，如图 1-9 所示。

图 1-6 法国蒸汽轻型护卫舰“杜布雷”号

图 1-7 法国明轮护航舰“笛卡尔”号

图 1-8 055 大型驱逐舰

图 1-9 全球仅有的一艘核动力巡洋舰——“彼得大帝”号

战列舰:提供远程覆盖火力,现在一般用于压制滩头阵地,如图 1-10 所示。

两栖攻击舰:作为滩头登陆舰船,具有一定的空中打击能力,主要作用是依靠自身的航空装备为滩头部队提供掩护,如图 1-11 所示。

图 1-10 “无畏”号战列舰

图 1-11 首艘 075 型两栖攻击舰

航空母舰:提供战区防空及远程打击,如图 1-12 所示。

导弹艇:基本上算是一次性反舰平台。

攻击潜艇:为战斗群提供先前反潜护航及预警,部署于战斗群前方,是最外层的护卫平台。

战略导弹潜艇:属于二次报复力量;通常单打独斗,长期潜伏于水下,可随时针对敌对国发起战略打击,如图 1-13 所示。

图 1-12　航空母舰(山东舰)

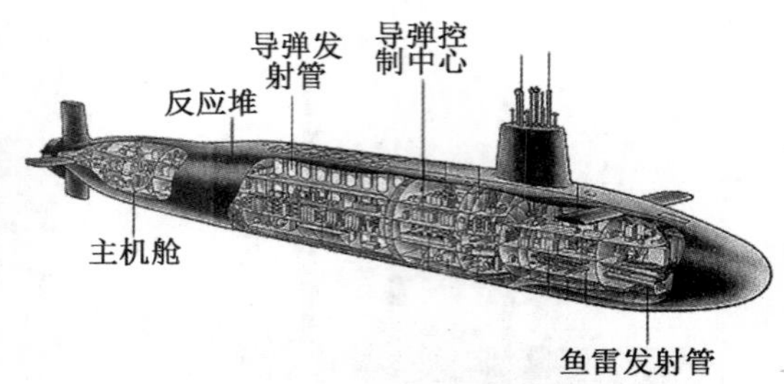

图 1-13　战略导弹潜艇

后勤补给舰:相当于地面部队的后勤保障车。

船务登陆舰:具有吃水低、运载量大、防护低、速度慢等特点,主要作用是向滩头输送地面部队。

海军舰艇主要分类如图 1-14 所示。

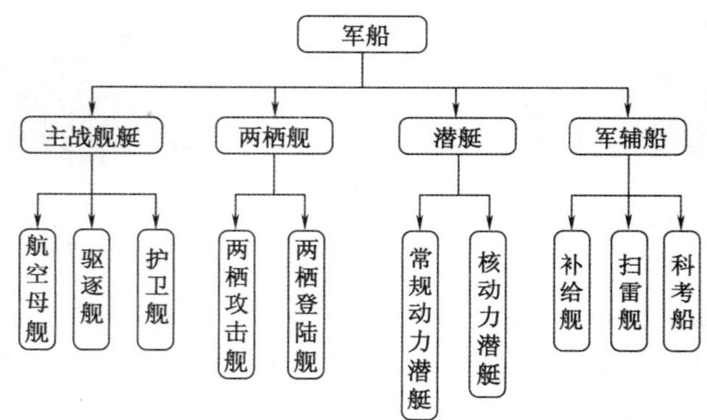

图 1-14　海军舰艇主要分类

1.1.3　舰船的特点

1. 军舰特点

(1)航空母舰

航空母舰是以舰载机为主要攻击武器的战斗舰艇,图 1-15 为“里根”号航空母舰。当前,世界上共有 8 个国家拥有大、中、小型航母 20 多艘。当今航空母舰的排水量一般为 10 000~75 000 t,大型航空母舰达 100 000 t,主机功率一般为 28 万~30 万 hp①,常规动力的续航力为 8 000~14 000 n mile,核动力的续航力为 4 万~70 万 n mile,能抗 12 级台风,在 5~6 级海况下可顺利起落飞机作战,基本具有全天候适航能力,每昼夜可机动 600 n mile。大型航空母舰载机 70~120 架,但它目标大、造价高。在动力方面,大型和中型航空母舰多采用核动力;轻型航空母舰多采用燃气轮机。

(2)巡洋舰

巡洋舰是仅次于战列舰的反舰、反潜水面攻击舰艇,排水量多在 8 000 t 以上。图 1-16

① 1 hp=745.699 W。

为苏联导弹巡洋舰(光荣级)。与驱逐舰相比,巡洋舰的吨位更大、续航能力更强,其攻击和防卫能力也更加强大,而且火控系统可以使其同时打击数十个活动目标;此外,还备有反潜直升机以及鱼雷、深水炸弹等多种武器。但从经济性、可修复性及作战性能等指标上综合考虑,驱逐舰可能更胜一筹。

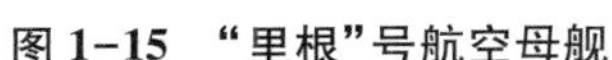
图 1-15　"里根"号航空母舰

图 1-16　苏联导弹巡洋舰(光荣级)

(3)驱逐舰

驱逐舰是以导弹、鱼雷、舰炮等为主要武器,具有多种作战能力的中型军舰。它是海军舰队中突击力较强的舰种之一,用于攻击潜艇和水面舰船,舰队防空,以及护航、侦察、巡逻、警戒、布雷、袭击岸上目标等。图 1-17 为 055 大型驱逐舰(南昌舰)。

(4)护卫舰

护卫舰是以导弹、舰炮、深水炸弹及反潜鱼雷为主要武器的轻型水面战斗舰艇。它主要为舰艇编队担负反潜、护航、巡逻、警戒、侦察及登陆支援作战等任务。图 1-18 为中国海军护卫舰(054A)。

图 1-17　055 大型驱逐舰(南昌舰)

图 1-18　中国海军护卫舰(054A)

(5)补给舰

补给舰如远洋综合补给舰是海上编队,其不依赖于海外港口进行远洋航行,是远海作战的必要保障力量。图 1-19 为 901 型远洋补给舰呼伦湖舰(965)。

(6)登陆舰

登陆舰是用于运送登陆兵及武器装备的登陆舰船,有大型和中型两种。大型登陆舰的排水量为 2 000~8 000 t,续航力为 3 000 n mile 以上,舰上可装载坦克 10~20 辆和登陆兵数百名。中型登陆舰的排水量为 600~1 000 t,续航力为 1 000 n mile,可装载坦克数辆和登陆兵数百名。登陆舰多采用柴油机作为动力装置，航速为 12~20 kn。舰上装载舱内设有斜坡板、升降平台或牵引绞车等。舰上武器有舰炮数门，主要用于防空和登陆时进行火力支援；此外，还有较齐全的观通、导航设备，以保证航行安全和通信联络。世界上第一艘登陆舰由英国于 1940 年建造。中国目前拥有 3 艘 075 型两栖攻击舰和 8 艘 071 型船坞登陆舰。图 1-20 为 071 型船坞登陆舰。

图 1-19　901 型远洋补给舰呼伦湖舰(965)

图 1-20　071 型船坞登陆舰

(7)两栖攻击舰

两栖攻击舰是携载直升机并用于输送登陆部队及装备的登陆舰船，也称直升机登陆运输舰。其主要作用是使用直升机输送登陆兵进行垂直登陆，以提高登陆作战的突然性、快速性和机动性。飞行甲板下方为机库和登陆车辆等。直升机和车辆由机库中的升降机运送到飞行甲板上。登陆兵住舱内有通道可直达登机部位。舰上还有指挥中心、导航设备和较齐全的医疗设施等。图 1-21 为巴西“大西洋”号两栖攻击舰。

(8)扫雷舰

扫雷舰的任务是排除水雷，为登陆部队、舰队或船队打开通行的航道。图 1-22 为 082 Ⅱ型猎扫雷舰。

图 1-21　巴西“大西洋”号两栖攻击舰

图 1-22　082 Ⅱ型猎扫雷舰

(9)战列舰

战列舰是一种装备了多门舰炮，具有很强装甲防护能力的大型舰艇。19 世纪以前，它曾是最大的海军舰艇，由于在海战中经常要排成单纵队的战列线进行炮战，所以人们称它为战列舰。早期的战列舰也曾被称作铁甲舰或装甲舰等。图 1-23 为“无畏”号战列舰。

(10)战列巡洋舰

战列巡洋舰是 20 世纪初兴建的一种大型战舰，是在装甲巡洋舰的基础上演变过来的一种功能性很强的新型战舰。战列巡洋舰与装甲巡洋舰之间最大的区别在于武装。战列巡洋舰的主炮口径比装甲巡洋舰大。图 1-24 为第一艘核动力军舰“长滩”号巡洋舰。

图 1-23　“无畏”号战列舰

图 1-24　第一艘核动力军舰“长滩”号巡洋舰

(11)海警巡逻艇或船

中国海警船采用四位或五位数编号,第一位或第一、二位表示所属海区(1 为北海,2 为东海,3 为南海)或海警支队编号,第二位或第三位表示排水量级别,第三、四位或第四、五位是船只的编号或以前的编号。例如,中国海警 2350 船,2 代表隶属于东海总队,3 代表 3 000 吨级,50 代表原“海监 50”船。又如中国海警 31101 船,31 代表上海支队,1 代表 1 000 吨级,01 代表它的编号。图 1-25 为中国海警舰艇(1901)。

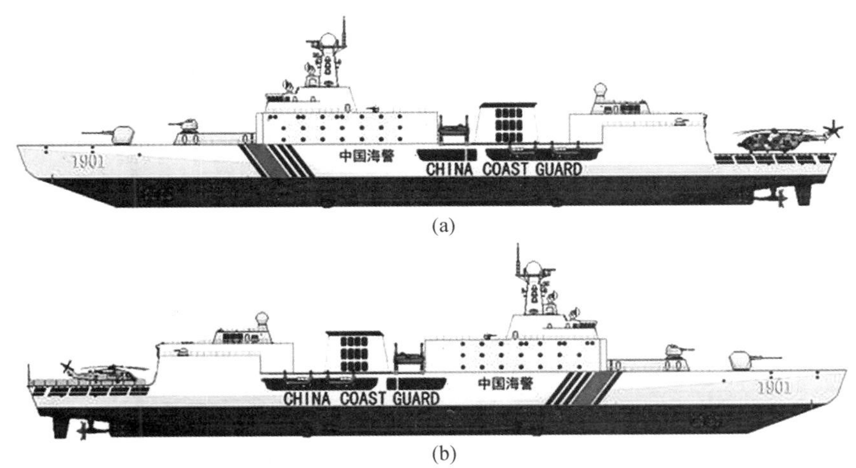

图 1-25　中国海警舰艇(1901)

2. 运输船舶的特点

(1)客船、客货船

凡载客超过 12 人的船舶均为客船,如图 1-26 所示。运输船舶包括客船和客货船。客船在结构分舱、稳性、机电设备、防火结构、救生设备、消防设施、无线电报、电话等方面的要求上,与货船有许多不同之处。

图 1-26　客船(邮轮)

客船有如下一些主要特点。

①客船的外形美观,采用飞剪式船首,艏部甲板外飘;上层建筑庞大,层数多且长,其两端呈阶梯形且与船体一起呈流线型。

②客船水下线型较瘦,方形系数小,适用于中机型。客船设置多层甲板,水线以上的干舷高,侧向受风面积大。

③客船水密横舱壁的间距较小。客船主竖区防火舱壁、甲板、上层建筑等必须采用不燃材料制作,而家具等设施要经过防火处理,在各个防火区之间的通道上要设防火门。

④客船要按照《1974 年国际海上人命安全公约》(SOLAS 公约)的要求,配备足够的救生设施。大型豪华客船一般装设减摇鳍。客船的航速高,主机功率大。

(2)普通货船、集装箱船、滚装船

①普通货船。

杂货船亦称普通货船,主要用于运输包装成捆、成箱后的各种设备、建材、日用百货。它是使用最广泛的一种运输舰船,如图 1-27 和图 1-28 所示。

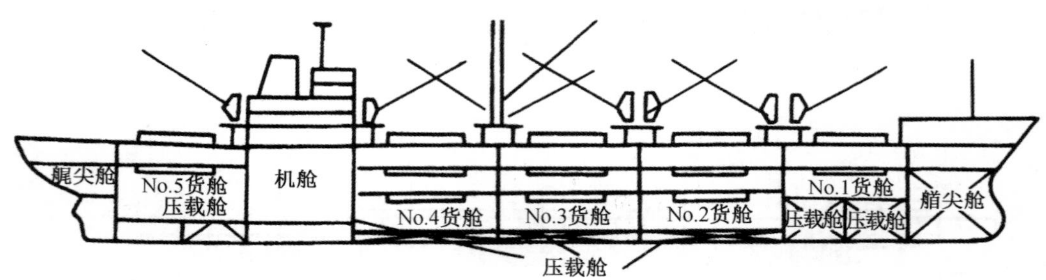

图 1-27　杂货船结构图

图 1-28　杂货船

杂货船有下列特征。

a. 杂货船的载重量不大，远洋杂货船总载重量（DW）为 10 000~14 000 t；近洋杂货船总载重量（DW）为 5 000 t 左右；沿海杂货船总载重量（DW）为 3 000 t 以下。

b. 为了理货方便，杂货船一般设有 2~3 层甲板，多数为中艉机型，也有的采用艉机型。

c. 杂货船设有艏楼，在机舱的上部设有桥楼。老式的 5 000 t 级杂货船多为三岛型。

d. 常设有深舱，可以用来装载液体货物（动植物油、糖、蜜等）。

e. 一般都装有起货设备，多数为吊杆式起货机，也有的装有液压旋转吊。

f. 一般为低速船。远洋杂货船的航速为 14~18 kn，续航力为 12 000 n mile 以上；近洋杂货船的航速为 13~15 kn；沿海杂货船的航速为 11~13 kn。

g. 一般都有一部主机、单螺旋桨、单舵。

杂货船的主要缺点是：运载的各种杂货需要经过包装、捆绑才能装卸；装卸作业麻烦、时间长、劳动强度大，易产生货损，装卸效率低，货运周期长，成本高等。

②集装箱船。

集装箱船是 20 世纪 50 年代后期发展起来的一种新型货船，是用来运输集装箱货物的舰船，如图 1-29 和图 1-30 所示。

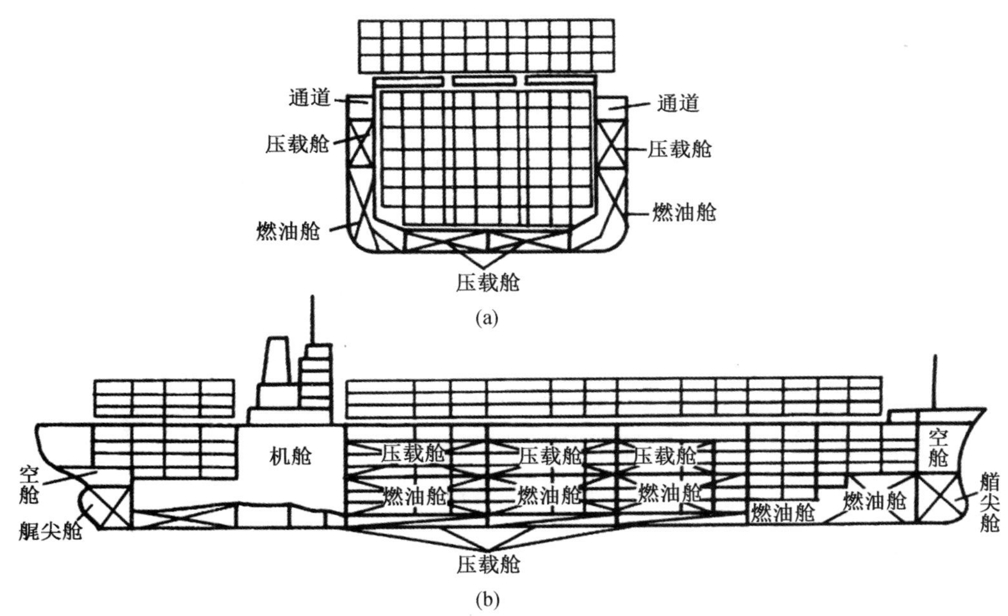

图 1-29　集装箱船结构图

图 1-30　集装箱船

a. 集装箱船的类型。

集装箱船可分为三种类型。

全集装箱船:一种专门装运集装箱的船,不装运其他形式的货物。

半集装箱船:船长中部区域为集装箱的专用货舱,而船的两端货舱装载杂货。

可变换的集装箱船:一种多用途船。这种船的货舱,根据需要可随时改变设施,既可装运集装箱,也可以装运其他普通杂货,以提高舰船的利用率。

b. 集装箱的型号。

按国际标准化组织推荐的规格,目前集装箱主要有两种型号。

40 ft① 集装箱——长×高×宽为 40 ft×8 ft×8 ft,最大质量为 30. 48 t。

20 ft 集装箱——长×高×宽为 20 ft×8 ft×8 ft,最大质量为 20. 32 t。

国际上通常采用标准箱作为换算的单位。标准箱 TEU(twenty-foot equivalent unit)为 20 ft 集装箱,即装载一个 40 ft 的集装箱等于装载 2 个标准箱。

c. 全集装箱船的主要特点。

• 全集装箱都是单甲板船,舱口总宽度可达 0. 7~0. 8 倍船宽,舱口长度为舱长的 0. 75~0. 8 倍。

• 全集装箱船一般为双层船壳,可提高船体的抗扭强度,在两层船壳之间作为压载水舱。

• 货舱尽可能方整,具有较大的型深,便于甲板堆放集装箱,一般均是艉机型或中艉机型船。

• 一般船上均不设起货设备,而是使用岸上的集装箱专用起吊设备。

• 全集装箱船的主机功率大、航速高。有的船有两部主机、双螺旋桨。船型较瘦,远洋高速集装箱船的方形系数 C_B 小于 0. 6。

• 由于甲板上堆放集装箱,所以全集装箱船的受风面积大,重心高度高,对于稳性、防摇、压载等一系列问题要采取相应的措施。

③滚装船。

滚装船的货物装卸:通过艏部、艉部或两舷的开口以及搭到码头上的跳板,用拖车或叉车把集装箱或货物连同带轮子的底盘,从船舱至码头拖进拖出,如图 1-31 所示。滚装船的主要优点是不需要起货设备,货物在港口不需要转载就可以直接拖运至收货地点,缩短了货物周转时间。

图 1-31　滚装船

① 1 ft=0. 3 048 m。

滚装船的主要特征如下。

a. 滚装船的船体结构要求甲板面积大,甲板层数多。其主甲板以下设双层船壳,两层船壳之间为压载水舱。货舱区域不设横舱壁,采用强横梁和强肋骨保证强度。在各层甲板上设有升降平台或内跳板。

b. 滚装船的型深较大,水线以上的受风面积也大。

c. 滚装船在艏部、艉部或两舷侧设有开口,并装设水密门和跳板,依靠机械机构或电动液压机构进行开闭和收放。

d. 压载重量与载重量之比一般在0.4~0.6。

e. 大多数滚装船装有艏部侧推装置。滚装船航速高,远洋滚装船船速一般为20~30 kn。

f. 多数为艉机型,船型较瘦削,方形系数不大于0.6。

滚装船的主要缺点是货舱的利用率比一般杂货船低,造价高;设在艉部的机舱体积小。

(3)散货船、矿砂船

散装运输谷物、煤、矿砂、盐、水泥等大宗干散货物的舰船都可以称为干散货船,或简称散货船,如图1-32和图1-33所示。一般习惯上仅把装载粮食、煤等货物积载因数相近的舰船称为散装货船,而装载积载因数较小的矿砂等货物的舰船称为矿砂船。如图1-32和图1-34所示。

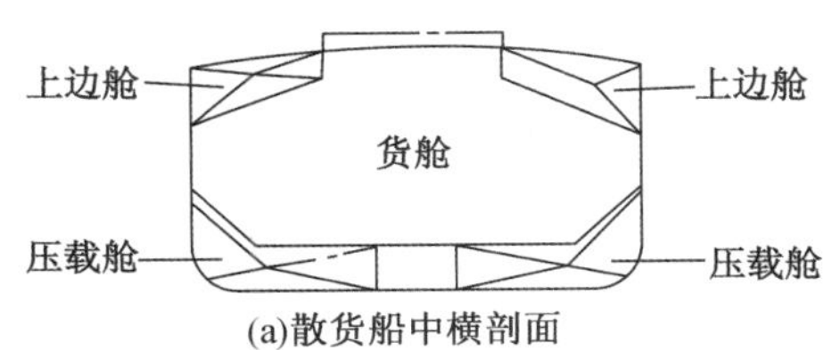

(a)散货船中横剖面

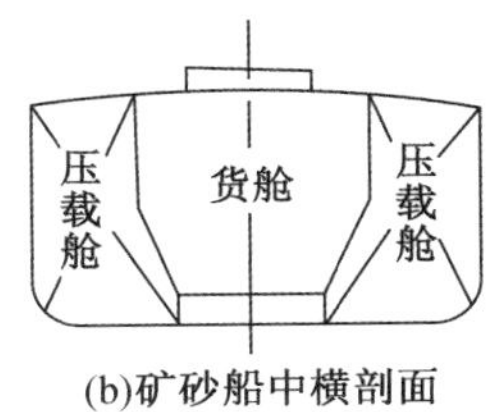

(b)矿砂船中横剖面

图1-32 散货船与矿砂船中横剖面图

图1-33 散货船

图1-34 矿砂船

①散货船。

a. 散货船的货舱容积主要是以积载因数大致为1.20~1.60 m^3/t的货物,如小麦、玉米、大豆、煤等为主要对象而设计的。

b. 散货船的载重量较大。干散货船都是单甲板船。

c. 散货船都采用艉机型,船型肥大。

d. 散货船的货舱内,在船舷的上、下角处设有上、下边舱。上边舱可以减小谷物的横向移动距离,上边舱底部的斜板与水平面的夹角大约为30°。下边舱是由内底板在两舷边处向上升高而形成的,目的是使舱底货物能自然地流向货舱中心部位,以便于卸货。

e. 散货船一般都是单向运输一种货物。总载重量(DW)为40 000 t以下的散货船一般都装设起货设备,且大部分采用液压旋转吊;而总载重量(DW)在50 000 t以上的散货船,很多都不装起货设备。

f. 散货船的货舱口大,舱口围板高。高的舱口围板可起添注漏斗的作用。

g. 散货船可以用来装积载因数较小的矿砂等货物。当装载矿砂时,都是隔舱装货。

h. 散货船都是低速船,船速一般为14~15 kn。

②矿砂船。

a. 矿砂船是指专门运载散装矿石的舰船。矿砂船的载重量越大,成本越低。

b. 由于矿石的密度较大,所占的货舱体积较小,因此为了不使舰船重心太低,将货舱横断面做成漏斗形,同时抬高双层底高度,矿砂船的双层底高度可达型深的1/5。

c. 散货船设置了大容量的压载边舱,材料为高强度钢,舱内底板等要加厚,舱内骨架构件在边舱侧。

d. 散货船都是艉机型、单甲板、低速船,船速一般为14~15 kn;不设置艏楼和起货设备。

(4)油船、液化气体船、液体化学品船

油船、液化气体船和液体化学品船同属于液货船。

①油船。

通常所称的油船,多数是指运输原油的船,如图1-35和图1-36所示。

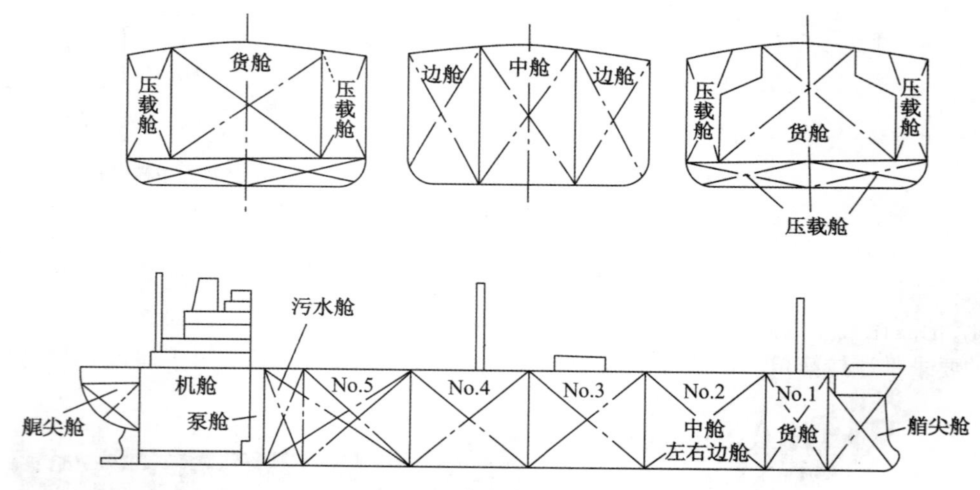

图1-35 油船结构图

图1-36 油船

油船特征如下。

a. 载重量大。油船的载重量越大,运输成本越低。大型油船船型较肥。

b. 油船都是艉机型船,通常是单甲板的。

c. 对于船长大于 90 m 的油船,通常要求在货油舱内设置两道纵向连续的纵舱壁、大型肋骨框架和多道水密横舱壁;设隔离空舱、干货舱、压载舱、污油舱、货油泵舱。

d. 油船都是单主机、单螺旋桨和单舵的低速船。

e. 上层建筑、步桥和通道设置。

船的首部设有艏楼;艉楼和艏楼之间设有与艏楼同样高度的步桥,也称天桥。步桥下面可以铺设各种管系和电缆等。

大型油船可以不设置艏楼,也有不设步桥而是在甲板的下面从艉楼至船首设置一条封闭的通道,在通道内可铺设管路和电缆。

②液化气体船。

液化气体船是专门运输散装液态石油气和天然气的船。这些液化气体如甲烷(天然气)、乙烯、丙烯、丙烷、丁烷等在 37.8 ℃时,饱和蒸气压力都大于 0.274 6 MPa。在常温常压下,这些液化气体会完全汽化,为此需要特殊装置来装载运输。

专门运输散装液化石油气(液化丙烷、丁烷等)的舰船,简称为 LPG 船。

专门运输散装液化天然气(液化甲烷等)的舰船,简称为 LNG 船。

由于液化气体船也是一种散装液货船,故也有人称之为特种油船。液化气体船是 20 世纪 70 年代发展起来的一种新型舰船。

a. 液化气体船的类型。

各种石油气和天然气在某一温度下的饱和蒸气压相差很大。因此,随液化气体的液化压力和温度的不同及需要运输的液化气体的体积和运输航程的长短不同,装运的方式也有所不同。

液化气体船按其运输时液化气体的温度和压力分为 6 种类型:全压式、半冷/半压式、半压/全冷式、全冷式 LPG 船、乙烯船和 LNG 船。

全压式液化气体船:适用于近海短途运输少量的液化气体。它是在常温下将气体加压至液化,把液化气体储藏在高压容器中进行运输的舰船。这种运输方式对船体结构及操作技术的要求都比较简单。但舰船的容器质量大,容积利用率低,不适用于建造大型高压容器(图 1-37)。

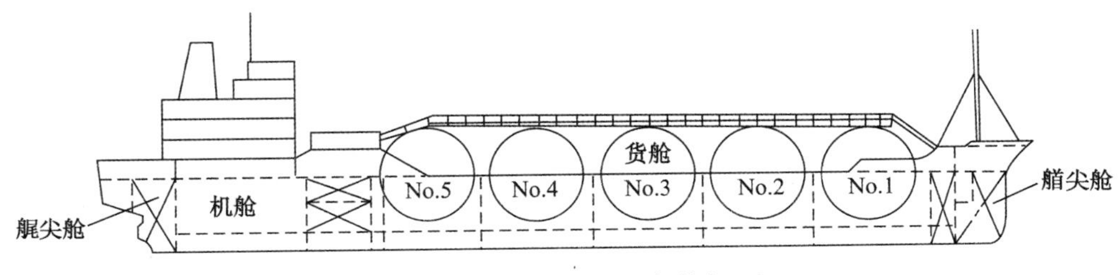

图 1-37 全压式液化气体船

半冷/半压式液化气体船:液货储运采用低温压力方式,但设计压力比全压式低,一般为 0.4~0.8 MPa(表压)。液货船可承受-5~10 ℃的低温,并设有对液货温度、压力进行控制的液化设备,可通过控制液货温度来控制液化气体压力。液货船外表面包有保温绝热材料。它多用于载运液化石油气(LPG)和化学气体货物。

半压/全冷式液化气体船:可根据装卸货港的要求和液货特性灵活采用低温常压、低温加压或常温常压的方式运输。与半冷/半压式液化气体船类似,此类舰船设有控制液货温度及压力的液化装置,温度可控制到-42 ℃以下,适用于对液化天然气(LNG)以外其他所有液化气体的运输。

全冷式 LPG 船:对液货采用常压低温方式储运,如图 1-38 所示。液货被装在不耐压的液货舱内并处于常压的沸腾状态。设计温度为载运货在常压下的沸点温度,一般取-48 ℃,货舱最大工作压力不超过 0.07 MPa(表压)。此类船一般用于大规模载运 LPG 和氨。

图 1-38　LPG 船

乙烯船:为运输乙烯而专门建造的舰船;采用常压全冷方式,液货舱设计温度在常压下为-104 ℃;对舱外绝热保温材料要求较高。

LNG 船:专用舰船,以常压低温储运 LNG,如图 1-39 所示。温度控制在-163~-160 ℃。目前 LNG 船不设 LNG 蒸气再液化装置,主要靠液货舱高度绝热保温;液货超压蒸气可作为双燃料主机的燃料。

(a)　(b)　(c)　(d)

图 1-39　LNG 船

b. 液化气体船的船舱结构形式和材料。

液化气体船,一般都是在船体内部单独设置数个储藏液化气体的高压容器或低温冷藏舱。液化气体船的船舱结构形式有下列几种。

高压容器罐:在船舱内装置数个圆筒形或球形高压容器罐,罐的设计压力是由所装载液化气体的压力决定的。罐的壳体材料采用耐压范围为 5.88~7.85 MPa 的高强度钢制成。由于货舱的温度在 45 ℃以下,故不需要设置隔热绝缘材料和温度、压力控制装置。整个船体结构和设备都比较简单。

双层船壳薄膜式低温液化气体舱:在货舱区域内,船体是双层船壳,两层船壳板之间为压载水舱。在船体内壳的内表面,装设厚度为 0.5~0.7 mm 的 36%镍钢薄膜。36%镍钢薄膜在温度急剧变化时,几乎不发生伸缩变形;也可装设厚度为 1.2~1.5 mm 的不锈钢薄膜,由于不锈钢在温度急剧变化时会发生伸缩,故将不锈钢薄膜做成皱褶形。

球形低温液化气体舱:球形舱壁材料采用 9%镍钢或铝合金,外部包着隔热绝缘材料。球形舱位于船舱的支架上,或用铰接机构吊挂在甲板下面。采用这种固定方式的好处是当热胀冷缩时,球形舱有伸缩的余地。

c. 液化气体船的种类。

液化天然气船:天然气是以甲烷为主的碳氢化合物,其中含有乙烷、丙烷及石蜡等成分。天然气的临界温度在常压下为-164 ℃,但在该温度下,一般船用钢材均呈脆性,所以液化天然气船的液货舱只能用镍合金钢或铝合金制成,其结构形式多采用球形贮罐式和双层船壳薄膜式两种。

液化石油气船:石油气是以丙烷为主的碳氢化合物。在常温下,丙烷的液化压力为 4.116 MPa;而在大气压力下,丙烷的液化温度为-42.2 ℃。所以,液化石油气时可采用常温下加压或在常压下冷却的方式。

③液体化学品船。

液体化学品船简称散化船,是专门用于运载散装液体危险化学品货物的舰船,如图 1-40 所示。液体化学品一般都具有易燃、易挥发、腐蚀性强等特性,有的还有毒性。另外,液体化学品船货舱的特点之一是分舱多、货泵多,并且各有自己的专用货泵,不能混用。

图 1-40 液体化学品船

【巩固与提高】

扫描二维码,进入过关测试。

任务 1.1 闯关

任务 1.2 舰船强度与构造

【任务引入】

船舶管理:船舶强度与构造

【思想火花】

注意！这里是中国航母！

【知识结构】

舰船强度与构造结构图

【知识点】

舰船强度与构造

1.2.1 船体强度的基本概念

船体强度是指船体结构抵抗各种外力作用的能力。根据作用于船体上的力的性质,将船体强度分为总纵弯曲强度、横向强度、局部强度和扭转强度。

1. 总纵弯曲强度

(1)船体发生总纵弯曲的原因

船体的几何形状是一个中部肥大,向艏艉两端逐渐瘦削的细长体。船体外壳由骨架和钢板组成,中间是空心的。可以把船体看作空心的变断面梁,简称船体梁。

舰船在营运过程中,作用在船体上的外力很多,有重力,浮力,舰船做各种运动时产生的惯性力,波浪冲击力,螺旋桨和机器等引起的振动力、碰撞力,搁浅和进坞时礁石与墩木的反作用力等,船体结构可能发生各种变形和破坏。

舰船质量由船体自身、机器设备、装载的货物、旅客、燃料、备品等质量组成,这些质量的合力称为舰船重力 W,方向垂直向下,作用于舰船重心 G 上。

而舷外水对船体的压力在垂直方向上的分力的合力,称为舰船浮力 D,方向垂直向上,作用于舰船浮心 B 上。

当舰船静浮于水上时,重力 W 和浮力 D 的大小相等、方向相反,二者作用于同一条直线上(图 1-41(a))。但是,对于沿着船长方向上某一小区段来讲,作用于上面的重力和浮力并不一定相等。若将船体沿着船长方向分隔成若干个可活动的小分段(图 1-44(b)),则在各个分段上,对于重力大于浮力的分段,重力和浮力的合力是一个向下的力,这个力作用于分段上,该分段会向下沉;反之,该分段会向上浮。实际上船体是一个弹性的整体结构,不允许各个分段有上下相对移动,而只能沿船长方向发生纵向的弯曲变形。因此,引起船体发生总纵弯曲的原因主要是沿着船长方向每一点的重力和浮力分布不均匀。

若船体中部所受浮力大而艏艉端所受浮力小,重力在舯部小而在艏艉端大,船体将发生舯部上拱而艏艉两端下垂的总纵弯曲变形,这种船体的弯曲变形称为中拱(图 1-41(c))。

相反,船体将发生舯部下垂而艏艉两端上翘的总纵弯曲变形,称为中垂(图 1-41(d))。船体发生中拱还是中垂,取决于舰船的重力和浮力沿着船长方向的分布。

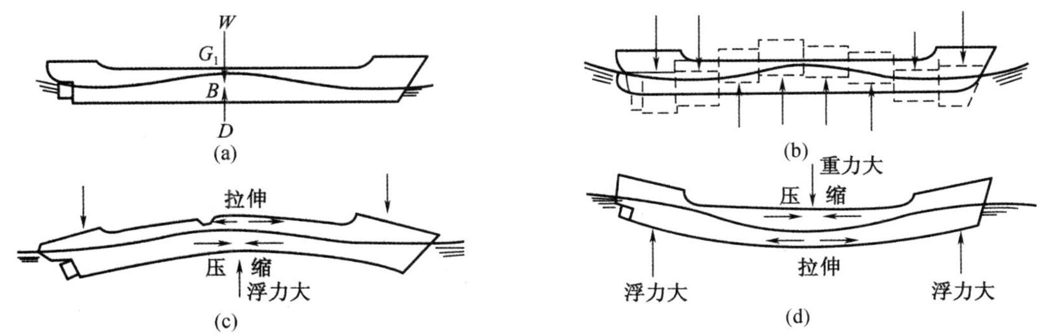

图 1-41　船体总纵弯曲变形

(2)作用于船体上的总纵弯曲力矩与剪力

舰船浮于静水中,在船长方向上,某一单位船长上重力和浮力的合力称为该段单位船长处的负荷。由于重力和浮力不平衡,因此产生舰船的弯曲变形,从而在船长方向上各点处产生总纵弯曲力矩和剪力。船体结构抵抗总纵弯曲力矩和剪力作用的能力,称为船体总纵弯曲强度,简称纵向强度。

(3)总纵弯曲力矩和剪力沿着船长方向的分布特点(图 1-42)

①艏艉两端的弯曲力矩和剪力总是等于零。

②总纵弯曲力矩从艏艉两端向船中逐渐增大,最大弯曲力矩位于船中 0.4L(L 为船长)处。

③最大的剪力位于距艏艉两端 1/4L 附近。

④根据梁的弯曲理论可知,在最大弯曲力矩处,其剪力等于零。

⑤对于营运舰船来讲,每一条舰船都有一个可以确定的最大弯曲力矩和剪力。

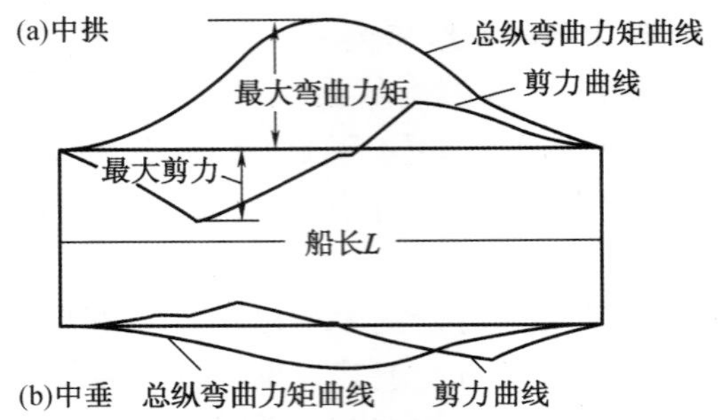

图 1-42　船体总纵弯曲力矩和剪力曲线

(4)影响船体总纵弯曲力矩和剪力的因素

若船体结构能够抵抗最大的总纵弯曲力矩和剪力的作用,则认为船体结构是满足总纵弯曲强度要求的。总纵弯曲力矩和剪力的大小及沿船长的分布规律,与舰船的大小、舰船浮力和重力的大小及二者沿着船长方向的分布有关。

①浮力的大小及其分布。

浮力的大小及其沿着船长方向的分布情况,是与船体水线下的几何形状和大小有关的;当船体的几何形状和大小一定时,是与船体吃水,船在海上所遇到的波浪的形状、大小以及船与波的相对位置有关的。而且,船在航行过程中,当遇到波浪时,浮力沿着船长方向的分布是变化的。

船浮在平静的水面上,浮力沿着船长方向的分布是由水线下船体横剖面沿着船长方向的变化确定的,分布较均匀,引起的弯曲力矩和剪力较小。

使船体可能产生最大弯曲力矩和剪力的浮力分布情况:若船在海上遇到波浪,波的形状为坦谷波(波峰较陡而波谷较平坦),波长 λ 等于船长 L,波高 H 等于波长的 1/20($L>$120 m 时)或波高等于 $\lambda/30+2$ m($L<120$ m 时),船与波的相对位置是波峰位于船中或波谷位于船中时,则舰船的浮力分布对船体的总纵弯曲力矩和剪力来讲是最不利的。在船体强度中,称上述的这种波为标准波。

②重力的大小及其分布。

营运舰船重力的大小及其沿船长的分布情况,主要取决于舰船的装载状态。例如:一条油轮满载出港,当遇到标准波,波谷位于船中时,可能会发生最大的中垂变形,作用在船体上的弯曲力矩和剪力可能达最大值。这是因为油船机舱位于船尾,满载时机舱较舯部货油舱轻,油船首部又设有干货舱,这是一个空舱,所以油船满载时艏艉两端的质量小,舯部质量大。当波谷位于船中时,舯部所受浮力小,艏艉两端受到的浮力大,所以这种重力和浮力的分布会使船体发生很大的中垂弯曲变形。

综上所述,对于营运的舰船来讲,由于船体的几何形状和大小是一定的,因此每一条舰船就有一个可以确定的最大弯曲力矩值和剪力值。

(5) 船体总纵弯曲强度的衡准

检验船体结构抵抗外力作用能力的方法,是计算出船体结构中产生的应力和变形,与结构材料的许用应力和允许的变形进行比较,加以衡准。

①舯剖面模数。

在船体结构中,从最大总纵弯曲力矩作用的一段船长上,找出船体纵向构件较少的剖面处,如舯部的货舱口处的剖面,求出参与总纵弯曲力矩的构件对船体横剖面中和轴的惯

性矩 I，并分别除以中和轴至强力甲板边线的垂直距离 Z_d 和至船底平板龙骨上缘的垂直距离 Z_b，所得之值分别称为甲板剖面模数 W_d 和船底剖面模数 W_b，即

$$W_d = I/Z_d$$

$$W_b = I/Z_b$$

把甲板剖面模数 W_d 和船底剖面模数 W_b 统称为舯剖面模数。

②总纵弯曲应力。

根据梁的弯曲理论可知，将船体所承受的最大弯曲力矩 M，分别除以甲板剖面模数和船底剖面模数，可得甲板的总纵弯曲应力 σ_d 和船底的总纵弯曲应力 σ_b，分别为

$$\sigma_d = M/W_d$$

$$\sigma_b = M/W_b$$

总纵弯曲应力的大小沿船深方向线性分布。甲板和船底的弯曲应力方向相反，当船体发生中拱弯曲时，甲板受拉应力作用，船底受压应力作用；当船体发生中垂弯曲时，甲板受压应力作用，船底受拉应力作用；而位于中和轴处，总纵弯曲应力等于零（图 1-43）。

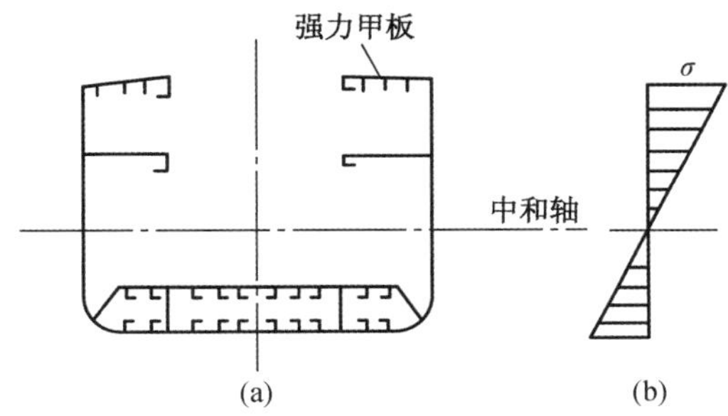

图 1-43　舯剖面和总纵弯曲应力的分布

③总纵强度衡准。

甲板剖面模数较船底剖面模数小，一般甲板上所受的总纵弯曲应力较船底的总纵弯曲应力大。为了进行强度校核，取剖面模数较小者作为船中剖面模数，并以“W”表示。

设作用在船体上的最大总纵弯曲力矩为 M，则在船体结构中产生的最大弯曲应力为

$$\sigma = M/W$$

若船体结构材料的许用应力为 $[\sigma]$，当 $\sigma \leqslant [\sigma]$ 时，即 $M/W \leqslant [\sigma]$ 时，就认为船体结构材料是满足总纵弯曲强度要求的。

④船体挠度极限。

由于船体中拱或中垂而引起的挠度，一般不得大于 $L/1\,000$，其中，L 为垂线间长，mm。

船体发生过大的中拱和中垂弯曲变形会对舰船产生许多不利的影响：过大的中垂状态，使船中吃水大于艏艉吃水，可根据载重线标志判断载重量，减小舰船装载量；上层建筑和甲板室连接处作用力增加；使轴系和管系等发生弯曲变形；大开口舱口的变形会影响其与舱盖的配合。

2. 横向强度

舰船横向强度是指船体结构抵抗横向作用力的能力。承担船体横向强度的主要构件和结构有：横梁、肋骨、肋板及由它们组成的肋骨框架和横舱壁等。当船体受到的舷外水压力的作用与舱内货物、机器设备等的压力作用不均衡时，甲板、船底和舷侧结构会在船体横

向断面内发生凹变形(图 1-44(a))。当船在水上受到横向波浪的作用时,船一舷的水压力大于另一舷的水压力,或者舰船在横摇时所受的惯性力的作用,往往也会使肋骨框架发生如图 1-44(b)所示的歪斜。不过,一般海船的船体横向强度是足够的,对其不需要像总纵弯曲强度那样进行详细计算。

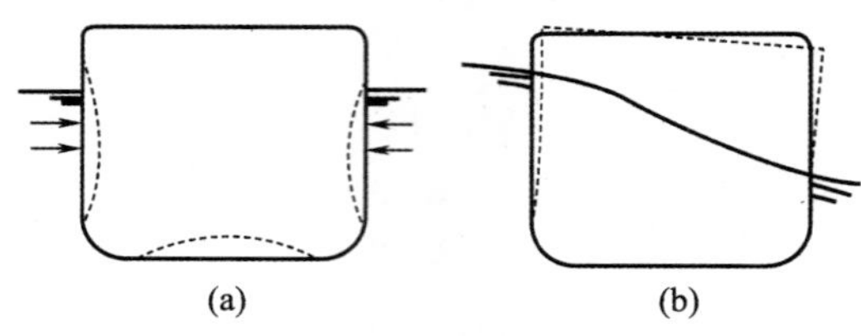

图 1-44　横向变形

3. 局部强度

局部强度是指船体结构抵抗局部外力作用的能力,如图 1-45 所示。对于较大的局部作用力,一般不进行计算,主要是根据经验采取局部加强的办法。

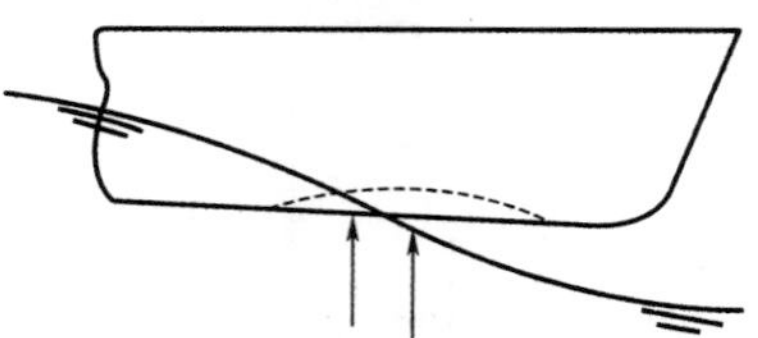

图 1-45　船首底部的冲击载荷作用

4. 扭转强度

扭转强度是指整个船体抵抗扭转变形和破坏的能力。如图 1-46 所示,当舰船斜置在波浪上时,或艏艉部的装载对于船中心线左右不对称时,以及其他原因产生的艏艉、左右不对称的作用力,都会产生作用在船体上的扭转力矩,使船体发生扭曲变形。但是,一般舰船由于舱口较小,均有足够的抗扭强度,都不进行扭转强度计算。对于集装箱船等,因甲板上货舱口较大,需要考虑船体结构的扭转强度问题。

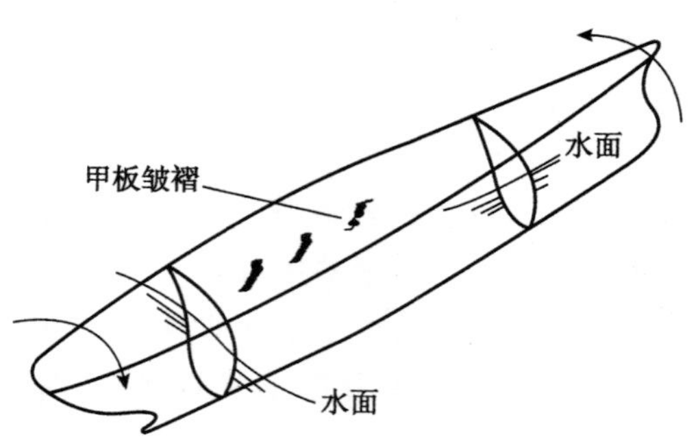

图 1-46　扭转变形

1.2.2　舰船结构

1. 船体结构形式

钢质的船体结构都是由钢板和骨架组成的，船体的甲板板和外板（包括舷侧外板、舭部外板、船底外板）由钢板制成，形成一个水密的外壳。在甲板板和船体外板的里面，布置着许多骨架，支撑着钢板。这样船体形成一个外部由骨架和钢板包围着，中间是空心的结构。这种由骨架和钢板组成的船体结构的优点是：在同样的受力条件下，船体结构质量小。

船体结构若按结构中骨架的排列方式划分，分为横骨架式船体结构、纵骨架式船体结构、混合骨架式船体结构三种。

（1）横骨架式船体结构

当船体甲板板和外板里面的支撑骨材横向布置较密，而纵向布置较稀时，这种形式的船体结构称为横骨架式船体结构，如图 1-47 所示。

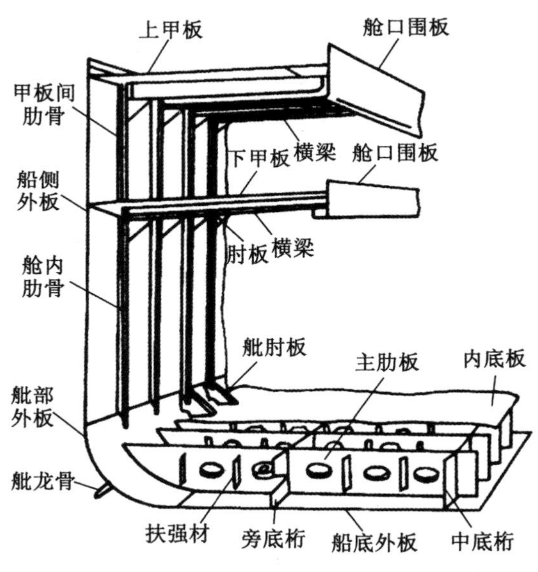

图 1-47　横骨架式船体结构

横骨架式船体结构，实质上是由一系列间距很小的、横向环绕着船的肋骨框架组成的。这些肋骨框架包括船底肋板、舷侧肋骨和甲板下横梁，以及把它们相互连接起来的肘板。肋骨框架的作用是加强船体外板和甲板，并共同承担船体的横向强度。横骨架式船体结构船的纵向强度主要由船体外板和甲板板以及少量的大型纵向构件来承担。

横骨架式船体结构形式是造船中应用最早的一种结构形式。其优点是：船体结构强度可靠，结构简单，建造容易；另外，舱内肋骨和甲板下横梁尺寸较小，结构整齐，不影响装卸货物。缺点是：船体的纵向强度主要由甲板板和船体外板来承担，为了承担较大的纵向强度，必须把甲板板和外板做得较厚，增加了船体质量。故横骨架式船体结构适用于纵向强度要求不高的中小型舰船。

（2）纵骨架式船体结构

纵骨架式船体结构，是指甲板和外板里面的支撑骨材纵向布置得较密、横向布置得较稀的一种骨架形式，横向布置少量的由强肋骨、强横梁和肋板组成的大型肋骨框架，如图

1-48 所示。船体外板和甲板板与纵向连续构件一起承担着纵向强度。船体的横向强度主要是由大型肋骨框架及附连的甲板板和外板来承担的，不过艏艉端采用横骨架式结构。

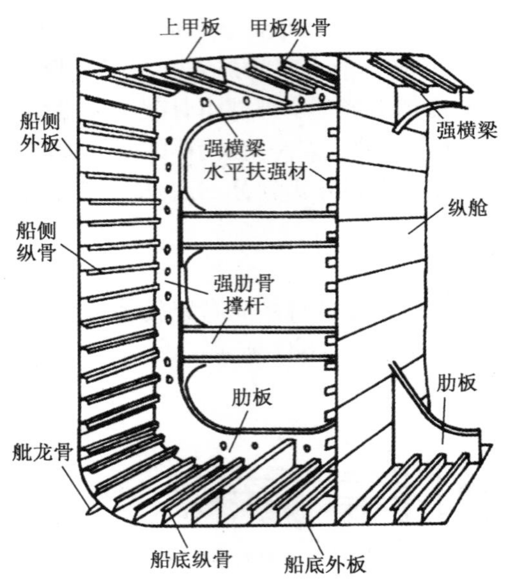

图 1-48　纵骨架式船体结构

纵骨架式船体结构的骨材大部分沿着船的纵向布置，其优点是：船体的纵向强度大，甲板板和船体外板可以做得薄些，船体质量小。但是，由于货舱内布置着大型肋骨框架，妨碍货物的装卸，所以纵骨架式船体结构主要用在纵向强度要求较高的大型油船上。

（3）混合骨架式船体结构

混合骨架式船体结构，是指在主船体中段的强力甲板和船底采用纵骨架式结构，而在舷侧和下甲板上采用横骨架式结构，如图 1-49 所示，艏艉端采用横骨架式结构。

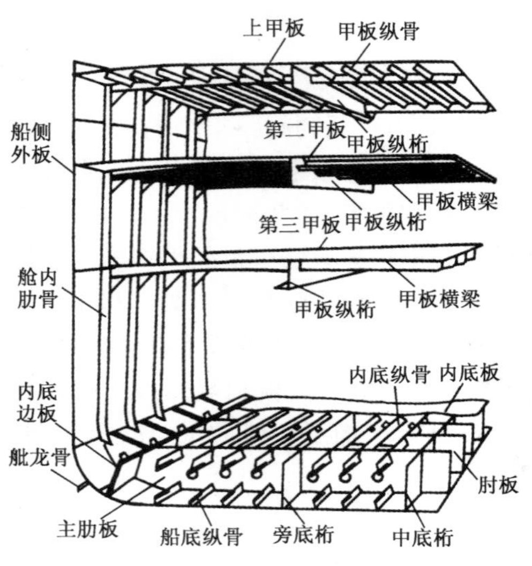

图 1-49　混合骨架式船体结构

混合骨架式船体结构吸收了横骨架式结构与纵骨架式船体结构的优点，其船体纵向强度大，并有足够的横向强度；建造容易；货舱内突出的大型构件少，不妨碍货物装卸。目前该结构在大、中型干货船上被广泛采用。

2. 船体结构和构件的分类

(1)船体结构的划分

根据船体结构特点的异同，将船体结构划分为货舱区域结构、机舱区域结构、艏艉端区域结构、船底结构、舷侧结构、甲板结构、舱壁结构等。

(2)船体构件的分类

结构构件：在船体结构中，每一加工单元就称为一个构件（如一块钢板、一根角钢都是一个构件）。每一个构件按其在船体中所处的位置和作用不同，有着不同的名称。如由角钢制成的构件，在甲板下面纵向布置的称为甲板纵骨；在甲板下面横向布置的称为甲板横梁；在舷侧竖向布置的称为肋骨；布置在舱壁板上的称为舱壁扶强材。

在结构构件中，作为甲板、外板、舱壁板等板材的扶强材的这类构件称为次要构件，如肋骨、横梁、纵骨、舱壁扶强材等。在船体结构中，由组合型钢制成的大型构件统称为桁材。纵向布置的有甲板纵桁、舷侧纵桁、船底纵桁等；横向布置的有强横梁；舷侧竖向布置的有强肋骨等。

在结构构件中，支撑着其他构件的大型组合构件称为主要构件，如甲板纵桁、舷侧纵桁、强横梁、强肋骨等。

根据结构构件和桁材在船体结构中承担的不同的强度作用，将构件分为下面几种。

①纵向构件。

纵向构件是指参与总纵弯曲，承担总纵弯曲强度的构件。在结构上，这些构件必须符合下列条件：布置在船体中部0.4L船长区域内；在纵向上是连续的；构件的横向接缝是牢固的。属于纵向构件的有：甲板、甲板纵桁、甲板纵骨、船底纵桁、船底纵骨、内底板、纵向舱壁、船体外板等。在船体中部0.4L船长区域内的纵向构件，特别是位于甲板舷边和舱口角隅等部位的纵向构件不许存在任何裂纹。

②横向构件。

横向构件是能承担横向强度的构件。属于这类构件的有：横舱壁、横梁、强横梁、肋板、横梁肘板、舭肘板等。

3. 外板

(1)外板名称

位于主船体两舷侧的船壳钢板，称为舷侧外板；船底部的外壳板，称为船底外板；从船底过渡到两舷侧转弯处的船壳板，称为舭部外板。这三部分船壳板，统称为船体外板（外板又称船壳板）（图1-50）。

外板是由许多块钢板拼接而成的。钢板的长边都沿着船长方向布置，相连接的纵向接缝，称为边接缝。钢板短边的横向接缝，称为端接缝。由许多块钢板逐块端接而成的连续长条板，称为列板。

在舷侧与强力甲板（一般为上甲板）相连接的一列舷侧外板（通常为舷侧最上一列板），称为舷顶列板，又称舷侧厚板。而位于船体中心线处的一列船底外板，称为平板龙骨。

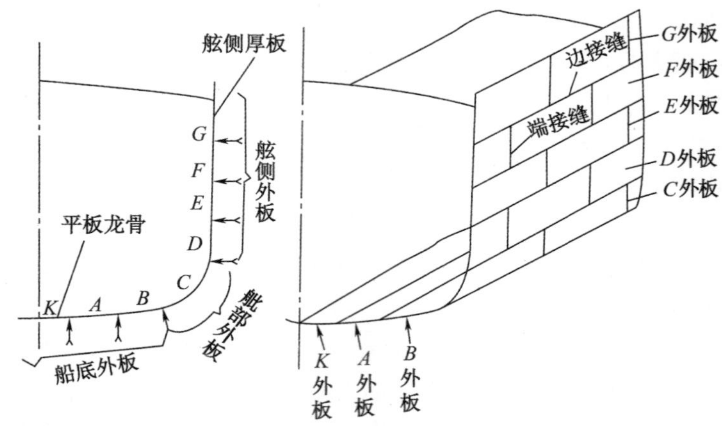

图 1-50　船体外板名称

(2)外板的作用

保证船体的水密性;承担船体总纵弯曲强度、横向强度和局部强度;承担舷外水压力、波浪冲击力、坞墩反作用力及外界的碰撞、挤压和搁浅等作用力。

(3)外板厚度的分布

外板厚度的分布原则是:根据总纵强度的要求分配,对于个别受力较大的部位,采用局部加强方式。

①外板厚度在船长方向上的分布。

因为一般舰船的最大总纵弯曲力矩都是作用在船体中部 0.4L 船长区段内,所以在该区段内外板厚度最大,而向艏艉两端逐渐减小。但是,考虑舰船进坞承受墩木作用以及搁浅等原因,平板龙骨的厚度从艏至艉保持不变。

②外板厚度沿肋骨围长方向的分布。

由于弯曲应力在中和轴处为零,向甲板和船底呈线性增大,因此平板龙骨和舷顶列板较其他列板都厚些。另外,舷侧外板受拉力、压力交替作用,易疲劳,且其位于折角处,应力集中;甲板舷边易腐蚀;平板龙骨还要承受墩木反作用力等。以上原因都要求这两列板较厚。

③局部加强。

易产生应力集中的部位、受振动力或波浪冲击力较大的部位需加厚外板或加覆板。如船壳外板开口周围、锚链筒出口处、舷侧货舱门的周围;外板的连续性发生突变部位,如桥楼两端舷侧外板、与艉柱连接的外板、轴毂处的包板、艉轴架托掌固定处的外板;船首部位受波浪冲击力作用的船底外板和舷侧外板等处。

4. 甲板板

在船体总纵弯曲时承担着最大抵抗力的甲板称为强力甲板(一般是上甲板)。下面主要以强力甲板为例,说明甲板板的布置和厚度分布及舷边连接等问题。

(1)甲板板的厚度分布和板的排列

①甲板板的厚度。

若有多层甲板,因强力甲板(或上甲板)距中和轴最远,是承担总纵弯曲应力作用的主要甲板,所以强力甲板板是各层甲板中最厚的甲板。

由于最大的总纵弯曲力矩作用在船体中部 0.4L 船长区域内,因此在该段区域内的强力甲板板最厚,并向两端逐渐减薄(图 1-51)。

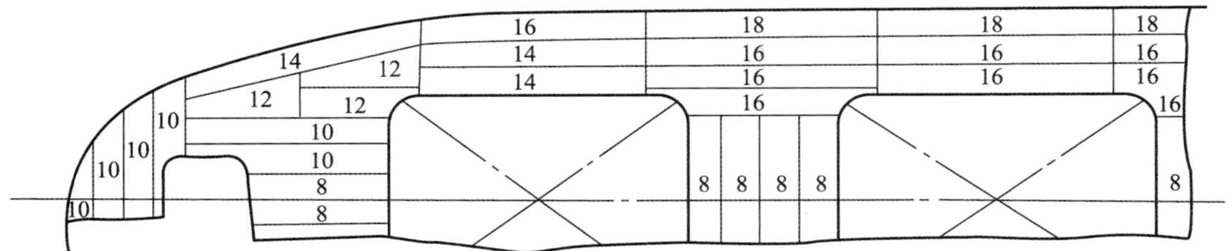

图 1-51 甲板板的厚度分布和板的排列

注:图中数字表示钢板厚度,单位为 cm。

在强力甲板中,沿着舷边的一列钢板称为甲板边板,它是强力甲板中最厚的一列板,这是甲板边板位于舷边折角处,易引起应力集中,舷边又经常积水锈蚀严重的缘故。

在舱口之间的甲板板,因被舱口切断而不连续,不能参与总纵弯曲,故该处甲板板较其他处的甲板板薄。

②甲板板的排列。

从舱口边至舷边的甲板板,其钢板是纵向布置的,长边沿船长方向且平行于甲板中线。在舱口之间以及艏艉端的甲板板,因地方狭窄而一般将钢板横向布置。

(2)甲板舷边连接

由于强力甲板与舷侧外板相交且呈直角,易产生应力集中,又远离中和轴,因此连接处是一个高应力区域。目前,根据舰船的大小、使用的钢材、焊接工艺质量的不同,甲板舷边有多种连接方式(图 1-52):舷边角钢铆接、舷边直接焊接、圆弧形舷边连接。

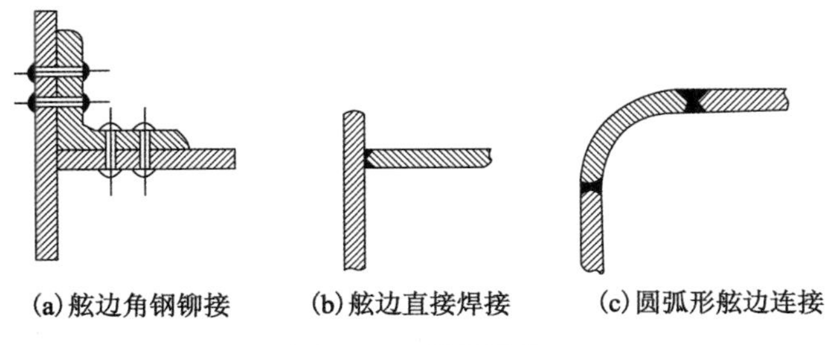

(a)舷边角钢铆接　(b)舷边直接焊接　(c)圆弧形舷边连接

图 1-52 舷边连接

(3)甲板开口处的加强

甲板板上的开口,由于损失了部分甲板断面面积,同时开口的角隅处易产生应力集中,故必须予以补偿和加强。

①甲板上的人孔。

采用圆形或椭圆形人孔,一般无须采取加强措施,但椭圆形人孔的长轴要沿着船长方向。

②货舱口等矩形大开口。

矩形大开口的长边是沿船长方向布置的,开口的四个角隅做成圆形或椭圆形,在开口角隅处的甲板板要用加厚板或覆板予以加强(图 1-53)。

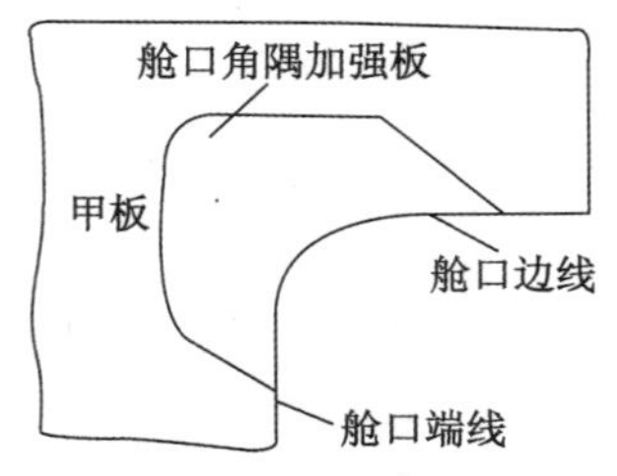

图 1-53　甲板舱口角隅处的加强

5. 船底结构

船底结构分单底和双层底。单底是由船底板和船底骨架组成的单层船底结构；双层底是由底板、内底板以及两者之间的船底骨架和空间组成的双层船底结构。

按船底骨架构件的排列形式，船底结构可分为横骨架式和纵骨架式。因此，船底结构可分为四种形式：横骨架式单底结构、纵骨架式单底结构、横骨架式双层底结构、纵骨架式双层底结构。

（1）横骨架式单底结构

横骨架式单底结构（图 1-54）主要用于小型舰船上，其结构简单，施工方便，但抗沉性差。

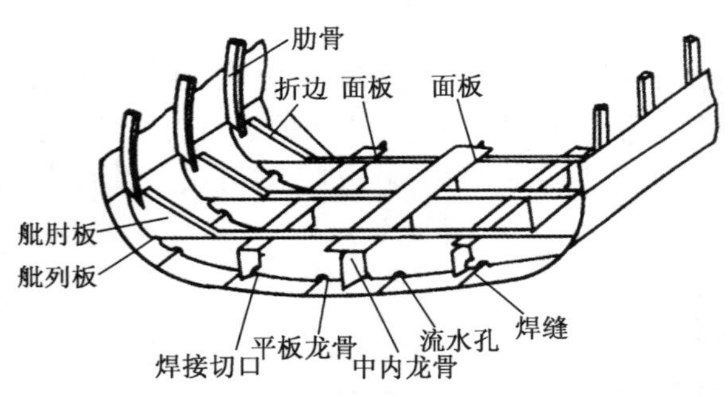

图 1-54　横骨架式单底结构

横骨架式单底结构主要构件如下。

①中内龙骨："T"形钢材，位于中线面上并焊接在平板龙骨上，与肋板等高，除艏艉端外不准有开孔，是纵向连续构件；承担总纵弯曲强度、船底局部强度及墩木反作用力等。

②旁内龙骨：位于单底的中内龙骨两侧对称布置的纵向构件，根据船宽的不同，每侧可设 1~2 道，与肋板同高并在肋板处间断焊接在肋板上。其作用与中内龙骨相同。

③肋板：设在船底每一肋位处的横向构件，主要作用是承担横向强度。

④舭肘板：连接肋骨下端与肋板的构件，用来加强接点的连接强度。

⑤流水孔：为了疏通舱底积水，在肋板、旁内龙骨的下边缘上开有半径为 30~75 mm 的半圆形小孔。

（2）纵骨架式单底结构

纵骨架式单底结构主要用在小型军舰及油船上，其结构布置特点是在船底纵向布置许多间距较小的船底纵骨，而肋板是每隔 3~4 个肋位布置一道。

(3)横骨架式双层底结构

①双层底的作用。

a. 万一船底破损,内底板可以防止海水浸入舱内,保证舰船和货物的安全。

b. 增强船底强度(总纵弯曲强度、横向强度、局部强度)。

c. 把双层底内部空间分隔成舱柜,可贮存燃料、淡水,空船时装压载水,不仅有效地利用了空间,而且可调整纵倾和吃水,降低船的重心,增加舰船稳性。

②横骨架式双层底结构的主要构件。

a. 底纵桁:在双层底内沿着船长方向布置的与双层底等高的纵向大型构件的统称。其作用是承担总纵弯曲强度、局部强度及墩木反作用力等。它按布置的位置不同分中底桁和旁底桁(图 1-47)。

b. 肋板:布置在双层底内肋位上的横向构件。它主要承担横向强度,按其结构形式可分为主肋板、水密肋板和油密肋板。水密肋板和油密肋板用来分隔不同用途的双层底舱。

c. 内底板和内底边板:双层底顶的水密铺板。内底板承受总纵弯曲强度及横向强度,并能承受一定的水压力。在货舱口下面的内底板要加厚。

内底边板是内底边缘与舭部外板相连的一列板,比内底板稍厚些。

d. 舭肘板:连接肋骨下端与肋板的肘板,以增强连接处强度(图 1-47、图 1-49)。

(4)纵骨架式双层底结构

纵骨架式双层底结构中,双层底内纵向布置的构件较密,而横向布置的构件较稀。双层底内的中底桁、旁底桁、箱形中底桁、主肋板、水密肋板、舭肘板等构件,与横骨架式双层底内的相应构件基本相同(图 1-47)。

两种双层底结构的区别主要如下。

①纵骨架式双层底结构中,在内底板的下面和船底板的里面布置有大量的纵骨,这些纵骨与船底纵桁、内外底板等一起承担总纵强度和局部强度,可使船底板减薄。

②纵骨架式双层底结构中,主肋板是每隔 3~4 个肋位布置一道,主肋板间不设框架肋板。

6. 舷侧结构

舷侧结构是指在舷侧处从舭肘板至上甲板这段区域的骨架结构。舷侧结构也分横骨架式和纵骨架式两种。横骨架式舷侧结构,在一般货舱内是只设置主肋骨(图 1-47);在机舱中或舷侧需要特别加强的船舱中设有主肋骨、强肋骨和舷侧纵桁;对于冰区航行的舰船,在艏部货舱的主肋骨之间装设中间肋骨,用来局部加强(图 1-55)。纵骨架式舷侧结构,是由舷侧纵骨、强肋骨等组成的,这种结构主要用在油船上(图 1-48)。

舷侧结构的主要构件如下。

(1)肋骨

肋骨是横向、竖向或斜向布置在舷侧、船底及尖舱中尺寸较小的骨材统称,与外板、船底板一起承担横向强度。据所在的位置和结构尺寸大小,分主肋骨(图 1-47)、甲板间舱肋骨(图 1-47)、尖舱肋骨、斜肋骨、船底肋骨、中间肋骨和强肋骨(图 1-50)等。

(2)舷侧纵骨

舷侧纵骨是指在舷侧沿着船长方向布置的骨材,装在纵骨架式的舷侧结构中,如油船的舷侧。

(3)舷侧纵桁

舷侧纵桁是指在舷侧沿着船长方向布置的大型组合型材，与强肋骨高度相同，一般多设在机舱和艏艉尖舱中(图 1-56)。

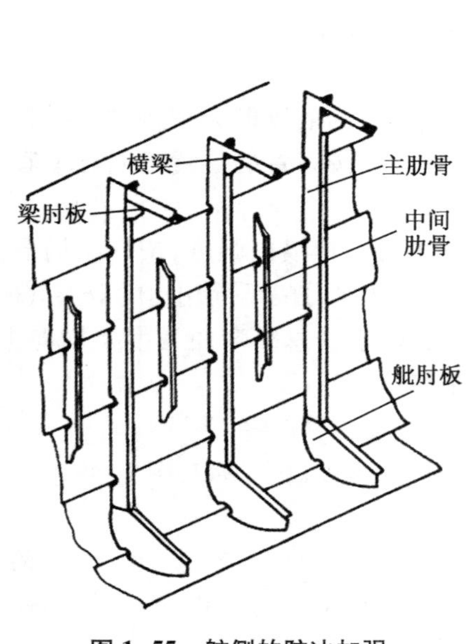

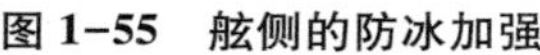
图 1-55　舷侧的防冰加强

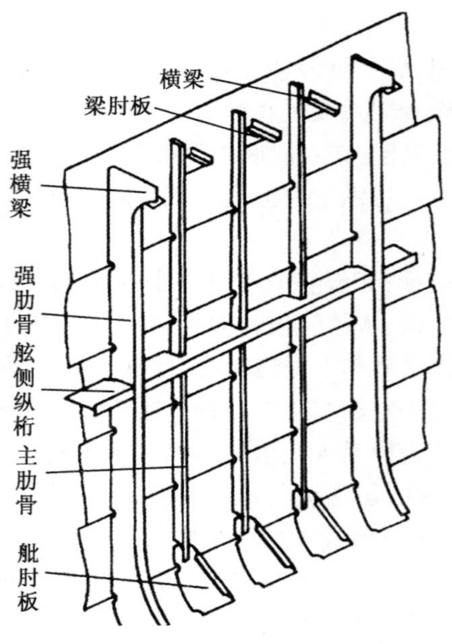

图 1-56　舷侧纵桁

(4)梁肘板

梁肘板是指连接甲板下横梁与肋骨的三角形钢板，用来增强节点的强度。

7. 甲板结构

甲板结构也分为横骨架式和纵骨架式两种。在横骨架式船体结构中的各层甲板均采用横骨架式甲板结构，而在纵骨架式船体结构和混合骨架式船体结构中，除了强力甲板以外的各层下甲板，均采用横骨架式甲板结构。强力甲板的舱口之间的甲板，由于不参与总纵弯曲，故也采用横骨架式甲板结构(图 1-47)。纵骨架式甲板结构，主要布置在纵骨架式船体结构和混合骨架式船体结构中的强力甲板上(图 1-48、图 1-49)。

甲板结构的主要构件如下。

(1)横梁

横梁是设在甲板板或平台之下各肋位上的横向骨材的统称，根据尺寸的大小和位置分为普通横梁(图 1-47)、强横梁(图 1-48)、半梁(图 1-47)、舱口端横梁、舱口悬臂梁等。

(2)甲板纵骨

在纵骨架式甲板结构中，沿船长方向布置的尺寸较小的骨材称为甲板纵骨，由不等边角钢或球缘扁钢制成，承担总纵弯曲强度和甲板上的载荷，保证甲板的稳定性(图 1-48、图 1-49)。

(3)甲板纵桁

甲板纵桁是在甲板下沿着船长方向布置的大型组合型材，通常在甲板下设有 2~3 道，其中有 2 道与舱口边板对齐，兼作舱口纵桁。甲板纵桁的作用：参与总纵弯曲，支承横梁，减小横梁的尺寸，是甲板结构中的重要构件。

(4)舱口围板

为了保证人员安全，防止海水侵入，提高舱口区域结构强度，在货舱口的四周装设围板，称为舱口围板。根据甲板所处的位置不同，舱口围板在甲板以上的高度要求也不同。在露天干舷甲板上，舱口围板的高度至少在600 mm以上。

8. 支柱

支柱是支承甲板和平台的柱子，可减小横梁、甲板纵桁等构件的尺寸，并将所受的力传递到下层强度较强的构件上。由于支柱妨碍装卸货物，故舰船都尽可能少设置支柱。

支柱的布置：若一个货舱设置4根支柱，则布置在4个舱口角上；若设置2根支柱，则布置在舱口两端的中线面上。各层甲板的支柱尽量装设在同一条垂线上，上下端要设有支座，支承在强度较强的构件上(图1-57)。

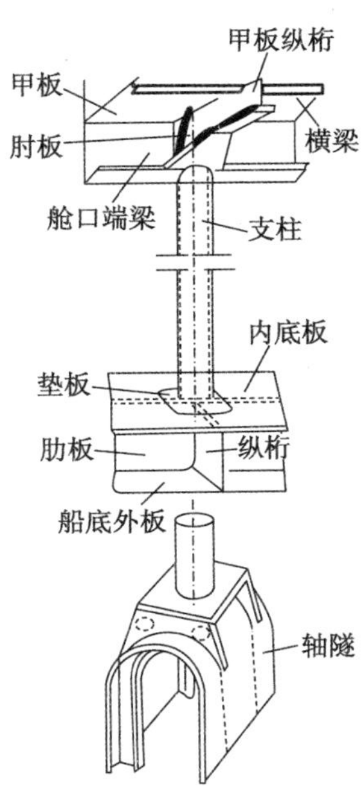

图1-57　支柱上下两端结构

9. 舱壁结构

(1)舱壁的作用

除将船内分隔成许多舱室之外，横舱壁还承担着船体的横向强度，进行水密分舱和分隔防火区，保证一旦船舱进水或着火时不使其蔓延；纵向舱壁可减小自由液面对稳性的影响，并承担总纵弯曲强度。

(2)舱壁的种类

根据舱壁的作用划分，舱壁有以下几种。

①水密舱壁：在规定的水压下能保持不渗透水的舱壁。

②油密舱壁：在规定的压力下能保持不渗透油的舱壁。

③防火舱壁：分隔防火主竖区并能限制火灾蔓延的舱壁。

④制荡舱壁：开有流水孔，用来减小舱内液体的摇荡所产生的冲击力。

⑤轻型舱壁：一种无密性、强度和防火要求的轻型结构舱壁，起简单的隔离作用。

(3)水密舱壁的数目

水密舱壁的数目主要由船体强度的要求，水密分舱、机舱的位置和货舱的长短等因素决定。但是，下列几个水密舱壁对于任何舰船而言都是必须设置的。

①防撞舱壁：又称为艏尖舱舱壁，是位于船首最前面的一道水密横舱壁，要求与艏垂线的距离不小于 $0.05L_{BP}$，自船底向上通至干舷甲板。在舱壁上不准开设门、人孔、通风管隧和任何其他开口。该舱壁的作用是一旦船首破损，阻止水蔓延至其他舱室。

②艉尖舱舱壁：位于船尾最后一道水密横舱壁，向上通到水线以上的平台甲板处。

③机舱两端的水密横舱壁：在机舱的前后端必须设置的横舱壁，与其他舱室隔开。对于艉机型船，机舱后端的舱壁即为艉尖舱舱壁。

(4)舱壁结构形式

水密横舱壁布置在肋位上，从一舷伸至另一舷，并从船底向上伸至甲板。根据其结构形式可分为两种类型。

①平面舱壁：由平面舱壁钢板和加强壁板的骨架组成。由于水的压力与其深度成正比，而且接近舱底的壁板易被锈蚀，故舱壁板的各列板是水平布置的，在舱底的一列板最厚，向上逐渐减薄。

②槽形舱壁：把舱壁板压成槽形(弧形、梯形等形状)而成，可增强舱壁的强度和刚度，槽形方向一般是竖向的。

10. 舷墙与栏杆

沿着露天甲板边缘装设的围墙，称为舷墙(图 1-58)。

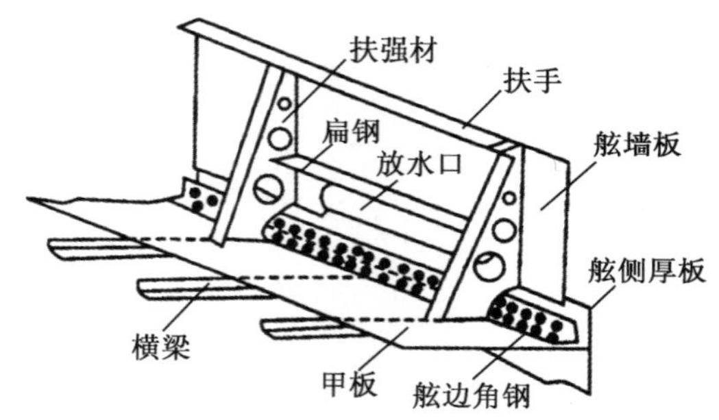

图 1-58　舷墙结构

舷墙不参与舰船总纵弯曲，其作用是减少甲板上浪，保障人员安全和防止甲板上的货物及物品滚到舷外。

干货船的上甲板上或部分上层建筑甲板的露天部分上设置舷墙，其他的露天甲板上设置栏杆。油船仅在船首部位的露天甲板上或部分上层建筑甲板上设置舷墙，其他部位上设置栏杆。

11. 艏端结构

艏端是指上甲板以下、防撞舱壁以前的部分。为了减小航行时的兴波阻力，提高船速，现代运输舰船的船首常制成球鼻形。

(1)作用于艏端的外力

船的首尾两端所受的总纵弯曲力矩较小，但是所受的局部作用力较大。如船在波浪上纵摇时,船首底部受到的冲击作用;波浪对船首部两侧的冲击力;在冰区航行时,冰的挤压力及碰撞力等的作用。

(2)艏端骨架结构的特点和加强

①在艏尖舱区域内,多数采用横骨架式结构,肋骨间距小,构件尺寸大,设有许多空间骨架构件,如图1-59所示。

肋骨间距一般不大于600 mm,每一肋位上都设有升高肋板,中内龙骨与升高肋板尺寸相同,并延伸至艏柱底部。

在舷侧除设置肋骨外,必须设置间距不大于2 m的舷侧纵桁。

在左右舷的两个舷侧纵桁之间,每隔一个肋位设置一道空间撑杆,称为强胸横梁;或者设置带有开孔的平台,代替强胸横梁和舷侧纵桁。

在中纵剖面处设置制荡舱壁。

②要在艏尖舱舷侧纵桁的延伸线上从防撞舱壁至距艏垂线0.15*L*船长区域内的舷侧,设置舷侧纵桁。

③在从防撞舱壁至距艏垂线约0.25*L*船长区域内的船底,要在每一肋位上设置主肋板;旁底桁间距不大于3个肋骨间距或纵骨间距,在旁底桁之间还设有半高旁底桁。

(3)艏柱

艏柱是船体最前端的构件,用来加强船首,连接舷侧外板、甲板和龙骨末端的构件。

一般舰船的艏柱有两种结构形式:用钢板焊接制成和用铸钢制成,如图1-60所示。

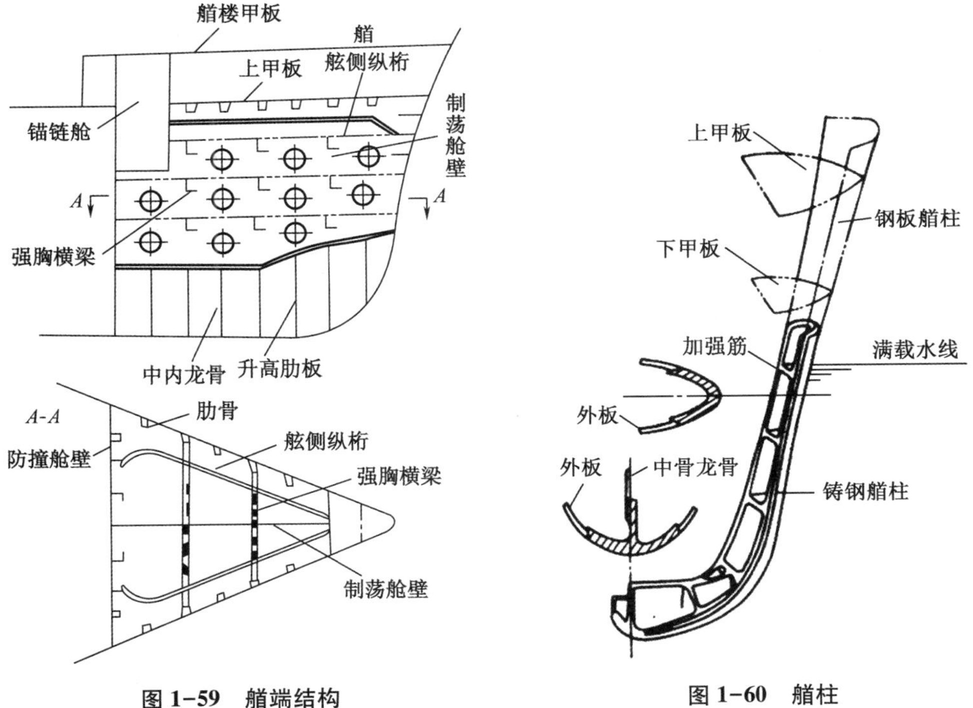

图1-59　艏端结构

图1-60　艏柱

①钢板艏柱:用较厚的钢板弯曲焊接制成。在弯曲钢板的内侧焊接有水平的和竖向的扶强材,用以加强它的刚性。

钢板艏柱有下列优点。

a. 与外板、甲板、中内龙骨、平板龙骨等连接牢固。

b. 制造容易、质量小、成本低。

c. 碰撞时,钢板仅局部发生变形,易修理。

②铸钢艏柱:由铸钢浇铸而成。其刚性大而韧性差,质量也较大,可以制成较复杂的断面形状,但制造费工。故该种艏柱仅用在水线以下形状复杂的部位,水线以上部分均采用钢板艏柱。

12. 艉端结构

艉尖舱舱壁以后、上甲板以下的船体结构称为艉端结构,包括艉尖舱和艉部悬伸端,结构较为复杂。为了提高舰船的推进效率,现代运输舰船的船尾常制成巡洋舰型。

(1)作用于艉部的外力

船尾所受的总纵弯曲力矩较小,但承受下列局部外力作用:螺旋桨运转时的水动压力、艉机船由于主机引起的振动力、舵及螺旋桨重力等。

(2)艉部骨架结构的加强

艉部骨架结构一般都采用横骨架式结构,并采取下列加强措施。

①在每一个肋位上设置升高肋板,如图1-61所示。

②舷侧除肋骨之外,设有舷侧纵桁,而且其竖向间距不大于2.5 m。左右舷的两舷侧纵桁之间设有强胸横梁。

③有的艉尖舱内设有制荡舱壁。

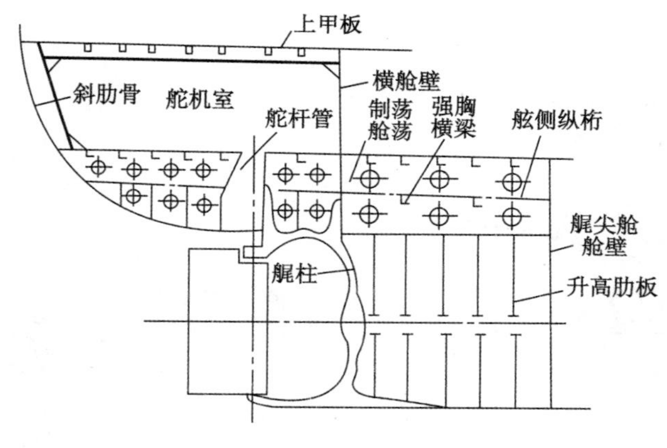

图1-61 艉端结构

(3)艉柱

艉柱是设置在单桨船或有中舵的双桨船上,位于船体后端中线面上的大型构件。它的作用是连接艉端底部结构、两舷侧外板和龙骨等构件,支持和保护舵和螺旋桨,加强船底艉部结构。艉柱主要有下列几种形式。

①单桨船上装设不平衡舵的艉柱(具有桨穴的艉柱),如图1-62(a)所示。

②单桨船上装设平衡舵的艉柱(无舵柱艉柱),如图1-62(b)所示。由于平衡舵在舵叶上下两端设有支承,故就没有舵柱了。但艉柱底骨上作用着一个很大的力,故其尺寸较大。

③单桨船装设半平衡舵的艉柱(无舵柱底骨艉柱),如图1-62(c)所示。

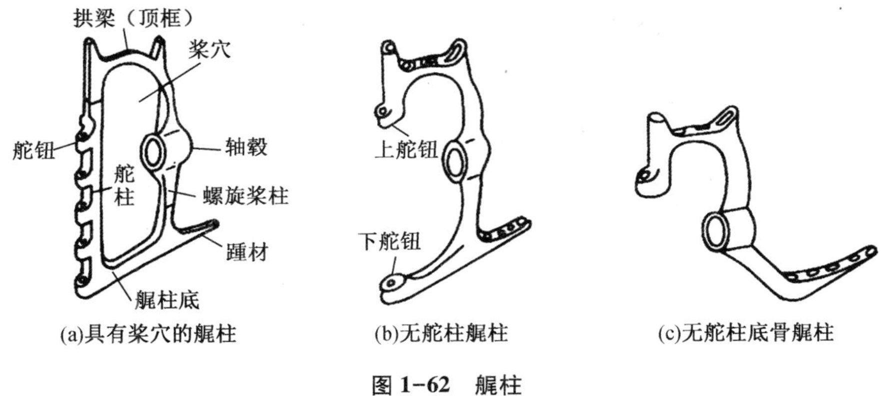

(a)具有桨穴的艉柱　(b)无舵柱艉柱　(c)无舵柱底骨艉柱

图1-62　艉柱

(4)艉轴架和轴包套

在双桨船上,螺旋桨在中线面的两侧船体外板上伸出船外,因此需要装设相应的结构以固定螺旋桨轴。常见的结构有下列两种形式。

①艉轴架:用来固定伸出船体外部的螺旋桨轴的结构,常用的有装设一根撑杆的单臂式和有两根撑杆的人字架式。撑杆的一端伸进船体内并固定在船体骨架上,或用撑杆脚固定在外板上,另一端连接在圆筒形轴承上,让螺旋桨轴从轴承中穿过。艉轴架结构简单,阻力小,但因推进器轴的很长一段暴露在海水中,易被损坏和腐蚀,或被绳索等物缠住,一般多用在小型舰船和瘦削的高速船上,如图1-63(a)所示。

②轴包套:在船体艉部水线下的两舷侧,沿着螺旋桨轴的方向逐渐地将船体两侧的结构和外板向外突出,使艉端突出于船体艉部表面之外,形成一个鳍状结构,使螺旋桨轴包在里面。这种结构便于轴的保护和维修,但使艉部结构和外板的形状变得复杂,使船体阻力有所增加。轴包套如图1-63(b)所示。

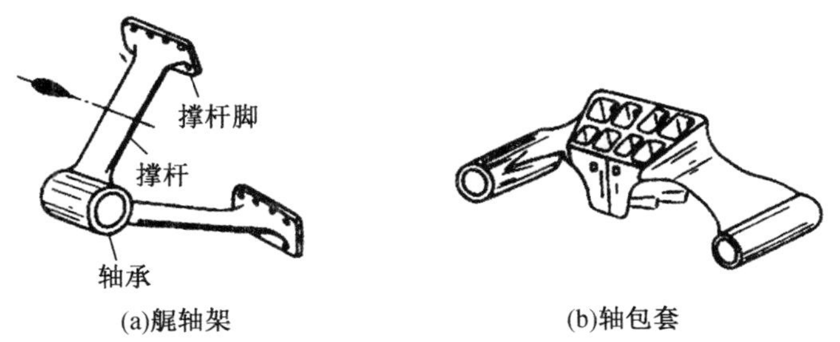

(a)艉轴架　(b)轴包套

图1-63　艉轴架与轴包套

13. 机舱结构的加强、基座、轴隧

根据机舱在船上所处的位置不同,可分为中部机舱、中艉机舱和艉部机舱。

(1)机舱的特点

①机舱是布置主机、辅机、锅炉等重型设备的地方,所以局部负荷大。

②主机、辅机等设备在运转时易引起船体振动。

③因有布置机器设备、主机吊缸等工作的需要,机舱在甲板上开口大,不设二层甲板,尽可能不设支柱。

④机舱内易被腐蚀。

因此,机舱内的结构形式虽然与货舱基本相同,但要求采取加强措施。

(2)机舱内结构的加强

①双层底内结构的加强。

a. 设短底纵桁:当主机基座下方无船底纵桁时,装设短底纵桁以支承主机传下来的负荷。

b. 设主肋板:在横骨架式双层底结构中,应在机舱和锅炉的底座下的每个肋位上设置主肋板。锅炉舱内的主肋板要加厚。在纵骨架式的双层底内,机舱区域内至少每隔 1 个肋位设置 1 道主肋板。主机底座、锅炉底座、推力轴承座下的每 1 个肋位上均应设主肋板。

c. 内底板要增厚 1~2 mm。若燃油舱设置在双层底内时,内底板厚度不小于 8 mm。

②甲板和舷侧结构的加强。

a. 在甲板和舷侧要求每隔 3 个肋位至少应设置 1 道强横梁和强肋骨,而且强横梁与强肋骨位于同一肋位上。

b. 当机舱内的主肋骨的跨距大于 6 m 时,要设置舷侧纵桁。舷侧纵桁是由组合型材制成的,断面尺寸的高度与强肋骨相同,沿着船长方向布置在机舱内两舷侧。

(3)机舱棚

因有布置机舱设备的需要,机舱上面的甲板开口较大;需要设置机舱棚以保护开口。一般舰船的机舱棚都布置在上层建筑中,当无上层建筑保护时,机舱棚的门必须是风雨密的,门槛要高出露天甲板 600 mm 以上。其作用和布置要求如下。

①保护机舱安全,使机舱不受风浪的侵袭。

②减少机舱的噪声和热气对舱外的影响。

③布置某些设备时需要用机舱棚围起来,如烟道、日用油柜、格栅、扶梯等。

④保证维修柴油机吊缸时所要求的空间高度。

⑤为保证机舱的通风和采光,机舱棚的顶部一般通至露天艇甲板上,在艇甲板上设置整体可拆式天窗以供通风采光用,并且要保证风雨密,如图 1-64 所示。

⑥在机舱棚四周的壁板内侧设置扶强材,以加强壁板的刚性。

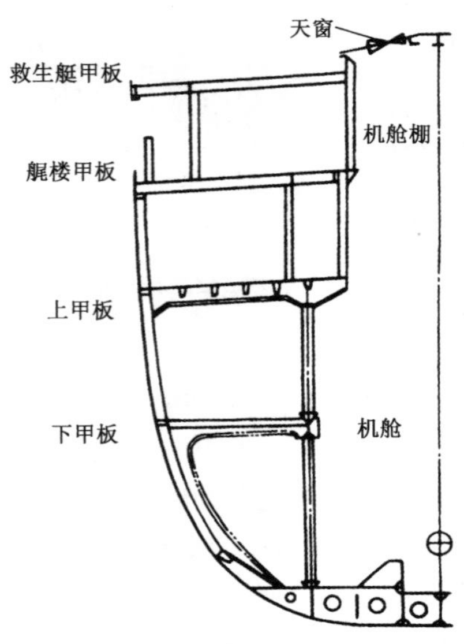

图 1-64　机舱棚结构

(4)基座

①基座的作用和要求。

基座是用来支承船上各机械设备,并将设备固定在主船体结构上的结构。要求基座能支承机械设备的自身重力;设备运转时产生的不平衡力;船在激烈的横摇、纵摇、升降运动时机械设备产生的惯性力;大角度倾斜引起的倾斜力矩和水平力等。

基座必须具有足够的强度与刚度。

②主柴油机基座。

主柴油机基座主要由两道纵桁(包括腹板和面板)、横隔板、肘板及垫板组成,如图1-65所示。

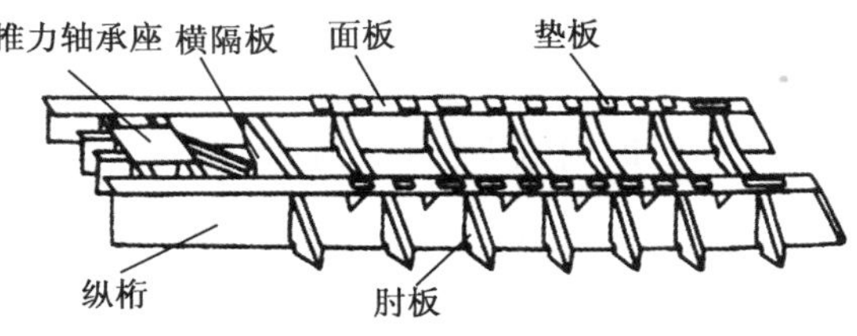

图1-65 主柴油机基座

纵桁是承担主机重力作用的主要构件。横隔板与肘板用来加强基座纵桁的稳定性,要求装设在每挡肋位上。斜垫板用来调整主机位置的高低和校正平面,有直接焊接在纵桁面板上和活动的斜面垫块两种形式。

③锅炉底座。

船用锅炉底座的结构形式要与锅炉结构形式相配合。图1-66所示为水管锅炉底座。

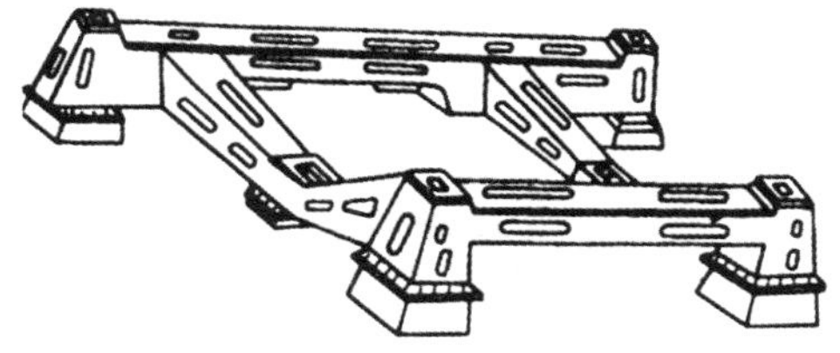

图1-66 水管锅炉底座

对锅炉底座有几点需要注意:一是锅炉的热胀冷缩问题,在底座面板的垫板上,开有椭圆形孔,其孔的长轴方向不同,锅炉水筒下的支架用螺栓连接在垫块上,当锅炉热胀冷缩时,螺栓可在孔内做微量的纵向或横向移动;二是当锅炉底座较高时,一般用拉杆将汽筒固定在船体结构上。

④辅机基座。

根据辅机的种类、大小和用途的不同,可将辅机基座布置在不同的位置上,大部分位于两舷侧、靠近舱壁处、平台甲板上和构架上。辅机基座的结构形式与主机基座基本相同。

⑤推力轴承座。

推力轴承座是支承推力轴承的基座(图1-65)。推力轴承将螺旋桨产生的轴向推力通过推力轴承座传递到船体结构上。螺旋桨旋转时所遇到的船尾水流的伴流速度在桨盘上分布不均匀,引起螺旋桨叶片上的水压力不断变化,这就形成了脉冲性的推力。当推力轴承座纵向刚性不足时,就会产生纵向摆动,所以要求推力轴承座的纵向刚性较大。在轴承的两端装设牢固的加强肘板,使其纵向摆动最小。

(5)轴隧

在中机型或中艉机型船上,由于推进轴系要穿过机舱后面的货舱,因此必须在机舱后面的舱壁至艉尖舱壁之间设置一个水密的结构,将推进轴系围在里面,轴系由此通至舷外,与螺旋桨相连。这个水密的结构或通道称为轴隧。它保护轴系不受损坏,并防止海水从艉轴管进入船舱内,便于人员检查、维修。轴隧的形式有平顶和拱顶两种,前者便于装货,后者强度较好。

在单桨船上,轴隧的中心线在偏离舰船中心线的一侧,一般偏向右舷,即在轴的右侧留有通道,其宽度大约为 600 mm,如图 1-67 所示。将轴隧的尾端的尺寸加大,做成一个轴隧尾室,用来存放备用艉轴,便于检修工作。在轴隧或尾室的顶部或侧壁上设有可拆卸的水密开口,以便于抽出桨轴。在轴隧的前端即机舱的后壁上,设有一扇通往机舱的水密门。

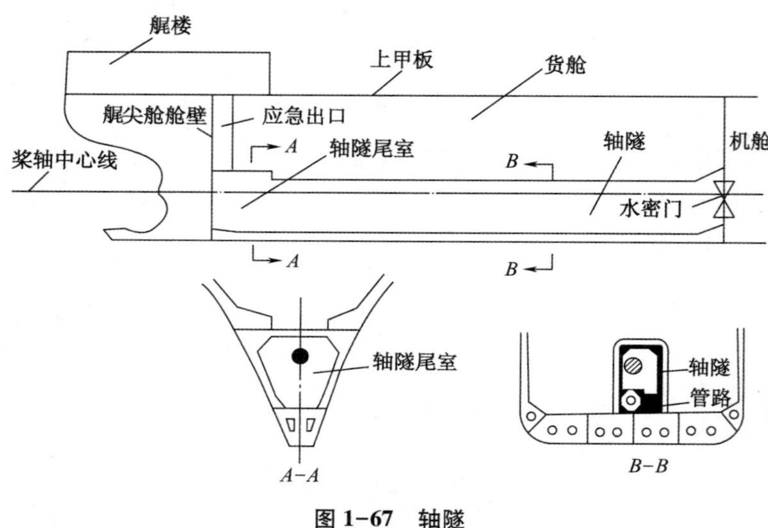

图 1-67 轴隧

在轴隧末端靠近艉尖舱舱壁处,设有应急围井并向上通至露天甲板上,作为轴隧和机舱的应急出口,也称应急通道或逃生孔。应急围井平时作为轴隧的通风口,其内不许乱放杂物,应急出口盖不能加锁。

双桨船在对称于船体中纵剖面的左右两侧各设置一个轴隧,两轴隧间设有通道。

1.2.3 舰船主要部位和舱室的布置

1. 甲板与平台

舰船主要部位的名称与舱室的布置如图 1-68 所示。

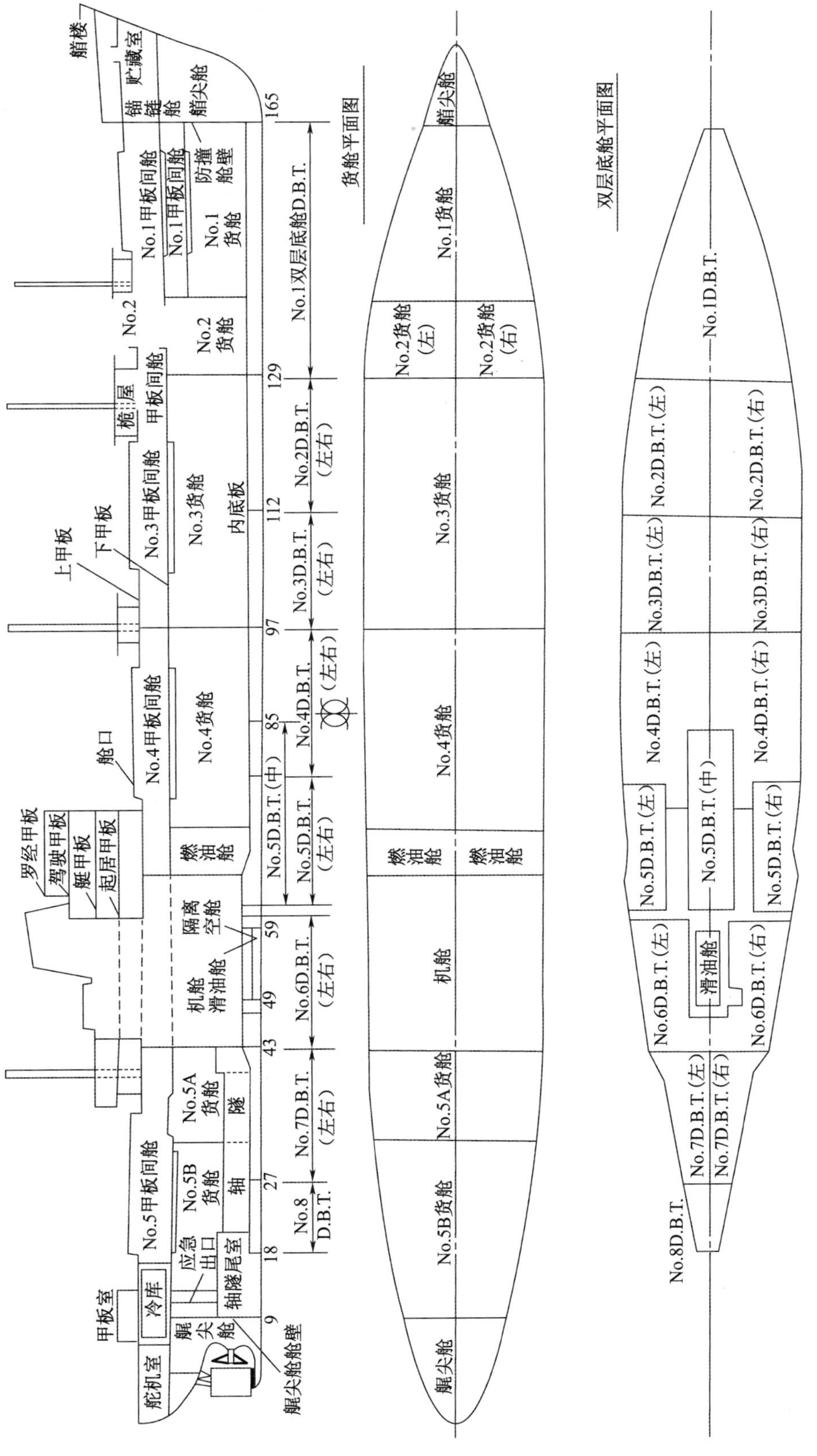

货舱平面图

双层底舱平面图

图 1-68　舰船主要部位名称

(1)甲板

在舰船同一层中,自船首至船尾纵向连续的,且从一舷伸至另一舷的平板,称为甲板。其中,船体最上面一层纵向连续的、自船首至船尾的全通甲板称为上甲板,上甲板一般是露天甲板。上甲板之下的甲板,自上而下分别称为第二甲板、第三甲板等,统称为下甲板。

(2)平台

沿着船长方向不连续的一段甲板,称为平台甲板,简称平台。

2. 主船体与上层建筑

上甲板以下的部分称为主船体,或称为舰船主体。而在上甲板上及以上的所有围蔽建筑物,统称为上层建筑。上层建筑主要包括船楼与甲板室两种形式。

宽度与上甲板宽度一样,或其侧壁板距舷边的距离小于4%船宽的上层建筑称为船楼,如图1-69(a)所示。船楼又分为艏楼、桥楼和艉楼。

①艏楼:位于船体首部的船楼。艏楼的长度一般为船长的10%左右。超过25%船长的艏楼称为长艏楼。艏楼只设一层,作用是减小舰船首部的甲板上浪,并可减小纵摇,改善舰船航行条件。艏楼内的舱室可作为贮藏室,长艏楼内的舱室可用来装货。

②桥楼:位于船体中部的船楼。桥楼主要用来布置驾驶室和船员居住处所并保护机舱。

③艉楼:位于船体尾部的船楼。当艉楼的长度超过25%船长时,称为长艉楼。艉楼的作用是减小船尾的甲板上浪和保护机舱,并可用于布置甲板室、船员居住处所和其他用途的舱室。

在上甲板上及以上的围蔽建筑的两侧壁,离船壳外板向内的距离大于4%船宽的围蔽建筑物称为甲板室,如图1-69(b)所示。

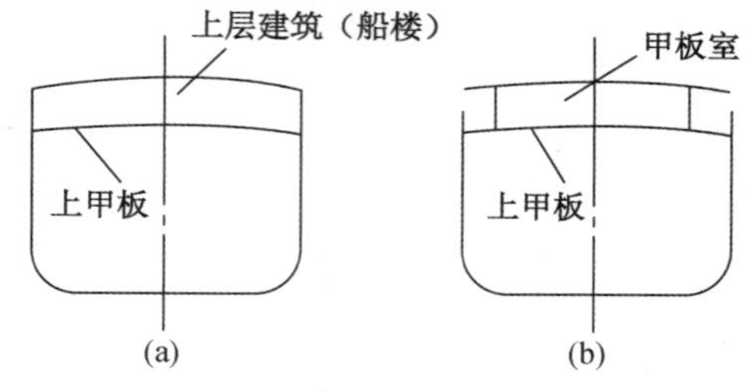

图1-69 船楼与甲板室

上层建筑的布置位置、层数、长短和数目是由舰船的大小、类型、用途、机舱位置、航海性能和舰船外形美观要求等因素决定的,一般在机舱的上方总是布置有上层建筑的。

3. 上层建筑中的各层甲板

罗经甲板:设有罗经的甲板,又称顶甲板,是舰船最高一层甲板。在罗经甲板上设有桅、雷达天线、探照灯和罗经等。

驾驶甲板:设置驾驶室的甲板。该层甲板的舱室处于舰船最高位置,布置有驾驶室、海图室、报务室和引水员房间等。

艇甲板:放置救生艇或工作艇的甲板。从救生角度出发,要求该层甲板位置较高,艇的周围要有一定的空旷区域,以便人员能在紧急情况下集合并能登艇。艇放置在两舷侧,便于快速放艇。船长、轮机长、大副等的房间一般布置在该层甲板上。此外,舰船的应急发电机室、蓄电池室和空调室一般也布置在该层甲板。

起居甲板：主要是用来布置船员的居住舱室及生活服务舱室。

上层建筑内的上甲板：用来布置厨房、餐厅、水手和厨工等船员的房间，以及伙食冷库、粮食库等。

游步甲板：客船或客货船上供旅客散步或活动的甲板，常设有宽敞的通道或活动场所。

4. 主船体的主要部位

按舰船首尾方向布置，一般在货船的主船体内，主要部位有艏尖舱、货舱、深舱、机舱和艉尖舱等，如图 1-70 所示。

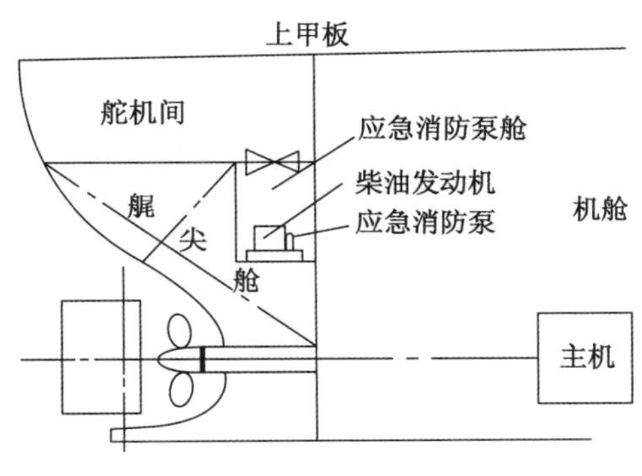

图 1-70　主船体的主要部位

艏尖舱：位于艏部防撞舱壁之前、舱壁甲板之下的船舱。艏尖舱主要用作压载水舱，因为它远离船中，所以它对调整舰船纵倾的效果较好。必要时，艏尖舱也可储存淡水。艏尖舱内不得装载燃油、滑油和其他易燃油类。

货舱：在双层底内底板之上和上甲板之下、艏尖舱舱壁与艉尖舱舱壁之间，除了用于布置机舱和深舱之外，基本上都用于布置货舱。货舱的名称按艏艉方向排号。货舱之间由水密横舱壁隔开。对于货舱内的布置，要求结构整齐，各种管系、通风管道和其他设施都应安置在船舱结构范围之外，不得妨碍货物的装卸。

深舱：有的舰船因燃油储存量较大，在机舱前舱壁与货舱之间设有深舱。艉机型船由于舰船浮态调整的需要，或因压载水量要求大，在货舱与货舱之间设有 1~2 个压载深舱。

机舱：机舱的位置直接关系到舰船上层建筑的形式、货舱布置、纵倾调整、船体结构与强度以及驾驶视线等。目前常见的机舱位置有设于舰船中部、艉部和中艉部三种，相应的建筑形式即称为中机型、艉机型、中艉机型。

艉尖舱：位于舰船尾部最后一道水密横舱壁之后、舱壁甲板或平台甲板之下的船舱。艉尖舱主要作为压载水舱或淡水舱，以调整舰船浮态。

5. 舰船工作舱室

舰船工作舱室可分为驾驶、甲板、轮机三个部门的工作舱室。

驾驶部工作舱室有：驾驶室、海图室和报务室。

甲板部工作舱室有：理货室、锚链室、木匠工作间、灯具间、油漆间、缆绳和索具间等。

轮机部工作舱室有：

机舱：集中放置舰船动力装置中绝大部分机电设备的船舱。运输舰船的机舱几乎均设在驾驶船楼的下方。机舱必须与货舱分开，因此机舱前后端均设有水密横舱壁。

应急发电机室:放置应急发电机组及其配电板的舱室。应急发电机是在机舱内发电机组发生故障或舰船发生海损时为舰船提供应急电源而设置的。根据《1974 年国际海上人命安全公约》(SOLAS 公约)的要求,应急发电机室应置于最高一层连续甲板以上且易于从露天甲板到达之处,一般位于艇甲板上,不能与机炉舱相通,门开向露天甲板。

蓄电池室:SOLAS 公约规定,蓄电池组不应与应急配电板装设在同一处所,所以蓄电池室应是独立的舱室,一般也位于艇甲板上。因蓄电池常有易爆性气体逸出和电解液溢出,所以蓄电池室应有适当的构造和进行有效的通风,室内要铺设防腐垫层且不应安装电气设备,照明要用防爆灯。

舵机间:用于布置舵机的舱室,位于舵的上方艉尖舱顶部水密平台甲板上,如图 1-70 所示。

应急消防泵舱:根据 SOLAS 公约的要求,当舰船任一舱室失火会使所有的消防泵失去作用时,应设有固定独立驱动的应急消防泵。应急消防泵应布置在机舱之外的水密舱室内,如图 1-70 和 1-71 所示。

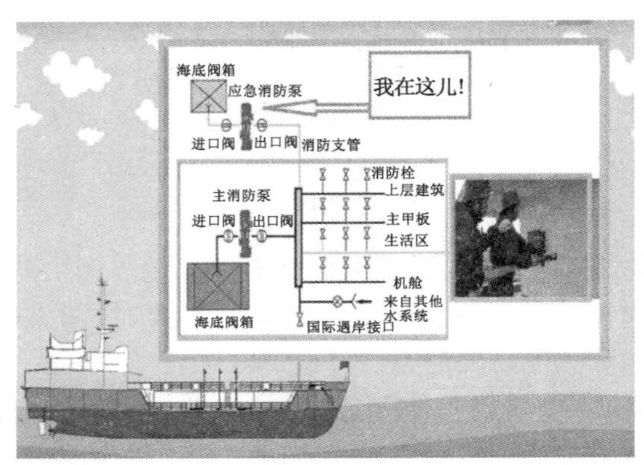

图 1-71　应急消防泵舱

空调室:放置空调器的舱室。在货船上,空调室一般位于艇甲板后部。

制冷机室:放置制冷压缩机及其有关设备的舱室,一般靠近冷藏舱室附近。

轴隧:中机型船和中艉机型船的推进轴系要通过机舱后面的货舱,因此在机舱后舱壁与艉尖舱舱壁之间必须设置一个水密结构的轴隧,将轴系围在里面,并由此通至螺旋桨。

6. 舰船生活舱室(图 1-72)

船员居住舱室:为了方便船员工作,保证船员休息,并尽可能地改善船员的工作生活条件,船员居住舱室一般都布置在各自的工作场所附近,但各船的布置不尽相同。

旅客居住舱室:应与船员居住舱室分开,也应与货舱、装卸作业区域分开。居住区域要有适当的可供旅客散步或活动的甲板(如游步甲板),足够数量和宽敞的通道、楼梯和出入口,并配有一定数量的厕浴室。

船上的公共舱室:船员或旅客共同使用的舱室。

厨房:一般设在上甲板上、机舱棚的周围、船楼的后部,并远离厕所、浴室及医疗室等处所。

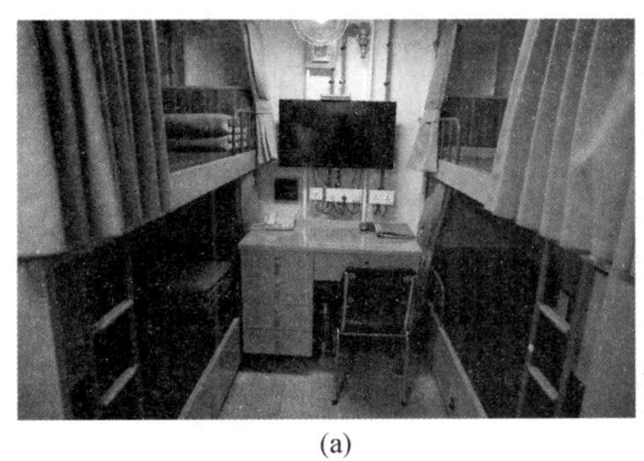
(a)

(b)

图 1-72　舰船生活舱室

餐厅：按我国的《国内航行海船法定检验技术规则》规定，大于或等于 1 000 总吨的舰船一般应分设船长、轮机长和高级船员餐厅及普通船员餐厅。客船则根据限定载客数量分设数个餐厅。船员餐厅应与旅客餐厅分开。

厕所、浴室和盥洗室：一般都集中布置在居室附近，船员的厕所浴室与旅客的分开。各层甲板上的厕所、浴室、盥洗室基本上在同一舷侧并处于同一垂直线上。

7. 液舱

液舱是指用来装载液体的舱，如燃油舱、淡水舱、压载舱、液货舱等。

（1）液舱布置的特点

①与一般货物（矿石等除外）相比较，液体的密度大，为利于舰船稳性，液舱一般都布置在舰船的低处。

②液舱一般都对称于舰船纵向中心线布置，有利于舰船破舱稳性。

③液舱都是水密或油密舱，除有清洗和维修用的人孔之外，不准开其他孔。

④液舱的横向尺寸都较小，以减小舱内液体的自由液面对稳性的影响。

⑤所有燃油和淡水都不应集中布置在一个舱内，以保证舰船在部分油、水舱破损后不致完全丧失舰船生命力。

⑥液舱内设有输入输出管、空气管、溢流管、测深管等。

（2）液舱的种类

①燃油舱：因舰船主机用的燃料油（俗称重油）黏度大，需要加热后方可输送，为了减少加热管系的布置，燃料油舱一般布置在机舱的前壁处和机舱的两舷侧处，以及机舱下面的双层底内。辅机目前多燃用重柴油，柴油舱一般布置在机舱下面的双层底内。

②燃油溢油舱：装油时，当燃油装满了燃油舱，可通过溢油管流入溢油舱。为了使溢出的燃油能自行流入溢油舱，溢油舱一般都布置在舰船的最低处。溢油舱中的燃油仍可通过管系再泵入燃油沉淀柜以供使用。

③滑油舱：滑油舱的四周要设置隔离空舱，与燃油舱、淡水舱、压载水舱及舷外水等隔开，以免污染滑油。但由于舰船滑油的储存量不是很大，所以很多舰船都以油柜的结构形式设在舰船双层底以上的独立舱室中，俗称滑油储存柜。

④滑油循环舱：位于主机下面的双层底中，习惯上称为滑油循环柜，用于主机曲柄箱油强制循环系统中，汇集滑油以便不断循环。其四周也需要设置隔离空舱，与周围的燃油舱、淡水舱和船底的舷外水隔开，以免污染滑油。

⑤污油舱：用于储存污油。污油舱的位置较低，以利于外溢和泄漏的污油自行流入舱

内。污油舱开有人孔,供清理油渣的人员进出,并设有管路通向油水分离器,以便处理污油水。

⑥淡水舱:分为饮用水舱、清水舱和锅炉水舱等几种。要求饮用水舱舱内的结构和涂料能保持水质清洁,一般在舱的内壁涂有水泥。

⑦污水舱:位置较低,以利于船上各处的污水通过泄水管流入。也可将机舱舱底污水储存于污水舱内。

⑧压载水舱:对调整舰船浮态、吃水和稳性有很大影响。可作为压载水舱的有艏尖舱、艉尖舱、双层底舱、压载深舱、散货船的上下边舱、集装箱船和矿砂船的边舱等。

⑨其他液舱:如前面已介绍过的艏尖舱、艉尖舱、双层底舱、深舱、液货舱等。

(3)测深管、空气管、溢流管、船底塞

①测深管。

在船上的每一个液舱和污水井中,都装设一根直径为30~50 mm的直管,称为测深管。利用测深尺从测深管上端口坠入舱底,然后把尺收上来并观察尺的浸湿长度,从而确定舱中液体的存量、液面高度以及干隔舱中有无液体。

测深管的布置和要求如下。

一般每一个液舱、干隔舱、污水井中只布置一根测深管。测深管都布置在液舱的最深处。对于平底舱,可在舱的前后端各布置一根。

测深管的上端要升至舱壁甲板的上方,管口有螺纹盖,并与甲板平齐,不妨碍人在甲板上行走。布置在机舱和轴隧下面的压载水舱、清水舱的测深管,其上端管口只伸到机舱铺板、轴隧铺板以上约1 m高处,但是管口上装有自动关闭装置,当不测深时,管口自动关闭,不使舱底水溢出。燃油舱、滑油舱测深管的上端管口,必须伸至露天甲板上,防止油气泄漏于舱内。装饮用水的清水舱的测深管的上端管口,要高出甲板面400 mm以上,防止污物落入管内。

测深管的下端在管口下方的舱底板上,可焊接一块平钢板,或在管口上焊一块钢板,而在管子端部侧面开孔,目的是保护舱底板,以免被测深尺撞漏。

测深管在穿过货舱等船舱时,都要有良好的保护装置,以防碰损。

舱中虽设有机械或电子测量装置,但仍然必须设有人工测量的测深管。

②空气管。

空气管又称透气管,其作用是保证在液舱注入或排出液体时,空气能自由地从管中排出或进入舱中。

空气管的布置和要求如下。

a. 通常每个液舱装设一支空气管,在某些特殊情况下装设两支。每个液舱中空气管的总截面积,不小于该舱注入管截面积的1.25倍,深舱中的空气管的总截面积则不小于注入管的1.5倍。但是,其内径均不得小于50 mm,油舱中空气管的内径不得小于100 mm。

b. 空气管的上端要伸至露天甲板以上400~1 200 mm,固定在甲板上并靠近舷墙边处,或靠近上层建筑的壁板处。管头弯成180°或装设防水盖,以防海水和杂物浸入。燃油舱和滑油舱的空气管的上端管口处,装有金属防火网。

c. 空气管的下端在舱柜顶的最高处,一般均在液舱的前部顶板上。

d. 空气管可以做成弯曲形状,沿着舷侧外板的内表面或舱壁板伸至露天甲板上。

③溢流管。

所有用泵灌注的液舱柜均在顶部设有一根管子,将可能溢出的液体引入溢流柜或有剩余空间的贮存柜,这种管子称为溢流管。对于装水的液舱柜则引到开敞处或其他溢流柜内。对于滑油和燃油则要防止其从空气管溢出,避免污染。

溢流管的截面积要不小于注入管的 1.25 倍。在溢流管上易观察的管段处装有观察镜,以便于及时发现溢油,停止灌注。在溢流管上不准装有截止阀或旋塞。油舱兼作压载水舱的溢流管,如与溢油系统相连,应装设防止压载水溢流进油舱的装置。溢流管布置,应保证在任一舱破损进水后,不使海水通过溢流管进入其他水密舱室。

④船底塞。

在每一个压载舱(或其他水舱)中,由于压载水管的吸入口不可能完全把水排干净,而在水舱需要修理或涂刷时,必须把残留的水放干,因此,在每一个水舱船底板的最低处,开设一个小孔(孔径 50 mm 左右),用一个螺栓塞紧,并在船底板的外面涂上水泥和油漆。在船进坞需要修理水舱时,可以把船底塞打开,放尽舱底水。

8. 其他舱室

(1) 隔离空舱

隔离空舱也称为干隔舱,专门用来隔开相邻的两个舱室,以避免不同性质的液体相互渗透,以及防止油气渗入其他舱室而引起火灾。不同种类的滑油舱之间、燃油舱与滑油舱之间、油舱与淡水舱之间,以及油船的货油舱与机炉舱、居住舱室之间等均需要设隔离空舱。有的油舱与货舱之间也需要设隔离空舱,但燃油舱与压载水舱之间不需要设隔离空舱。隔离空舱较窄,一般只有一个肋位间距,并设有人孔以供人员进出检修。油船上的货油泵舱可兼作隔离舱。

(2)冷库和粮库

冷库和粮库一般位于厨房附近,要求出入口远离卫生间,且搬运物品方便。根据食物对冷藏温度的要求不同,大、中型海船一般有 3~4 个库,分别储藏肉和鱼、蔬菜和水果,以及乳、蛋品等。粮库用于存放米、面粉、食油、酒和饮料等。

【巩固与提高】

扫描二维码,进入过关测试。

任务 1.2 闯关

项目2　舰船适航性控制

【项目描述】

通过对舰船尺度、浮性、稳性、抗沉性、摇荡性与操纵性等相关知识的学习,达到轮机工程技术士官第一任职能力所要求具备的有关舰船适航性控制的知识标准。

一、知识要求

1. 了解船舶尺度等基本知识;
2. 掌握舰船浮性与稳性的影响因素;
3. 了解舰船抗沉性及密性保持的基本知识;
4. 了解舰船摇荡性与操纵性的基本知识;
5. 掌握舰船摇荡性与操纵性的影响因素。

二、技能要求

1. 能识别船舶基本参数;
2. 能保证舰船具有一定的浮性;
3. 能识别舰船稳性的好坏;
4. 能正确操纵舰船密封设施与设备;
5. 能操纵与管理舰船减摇装置;
6. 能确保舰船操纵性相关设备在良好工作状态。

三、素质要求

1. 具有自主学习意识,能主动建构知识结构;
2. 具有团队意识和协作精神。

【项目实施】

任务2.1　舰船适航性基本知识

【任务引入】

船舶管理:船舶适航性基本知识(船舶尺度和船型系数、船舶的排水量、载重量和吨位)

【思想火花】

全球首艘 LNG 动力 23000-TEU 集装箱船在上海下水

【知识结构】

舰船适航性基本知识结构图

【知识点】

舰船适航性基本知识

2.1.1　船舶形状及船舶尺度

1. 船舶形状

船舶形状包括水上部分的外形和水下部分的形状即船体线型两部分，其中水下部分的形状与船舶的航行性能密切相关。船舶水下部分的形状通常是形状复杂的光滑曲面，一般用船体型线图来表示，船体型线图是在三个相互垂直的投影面上，以船体型表面的截交线、投影线和外廓线来表示船体外形的图样，如图 2-1 所示。

船体型表面是不包括船舶附体在内的船体外形的设计表面。对于金属船，船体型表面是指船壳外板和上甲板的内表面，即船体骨架外缘的表面；对于木质船、水泥船、玻璃钢船，船体型表面则为船壳外板和上甲板的外表面。

船舶附体：水线以下突出于船体型表面以外的物体，包括舵、螺旋桨、舭龙骨、减摇鳍、艉轴架、轴包套等。

2. 船舶尺度

船舶尺度主要是指表示船体外形大小的基本量度。

(1)基准面

船舶度量的基准面主要包括以下三个坐标平面(图 2-2)。

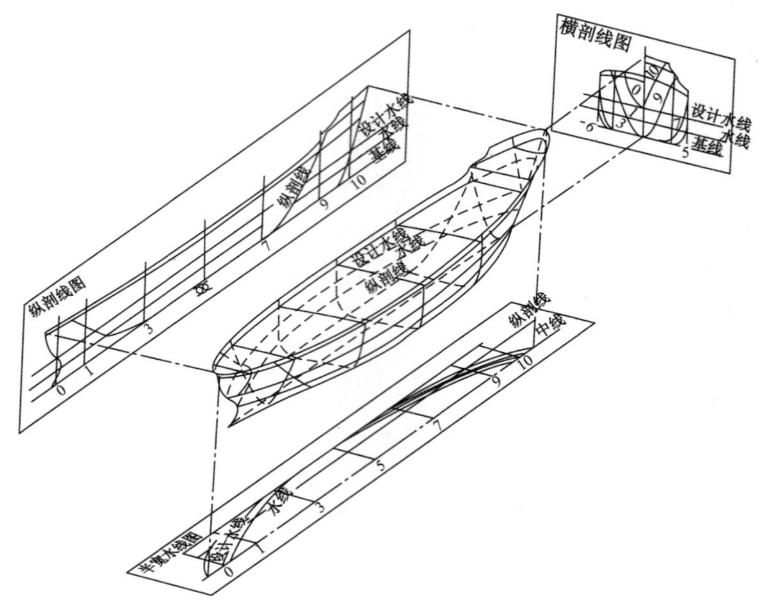

图 2-1　船体型线图

中线面是通过船宽中央的纵向垂直平面，把船体分为左右舷对称的两部分，是量度船体横向尺度的基准面。

中站面是通过船长中点的横向垂直平面，把船体分为前体和后体两部分，是量度艏艉方向尺度的基准面。

基平面是通过中站面与龙骨线的交点或船体型表面的最低点处（如为弧形龙骨时），且平行于设计水线面的平面，是量度船体垂直方向尺度的基准面。

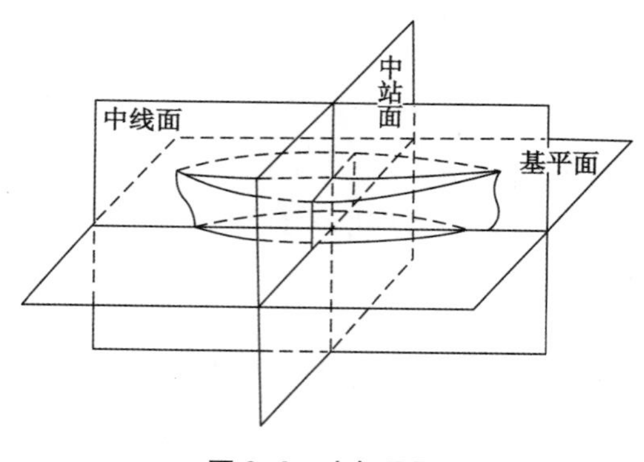

图 2-2　坐标平面

（2）船体三个剖面

为了反映船体结构中纵、横构件的布置和结构情况，用剖面形式来表达。船体结构图中，有以下三个主要剖面。

①中横剖面，是中站面与船体相截所得到的船体剖面，其形状对船舶阻力、横摇、舱容的大小、舱底水的排泄等有影响。

②中纵剖面，是中线面与船体相截所得到的船体剖面，其形状对船舶操纵性、快速性、耐波性等有影响。

③设计水线面，是设计夏季载重线处的水平面与船体相截所得到的船体剖面，其形状（特别是艏艉两端）对船舶阻力、稳性、船舶布置等有影响。

（3）基线、直角坐标

基线是中站面或中线面与基平面的交线，分为横向基线和纵向基线。

直角坐标将中线面、中站面和基平面的交点作为坐标原点 O，以中线面与基平面的交线为 X 轴（纵），规定向艏方向为正值，向艉方向为负值；以中站面与基平面的交线为 Y 轴（横），规定向右舷为正值，向左舷为负值；以中线面与中站面的交线为 Z 轴，规定向上为正值。船舶重心、浮心、漂心和稳心的位置可用直角坐标来表示。

通常按用途不同，船舶尺度（图 2-3）有主尺度（船型尺度，与船舶的航海性能有关）、登记尺度（船舶登记时用来丈量船舶的尺度）和最大尺度（船舶驾驶中转向、靠离泊位时使用）几种。

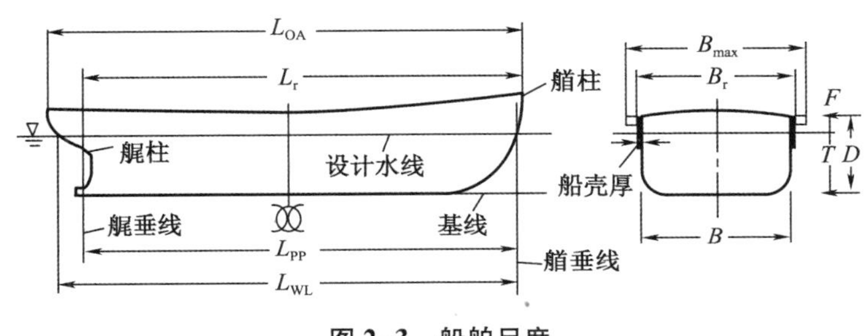

图 2-3 船舶尺度

（4）主尺度

艏垂线是通过艏柱的前缘和设计夏季载重水线的交点所作的垂线。

艉垂线是沿舵柱后缘所作的垂线，对无舵柱的船舶，是沿舵杆中心线所作的垂线。

垂线间长是艏、艉垂线之间的水平距离，通常用符号“L_{PP}”表示。垂线间长又称为两柱间长，一般用来代表船长。

主尺度或型尺度：根据中国船级社《钢质海船入级规范》中的定义，从船体型表面上量度的尺度，主要有船长 L、船宽 B、型深 D、吃水 d 四个。钢船的型表面是外壳的内表面，不计船壳板和甲板厚度，用于船体设计计算，如图 2-4 所示。

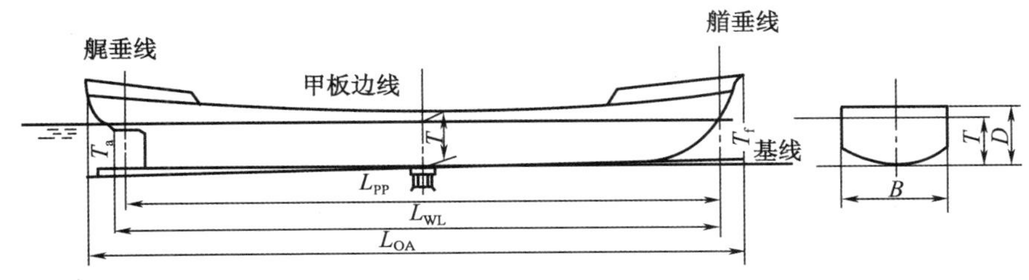

图 2-4 船舶主（型）尺度

（5）登记尺度

登记尺度是根据《国际吨位丈量公约》和我国《国内航行海船法定检验技术规则》（以下简称《法规》）关于“吨位丈量”的规定定义的，即在船舶完成吨位丈量工作后申请船舶登记时所使用的船舶尺度，是专门作为计算吨位、丈量登记和交纳费用依据的尺度。

(6)最大尺度

最大尺度又称为全部尺度或周界尺度,是用来检验船舶是否受航道限制的参数,主要用于检查船舶在营运中能否满足桥孔、航道、船台等外界条件的限制,如图 2-5 所示。

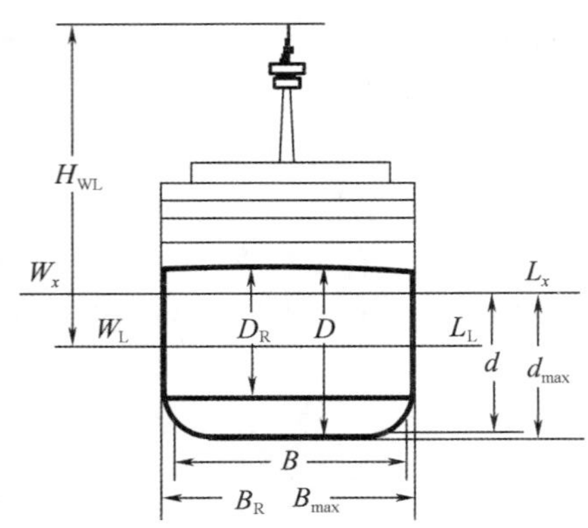

图 2-5　船舶最大尺度

船舶最大尺度包括:

①船舶总长:船首最前端到船尾最后端的水平距离。

②最大宽度:船体最宽部分处两舷船壳板外缘的间距。

③最大高度/连桅高度:龙骨下边到最高桅顶的垂直距离。

最大高度减实际吃水得水面上的高度,其决定船舶能否通过航道上的桥梁或架空电缆。

(7)主尺度比

主尺度比是表示船体几何形状特征的重要参数,其大小与船舶的航海性能有着密切关系。

①长宽比 L/B:垂线间长与型宽的比值。比值越大,船体越瘦长,其快速性和航向稳定性越好,操纵不灵活。

②宽度吃水比 B/d:型宽与型吃水的比值。比值大,船体宽度大,船舶稳定性好,横摇周期小,耐波性变差,航行阻力增加。

③型深吃水比 D/d:型深与型吃水的比值。比值大,干舷高,储备浮力大,抗沉性好,船舱容积增大,重心升高。

④长深比 L/D:垂线间长与型深的比值。该比值大对船体强度不利。

⑤长吃水比 L/d:垂线间长与型吃水的比值。该比值大,船舶的操纵回转性变差。

2.1.2　船型系数

船舶主尺度比和船型系数是表示船体外形大小和肥瘦程度的重要参数。但是,它们还不能全面地表示一条船的大小。因此,还必须应用表示船舶质量和容积等方面的参数。

船型系数是表示水线下船体肥瘦程度的各种无因次系数。它表征了水线下船体体积和面积沿着各个方面分布情况,包含如下的系数。

1. 水线面系数 C_W

C_W 平行于基平面的任一水线面面积 A_W 与对应的水线长 L 和水线宽 B 的乘积之比,表征船体水平剖面的肥瘦程度,如图 2-6 所示。

$$C_W = \frac{A_W}{LB}$$

2. 中横剖面系数 C_M

C_M 中横剖面的浸水面积 A_M 与对应的水线宽 B 和型吃水 d 的乘积之比,表征船舶中横剖面的肥瘦程度,如图 2-7 所示。

$$C_M = \frac{A_M}{Bd}$$

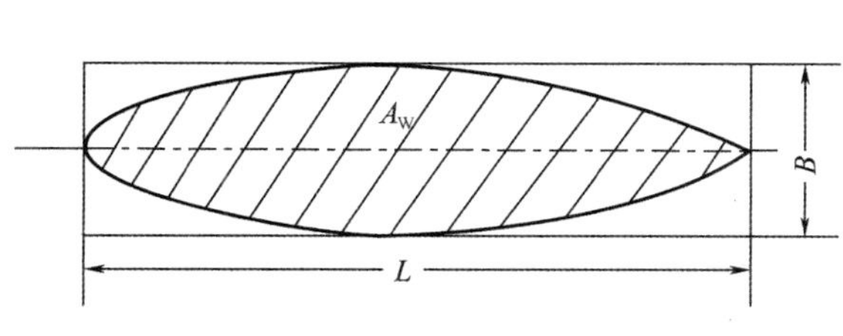

图 2-6　水线面系数

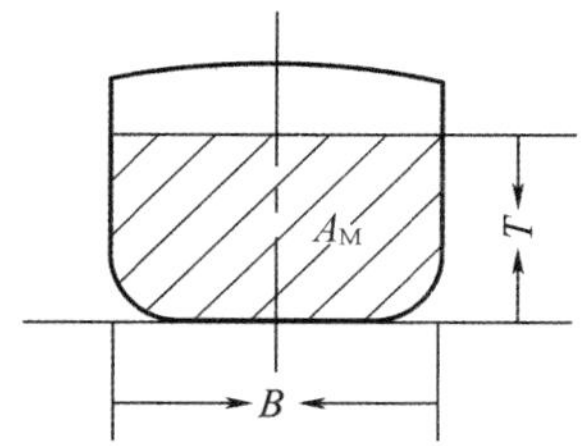

图 2-7　中横剖面系数

3. 方形系数 C_B

C_B 是在与基线平行的任一水线下,型排水体积 V 与对应的水线长 L、中横剖面处的水线宽 B 及型吃水 d 三者的乘积之比,表征船体的肥瘦程度,如图 2-8 所示。

$$C_B = \frac{V}{LBd}$$

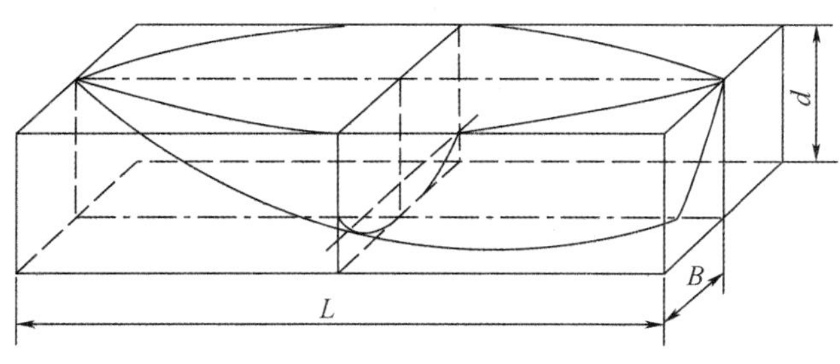

图 2-8　方形系数

4. 棱形系数 C_P

C_P 是在与基线平行的任一水线下,型排水体积 V 与对应的水线长 L 和中横剖面的浸水面积 A_M 的乘积之比,表征排水体积沿船长的分布,其值大小影响船舶快速性和耐波性,如图 2-9 所示。

$$C_P = \frac{V}{A_M L}$$

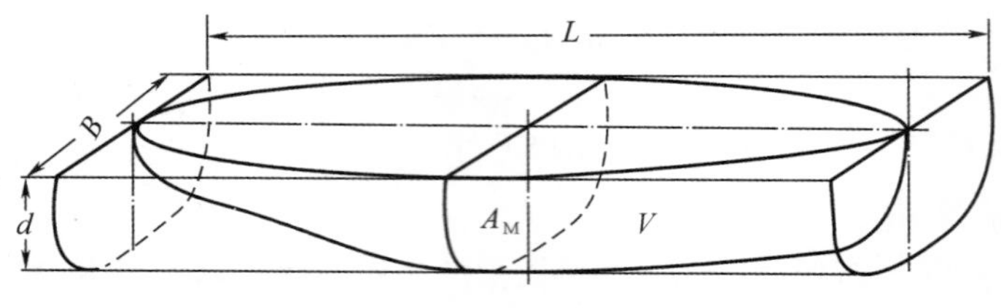

图 2-9 棱形系数

5. 垂向棱形系数 C_{VP}

C_{VP} 是与基线平行的任一水线下，型排水体积 V 与对应的水线面面积 A_W 和中横剖面处型吃水 d 的乘积之比，表征排水体积沿着船舶垂向的分布，如图 2-10 所示。

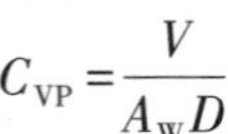

$$C_{VP}=\frac{V}{A_W D}$$

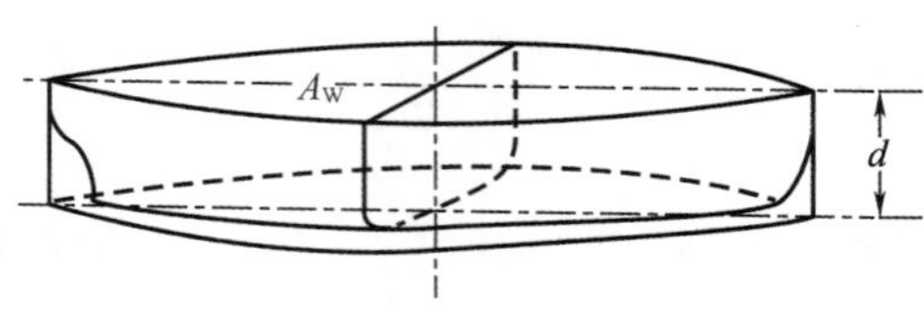

图 2-10 垂向棱形系数

归纳上面所述，可得出以下几点。

①不同的船型系数及其大小，影响着航海性能和使用性能。

②船型系数 C_W、C_M、C_B、C_P、C_{VP} 是随船舶吃水变化的，将变化规律画在船舶静水力曲线图中，可根据船舶吃水在图中查出相应吃水下的各个船型系数，这些系数都小于 1。

③通常所称的某船的船型系数 C_W、C_M、C_B、C_P、C_{VP} 是指在设计吃水时的数值。

④五个船型系数中，C_W、C_M、C_B 是独立的，C_P、C_{VP}是导出的。它们的关系为

$$C_P=\frac{C_B}{C_M},C_{VP}=\frac{C_B}{C_W}$$

⑤对于同一条船舶，中横剖面系数 C_M较大，而方形系数 C_B 最小。同一条船舶吃水一定时，$C_P>C_B$、$C_{VP}>C_B$。

⑥利用船舶的主尺度比和船型系数，可以计算出在某一吃水下船舶的排水体积及其他的尺度和参数。

2.1.3 排水量与载质量

1. 排水量

船舶的排水量是空船质量和载重量之和。空船质量为船体钢料质量、船上木作舾装、机器设备以及武备等的质量。载重量是指货物旅客、淡水、粮食、燃料、润滑油及弹药等的质量。以货船为例，即船舶排水量＝空船质量＋载重量，载重量＝货物质量＋人员、淡水、燃料、粮食等的质量。

空船排水量是船舶在无载重时的排水量，即空船排水量＝船体＋机器设备＋备件＋固定压载＋液舱、设备和管系中不能吸出的液体等的质量，但不包括货物、旅客、船员、燃料、滑油、淡水、粮食和供应品等的质量。空船排水量是一个固定值（由船厂计算出后提供）。

满载排水量是指船舶在设计夏季载重水线下的排水量,即满载排水量=空船排水量+总载质量时的排水量,是反映船舶大小的参数。满载排水量=船舶总质量。

对于军用船舶来说,规定了五种典型的装载情况,其相应的排水量为:空载排水量、标准排水量、正常排水量、满载排水量和最大排水量。标准排水量是指人员配备齐全,备足必需的供应品,做好作战准备时的排水量,但不包括燃料、润滑油和锅炉用水的贮备量。正常排水量是指正式试航时的排水量,相当于标准排水量加上保证50%航程所需的燃料、润滑油和锅炉用水的质量,一般作为设计排水量。满载排水量是指标准排水量加上全部航程所需的燃料、润滑油和锅炉用水的质量。最大排水量又称超载排水量,是允许达到的超载状态。

排水量在计算船舶性能和强度时使用。

2. 载重量

实际应用中,表示船舶大小用载重量,总载重量简称载重量,用符号“DW”表示,它是指船舶允许装载的最大质量,表示船舶在运输中总的载重能力,总载重量=货物质量+旅客质量+船员质量+燃料质量+滑油质量+淡水质量+粮食质量+供应品质量。

净载重量=船舶可装载的能够盈利的货物质量+旅客质量+旅客行李质量+随身携带的物品质量(最大质量)=总载重量-(燃料质量、淡水质量、备件质量、船员及其供应品的质量和船舶常数)。净载重量反映了船舶的运输能力,影响船舶运输的经济效益。

船舶载重吨位可用于对货物的统计,是作为期租船月租金计算的依据,可表示船舶的载运能力,也可用作新船造价及旧船售价的计算单位。

3. 吨位

总吨位(GT)的用途:表示商船建造规模的大小;统计商船容积拥有量的单位;作为计算造船、租船、买卖船舶等费用的基准;作为划分船舶等级、技术管理和设备要求的基准;作为船舶登记、检验、丈量等收费基准;作为确定海损最高赔偿额的基准。

容积总吨可用于对商船队的统计;表明船舶的大小;船舶登记;确定对航运业的补贴或造舰津贴;计算保险费用、造船费用以及船舶的赔偿等。

2.1.4 储备浮力、干舷和载重线标志

1. 储备浮力

储备浮力是指船舶设计水线以上到最上一层水密甲板之间的这部分体积所产生的浮力。如果船舶由于某种原因而发生下沉,那么这部分水密体积就能继续提供浮力,使船仍能漂浮于某一水线面上而不继续下沉或没顶,所以说这部分水密体积所提供的浮力是储备着的。

储备浮力通常以满载排水量的百分数来表示,视船舶类型、航区、货运种类而定。一般海船的储备浮力为满载排水量的25%~40%,军舰往往在100%以上。

2. 干舷

干舷是指在船中两舷自甲板线的上缘量至载重水线上缘的垂直距离。每艘船舶为保证航行的安全都应有足够的干舷,船舶设计时皆应按有关规范计算。它是指示船舶在不同航区、不同季节的最大吃水标志。船舶航行时的实际吃水不能超过规定的载重线,以此规定船舶安全航行所需的最小储备浮力,如图2-11所示。

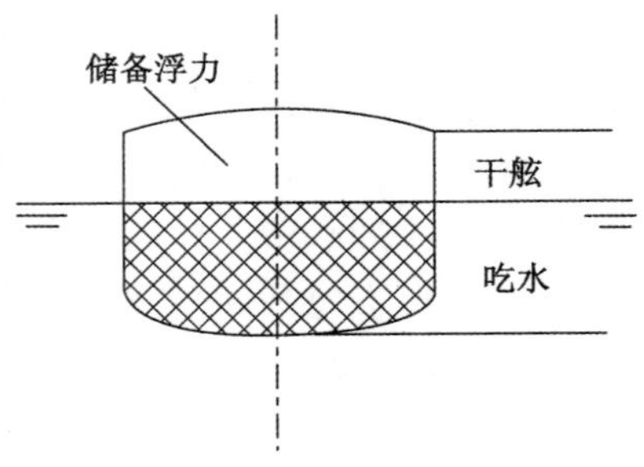

图 2-11　储备浮力与干舷

干舷是反映船舶抗沉性大小的物理量,对于海船,通常指船舶夏季最小干舷。它是在船中处,沿舷侧从夏季载重水线量至干舷甲板上表面的垂直距离,包括形状干舷(满足浮性衡准)、强度干舷(满足强度衡准)、分舱干舷(满足抗沉性衡准)。

干舷是用于衡量船舶储备浮力大小的一个尺度。干舷越大,载重水线以上的水密空间就越大,即储备浮力越大。最小干舷高度的大小是由船舶的长度、型深、方形系数、上层建筑、舷弧、船舶种类、开口封闭情况,以及船舶航行的区带、区域、季节期和航区决定的。

3. 载重线标志

载重线标志用于确定船舶在不同航行区带、区域(具有相似风貌条件的海域分成的若干区域)和季节期(同一区域或区带内,按风浪变化的不同时期分为的季节区带)应具备的最小干舷,以保证船舶具有足够的储备浮力(最大的载重能力)和航行安全。

其位置是:勘划在船中的两舷外侧。量度:以载重线的上边缘为准。颜色:对圆圈、线段和字母,当船舷为暗色底者,应漆成白色或黄色;当船舷为浅色底者,应漆成黑色。

载重线标志包括以下三部分,如图 2-12 所示。

①甲板线:长 300 mm、宽 25 mm,与干舷甲板上表面(有木铺板时,为木铺板的上表面)相切。

②载重线圈:由三部分组成,一是外径为 300 mm、线宽为 25 mm 的圆圈,圆圈中心位于船中处,圆圈中心到甲板线上边缘的距离为夏季最小干舷;二是一条上边缘通过圆圈中心的水平线段(长 450 mm、宽 25 mm);三是位于圆圈两侧的两个字母(核定勘绘干舷的验船机构)。

③载重线(长 230 mm、宽 25 mm 的水平线段垂直于长 540 mm、宽 25 的竖直线(近船首))。

其中各载重线上的字母代表的意义如下。

TF——热带淡水载重线,tropical fresh water load line。

F——夏季淡水载重线,fresh water load line in summer。

T——热带载重线,tropical load line。

S——夏季载重线,summer load line。

W——冬季载重线,winter load line。

WNA——北大西洋冬季载重线,winter North Atlantic load line。

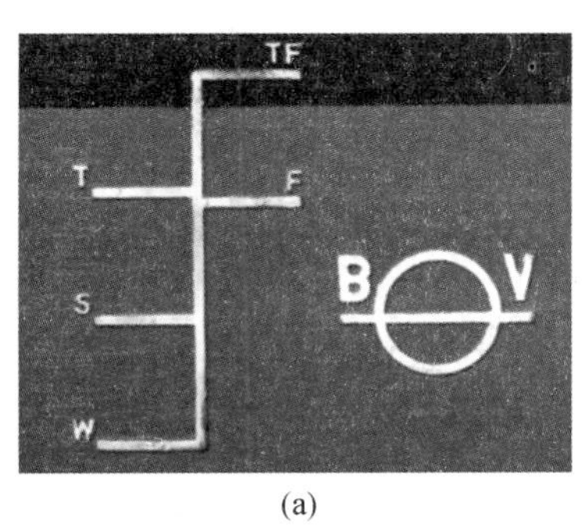

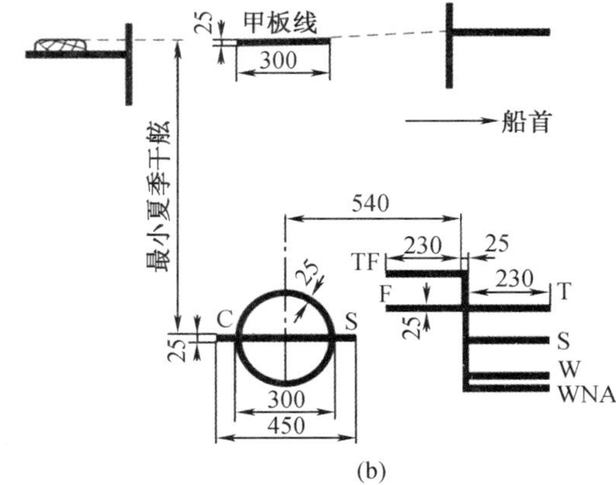

(a)　　(b)

图 2-12　载重线标志(单位:mm)

国内航行船舶的载重线标志有两个特征:一是由于我国沿海岸附近风浪较小,国内航行船舶的载重线标志中无“冬季载重线”和“北大西洋冬季载重线”;二是国内航行船舶的最小干舷比国际航行船舶的要小一些。

两点说明:①载重线名称中的“夏季”“冬季”等并不是四季中的夏季和冬季,而是根据该海区的风浪大小与频率来划分的;②我国的国际航行和国内航行的船舶,载重线圈上的水平线段都对准夏季载重线。

4. 水尺

水尺(图 2-13)是标记船舶吃水的工具,用数字和线段标记在船首尾和船中两舷的船壳板上,分别标明相当于艏垂线、艉垂线和船中横剖面处的实际吃水(水线面至船底龙骨板下缘垂直距离)。

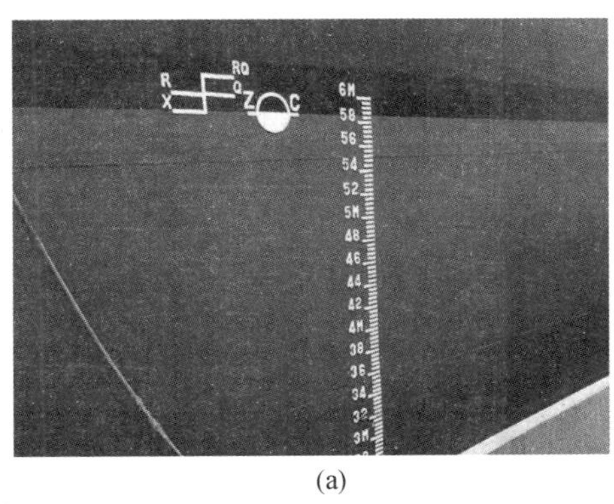

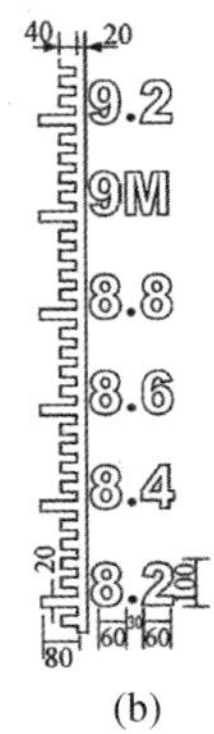

(a)　　(b)

图 2-13　水尺

型吃水:水线面至船底龙骨板上缘的垂直距离,与实际吃水相差一个龙骨板的厚度。它是进行船舶设计和性能计算时所考虑的吃水,以 m 或 cm 为单位。

平均吃水指船舶正浮时的型吃水或实际吃水,即船舶漂心处的吃水。在小倾角横倾和纵倾的前提下,平均吃水也称等容吃水。

水尺的读数:读取吃水时,看水面与水尺下缘相切位置的数字。水尺刻度线中,在长水平线段的下缘标注水尺读数,水尺读数的下缘与长水平线段的下缘平齐。水线达到水尺上某数字的下边缘时，实际吃水为该数字所表示的数值；水线刚好淹没该数字时，实际吃水为该数字所表示的数值加上相应的字高；水线位于字高的一半处时，实际吃水为该数字所表示的数值加上相应字高的一半。当水面有波动时，根据若干次观测所得平均值来确定实际水线的位置。

【巩固与提高】

扫描二维码，进入过关测试。

任务 2.1 闯关

任务 2.2　舰船浮性和稳性

【任务引入】

船舶管理–船舶浮性

【思想火花】

“海上划船”探索百慕大沉船之谜

【知识结构】

舰船浮性和稳性结构图

【知识点】

舰船浮性和稳性

2.2.1　舰船浮性

船舶在各种载重情况下，能保持一定浮态的性能称为船舶浮性。船舶静浮于水中时，船体浸水表面上每一点都受到静水压力的作用，静水压力的方向垂直于船体的外表面。任意一点的静水压力都可以分为水平方向的分力和垂直方向的分力(图 2-14)。

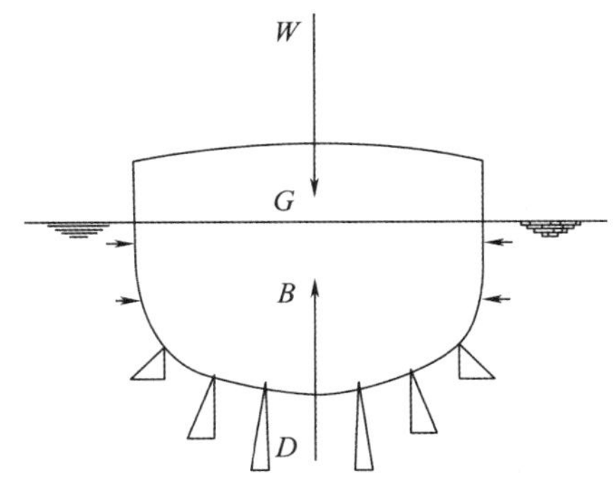

图 2-14　船舶的浮力与重力

作用于船体外表面上的静水压力的所有水平分力沿着船体表面的四周相互抵消，即水平分力的合力等于零。静水压力的所有垂直方向的分力，支承着船舶的质量，使船舶浮于水中。静水压力在垂直方向上的分力的合力，称为船舶浮力。

船舶自由浮于静水中所排开的水的质量，称为船舶排水量，通常以符号“D”表示。根据阿基米德原理，船舶浮力的大小等于船舶排水质量 D 乘以重力加速度 g，即为 Dg。D 的单位为吨(t)，g 的单位为米/秒^2(m/s^2)，浮力 Dg 的单位为千牛(kN)。

船舶浮力的方向总是垂直于静水面向上的。浮力作用中心称为船舶的浮心，通常以符号“B”表示。若使用直角坐标表示时，则浮心为 $B(X_b, Y_b, Z_b)$。浮心就是水线下船体体积的几何中心。

船舶的质量是船舶所有质量之和，通常以符号“W”表示。船舶所受重力的大小，等于船舶质量 W 乘以重力加速度 g，即 Wg。W 的单位为吨(t)，Wg 的单位为千牛(kN)。

作用在船上的重力由船舶本身各部分的重力所组成，这些重力形成一个垂直向下的合力，此合力就是船舶的重力，其作用点称为船舶的重心。

船舶重力的方向总是垂直于静水面向下的，通常以符号“G”表示。若使用直角坐标表示时，则重心为 $G(X_g, Y_g, Z_g)$。

1. 船舶静浮于水中的平衡条件

根据静力学的物体平衡条件，船舶静止地浮于水中的平衡条件是：作用于船上的重力

Wg 和浮力 Dg ,必须大小相等、方向相反,且作用在垂直于静水面的同一条垂线上,有

$$Wg=Dg\text{,即 } W=D$$

船舶的重力等于船舶的浮力,即船舶的质量 W 等于船舶的排水量 D。

2. 船舶的浮态

船舶在水中的漂浮状态称为浮态。由于船舶载重的大小和漂浮状态的不同,船舶会以各种浮态浮于水中,如正浮、横倾、纵倾、纵倾加横倾。浮态主要用船舶的吃水 d、横倾角 θ、纵倾角 φ 或吃水差 t 表示。

(1)正浮

船舶既无横倾又无纵倾的漂浮状态称为正浮。正浮时,船舶的中纵剖面与横剖面都垂直于静水面。正浮只须用吃水 d 表示其浮态。

由于船体的几何形状是左右舷对称于中线面的,故船舶在正浮时,其浮心一定位于中纵剖面内,即 $X_g=X_b$,$Y_g=Y_b=0$(图 2-15)。但是船体的首尾形状并不一定对称于中线面,因此浮心的纵向坐标不一定位于中横剖面内,而是随着船舶吃水的不同,可能位于船中前或船中后。

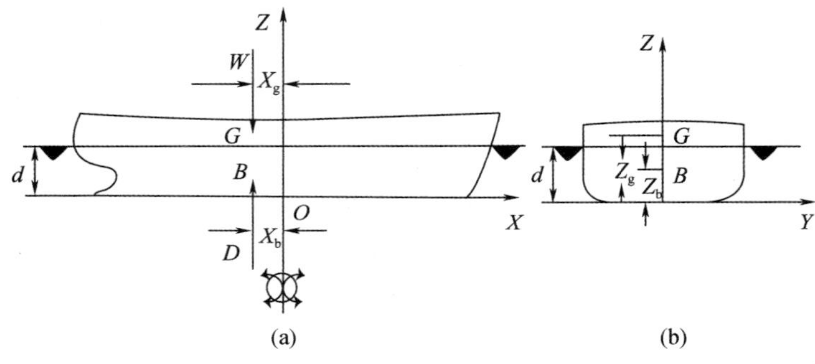

图 2-15　正浮

船舶在正浮时的重力和浮力、重心位置和浮心位置应满足的平衡条件为

$$\begin{cases} W=D \\ X_g=X_b \\ Y_g=Y_b=0 \end{cases}$$

船舶重心和浮心的纵向坐标与船舶的平衡无关,而一般重心位于浮心之上,即 $Z_g>Z_b$。船舶的许多静水力性能都是按正浮状态进行计算的。

(2)横倾

船舶只具有横向倾斜的漂浮状态称为横倾。横倾用正浮与横倾时两水线的夹角 θ(横倾角)表示(图 2-16)。

当船舶横倾一个 θ 角后达到平衡时,其重力和浮力的大小必须相等($W=D$),方向相反,位于同一条垂直于静水面的直线上。因无纵向倾斜,重心和浮心的纵向坐标相等($X_g=X_b$)。

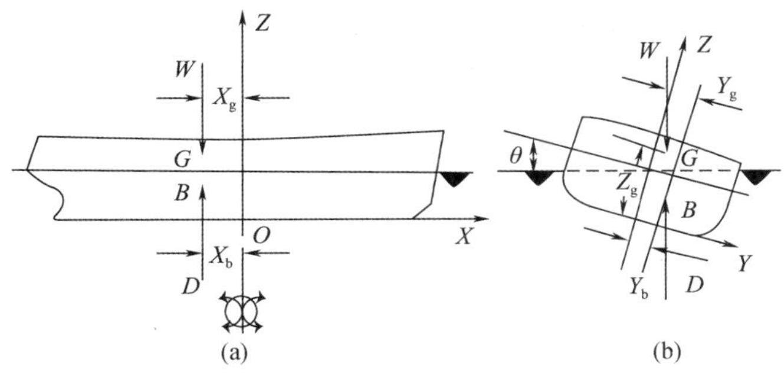

图 2-16　横倾

但是由于横倾 θ 角后，水线下的船体几何形状关于中线面是不对称的，浮心的横向坐标 $Y_b \neq 0$；又由于 $Z_g \neq Z_b$，所以 $Y_g \neq Y_b$（图 2-16）。

因此，船舶在横倾平衡时，重力和浮力、重心和浮心位置应满足的条件为

$$\begin{cases} W=D \\ X_g = X_b \\ Y_g \neq Y_b \end{cases}$$

（3）纵倾

船舶相对于设计水线具有纵向倾斜（无横倾）的漂浮状态称为纵倾。纵倾用吃水差 t 或设计水线与静水平面的夹角 φ（纵倾角）表示。

纵倾平衡与横倾相似，当船舶纵向倾斜一个 φ 角达到静平衡时，其重力和浮力必须大小相等、方向相反，作用在垂直于静水平面的同一条直线上。但因无横倾，所以 $Y_g = Y_b = 0$。由于 $Z_g \neq Z_b$，因此重心和浮心的纵向坐标 $X_g \neq X_b$（图 2-17）。

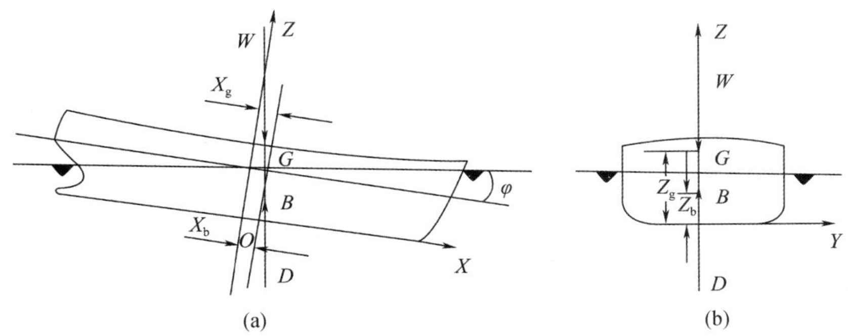

图 2-17　纵倾

船舶在纵倾平衡时，重力和浮力，重心和浮心位置应满足的平衡条件：

$$\begin{cases} W=D \\ X_g \neq X_b \\ Y_g = Y_b = 0 \end{cases}$$

（4）纵倾加横倾

船舶既有纵倾又有横倾的漂浮状态称为纵倾加横倾。此时船舶的平衡条件：虽然重力和浮力的大小相等（$W=D$），方向相反，并作用在垂直于静水面的同一条直线上，但是，重心

和浮心位置既不同时位于中纵剖面上，也不可能位于同一横剖面上，即 $X_g \neq X_b$，$Y_g \neq Y_b$（图 2-18）。

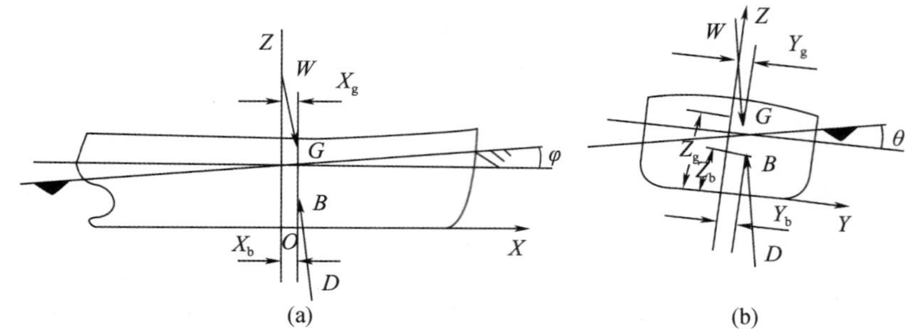

图 2-18　纵倾加横倾

因此，船舶在既有纵倾又有横倾的浮态平衡时，重力和浮力、重心和浮心位置应满足的平衡条件为

$$\begin{cases} W = D \\ X_g \neq X_b \\ Y_g \neq Y_b \end{cases}$$

这种浮态要用横倾角 θ 和纵倾角 φ 或吃水差 t 表示。在实际应用中，船舶的纵倾角 θ 很难直接测出，一般都是以艏艉吃水差表示。

由上述分析可见，船舶在水中的漂浮状态，即船在水中的吃水大小、正浮、横倾、纵倾等浮态，和船舶的质量与重心位置、排水量与浮心位置有关。

3. 舰船抗横倾系统

舰船抗横倾系统可对由负荷不对称引起的船舶横倾进行补偿，主要有泵控制的抗横倾系统和风机控制的抗横倾系统。出于安全原因，不允许在公海上用任何形式运行抗横倾系统。

（1）泵控制的抗横倾系统

泵控制的抗横倾系统的工作原理如图 2-19 所示，控制单元通过触点激励压载系统中的泵和阀，使得水在压载舱之间流动并达到平衡。该系统的控制方式有自动和手动两种。在自动运行时，通过阀 WBV18/WBV20 的激励实现旁通运行，其工作过程如下。

①在船舶处于垂直位置（横倾角为 0°）时，阀 WBV18/WBV20 打开，其他阀保持关闭。

②在船舶横倾超过 0.5°（启动设定值）时，延时若干秒后，泵自动开始运行，阀 WBV18/WBV20 全开，在旁通方式下启动的泵就通过这些阀进行水的传输。如果船向左方倾斜超过启动阈值，阀 WBV18 关闭、阀 WBV17 打开，水就被泵入右方的舱中。

③当船舶达到垂直位置或水位最低时，泵在旁通方式下运行，阀 WBV18/WBV20 打开，阀 WBV19/WBV17 关闭，旁通方式运行在 3 min 之内，然后泵先停，阀 WBV18/WBV20 后关。

④在自动方式下，装置不会断电，而是处于静止状态，并能提供船舶不正常倾斜的报警。

⑤阀 WBV14/WBV16 是压载水控制系统控制阀（相关人员在有驾驶台授权之后才能进

行操作),在装置启动横倾角为0°后,全部停止。

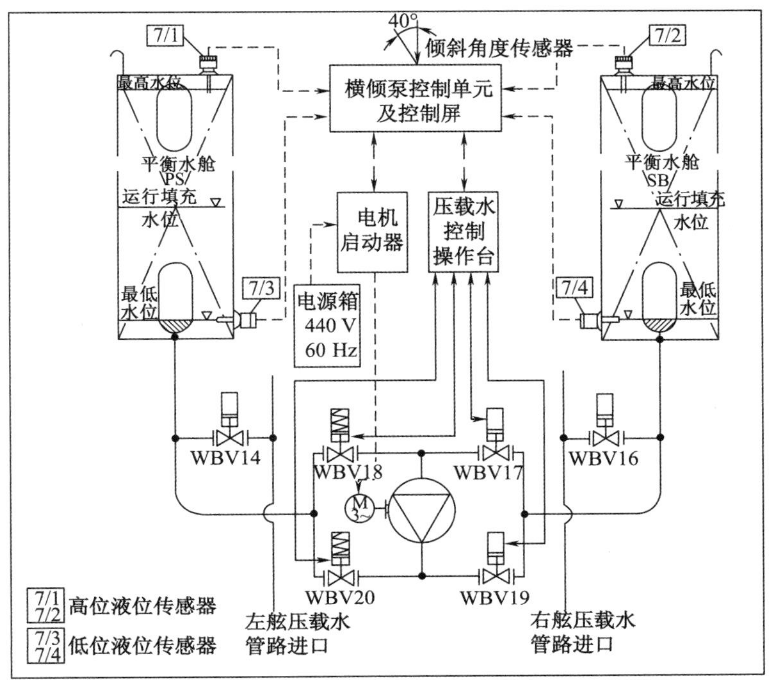

图 2-19 泵控制的抗横倾系统的工作原理

(2)风机控制的抗横倾系统

风机控制的抗横倾系统的工作原理不同于传统的泵压载系统(图 2-20)。旋转活塞式风机和气阀通过管路与船舶两侧的水舱相连,一旦船舶由于载荷不对称产生倾斜,鼓风的空气立即被引至相应的边舱中,从而使得舱中的水立即沿图 2-20 所示方向流到另一个边舱中,直到船舶垂直为止。

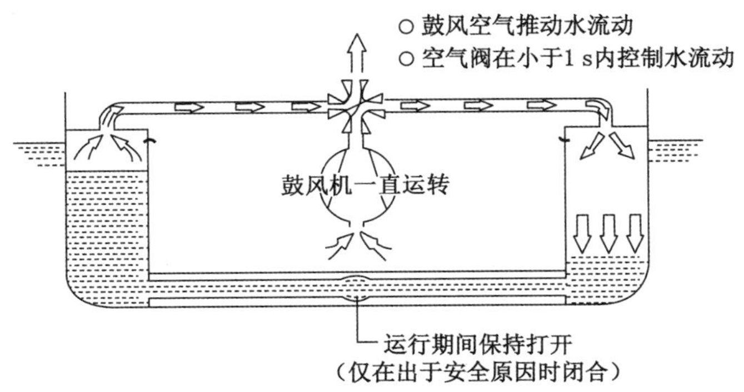

图 2-20 风机控制的抗横倾系统的工作原理

风机控制的抗横倾系统工作过程为:当横倾角超过规定值时,气阀控制鼓风空气/水流,使得船舶回到倾斜度为0°或最高/最低水位的位置上,此时气阀阻塞水舱中的水,并将鼓风空气引入大气,水的流向变化不受限制。风机控制的抗横倾系统拥有保持横倾最小的任意转换速率,运行期间不存在电动机启动的峰值电流。

风机控制的抗横倾系统的突出特点如下。

①由于风机一直在运转,加之气流的方向是由快速作用的空气阀控制的,因此在位移期间不存在动作时间的延时(即位移是连续的),反应快。在工作期间,电动机始终在运转,没有启动时的大电流冲击。

②系统没有任何工作部件与水接触,这样侵蚀就不会影响系统在工作寿命期间的运行。

③边舱中的空气层(气垫)和管路能够使位移快速启动和停止。

④部件的安装与水舱在船上的位置无关。

2.2.2 舰船稳性

1. 稳性分类

船舶受外力作用发生倾斜,当外力消失后,船舶恢复到原来平衡位置的能力称为船舶稳性。为了讨论问题方便,在研究船舶稳性时,常将稳性按其倾斜方向、倾斜角度的大小和作用力性质等进行如下分类。

(1)按船舶倾斜方向的不同分类

①横稳性,是指船舶在横倾状态下所具有的稳性。

②纵稳性,是指船舶在纵倾状态下所具有的稳性。

一般船舶的船长远远大于船宽,纵稳性远好于横稳性。

(2)按船舶倾斜角度的大小分类

①初稳性,是指船舶小角度倾斜(倾斜角度为 10°~15°)时所具有的稳性,通常初稳性是指初横稳性。

②大倾角稳性,是指船舶大角度倾斜(倾斜角度超过 15°)时所具有的稳性。

(3)按作用力性质的不同分类

①静稳性,是指船舶受静力作用发生倾斜后所具有的稳性。所谓静力,是指缓慢地作用于船上的外力,在船舶倾斜过程中不计角加速度和惯性矩。

②动稳性,是指船舶受动力的作用发生倾斜后所具有的稳性。所谓动力,是指在很短的时间内突然作用于船上的外力,或作用于船上且在很短的时间内有明显的变化的外力,在船舶倾斜过程中计及角加速度和惯性矩。

(4)按船舶破损与否分类

①完整稳性,是指船舶完整,无破损浸水时的船舶稳性。

②破舱稳性,是指船舱破损浸水后的船舶稳性。

2. 初稳性

当船舶受一横向的风、浪或拖牵力等作用时,会发生横倾。这种使船舶产生横向倾斜的外力矩,统称为横倾力矩,并以符号“M_h”表示。船舶在一横倾力矩 M_h 作用下,从正浮位置倾斜一个小角度 θ(10°~15°)时的船舶稳性,即初稳性问题。

如图 2-21 所示,船舶吃水为 d,浮心 B 的纵向坐标为 Z_b,重心 G 的纵向坐标为 Z_g。

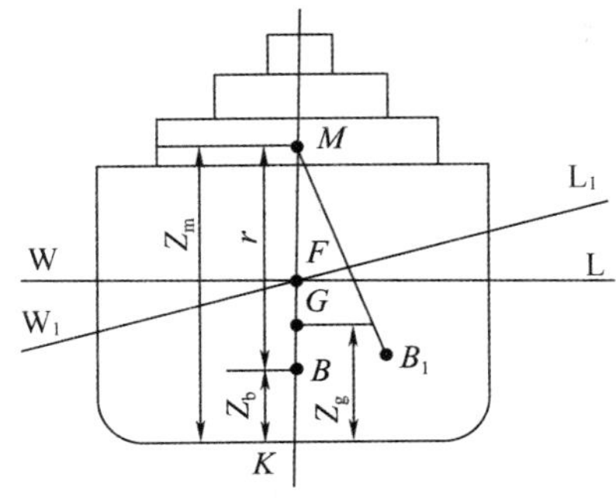

图 2-21　初稳性

重力 W 和浮力 D 的大小相等，方向相反，并作用在垂直于水线 WL 的同一条直线上，船舶静止地正浮于水线 WL 处。当船舶受一横倾力矩 M_h 作用，从正浮位置向一侧微倾一个 θ 角时，水线由 WL 移至 W_1L_1，在等体积微倾的情况下，倾斜前后两水线面的交线（倾斜轴）过倾斜前水线面漂心 F 点。

船舶在倾斜过程中，假定重心 G 的位置是不能移动的，由于水线下的船体形状发生了变化，浮心 B 向倾斜的一侧移至 B_1。此时，重力 W 和浮力 D 的大小不变、方向垂直于新的水线 W_1L_1，但两个力不再作用在同一条直线上，形成一个力偶矩 $M_s=D \cdot GZ$，力偶矩 M_s 的方向与横倾力矩 M_h 的方向相反，扶正船舶或使船舶回复到初始的平衡位置，该力偶矩称为船舶稳性力矩。GZ 是从船舶的重心 G 向新的浮力作用线所作的垂线的距离，称为船舶静稳性力臂。

在船舶的倾斜过程中，浮心 B 移动的轨迹 BB_1，称为浮心变化曲线。浮心变化曲线的曲率中心称为船舶的稳心，并以符号“M”表示。船舶在倾斜过程中，由于浮力作用线总是在浮心变化曲线的法线方向上，因此稳心 M 也可以看作是微倾前后两浮力作用线的交点。

（1）稳心 M

当船舶从正浮位置微倾 θ（10°～15°）时，由于倾斜前后两水线面积变化不大，浮心曲线 BB_1 可以近似地看作一段圆弧线，而它的曲率中心，即稳心 M，是圆弧线 BB_1 的圆心。故船舶从正浮位置倾斜一个小角度时，其稳心 M 可以认为是一个固定点，并位于船舶中线上。该稳心称为船舶初稳心，通常简称为船舶稳心 M。稳心 M 点距基线的高度以坐标“Z_M”表示。

（2）稳心半径 $r(BM)$

稳心 M 在浮心 B 之上的高度 BM，称为稳心半径，以符号“r”表示。

一般而言，在理论上 $r \propto B^2/d$，即稳心半径与船舶宽度的平方成正比，与船舶吃水成反比。而对于确定的船舶来说，船舶宽度 B 随吃水 d 变化很小，所以 r 或 Z_M 随着 d 的增大而逐渐地变小。

（3）初稳性高度 GM

稳心 M 在船舶重心 G 之上的高度，称为船舶初稳性高度，并以符号“GM”表示。

$$GM=Z_M-Z_g$$

当稳心 M 在重心 G 之上，规定 $GM>0$，初稳性高度为正值；

当稳心 M 在重心 G 之下，规定 $GM<0$，初稳性高度为负值；

当稳心 M 与重心 G 重合，规定 $CM=0$，初稳性高度为零。

(4)判断船舶是否具有稳性

利用初稳性高度可以简单地判断出船舶是否具有稳性。

如图 2-22 所示,船舶初始的平衡状态为正浮于水线 WL 处,重力 W 和浮力 D 的大小相等,方向相反,并作用在垂直于 WL 的同一条直线上。

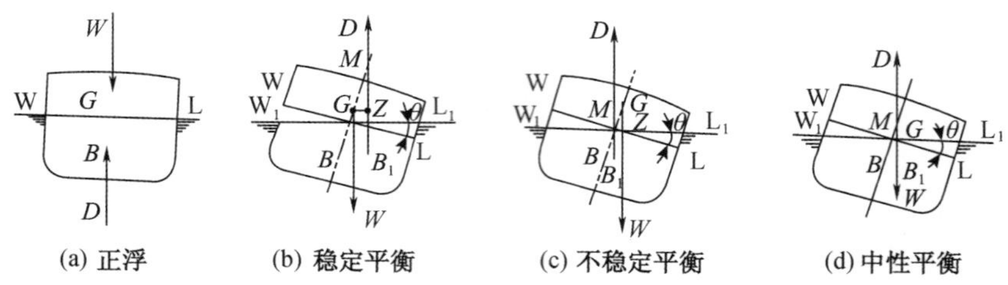

(a) 正浮　(b) 稳定平衡　(c) 不稳定平衡　(d) 中性平衡

图 2-22　平衡状态

当稳心 M 在重心 G 之上,$GM>0$,船舶为稳定平衡状态,船舶具有稳性;当稳心 M 在重心 G 之下,$GM<0$,船舶为不稳定平衡状态,船舶不具有稳性;当稳心 M 与重心 G 重合,$GM=0$,船舶为随遇平衡状态(或称中性平衡状态),船舶不具有稳性。

因此,船舶是否具有稳性,与船舶所处的初始平衡状态的重心 G 与稳心 M 的相对位置有关。对于船体几何形状一定的船舶,船舶稳心 M 距基线的高度 Z_M 与船舶的吃水有关,吃水一定,稳心距基线高度就是一定的。

船舶重心 G 距基线的高度 Z_g 与船舶装载状态有关,即与船舶装载货物的重心位置有关。在同一吃水下,由于货物等装载位置高低不同,船舶重心高度就不同。在同一航次中,由于航行中燃料、淡水等不断消耗,在出港、航行中途和到港,船舶的重心高度都不会完全相同,因此初稳性高度 GM 也不会完全相同,而船舶的稳性也不会相同。

3. 舰船稳性的基本衡准

对船体几何形状一定,结构和水密性符合要求的船舶,其稳性不仅与海上风浪的大小有关,而且与船舶吃水 d、船舶重心高度 Z_g 有关,即与船舶装载状态有关,或者说与静稳性曲线的形状和大小有关。

(1)静态横倾力矩与动态横倾力矩

作用在船上的横倾力矩,若按其性质划分,可分为静态横倾力矩和动态横倾力矩。

①静态横倾力矩。

船舶在横倾力矩的作用下,假定在倾斜的过程中不会产生角加速度(假想的过程)时,则该种横倾力矩称为静态横倾力矩,即船舶在倾斜过程中,当横倾力矩 M_h 等于船舶稳性力矩 M_s 时,船舶就停止倾斜,处于平衡状态。所以,静态横倾力矩就是船舶处于静平衡时作用在船上的横倾力矩(稳性属于静稳性问题)。

②动态横倾力矩。

当作用在船上的横倾力矩,使船舶的倾斜过程产生角加速度,该种横倾力矩称为动态横倾力矩。船上的重物突然横移、横向突风作用、拖索急牵等所产生的力矩均可看作动态横倾力矩。在动态横倾力矩作用下,船舶在倾斜过程中,当横倾力矩 M_h 等于船舶稳性力矩 M_s 时,船舶不会立即停止倾斜,而是在惯性的作用下继续倾斜一个角度。船舶在动态横倾力矩作用下的稳性属于动稳性问题。

(2)静平衡与动平衡

作用在船舶上的横倾力矩的性质不同,则船舶在倾斜过程中平衡状态及其横倾角也不同。

①静平衡。

如图 2-23 所示,船舶的稳性力矩为 M_s 曲线,作用在船上的静态横倾力矩为 M_h。船舶在倾斜过程中,稳性力矩 M_s 随着倾斜角 θ 的增加逐渐增大;由于是静态横倾力矩作用,所以当 $M_s = M_h$ 时,船不会继续倾斜而平衡在 $M_s = M_h$ 所对应的角度上。这种平衡是力矩的平衡,故称为静平衡。其对应的横倾平衡角 θ_s 称为静横倾角。船舶的最大静稳性力矩为 M_{sm},则船舶在静态横倾力矩作用下,稳性应满足的条件为:$M_h \leqslant M_{sm}$。

因此,船舶最大静稳性力矩 M_{sm} 的大小是衡量船舶静稳性的重要标志,表示船舶抗静态横倾力矩作用的能力。

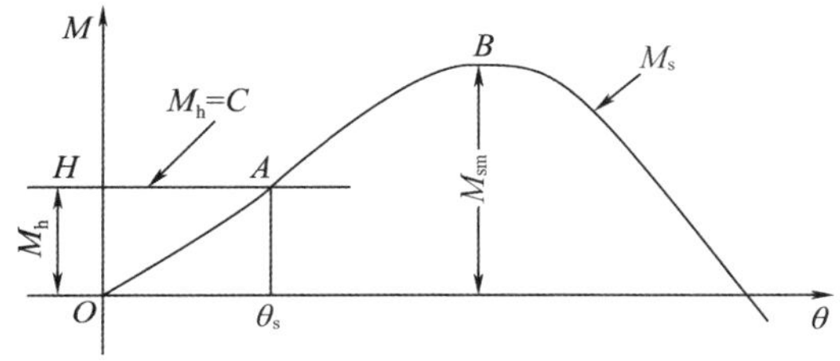

图 2-23 静平衡

②动平衡。

当船舶受一个动态横倾力矩 M_h 的作用时(图 2-24),会带有一定的角加速度倾斜。所以当 $M_h = M_s$ 时,由于惯性作用船舶不会立即停止而将继续倾斜,直至动态横倾力矩对船舶所做的功 W_h 被稳性力矩所做的功 W_s 全部抵消掉,船舶不再继续倾斜。所以动平衡的条件为 $W_h = W_s$,故船舶的动平衡是功的平衡。船舶在动态横倾力矩作用下的平衡称为动平衡。

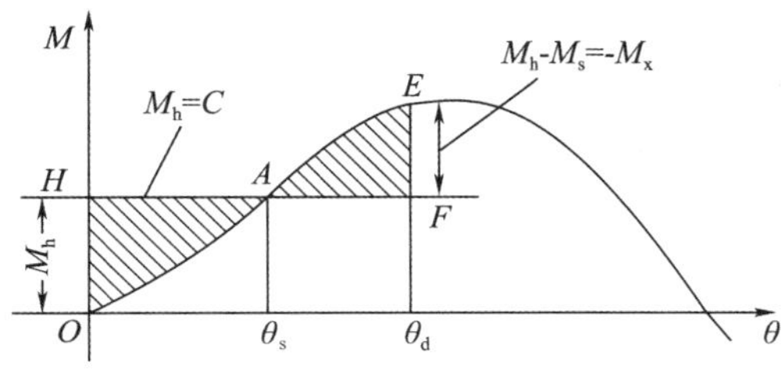

图 2-24 动平衡

当 $W_h = W_s$ 时,所对应的横倾角度 θ_d 称为动横倾角。在同样大小的 M_h 的作用下,θ_d 比 θ_s 大许多。当船舶倾斜至 θ_d 时,不会再继续倾斜,但此时 $M_s > M_h$,船舶在 $-M_x = M_h - M_s$ 的作用下将向回摇,摇至某一角度 $M_h > M_s$ 时,又向外摇,经过反复左右摇摆,由于水的阻尼作用,摆幅逐渐减小,最后停止在 $M_s = M_h$ 所对应的 θ_s 角处。

(3)最小倾覆力矩 M_q

当横倾力矩增大达到图 2-25 所示的情况时,此时面积 OHA 等于面积 AEP。若 M_h 再增大,$W_h > W_s$,船舶不会有动平衡而将倾覆。在此极限情况下的横倾力矩 $M_h = OH$,是使船舶倾覆的最小动态横倾力矩,称为最小倾覆力矩,通常以符号“M_q”表示。最小倾覆力矩 M_q 表示船舶抵抗动态横倾力矩的能力。因此,船舶在动态横倾力矩的作用下,衡量稳性应满足的条件为

$$M_h \leqslant M_q$$

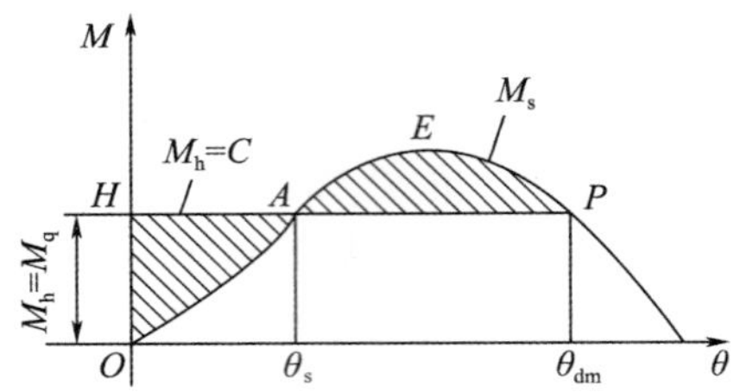

图 2-25　最小倾覆力矩

(4)稳性基本衡准

衡量海船船舶稳性的基本衡准,就是以 $M_h \leqslant M_q$ 为依据。由于动态横倾力矩主要是由海上突风引起的横倾力矩 M_h,故在稳性规范中就称其为风压倾侧力矩 M_f,而最小倾覆力矩为 M_q,在稳性规范中还考虑浪的影响。

①风压倾侧力矩。

影响风压倾侧力矩 M_f 的大小的因素有以下几点。

a. 航区海上风压(作用在单位受风面积上风的压力 P 的大小),与船舶距陆地的远近有关。

一般离岸越远风力越大。因此,根据风力的大小将航区划分为:Ⅰ类航区(无限航区,风力最大);Ⅱ类航区(近海,风力稍小些);Ⅲ类航区(沿海,风力小)。在不同航区航行的船舶,可能受到的最大的风压倾侧力矩是不同的,即要求稳性的大小也不同。

b. 船舶受风面积是指船在水线以上的侧向受风面积,当船的大小、形状一定时,受风面积的大小就与船舶的吃水 d 有关。吃水越小(如空载),船的受风面积就越大,所受的风压倾侧力矩也就越大。

c. 受风面积中心距水面的高度。受风面积中心距海平面越高,则风压倾侧力矩越大。

由此可见,不同航区的船受到的最大风压倾侧力矩是不同的。同一条船,吃水不同时,所受的风压倾侧力矩也不同,因而要求船舶的稳性也不同。

②最小倾覆力矩。

在稳性规范中,还考虑了浪对最小倾覆力矩的影响。浪的影响与许多因素有关,如船舶种类;舭龙骨总面积 A_b 对船长 L 和船宽 B 乘积的比值($A_b/(L \cdot B)$),Z_g/d;船舶自由横摇周期 T_θ 和航区等。当上述诸因素一定时,浪的影响主要与吃水 d 和重心距基线的高度 Z_g 有关。

由于航行中船舶燃料、淡水的消耗,船舶吃水和重心位置是在不断变化的,因此,在同一个航次中,船在出港、航行中途和到港的最小倾覆力矩 M_q 是不同的,因而船舶稳性在航行过程中也是不同的。也就是说,船舶在出港时能满足稳性要求,而到港时不一定能满足稳性要求。

船体几何形状一定时,衡量船的稳性是否足够的标准是:要求稳性衡准数 $K = M_q/M_f \geqslant 1$,而影响 K 的大小的 M_q、M_f,与船舶装载状态(吃水 d 和重心高度 Z_g)及船舶的航区有关。

4. 影响舰船稳性的因素和提高稳性的措施

船舶是否具有稳性和稳性的大小，是与船舶静稳性曲线的形状和大小有着重要关系的。而影响静稳性曲线的形状和大小的因素有两方面：一方面是船体本身的形状和大小；另一方面是船舶的吃水和重心位置，即船舶装载状态和船内重物的移动。

（1）船体几何形状对稳性的影响

①船舶宽度。

船舶稳心半径与船舶宽度的平方成正比，所以船舶宽度大，稳心距基线的高度大。在重心距基线的高度相同的情况下，初稳性高度大，船舶初稳性好。但对于船舶大倾角稳性来说，由于船舶宽度增加，在同样倾斜角度下，船舶一舷浸入海水的可能性增加，其稳性消失角减小。所以，船舶宽度增加，大倾角稳性并不一定好。

②干舷高度。

两船仅干舷高度不同时，船舶初稳性高度相同；但对于大倾角稳性，干舷高度大的船舶，大倾角稳性好。

（2）船舶装载状态对稳性的影响

船体几何形状一定时，船舶静稳性曲线的形状和大小主要是由船舶的吃水和重心距基线高度决定的，即与船舶的装载状态有关。而在有同样的装载质量，即吃水相同，也就是稳心距基线的高度相同时，船舶的稳性主要是由船舶重心距基线的高度决定的。所以，船舶装载状态的重心高度是影响营运船舶稳性的主要因素。

（3）船内重物移动对稳性的影响

①平行力移动原理（重心移动原理）。

由理论力学可知，当一物体的质量为 W，重心为 G，将其部分质量 p 由该部分的重心 g 移至 g_1 时，整个物体的重心 G 平行于 gg_1 同方向移至 G_1，移动距离为

$$GG_1 = p \cdot gg_1 / W$$

②船内重物垂移对稳性的影响。

如图 2-26 所示，重物垂移时可调整初稳性高度 GM，其调整的大小 GG_1 与垂向移动重物的质量和移动的距离 l_z 之积成正比，与排水量 D 成反比。当重物向下移动时，GG_1 为正值，初稳性高度 GM 增加，稳性提高；当重物向上垂直移动时，GG_1 为负值，初稳性高度 GM 减小，稳性降低。

（3）重物水平横移时船舶产生的横倾角及对稳性的影响

当船内的重物水平横移时，船舶产生横倾，如图 2-27 所示。船内重物的横移使船舶稳性发生了如下变化。

①船向重物移动方向产生一个固定横倾角 θ。

②减小了稳性范围。

③静稳性力臂的最大值 GZ_M 变小。

④动稳性变差。

（4）自由液面对船舶稳性的影响

船上装载油、水等液体的舱柜，若液体未装满，当船舶横倾时，舱柜内液面会随着船舶的倾斜而移动，且保持与舷外水面平行。该种随船一起倾斜的液面称为自由液面。舱柜内液体的重心亦将向倾斜的一侧移动，相当于船内有一重物移动。这种液体的自由移动，会对船舶的稳性产生不利的影响，称为自由液面影响，或称自由液面修正。

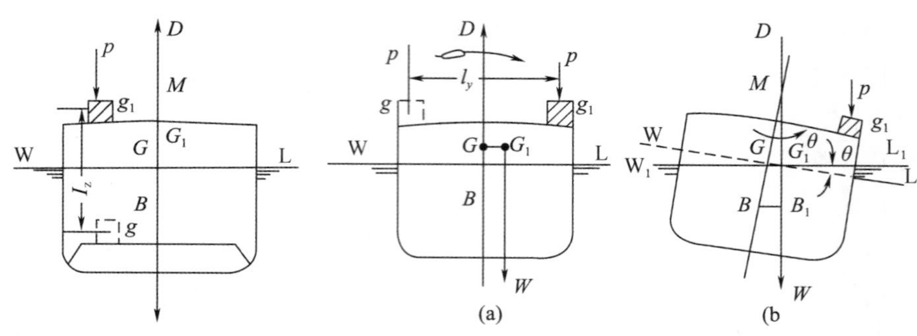

图 2-26　船内重物垂移　　　图 2-27　重物水平横移

如图 2-28 所示，船舶正浮于水线 WL，排水量为 D，排水体积为 V，舷外水的密度为 ρ，浮心位于 B，船舶质量为 W，重心位于 G。

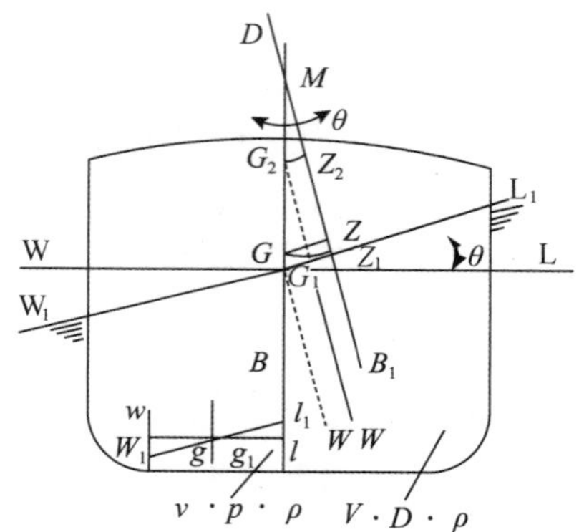

图 2-28　自由液面对船舶稳性的影响

当船舶受外力矩作用发生倾斜时，船内液体重心将随之产生移动，移动方向与船舶倾斜方向相同，并且向上移动了一定的高度。液体重心移动后，与原来状态相比，相当于产生了一个附加力矩。该力矩与稳性力矩方向相反，而与船舶倾斜方向相同，所以它将降低船舶的稳性，也减小了初稳性高度。

关于自由液面对稳性的影响，经过推导可得以下结论。

①自由液面对稳性的影响，相当于使船舶的重心升高了一个 GG_1，或者说使初稳性高度减小了 $\triangle GM$。因此，自由液面对船舶稳性的影响，总是使船的稳性变差。

②自由液面影响的大小，与舱内液体的密度 ρ_1、自由液面的面积惯性矩 i 成正比，即与自由液面的形状和大小有关；横倾时与液舱宽度 b 的三次方成正比，而与舱内液体的体积或质量无关；与排水量 D 成反比。

$$\triangle GM=\rho \cdot i/D$$

③减小自由液面影响的有效方法是减小液体舱柜的宽度。如图 2-28 所示，设舱宽为 b、舱长为 l 的矩形舱，自由液面的惯性矩为 $i=l \cdot b^3/12$。

船舶在营运过程中，当液体舱柜内的装载量达到整个舱容的 95% 以上时，可以不进行自由液面修正。

（5）悬挂重物对稳性的影响

当船舶从正浮水线 WL 微倾至 W_1L_1 时，横倾一个小角度 θ，则悬挂重物的重心 g 绕 m 点移至 g_1 点，而物体的重心由 G 平行于 gg_1 移至 G_1，如图 2-29 所示。

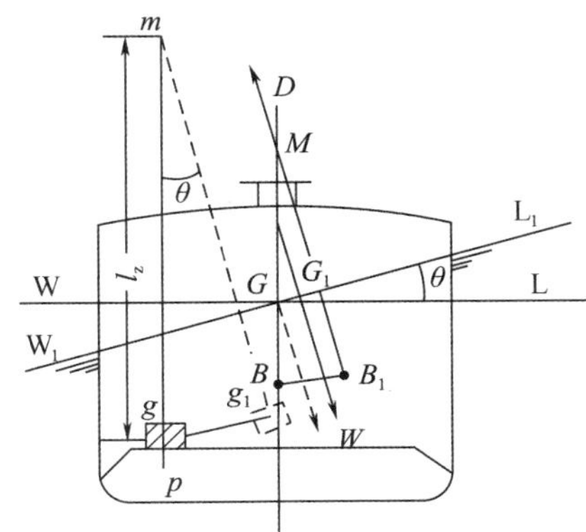

图 2-29　悬挂重物对稳性的影响

因此，悬挂质量为 p 的重物相当于使船舶的初稳性高度降低了 $l_z \cdot p/D$。也就是说，悬挂重物对船舶稳性的影响，相当于把质量为 p 的重物从位置 g 垂直上移至悬挂点 m，二者对稳性影响的效果是一样的。

（6）散货的装载对稳性的影响

用散装方式进行运输的货物称为散装货物，如粮食、矿砂、煤炭等。散装货船有时由于各种原因而导致船舱不满，货物在船舶横摇或横倾时会发生倾斜，使船舶重心发生横向移动，从而产生与自由液面类似的影响，使船舶稳性降低。

（7）提高船舶稳性的措施

①降低船舶的重心高度 Z_g，这对提高初稳性和大倾角稳性均是最有效的办法。

②增加船宽，可以提高船舶初稳性。

③加大型深，可以提高船舶大倾角稳性。

④在液舱内设置纵向舱壁，可减小自由液面的影响。

⑤防止船内货物的移动。

⑥减小受风面，可使作用在船上的横倾力矩减小。

5. 舰船稳性的要求

为了保证船舶的营运安全，国际海事组织（IMO）和各航运国家都对船舶的稳性提出了基本的衡准要求。

（1）IMO 对普通货船的完整稳性基本衡准要求

在标准装载状态下，考虑了自由液面、防摇装置、稳性、保持稳性的安全余度等影响因素后，对于长度为 24 m 及以上的货船的要求如下。

①复原力臂曲线（GZ 曲线）下的面积，在横倾角 $\theta = 30°$ 或以下时，应不小于 0.055 m · rad；在横倾角 $\theta = 40°$ 或以下，或者进水角 $\theta_f = 40°$ 或以下时，应不小于 0.09 m · rad。此外，当横倾角在 30°～40°或在 30°～θ_f，而 $30° < \theta_f < 40°$ 时，复原力臂曲线（GZ 曲线）下的面积应不小于 0.03 m · rad。

②在横倾角大于或等于 30°时，复原力臂（GZ）至少为 0.2 m。

③最大复原力臂应出现在横倾角不小于 25°时。如果这样的要求无法满足，应经主管机关批准后，使用基于等效安全水平的替代衡准。

④初始稳性高度 GM_0 应不小于 0.15 m。

(2)我国《船舶与海上设施法定检验规则》中的完整稳性要求

我国对从事国内沿海航行的船舶，执行以下稳性衡准要求。

①初稳性高度应不小于 0.15 m。

②横倾角等于 30°处的复原力臂应不小于 0.20 m。

③最大复原力臂对应的横倾角应不小于 30°。如复原力臂曲线因计及上层建筑和甲板室而有两个峰值时，则第一个值对应的横倾角应不小于 25°。

④稳性消失角应不小于 55°。

⑤稳性衡准数 K 应不小于 1.00。

【巩固与提高】

扫描二维码，进入过关测试。

任务 2.2 闯关

任务 2.3　舰船抗沉性

【任务引入】

船舶管理-船舶抗沉性

【思想火花】

“东方之星”号客轮翻沉事件调查结果公布　还原沉船事件发生经过

【知识结构】

舰船抗沉性结构图

【知识点】

船舶抗沉性

2.3.1　船体几种破损浸水情况

船体破损浸水一般有如下三种情况,如图 2-30 所示。

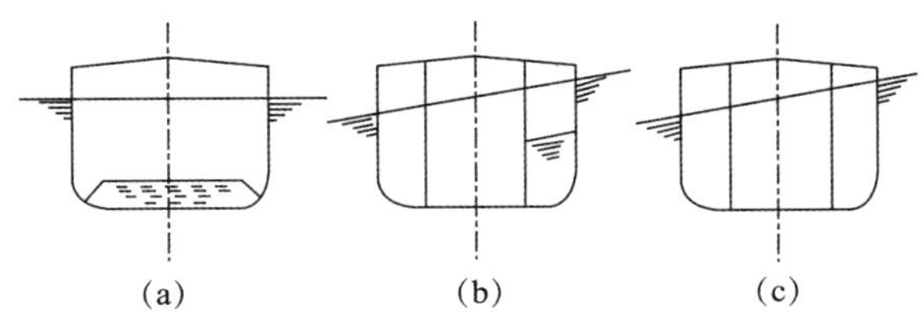

图 2-30　船体破损浸水

1. 浸水量为定值

舱室顶部是水密的且位于水线以下,船体破损后海水灌满整个舱室,因舱顶未破损,浸水量为一个定值,且没有自由液面的影响,对浸水量的计算可将其作为装载固定质量来处理,对船舶的浮态和稳性影响较小,如双层底和舱顶在水线以下的舱柜等属于这类情况,如图 2-30(a)所示。

2. 浸水量为变值,与舷外水不通

舱室的顶部在水线以上,舱内未被水灌满,舱内水与舷外水不通,有自由液面的影响,对浸水量的计算可将其作为装载液体质量计算,对船舶的稳性影响较大,如调整船舶浮态而灌压载水的舱、甲板上浪后因甲板开口漏水而引起舱内进水,以及船体破损虽已被堵住,但舱内进水未被抽干(海底阀箱破损进水后被堵住)等都属于这类情况,如图 2-30(b)所示。

3. 浸水量为变值,与舷外水相通

舱室的顶部在水线以上,舱内水与舷外水相通,舱内水面与舷外水面一致,存在自由液面影响,计算较麻烦,进行逐次近似计算。水线以下的舷侧破损浸水属于这类情况。它是船体破损中最常见的情况,对船的危害最大。舰船抗沉性主要研究这类破舱浸水情况,如图 2-30(c)所示。

2.3.2 舰船抗沉性的基本概念

舰船抗沉性主要是依靠它留有足够的储备浮力和水密分舱来保证的。这样可使船在一部分舱室破损浸水后仍能漂浮于水面。储备浮力的大小可用干舷高度来表示。干舷高度大,表示储备浮力大,船舶的抗沉性就好。各类船舶对抗沉性的要求是不同的。军舰对抗沉性的要求较高,客船次之,货船又次之。

1. 船舱浸水后船舶不沉的浮性和稳性标准

《1974 年国际海上人命安全公约》和《船舶与海洋工程法规》中规定:船舱破损浸水后,船舶最终平衡状态的浮性和稳性满足如下条件就认为船舶是不沉的,或船舶达到抗沉性要求。

(1)浮态

在任何情况下,船舶浸水的终了阶段不得淹没限界线,即船体破损浸水后的最终平衡水线,沿船舷距舱壁甲板的上边缘至少要有 76 mm 的干舷高度。

(2)稳性

在对称浸水情况下,当采用固定排水量法计算时,最终平衡状态的剩余稳性高度 $GM \geqslant$ 50 mm;在不对称浸水情况下,其总横倾角不得超过 7°,但在特殊情况下,可允许横倾角大于 7°,不过在任何情况下其最终横倾角不应超过 15°。

限界线是指沿着船舷由舱壁甲板(各个水密横舱壁上端达到的一层甲板)上表面以下至少 76 mm 处所绘的线。如果船的水线超过安全限界线,则认为是不安全的,船将可能沉没。

舱壁甲板是横向水密舱壁所达到的最高一层甲板。

2. 船舶分舱

对于船舶抗沉性的要求,主要是通过船舶分舱来达到的,即沿着船长方向设置一定数量的水密横舱壁,将船体分隔成许多水密舱室,舱室的长度越小,则船舱破损浸水后浸水量越小,越容易达到《1974 年国际海上人命安全公约》和《船舶与海洋工程法规》中对破舱浸水后的浮态和稳性的要求。

过多地设置横舱壁,会使船内的舱室过小,不利于货物的装载和船上机器设备的安置。同时舱室过多也增加了船体的质量和钢材消耗。所以需要全面考虑,合理地设置水密舱壁,也就是既要满足抗沉性的要求,又要考虑船舶在使用上的需要。

若船舶有任意一个舱破损浸水后,仍能达到抗沉性所要求的浮性和稳性,该船称为一舱制船舶。若有任意相邻两舱或三舱浸水后船舶不沉,称为二舱制船舶或三舱制船舶。对于不同业务性质航行条件和大小的船舶,抗沉性的要求是不同的。客船一般要求达到二舱制,个别的可达到三舱制。货船因装货的要求,船舱不能过短,因而往往达不到一舱制,但对远洋货船一般要求为一舱制。

3. 分舱载重线

船舶破损浸水后,船舶不沉所允许的最大浸水量,与破舱前船舶的初始水线位置有关。

初始载重水线位置较低,船舶储备浮力大,破舱浸水量可以大些,或者说船舱水密舱壁间距可以大些。决定船舶分舱长度的初始载重水线,称为分舱载重线。通常都是用满载水线作为分舱载重线。

4. 渗透率 μ

某一舱室或处所在安全限界线以下的理论体积能被水浸占的百分比，称为该舱室或处所的渗透率 μ。

船舱破损浸水后，船舶不沉所允许的最大浸水量，也与船舱内各种设备所占据的体积和装载货物种类的不同有关。如果装载的货物密度大、体积小，在同样载重情况下占的舱容小，破舱后浸水量就大，要保证船舱浸水后船舶不沉，船舶分舱的间距就必须短些。

5. 可浸长度 L_f 和可浸长度曲线

沿着船长方向以某一点 C_1 为中心的舱，在规定的分舱载重线和渗透率的情况下破舱浸水后，船舶下沉和纵倾后的最终平衡水线若刚好与安全限界线相切，则该舱的长度称为以 C_1 点为中心的可浸长度 L_f。意思是说，在规定的分舱载重线和渗透率的情况下，以 C_1 点为中心所做舱的长度，若大于该点的可浸长度，该舱浸水后船将沉没，船舶达不到抗沉性的要求。若实际舱长小于该点的可浸长度，该舱浸水后船舶不会沉没，最终平衡水线至安全限界线还有一段距离，即还有一定的储备浮力。所以，以某一点为中心的可浸长度，是满足船舶抗沉性要求的两水密舱壁间的最大长度。

如图 2-31 所示，在船长方向上某一点 C_1 的可浸长度为 L_{f1}，C_2 点的可浸长度为 L_{f2}，C_3 点的可浸长度为 L_{f3} 等。在船舶的侧视图上，以船底纵向基线为横坐标，船长各点的可浸长度 L_f 为纵坐标，绘出图 2-31 所示的曲线，即表示可浸长度沿着船长各点的分布，该曲线称为可浸长度曲线（图 2-32）。

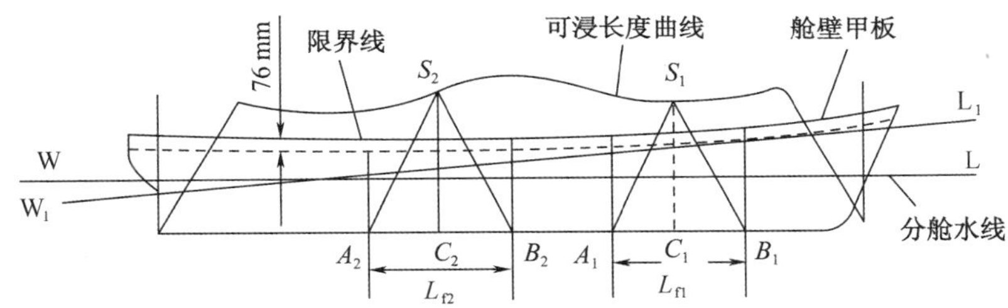

图 2-31 可浸长度和可浸长度曲线

从可浸长度曲线可看出，在船长方向的不同位置处，可浸长度是不同的。这是因为位于船中部的船舱浸水后，船几乎仅是平行下沉，故浸水量可以大些，而可浸长度会稍长一些。船中前后的舱室浸水后，船舶除下沉之外同时还有纵倾，故允许的浸水量会小些，而可浸长度相应小些。位于艏艉部的舱室，因船体形状瘦削，故在允许的浸水量下，可浸长度可以大一些。

图 2-32 所示的曲线，分别是计入舱室渗透率和未计入渗透率的可浸长度曲线。由图 2-32 可见，计入舱室渗透率后的可浸长度大，渗透率越小，可浸长度就越大。

6. 许可舱长 L_p 与分舱因数 F

可浸长度是在规定的分舱载重线和渗透率情况下的两水密横舱壁的最大长度。船舶实际上所允许的水密横舱壁间距，还要考虑船舶的业务性质（或用途）和船舶长度。客船因载客而对船舶的航行安全要求较高，而货船因载货的需要，货舱的长度一般要大于可浸长度，因而满足不了抗沉性的要求。考虑船舶业务性质和船长不同对船舶抗沉性的不同要求，用一个参数表示，即分舱因数 F。分舱因数 F 是一个小于或等于 1 的数，随着船舶长度的增加而逐渐减小；当船长一定时，分舱因数 F 随着船舶业务性质的改变而变化，客舱容积占的比例大，载客量多，分舱因数小。

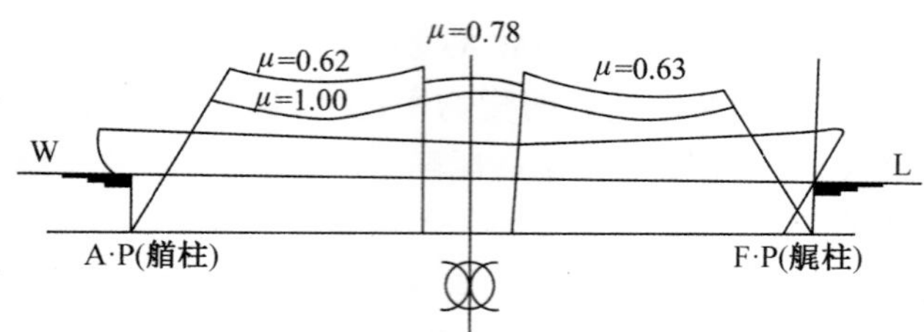

图 2-32 可浸长度曲线

考虑船长和船舶业务性质对抗沉性要求时所允许的实际舱长，称为许可舱长 L_p，为

$$L_p = F \cdot L_f$$

①当 $0.5<F\leqslant1.0$ 时，船舶任一舱破损浸水后的最终平衡水线不会淹没安全限界线，即为一舱制船舶。同为一舱制船舶，其 F 值的大小是不同的。F 值较小的船（舱长度小），破舱后下沉和纵倾也较小，其剩余干舷高度较大，船舶比较安全。

②当 $0.33<F\leqslant0.5$ 时，任意相邻两舱浸水后的最终平衡水线不超过安全限界线，即为二舱制船舶。

③当 $0.25<F\leqslant0.33$ 时，相邻三舱破损浸水后的最终平衡水线不超过安全限界线，即为三舱制船舶。

根据相关规范要求计算的 F 值和 L_p 曲线，可求得沿船长任一位置的许可舱长，并绘出许可舱长曲线（图 2-33）。

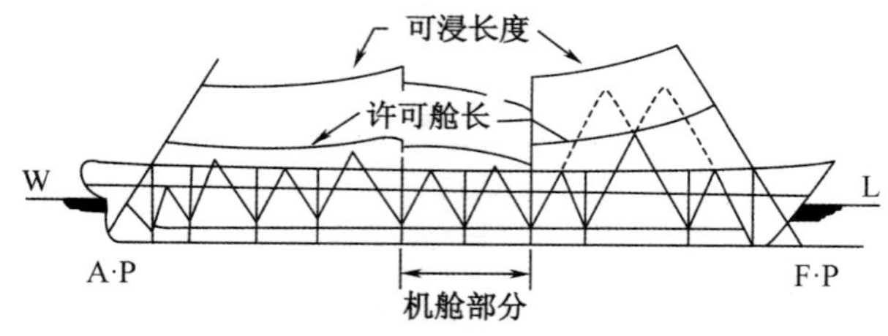

图 2-33 许可舱长曲线

对于满足抗沉性要求的（如一舱制或二舱制等）船舶，并非在任何装载情况下都满足一舱浸水（或二舱等）不沉的要求。因为设计计算采用的渗透率 μ 是规定值，当实际装载的渗透率 μ 大于规定值时，则破舱后将很难满足对船舶的浮态和稳性的要求。

另外，若船舶破舱浸水前的载重水线低于规定的分舱载重线，则船舶破舱浸水后所允许的浸水量比规定的更大些。

7. 提高抗沉性的措施

要提高船舶的抗沉性，可以采取分舱方法，还可以增加储备浮力。

①增加干舷，可增大型深或将水密舱壁延伸到更高一层甲板。

②减小吃水，当型深不变时，就相当于增加了干舷。

③加大舷弧或使横剖线上端外倾，相对增加储备浮力。

④使水线下船体适当瘦削，起到相对增加储备浮力的作用。

船舶的抗沉性是船舶预先设计的抗沉能力。

军舰在战斗中受损的概率比较大，同时要求其在受损后仍能保持一定的作战能力和返回基地的能力，故一般对军舰的抗沉性要求较高。而在民用船舶中，客船的抗沉性要高于货船。

实际上无论是军舰还是民船，一旦发生海损事故，是否会沉没或倾覆，在一定程度上还与船上人员采取的措施有关，如通过排水、堵漏、加固、抛弃船上载荷、移动载荷或调驳压载水等调整船的倾斜，将会对船的浮态和稳性产生积极的效果。

2.3.3　船体结构的密性与开口关闭装置

1. 船体结构的密性

为了保证船体结构的密性，对船壳外板、干舷甲板、水密舱壁、各种液舱的钢板接缝和开口关闭装置，根据它们的位置和用途的不同，要求保持不同程度的密性。

所谓密性，是指船体结构构件接缝、开口关闭装置等，在规定的条件下，不渗漏气体、油、水等的性能。

(1)水密

水密是在规定的水压下，船体结构构件接缝和开口关闭装置不渗漏水的性能。在干舷甲板以下的船壳外板、水密舱壁、各种液舱、双层舱、隔离空舱、海底阀箱、货舱舷门等构件的接缝和开口关闭装置，都要求水密。

(2)风雨密

风雨密是指在任何风浪情况下水都不得渗漏入船内。风雨密的密性要求比水密的低些。在干舷甲板上及封闭的上层建筑和围蔽室等处的各种开口关闭装置，要求保证风雨密。

对于船体结构，在制造的各个阶段和修船过程中，应检验焊缝和各种水密性开口关闭装置的密性。在试验之前，要求将被检查区域的船体结构打扫清洁，密性焊缝区域不得涂刷水泥和油漆或敷设隔热材料，开口关闭装置的橡胶垫料均装设完毕。

2. 开口关闭装置

(1)船体结构上开口关闭装置的种类

开口关闭装置根据用途划分，主要有下列四种：货舱舱口盖、船用门、船用窗、人孔盖。在这些开口关闭装置中，若按密性划分，又可分为水密、油密型，风雨密型和非密型的。下面简单介绍这些关闭装置的特点。

①货舱舱口盖。

船舶货舱舱口盖的种类很多，若按密性来划分，有水密、油密、气密和非密舱口盖等，根据不同密性要求在舱口盖盖板与相邻部件间分别配有由压条、填料、垫圈、压紧器等组成的封舱装置或密封装置。

风雨密舱口盖装置在干舷甲板上的货舱口上，种类很多。现代船舶使用的风雨密舱口盖的共同特点是：钢质的盖板，盖板周边带有槽口，在槽口内装有橡皮垫料。当封舱时，舱盖板的橡皮垫料直接压在舱口围板的上边缘上，并用装在舱口四周围板上的夹扣螺栓将舱盖板压紧以保持风雨密。

a. 单拉滚翻式舱口盖。

如图2-34所示，这种形式的舱口盖是由数块钢质结构盖板组成的。盖板之间用环链链条或钢索连接，盖板的纵向两侧边装有滚轮，可沿着纵向舱口围板上的导轨滚动。当开舱时，松开封舱的夹扣，用千斤顶或举力机械将舱口盖顶起来，使滚轮从导轨槽内上升到导轨平面。利用起货机的钢索拖动盖板，使盖板的滚轮沿着导轨滚动，将每块盖板拖到舱口的一端。然后将每块盖板在舱口端依次分开，并翻直就位，整齐地排放在搁架上。关闭舱口盖时的操作程序与上述程序相反。

这种舱口盖的主要优点是开闭迅速，而且舱口盖不受舱口长度的限制，但只适合在露天甲板上的舱口使用，年久易损坏，且不易修理。

b. 铰接折叠舱口盖。

如图 2-35 所示，这种舱口盖是由几块钢质结构盖板组成的。钢板之间用铰接连接，而舱口端部的两块盖板是铰接在船体结构上的。开舱时，松开封舱夹扣，用千斤顶将盖板两侧的滚轮从导轨槽中升到导轨平面。然后用钢索绕导向滑轮接到起货机的钩具上，将盖板拉向舱口两端，竖立折叠地存放在舱口两端的围板上。也可采用电动液压装置进行舱盖的开闭操作。

这种舱口盖的优点是方便、灵活、便于操作，但若采用电动液压驱动装置，造价昂贵。

图 2-34　单拉滚翻式舱口盖　　　图 2-35　铰接折叠舱口盖

c. 滚动式舱口盖。

如图 2-36 所示，其舱盖板也是由数块装有滚轮的钢结构盖板组成的，舱盖板从舱当中对称布置。当开舱时，将夹扣松开之后，用千斤顶把舱盖顶起来，使盖板周边的橡皮垫料与舱口围板脱离接触，用钢索通过导向滑车接到绞车上并拉开盖板，将盖板从舱当中分开并移至舱口的两侧或前后端存放。

d. 吊移式舱口盖。

吊移式舱口盖开闭采用大型起重机吊装，移至舱口两侧的甲板上或岸上存放。这种舱口盖主要用在船上有门式起重机的集装箱船上。

非水密舱口盖用于下层甲板上的舱口上，无舱口围板，舱盖板与四周的甲板齐平；水密和油密的小型专用舱口盖用于油船的货油舱舱口上，这种舱口盖都是小型舱口盖（图 2-37）。

②船用门。

船用门种类很多，若按门的密性划分，有下列几种形式。

a. 水密门。

船舶主管机关认可的船上使用的水密门有如下三级：一级，铰链门；二级，手动滑动门；三级，动力兼手动滑动门。

任何水密门的操纵装置，无论是否靠动力操纵，均须在船舶向左或向右倾斜 15°时也能将门关闭。

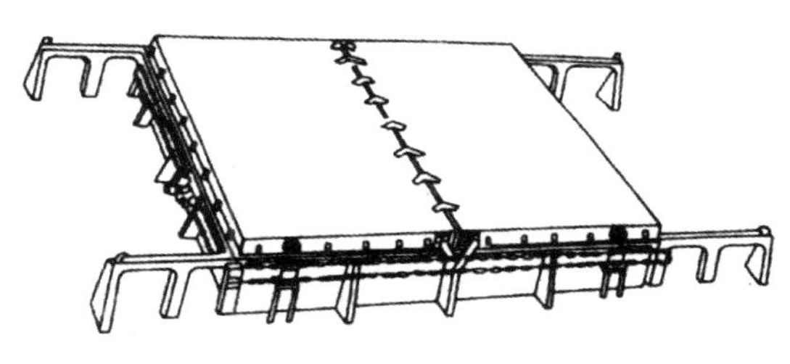

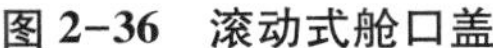

图 2-36　滚动式舱口盖

图 2-37　舱口盖

铰链式水密门(一级)如图 2-38 所示。水密门板是由钢板制成的,门板周围的槽口装有橡胶封条,并用把手压紧在门框上,使其水密。水密门的把手的数目一般为 6~8 个,要求在门的两面可以迅速地关闭。

手动滑动门(二级)分为横动式和竖动式两种。要求在门的两侧可以关闭,并能在舱壁甲板上方可到达之处,用转动手轮由齿轮和连杆传动,使水密门开启或关闭。当船舶在正浮位置时,用手动将门完全关闭所需的时间应不超过 90 s。

动力滑动门(三级)可分为横动式和竖动式两种,如图 2-39 所示。动力式滑动门还备有手动装置,可在门两侧操纵,并在舱壁甲板上方可到达之处用转动手轮由齿轮和连杆传动,使水密门开启或关闭。门上设有声响信号装置,在门开始关闭,继续移动直至完全关闭为止的整个期间发出警报。若这种门采用液压操纵,每一动力源都有一台能在 60 s 以内关闭所有门的泵。

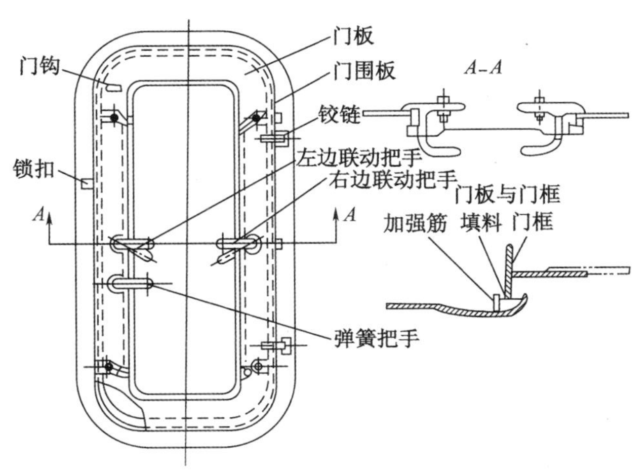

图 2-38　铰链式水密门

图 2-39　动力滑动门

b. 风雨密门。

在干舷甲板以上的封闭上层建筑两端壁的出入口处,要求装设风雨密门。

钢制风雨密门结构上与钢制水密门相似,但门板较薄,门的把手数目也较少,密性较差,只能保证风雨密。对其也要求在门的两面可以操纵。

木质风雨密门的门板是用橡木或柚木做的,装设在上层建筑甲板以上的甲板室敞露的出入口处,分为铰接式和滑动式两种,密性都较差。对于驾驶室两侧壁的门,因为顶风的情况下铰接式门不易开闭,故都采用横向滑动式门。

c. 钢制轻便门。

钢制轻便门结构较轻,装设在无密性要求的储藏室、工作舱室、卫生处所等的出入口处。

d. 防火门。

防火门是一种用钢板制成门板和门框,镶嵌石棉等耐火材料的防火隔热门。防火门装设在防火控制区的舱壁上,平时开启,当发生火灾后,温度上升到一定值时门能自动关闭。有的防火门上装有磁性牵制器,断电以后会自动关闭。防火门的启闭形式有铰接式和横移式两种。

③船用窗。

在船上为了采光和通风,装设有各种类型的窗。

a. 舷窗。

舷窗是一种圆形窗 ,分为重型舷窗(图 2-40)和轻型舷窗。重型舷窗装有铰链式抗风浪的舷窗盖。舷窗盖边上镶有橡胶封条,并用螺栓压紧,保证水密。轻型舷窗一般不带有风暴盖。

图 2-40　重型舷窗

b. 方窗。

方窗是指各种方形窗,装设在上层建筑中的上层甲板室的围壁上。方窗的周边用橡胶条密封,关闭时用螺栓压紧,要求保证风雨密。根据所处的位置不同,方窗可以向外、向内或上下开启。

c. 天窗。

天窗是指装设在舱室顶部用于采光和通风的窗,如机炉舱顶部的天窗。因位置较高,天窗采用机械传动或液压传动开闭。

d. 手摇窗。

手摇窗主要是指装在驾驶室前壁上的窗,类似于汽车窗,用手摇机构升降玻璃或整个窗扇进行开闭。

④人孔盖。

在船体结构的构件上为人员出入而开设的孔,称为人孔。其中在液舱、隔离空舱等的顶板或壁板上开的人孔,必须装设人孔盖,并保证水密性。为了便于维修、逃生和有利于通风,一般每个液舱或空舱在顶板或壁板上至少要开两个人孔,并呈对角线布置。人孔通常有圆形或椭圆形两种。人孔盖主要有下列几种形式。

a. 齐平人孔盖。

如图 2-41(a)所示，人孔盖是块平钢板，用螺栓连接在舱顶板或舱壁板人孔周缘的加强环(座板)上，螺栓是被焊接或旋接在加强环上的。在盖板和加强环之间装有橡胶垫圈，用来保证水密性。

b. 凸起式人孔盖。

如图 2-41(b)所示，将用角钢或折边板做成的围板焊接在人孔的周缘上，人孔盖用螺栓紧固在围板的折边上。这种人孔盖因为装设有一定高度的围板，可防止液体和脏物落进舱里。紧固螺栓易拆换，且不易受损。

c. 铰链式人孔盖。

如图 2-41(c)所示，这种人孔盖在人孔的周围焊一圈不带折边的围板，围板的高度要符合对舱口围板高度的要求。人孔盖板周缘有槽口，镶嵌有橡胶垫料。人孔与围板之间用铰链连接，关闭时用夹扣将人孔盖压紧在围板的上缘。这种人孔盖开设在不易开设舱门或大舱口的储藏室等处所。

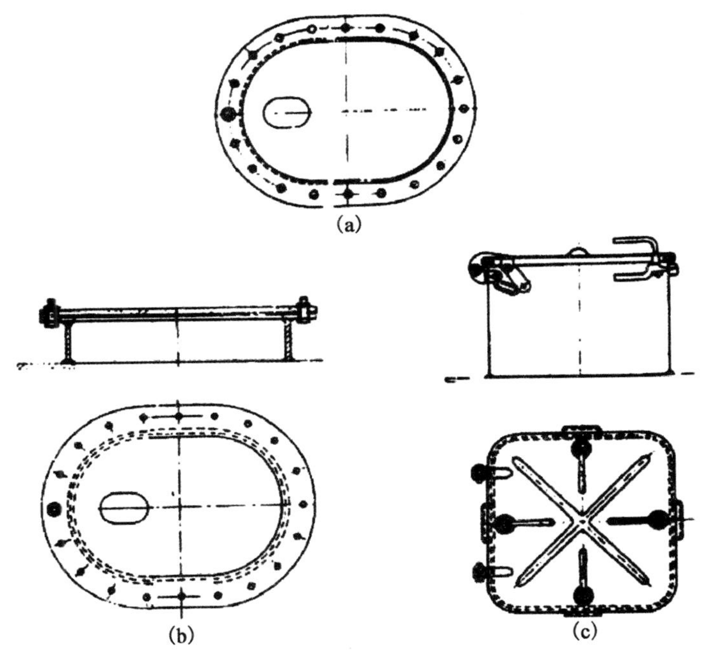

图 2-41　人孔盖

d. 凹形人孔盖。

凹形人孔盖主要用在舱面不允许有凸出物的场所。

(2)船体结构上开口关闭装置的设置

在《1974 年国际海上人命安全公约》和《船舶与海洋工程法规》中，对于船体结构上开口关闭装置的设置，主要有如下三方面规定。

①水密舱壁上的开口关闭装置。

在限界线以下的水密舱壁上要求尽量减少开口的数量，对于开口要有船舶主管机关认可的关闭装置。

a. 在防撞舱壁上不准设门、人孔或出入口。一般仅可通过一根管子，且管子上装有在舱壁甲板以上可以操作的截止阀，其阀体装在艏尖舱内侧的舱壁上，以便在艏尖舱破损时可以将它关闭。

b. 在甲板间舱内的水密舱壁上，可以装设一级或二级水密门。这种门在开航前关闭，航行中不得开启，且装有防止任意开启的装置。此类门在港内开启的时间和船舶离港前关闭的时间应记入航海日志内。

c. 在甲板的下缘在舷侧的最低点，高出最深分舱载重线 2. 13 m 以上的甲板上的旅客、船员生活工作的处所，可以设置一级水密门。

d. 从机舱通往轴隧的水密舱壁上，一般要求装设二级水密门。

e. 门槛在分舱载重线以下，航行中有时需要开启，且门的数目超过 5 扇，或在舱壁甲板以下设有旅客舱室，则舱壁上的门为三级水密门。

船上所有的水密门在航行中均应保持关闭，因船上工作而在航行中必须开启时，应做到随时可以关闭。

②限界线以下船壳板上的开口关闭装置。

要求在限界线以下的船壳外板上尽量减少开口数量，并根据开口的用途及位置均装设有效的关闭装置。

a. 限界线以下的船壳外板上的舷窗都采用水密性和抗风浪的圆形窗(重型舷窗)，并设有内侧铰链式风暴窗盖。根据它距载重水线的高度不同，有不同的关闭要求。

一种为永久关闭的固定式舷窗；一种为离港前关闭加锁，到港后才可以开启的舷窗，它的开闭时间应记入航海日志中；还有一种是航行中由船长决定是否开启的舷窗。专供装货的处所均不得装设舷窗。

b. 船壳外板上的排水孔、卫生排泄孔及其他类似开孔，要求越少越好，或采用一个排水孔供多种排泄管共用。在限界线以下，穿过外板的每一个排水孔都设有一个自动止回阀，并在舱壁甲板以上设有能将其关闭的可靠装置；或装设两个止回阀，其中一个位于最深分舱载重线以上，对其可以随时进行检查，并且是经常关闭的。

c. 和机器连通的海水进水孔和排水孔。在管子与外板之间，或管子与装配在外板上的阀箱之间，设有随时可以接近的阀门，并有标明阀门开启或关闭的指示器。

③限界线以上船体结构上的开口关闭装置。

在舱壁甲板以上，要求采取一切合理和可行的措施限制海水从舱壁甲板以上浸入舱内。

a. 舱壁甲板或其上一层甲板都要求是风雨密的，露天甲板上的所有开口均设有能迅速关闭的风雨密关闭装置。

b. 限界线以上的外板上的舷窗、舷门、装货门和装煤门以及关闭开口的其他装置应为风雨密的，且有足够的强度。

c. 在舱壁甲板以上、第一层甲板以下处所内的所有舷窗，应配有有效的内侧舷窗盖，且易于关闭成水密的。

d. 露天甲板上都设有排水口和流水孔，以便在任何天气情况下能迅速排除露天甲板上的积水。

2.3.4 船舶堵漏

1. 船舱浸水后对船舶抗沉能力的分析

对于设计上达不到抗沉性要求的船，也要从船舱浸水时船舶载重线的高低、渗透率的大小、浸水量的多少、排水设备的能力等方面分析船舶的抗沉能力，以采取应急措施。

(1)舱底水泵排水量的估算

根据《1974 年国际海上人命安全公约》中的规定，一般船舶要有 2 台舱底泵，客船要求至少装设 3 台动力舱底泵与总管相连接。每一台动力舱底泵应能使流经排水总管的水流速度不小于 122 m/min。若按此流速计算，则可得每一台动力舱底泵的排水量。

(2)船舱破损浸水量估算

水线以下破洞的浸水量，与破洞位置距水线的垂直距离以及破洞面积的大小有关，一般可按经验公式估算出。

依据舱底水总管内径，估算出舱底水泵单位时间排水量 $Q_{排}$；根据破洞位置，估算出单位时间里的浸水量 $Q_{浸}$，比较 $Q_{排}$ 与 $Q_{浸}$，由此判断是否需要采取其他措施。

舱底泵一般只能排除小型破洞的浸水，或机械设备管系等的泄漏水。对于大量的破舱浸水，必须使用压载水泵和主机海水冷却泵将海水排出舷外。另外，还必须迅速采取堵漏措施以减小浸水量。

2. 船舶堵漏器材及其使用方法

根据船舶的大小、类型和航区等的不同，在船上要配备不同规格和数量的堵漏器材。这些器材主要有堵漏毯、堵漏板、堵漏箱、堵漏螺杆、堵漏柱、堵漏木塞、垫料、黄沙和水泥等。

(1)堵漏毯

堵漏毯也称为堵漏席，是一种大型的堵漏设备，主要用来堵住船壳水线下部位的破洞浸水，分为重型堵漏毯和轻型堵漏毯两种。

重型堵漏毯是在双层防水帆布中间铺一层镀锌的钢丝网制成的。轻型堵漏毯也是用双层防水帆布制成的，但在两层防水帆布中间铺有一层粗羊毛毯。由于轻型堵漏毯比较软，为了防止堵漏时被海水压入洞内，在毯的一面缝有几道管套，同时插入几根镀锌钢管作为支撑。

在堵漏毯的四个角和每边的中部都装有套环，堵漏时将绳索系在套环上，用一根或两根绳索从艏端兜过船底，沿船舷拉到破洞处，根据破洞深度，固定好顶索的长度，并将堵漏毯从甲板上推下水，收紧其他绳索，直至堵漏毯贴紧破洞为止(图 2-42)。

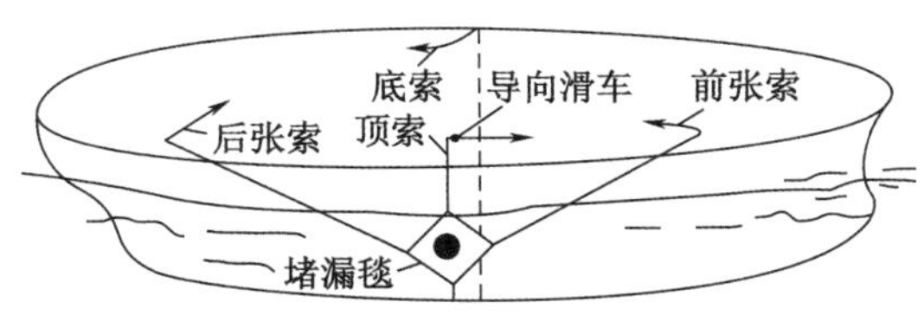

图 2-42 堵漏毯

(2)堵漏板

堵漏板是用铁板或木板制成的。在铁板或木板上装有橡皮垫和固定堵漏板用的绳索或螺杆，使堵漏板能紧贴在破洞处。堵漏板主要用来堵漏舷窗大小的中型破洞。使用整块板式的堵漏板时,在船内从破洞处将一根系有小木块的拉索推出船外,待木块上浮出水面后,从甲板上将木块捞起,并将拉索系在中央眼环上。用吊索将堵漏板放于水中,收紧拉索以使堵漏板紧贴在破洞处的船壳板上。折叠式堵漏板在使用时是将板先折叠起来,从破洞伸出舷外后再张开堵漏板,收紧拉索或旋紧螺杆,使堵漏板紧贴在破洞外的船壳板上(图 2-43)。

(3)堵漏箱

堵漏箱是用铁板制成的方箱,在箱开口一面的四周镶有橡皮条,堵漏时在舷内用箱口压在破洞口的周围,再用支柱和木楔撑住方箱(图 2-44)。

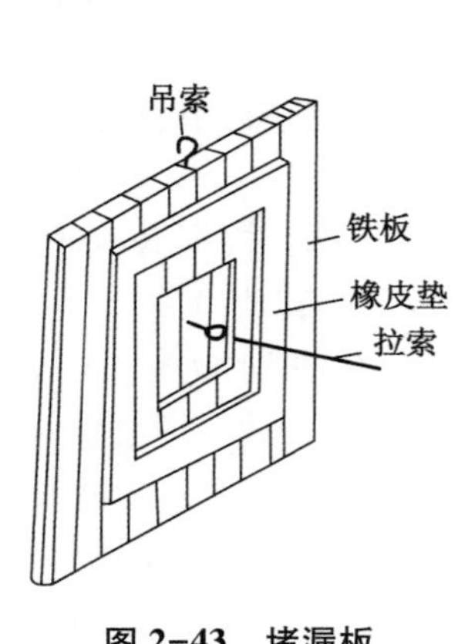

图 2-43　堵漏板

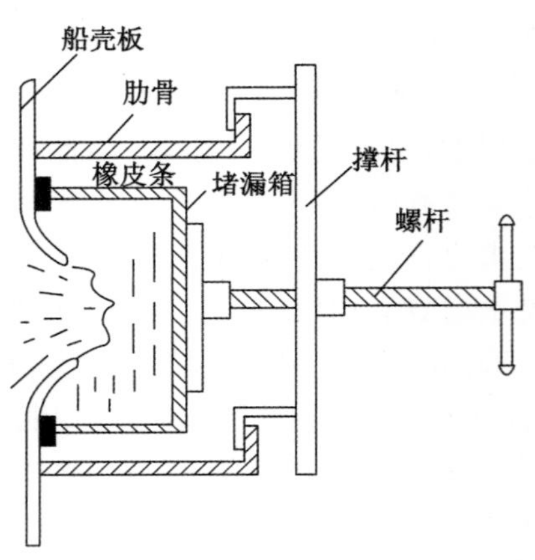

图 2-44　堵漏箱

(4)其他堵漏器材

对于堵漏小型破洞,常用的器材如下。

①堵漏木塞:根据破洞的大小和位置,利用木塞可以从舷内或舷外进行堵塞。

②堵漏螺杆:一种带横杆的螺杆或带有钩头的螺杆,主要适用于堵漏长缝形的破洞。堵漏时将横杆或钩头顺着裂缝伸出舷外,再把横杆转到与裂缝成直角,然后将有孔的软垫或垫木套在螺杆上,用螺母压紧。

③堵漏水泥箱:将舱内水排出后,根据破洞的大小用木板制成的型箱。使用时,先清除破洞周围的油污,并在洞口处敷设钢筋或铁丝网,将型箱架设在破洞上,把搅拌好的水泥浆(按一定的比例的混合物)灌进型箱内。

④堵漏柱、堵漏木楔:支撑用的器材。

⑤堵漏垫料和填料:软垫、浸油麻絮、橡皮等。

⑥堵漏用的工具:锤子、锯子、电钻、扳手、钉子、螺丝、铁丝等。

船用堵洞器材、工具、材料都存放在水线以上取用方便的处所内,室外有明显标记。

橡皮、黄沙等物料要保持清洁,不得涂漆或被油脂等污染,每 6 个月检查一次各种堵漏器材有无损坏、短缺、变质等,对不合格的要及时更换、补充。

(5)舱壁支承

船体的水密横舱壁的强度不能满足舱内浸水后的水压力作用,舱内水位越高,压力越大,因此,需要在邻近的舱内用支柱垫木和木楔等对舱壁进行支承。支承点的高度为舱内水位高度的 2/3 左右。

(6)舰艇损管器材

舰艇损管器材主要包括抗沉器材、灭火器材、管路和电缆修复器材等,用于限制或消除火灾和舰艇破损引起的损害,保障舰艇生命力,以及舰员生命和武器设备的安全。

抗沉器材主要有:用于排水的喷射泵、汽油泵和电动潜水泵及其属具;堵漏、支承用的木质堵漏板、软质堵漏垫、金属堵漏箱和木支柱、金属伸缩支柱等。

灭火器材主要有:扑灭初起火灾的手提式灭火器材、移动式灭火器、手抬消防泵、消防人员的防护装备和各种消防用品。

管路修复器材主要有:包扎管路的缠扎材料(如浸油麻绳、帆布和橡皮等),涂料(如油灰、石墨和铅粉等),垫料(如石棉布、橡胶板、油纸板等)、固紧管箍、管口盖和管钳工具。

电缆修复器材主要有:应急电缆、电缆夹、接线套管和电工工具。

舰艇损管器材通常饰有与一般器材有明显区别的标志或颜色,固定于便于取用的位置,平时不许动用。在舰艇职掌部署中,对于舰艇损管器材应指定专人负责,定期维护保养,保持性能良好和随时可用状态。

3. 防水与堵漏的组织措施

(1)破舱控制示意图

船上要布置有固定的破舱控制示意图,清楚地标明各层甲板及货舱的水密舱室界限、界限上的开口及其关闭方法与控制位置,以及用于校正浸水倾斜装置的示意图,以供负责的高级船员参考。此外,应将有关防水堵漏资料的小册子提供给船上高级船员使用。

(2)防水检查

轮机人员要经常检查机舱内的水密性(如轴隧的漏水情况)及排水管系的技术状况是否正常(如污水井盖要完整,清除井内污泥防止堵塞过滤器等)。

在航行中,木匠每天上、下午各探测一次水舱和污水井的水位,并由大副将结果记入航海日志中。发现异常时要及时找出原因,并采取相应措施。

水密舱壁上的水密门,不论是动力操纵的还是手动的,凡在航行中使用的,应每天进行操作。对于其他的水密门及为了使舱室水密必须关闭的一切阀等,在航行中都要定期检查,每周至少一次。

(3)堵漏应变部署与演习

根据《1974年国际海上人命安全公约》的规定,对于水密门、舷窗、阀,以及泄水孔、出灰管与垃圾管的关闭机械的操作演习,应每周举行一次。对航期超过一周的船舶,在离港前应举行一次全面演习,此后,在航行中至少每周举行一次。堵漏的警报信号是两长声一短声,连放一分钟。听到警报信号后,除固定值班人员外,所有船员应在两分钟内携带有关堵漏器材在指定地点集合,由现场指挥布置抢救方案和操作演习。演习中,每一个船员要明确职责,熟悉堵漏器材的使用方法。演习完毕后,要检查保养器材,并将其放回原固定位置。

(4)舰艇损害管制训练

舰艇损害管制训练(damage control training of naval ship)是为使舰艇人员掌握损管器材及其使用方法和操作技能,以便对舰艇破损或遭遇灾害组织抢救而进行的共同科目训练,有助于消除或减轻舰艇因战斗或事故造成的破损和灾害。训练的主要内容包括:熟悉舰艇的不沉性及抗沉指挥要点;熟练进行损害管制部署及对损害管制的组织指挥;熟知损管器材及其联动系统;单舰或协同救生援救遇难受损舰艇等。损害管制训练如图2-45所示。

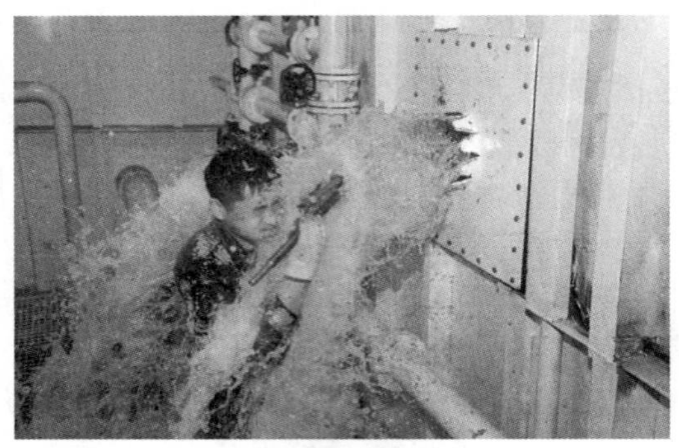

图 2-45　损害管制训练

【巩固与提高】

扫描二维码,进入过关测试。

任务 2.3 闯关

任务 2.4　舰船摇荡性与操纵性

【任务引入】

船舶管理-船舶摇荡及船舶减摇装置

【思想火花】

台湾 700 吨远洋新渔船刚下水就发生严重倾斜,船身一度贴近水面

【知识结构】

舰船摇荡性与操纵性结构图

【知识点】

舰船摇荡性与操纵性

2.4.1 舰船摇荡性

1. 舰船摇荡运动的形式

因某种外力的作用,使舰船围绕原平衡位置所做的往复性(或周期性)的运动,称为舰船摇荡运动。舰船摇荡运动共有横摇(舰船绕纵轴做周期性的角位移运动)、纵摇(舰船绕横轴做周期性的角位移运动)、艏摇(舰船绕垂向轴做周期性的角位移运动)、垂荡(舰船沿垂向轴做周期性的上下平移运动)、纵荡(舰船沿纵向轴做周期性的前后平移运动)和横荡(舰船沿横向轴做周期性的前后平移运动)6 种运动形式,如图 2-46 所示。在这 6 种摇荡运动形式中,横摇摆幅比较大,对舰船性能的影响最大,因此对舰船的横摇应该给予更多的关注。

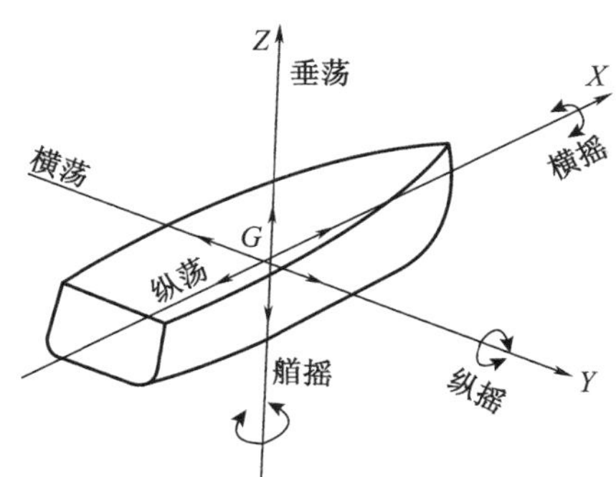

图 2-46 舰船摇荡运动的形式

2. 摇荡运动对舰船性能的影响

舰船摇荡运动是一种有害的运动,剧烈的摇荡会引起严重的后果,具体如下。

①可能使舰船失去稳性而倾覆;

②使船体结构和设备受到损坏;

③引起货物移动,从而使舰船重心移动,危及舰船安全;

④使机器和仪表的运转失常;

⑤会使螺旋桨的效率降低，船舶阻力增加，船速下降；

⑥工作和生活条件恶化，甲板上浪等。

3. 减摇装置

为了减小舰船摇荡，除了在装载和操纵方面采取措施以外，在舰船设计与建造中，都应装设必要的减摇装置。减摇装置是用来产生一种外加的稳定力矩，使舰船的摇摆减缓。根据工作原理，减摇装置可以分成三类：第一类是利用流体的重力作用以产生对舰船摇摆的稳定力矩（如减摇水舱）；第二类是利用流体的动力作用以产生稳定力矩（如舭龙骨、减摇鳍）；第三类所获得的稳定力矩则是由回转力产生（如减摇回转仪）的。

目前采用的减摇装置有下列几种：

（1）舭龙骨

舭龙骨是装设在舭部外侧，沿着水流方向的一块长条板（图 2-47）。舭龙骨的作用是减小舰船横摇。由于减摇效果较好，制造简单，几乎所有舰船上均装设有舭龙骨。

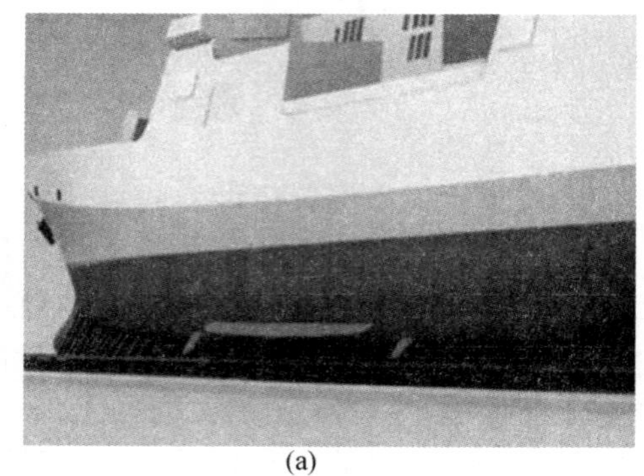

(a)

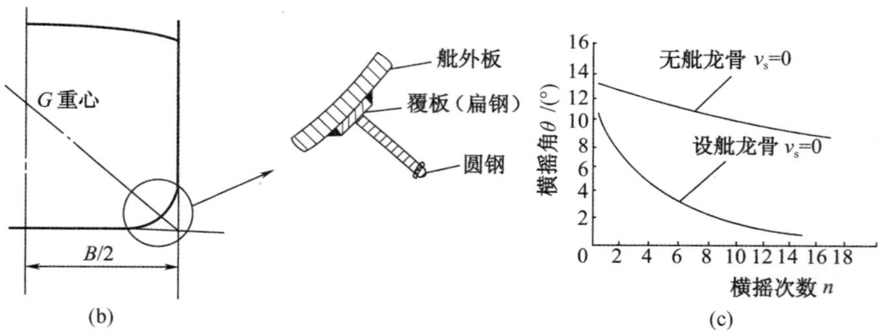

(b) (c)

图 2-47　舭龙骨

舭龙骨板的长度为船长的 1/4～1/3，宽度为 200～600 mm（大型船更大些），近似垂直于舭部列板。其外缘不超出船的半宽线与船底基线所围的范围，以免因触到码头和海底而碰损。在结构形式上，舭龙骨有连续式和间断式两种结构。连续式结构简单，适用于航速不是很高的船。间断式结构适用于高速船，其优点是对船舶的航行阻力较小，而对横摇阻力较大。为了防止舭龙骨损坏而使船体外板受损，舭龙骨一般不直接焊接在舭部外板上，而是用一块覆板将两者连接起来。舭龙骨在结构上不参与船舶的总纵弯曲，仅承受舰船横摇时的水动压力。

(2)减摇鳍

减摇鳍一般是一个长为 3.0 m、宽为 1.5 m 左右的长方体,剖面为机翼形,安装在船中央附近两舷的舭部。在船内设置操纵机构,根据需要可将减摇鳍收进船内或伸出舷外,并且可调整机翼形剖面相对于水流的攻角,使两舷的减摇鳍所产生的升力形成一个阻碍舰船横摇的力偶矩(图 2-48),并使力偶矩方向的改变与舰船横摇同步,这样可有效地减小舰船横摇。因减摇鳍需要自动操纵系统,造价高,目前只有在大型豪华客船上或军舰上才设置。

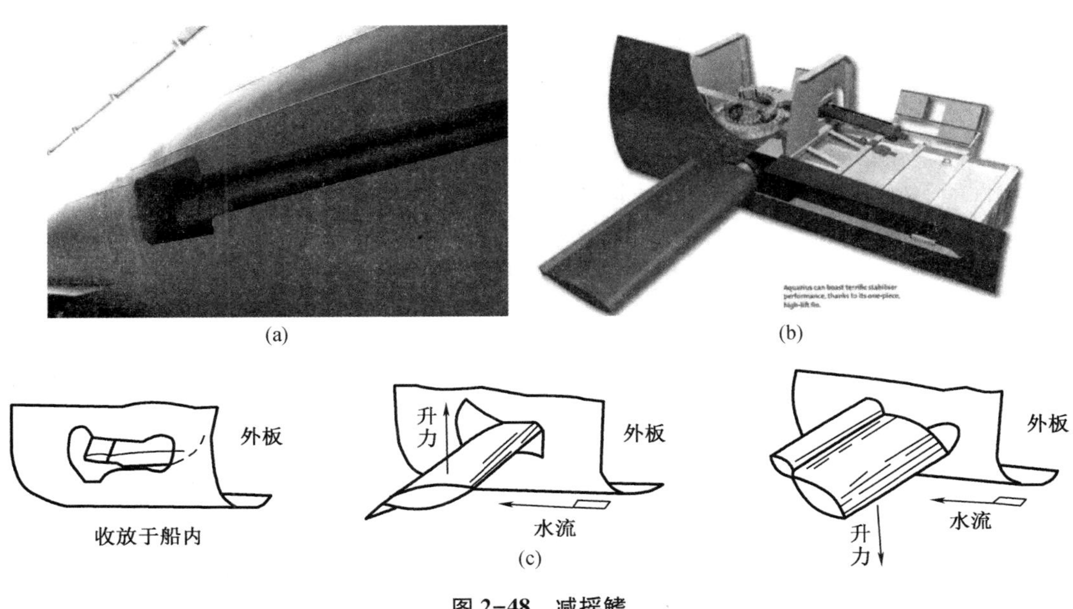

图 2-48　减摇鳍

(3)减摇水舱

如图 2-49 所示,在船内横向设置"U"形水舱,当船在横摇时,使水舱内的水位移动与船的横摇之间有一个相位差。这样水的重力所形成的力矩可减小舰船的横摇。

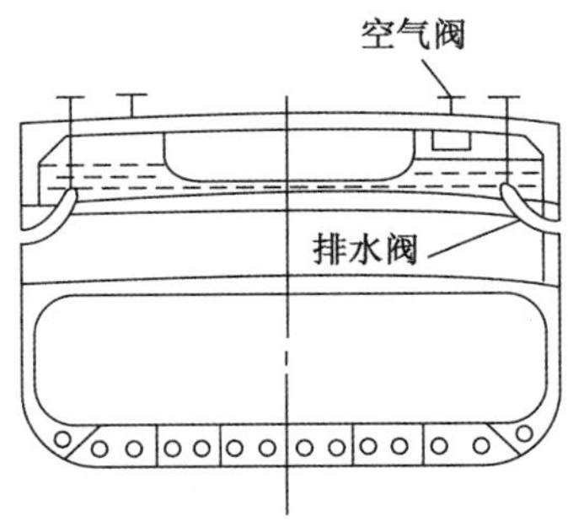

图 2-49　减摇水舱

上述"U"形减摇水舱内的水与舷外水不连通时,该水舱称为闭式减摇水舱。若减摇水舱内的水与舷外水相通时,该水舱称为开式减摇水舱。若水舱内水的左右舷流动是可以控制的,则该水舱称为主动式减摇水舱;而不能控制水的流动的减摇水舱则称为被动式减摇水舱。

2.4.2 舰船操纵性

1. 操纵性的基本概念

舰船能保持或改变航向、航速和位置的性能，称为舰船操纵性。舰船在航行过程中，是通过操舵来实现保持或改变航行方向的。舰船操纵性主要包括航向稳定性、回转性和改向性。

航向稳定性是指舰船保持直线航行的性能，如舰船在外力干扰下不易改变原直线航向，或在外力干扰下偏离原直线航向，但通过不断地操舵就能很快地回到原来航向的性能。一般操舵频率每分钟为4~6次，平均转舵角为3°~5°，就认为舰船的航向稳定性是符合要求的。

回转性是指舰船经操舵后改变原航向做圆弧运动的性能。通常用旋回直径的大小表示回转性能的好坏。旋回直径越小，回转性能越好。

改向性是指舰船回转初期对转舵的反应能力。转舵后船能很快地进入新的航向，或偏离航向经操舵后能很快地回到原来航向，则认为转艏性好。改向性好的舰船，不一定旋回直径小。所以，改向性和回转性是有区别的。从舰船操纵性角度来看，要求既要转向快，又要旋回直径小。

航向稳定性好的舰船，它的回转性和转艏性能较差；而回转性和改向性好的舰船，航向稳定性较差。同一条船难以同时满足航向稳定性、回转性和改向性都很好的要求。

对于远洋运输舰船，由于长时间远洋航行，进出港的时间较短，要求有较好的航向稳定性。这样，舰船可较少进行操舵，保持航向，航线直，从而节约燃料。对于经常进出港以及在狭水道航行的舰船，要求有良好的回转性和改向性，这样可以减少与来往舰船的碰撞机会。

2. 操纵性的影响因素

船舶操纵性受如下因素的影响：

(1)船型和浮态

船体形状和大小对舰船操纵性的好坏有着重要的影响。

①舰船的长宽比 L/B 越大，航向稳定性越好，而回转性较差。

②方形系数 C_B 越小的船，航向稳定性越好，而舰船回转性则较差。

③水线下的船体侧面形状和舰船的浮态：艉倾的舰船的航向稳定性较好，艏倾的舰船的航向稳定性则较差。装设艉鳍可提高航向稳定性。

(2)舰船受风力情况

舰船水线以上及其上层建筑侧面形状、大小和分布，风力作用中心位置等对舰船操纵性有重要影响。

(3)舰船速度

舰船速度越快，舵效越高，航向稳定性也就越好。

(4)舵与桨的作用

①舵的位置要对称于船体中纵剖面或在中纵剖面内，才能保持良好的航向稳定性；舵叶面积比越大，则舰船操纵性越好。

②螺旋桨推力作用线要在中纵剖面内，推力的大小及桨的数目等对操纵性都有很大的影响。

【巩固与提高】

扫描二维码,进入过关测试。

任务 2.4 闯关

项目3　国际公约与国内法律、法规

【项目内容】

通过对国际公约,国内法律、法规及军队法规等相关知识的学习与技能训练,达到士官第一任职能力所要求具备的有关遵纪守法的知识标准。

【项目目标】

一、知识要求

1. 说出专属经济区等基本概念;
2. 说出国际、国内防污染的规定;
3. 说出国际安全公约的基本要求;
4. 说出国际劳工组织(ILO)对于海事劳工保障的基本要求;
5. 说出军事法规体系;
6. 解释军队“三大条令”的主要内容。

二、技能要求

1. 履行维权职责;
2. 具备在操纵和管理舰船中保护海洋的意识与能力;
3. 能合理使用应急救生、消防等损害管控设备;
4. 能合理保障自身和他人的合法权益;
5. 能遵守与执行“三大条令”。

三、素质要求

1. 具有自主学习意识,能主动建构知识结构;
2. 具有团队意识和协作精神;
3. 养成扎实的军事素质。

【项目实施】

任务3.1 IMO及《联合国海洋法公约》

【任务引入】

中国政府就钓鱼岛及其附属岛屿领海基点基线发表声明

【思想火花】

这些经历，不能忘却

【知识结构】

IMO及《联合国海洋法公约》结构图

【知识点】

3.1.1 国际海事组织

1. 国际海事组织简介

国际海事组织（IMO）的前身为政府间海事协商组织（Intergovernmental Maritime Consultative Organization，IMCO）。IMCO是根据1948年3月6日在日内瓦举行的联合国海运会议上通过的“政府间海事协商组织公约”（1958年3月17日生效），于1959年1月6日至19日在伦敦召开的第一届公约国全体会议上正式成立的，是联合国在海事方面的一个专门机构，负责海事技术咨询和立法。1975年11月第9届大会通过了修改的组织公约决定，并于1982年5月22日起改为现名IMO。其作用是创建一个监管公平和有效的航运业框架，涵盖包括船舶设计、施工、设备、人员配备、操作和处理等方面。截至2022年2月，有175个正式成员和3名准成员。

IMO设有大会和理事会，以及海上安全、法律、海上环境保护、技术合作、便利运输5个委员会和1个秘书处。

(1)大会

大会是 IMO 的最高权力机构,由全体会员国的代表参会,每两年召开一次。任务是批准工作计划和财务预算,选举理事会成员国,审议并通过各委员会提出的有关海上安全、防止海洋污染及其他有关规则的建议案。

(2)理事会

大会休会期间由理事会行使职权。理事会由大会选出的 40 个理事国组成,任期两年,可连任,每年召开两次会议。理事会包括 10 个 A 类理事国、10 个 B 类理事国和 20 个 C 类理事国。A 类理事国为在提供国际航运服务方面有最大利害关系的国家(即航运大国);B 类理事国为在国际海上贸易方面有最大利害关系的国家(即海上贸易量最大国家);C 类理事国为在海上运输或航行方面有特殊利害关系的国家(即地区代表)。

(3)秘书处

秘书处是处理该组织日常事务的常设机构,负责保存 IMO 大会制定的公约、规则、议定书、建议案和会议记录、会议文件。秘书长是行政负责人。秘书处下设 5 个司,分别为海上安全司、海上环境司、法律事务及对外联络司、行政司和会议司。

(4)委员会

IMO 的全部技术工作由下述委员会进行,即海上安全委员会、海上环境保护委员会、便利委员会、技术合作委员会和法律委员会。海上安全委员会每年至少召开一次次会议,负责协调有关海上安全的技术性问题。海上环境保护委员会负责协调有关防止就控制船舶造成海洋污染的技术问题,每年至少召开一次会议。技术合作委员会每年至少召开一次会议,负责协调技术合作方面的工作,帮助会员国提高实施海事公约的能力。法律委员会每年至少召开一次会议,负责本组织的法律事务和草拟公约文件。便利委员会是理事会附属机构,在理事会认为有必要时召开会议,负责研究有关便利国际海上运输的活动,简化船舶进出港口的手续和文件。国际海事组织(IMO)组织框架如图 3-1 所示。

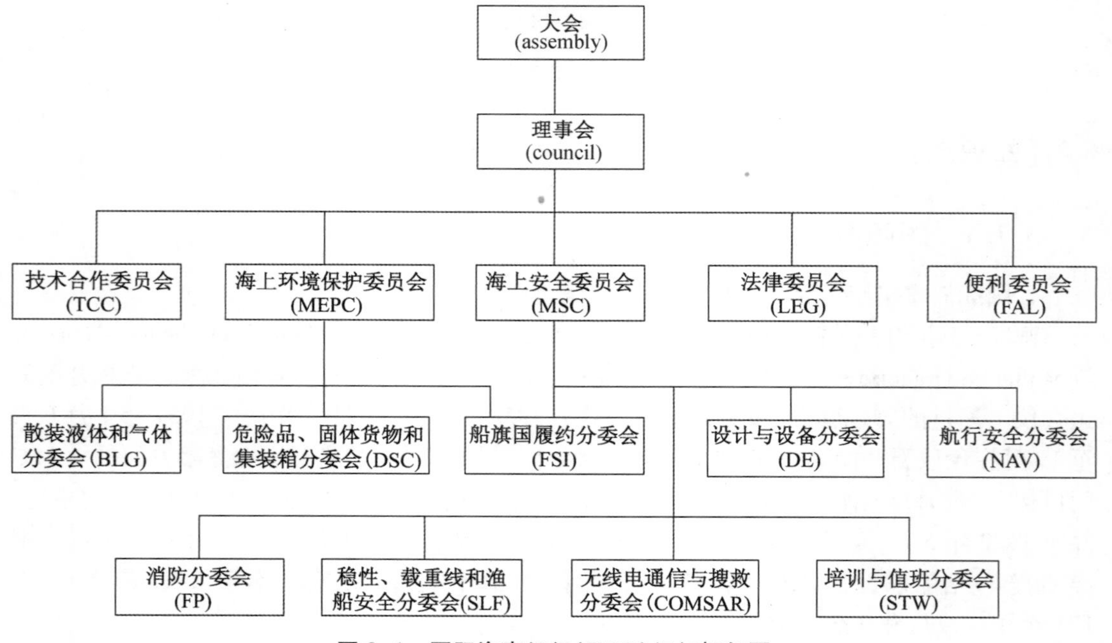

图 3-1 国际海事组织(IMO)组织框架图

中国在联合国恢复合法席位后，于 1973 年 3 月 1 日正式加入 IMO。1989 年第 16 届大会上，中国当选为 A 类理事国。截至 2021 年 12 月 10 日，中国已连续 17 次在该组织中担任 A 类理事国。

3.1.2 《联合国海洋法公约》

《联合国海洋法公约》(United Nations Convention on the Law of the Sea)的主要内容为海洋权益和过境自由海洋环保，对内水、领海、临接海域、大陆架、专属经济区(也称排他性经济海域，简称 EEZ)、公海等重要概念做了界定，如图 3-2 所示，对当前全球各处的领海主权争端、海上天然资源管理、污染处理等具有重要的指导和裁决作用。

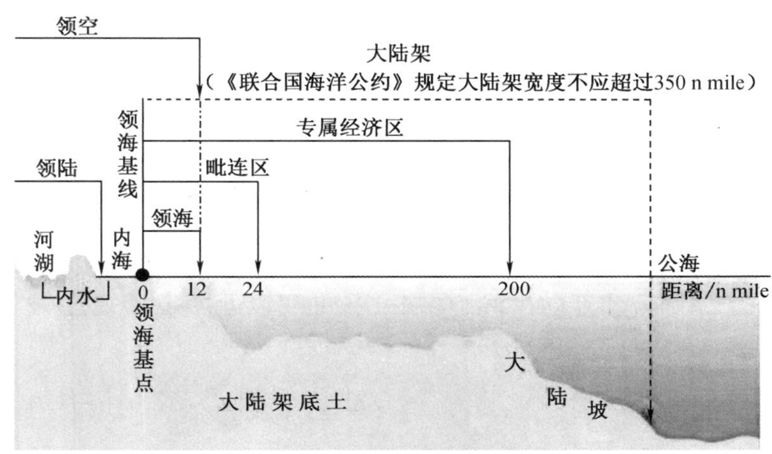

图 3-2 内水、内海、领海、毗连区、大陆架与专属经济区

《联合国海洋法公约》于 1982 年 12 月 10 日在牙买加的蒙特哥湾召开的第三次联合国海洋法会议最后会议上通过，1994 年 11 月 16 日生效，已获 150 多个国家批准。该公约规定一国可对距其海岸线 200 n mile(约 370 km)的海域拥有经济专属权。该公约共 17 个部分，连同 9 个附件，共有 446 条。

《联合国海洋法公约》的主要章节：序言；第一部分用语和范围；第二部分领海和毗连区；第三部分用于国际航行的海峡；第四部分群岛国；第五部分专属经济区；第六部分大陆架；第七部分公海；第八部分岛屿制度；第九部分闭海或半闭海；第十部分内陆国出入海洋的权利和过境自由；第十一部分“区域”；第十二部分海洋环境的保护和保全；第十三部分海洋科学研究；第十四部分海洋技术的发展和转让；第十五部分争端的解决；第十六部分一般规定；第十七部分最后条款。

以下为其中部分内容简介。

1. 领海基线

领海基线通常是沿海国的大潮低潮线。但是，在一些海岸线曲折的地方，或者海岸附近有一系列岛屿时，允许使用直线基线的划分方式，即在各海岸或岛屿确定各适当点，以直线连接这些点，划定基线。我国领海基线以直线基线法确定。如图 3-3 所示为领海基线。

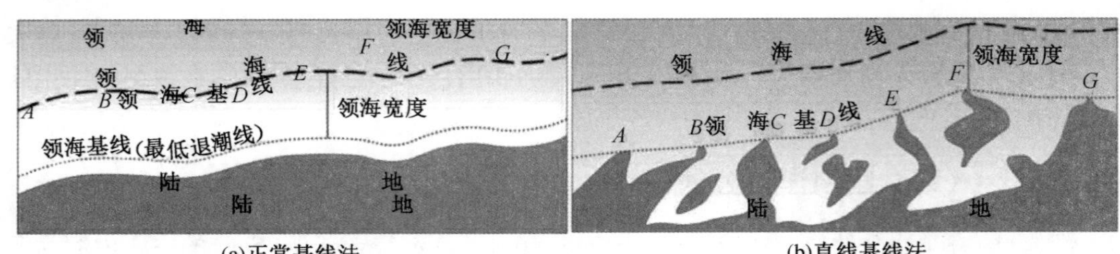

(a)正常基线法　　(b)直线基线法

图 3-3　领海基线

2. 内水

内水涵盖基线向陆地一侧的所有水域及水道。沿岸国有权制订法律规章加以管理，而他国船舶无通行之权利。

3. 领海

沿海国的主权及于其陆地领土及其内水以外邻接的一带海域，在群岛国的情形下则及于群岛水域以外邻接的一带海域，称为领海，如图 3-4 所示。除本公约另有规定外，测算领海宽度的正常基线是沿海国官方承认的大比例尺海图所标明的沿岸低潮线。每一国家有权确定其领海的宽度，直至从按照本公约确定的基线量起不超过 12 n mile 的界限为止。基线以外 12 n mile 之水域，沿岸国可制订法律规章加以管理并运用其资源。外国船舶在领海有“无害通过”之权。而军事船舶在领海国许可下，也可以进行“过境通过”。

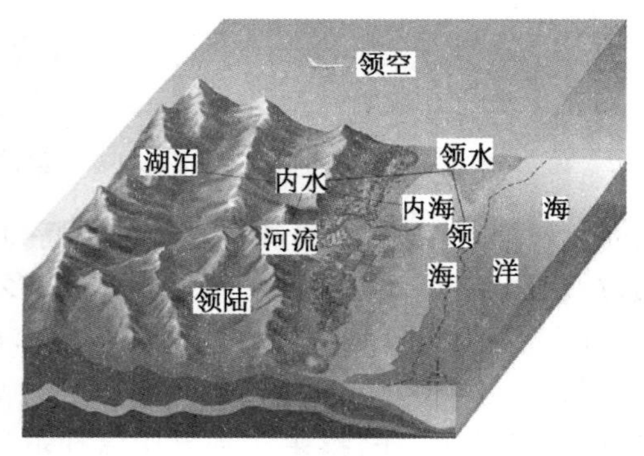

图 3-4　领海

4. 毗连区

①沿海国可在毗连其领海称为毗连区的区域内，行使为下列事项所必要的管制：防止在其领土或领海内违犯其海关、财政、移民或卫生的法律和规章；惩治在其领土或领海内违犯上述法律和规章的行为。

②毗连区从测算领海宽度的领海基线量起，向海宽度不得超过 24 n mile，也就是从领海再向外拓宽 12 n mile。

5. 专属经济区

专属经济区从测算领海宽度的基线量起，不应超过 200 n mile 的海域，除去离另一个国家更近的点。专属经济区所属国家具有以勘探和开发、养护和管理海床上覆水域和海床及其底土的自然资源（不论为生物或非生物资源）为目的的主权权利，以及关于在该区内从事经济性开发和勘探，如利用海水、海流和风力生产能等其他活动的主权权利，对人工岛屿、设施和结构的建造和使用、海洋科学研究、海洋环境的保护和保全等的权利。其他国家仍然享有航行和飞越的自由，以及与这些自由有关的其他符合国际法的用途（如铺设海底电缆、管道等）。

6. 大陆架

沿海国的大陆架包括陆地领土的全部自然延伸，其范围扩展到大陆边缘的海底区域，如果从测算领海宽度的基线（领海基线）起，自然的大陆架宽度不足 200 n mile，通常可扩展到 200 n mile，或扩展至 2 500 m 水深处（二者取小）；如果自然的大陆架宽度超过 200 n mile 而不足 350 n mile，则自然的大陆架与法律上的大陆架重合；自然的大陆架超过 350 n mile，则法律的大陆架最多扩展到 350 n mile。如图 3-5 所示。

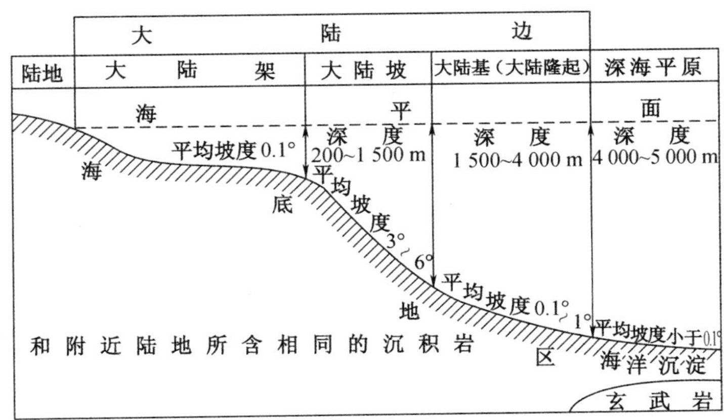

图 3-5 大陆架

7. 公海

公海适用于领海（水）以外的水体，不包括专属经济区、领海或内水或群岛国的群岛水域内的全部海域，如图 3-6 所示。公海有时特指领海之外的洋、海。公海对所有国家开放，不论其为沿海国或内陆国。除其他外，包括：航行自由；飞越自由；铺设海底电缆和管道的自由；建造国际法所容许的人工岛屿和其他设施的自由；捕鱼自由；科学研究的自由。

这些自由应由所有国家行使，但须适当顾及其他国家行使公海自由的利益，并适当顾及本公约所规定的同“区域”内活动有关的权利。

在公海航行船只仅受船旗国管辖。但海盗事件与奴隶贩卖案件，任何国家皆可介入管辖。

8. 国际海峡

国际海峡一般是指经常用于国际航行构成国际航道的海峡。海峡在军事以及航运上都有重要意义。世界上不同程度的用于国际航行的海峡有近 300 个。其中具有世界意义和经常用于国际航行的有 30 个，如马六甲海峡、直布罗陀海峡、霍尔木兹海峡、博斯普鲁斯海峡和麦哲伦海峡等。

9. 群岛国

群岛国指全部由一个或多个群岛构成的国家。由于群岛国与大陆型国家的地理形势差异甚大，本公约在其第四部分对群岛国的领海画法和海上权利做了单独规定。世界上有 30 多个群岛国。在群岛水域内，不论其深度或距离海岸的远近如何，群岛水域的上空、海床和底土及其中所蕴藏的资源的主权归群岛国所有。

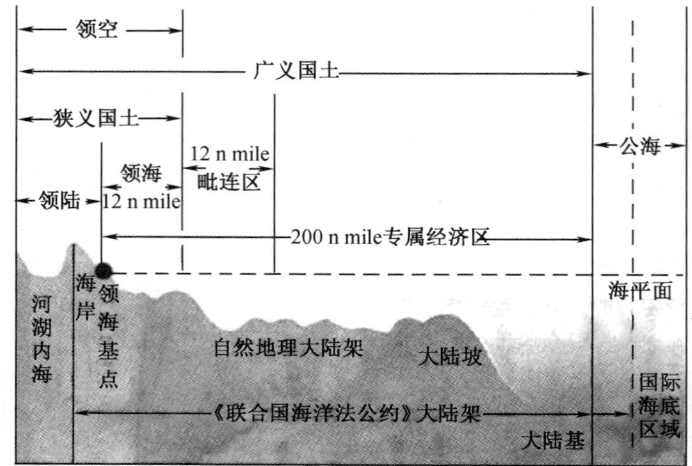

图 3-6　公海

【巩固与提高】

扫描二维码,进入过关测试。

任务 3.1 闯关

任务3.2 防污染公约与法规

【任务引入】

船舶管理-MARPOL公约及其附则

【思想火花】

防污染(在海上)

【知识结构】

防污染公约与法规结构图

【知识点】

防污染公约与法规

3.2.1 MARPOL公约及其附则

随着现代工业飞速发展,在海上航行的船舶数量和种类越来越多,特别是10万吨级以上大型油船及散装化学品船被大量建造并投入营运。除了油类,其他一些有毒有害物质、船舶生活污水、船舶垃圾等对海洋的污染也日趋严重。因此,1973年,IMO在伦敦召开国际海洋防污染会议,审议通过了第一个不限于油污染的《1973年国际防止船舶造成污染公约》(简称MARPOL 73)。MARPOL 73共有20条,另附有2个议定书和6个附则。

现行的公约包括:《1973年国际防止船舶造成污染公约》;《〈1973年国际防止船舶造成污染公约〉1978年议定书》(议定书Ⅰ——关于涉及有害物质事故报告的规定;议定书Ⅱ——仲裁);《经1978年议定书修订的〈1973年国际防止船舶造成污染公约〉》(简称MARPOL 73/78)的1997年议定书;以及6个附则,即

附则Ⅰ——防止油类污染规则;

附则Ⅱ——防止散装有毒液体物质污染规则;

附则Ⅲ——防止海运包装形式的有害物质污染规则;

附则Ⅳ——防止船舶生活污水污染规则;

附则Ⅴ——防止船舶垃圾污染规则;

附则Ⅵ——防止船舶造成大气污染规则。

1. MARPOL 73/78 附则Ⅰ——防止油类污染规则的相关规定

(1)定义

①油类系指包括原油、燃油、油泥、油渣和炼制品(本公约附则Ⅱ所规定的石油化学品除外)在内的任何形式的石油,以及不限于上述一般原则下,包括本附则附录中所列的物质。原油系指任何天然存在于地层中的液态烃混合物,不论其是否经过处理以适合运输。它包括:可能业已去除某些馏分的原油;以及可能业已添加某些馏分的原油。

②油性混合物系指含有任何油分的混合物。

③燃油系指船舶所载有并用作其推进和辅助机器的燃料的任何油类。

④最近陆地系指最近的按照国际法划定的领海基线。

⑤特殊区域系指这样的一个海域,在该海域中,由于其海洋学的和生态学的状态以及其交通的特殊性质等方面公认的技术原因,需要采取特殊的强制办法以防止油类物质污染海洋。本附则规定的特殊区域有 10 个:地中海区域;波罗的海区域;黑海区域;红海区域;海湾区域;亚丁湾区域;南极区域;西北欧水域;阿拉伯海的阿曼区域;南部南非区域。其中西北欧水域包括北海及其近海水域,爱尔兰海及其近海水域,克尔特海、英吉利海峡及其临近水域和紧接爱尔兰西部的东北大西洋部分水域。

⑥油量瞬间排放率系指任何一瞬间每小时排油的升数除以同一瞬间的船速节数之值,其单位为 L/n mile。

⑦百万分比(ppm)系指按体积的百万分比计算的油污水的含油率。

⑧特别敏感区域(PSSA)系指在该区域中由于生态学或社会经济或科学上的原因,容易遭受海上交通带来的环境损害,需要 IMO 采取特别的措施予以保护的区域。现有的特别敏感区域主要包括澳大利亚的大堡礁;古巴的撒巴那-卡玛居埃群岛;哥伦比亚的马尔佩洛岛周围海域;美国的佛罗里达珊瑚岛群周围海域;瓦登海;秘鲁的帕拉卡斯国家自然保护区;西欧水域;西班牙的加纳利群岛;厄瓜多尔的加拉帕科隆群岛;波罗的海;美国的夏威夷帕帕哈瑙莫夸基亚国家海洋遗迹;博尼法乔海峡;荷兰的沙巴浅滩。

(2)例外

如下情况可不受本附则规定的排放条件和标准的限制:

①将油类或油性混合物排放入海,系为保障船舶安全或救护海上人命所必需者;

②将油类或油性混合物排放入海,系由于船舶或其设备遭到损坏的缘故。

(3)排油控制

①对所有船舶机器处所操作性排油的要求。

a. 除例外情况以及本条第 b、c 和 f 规定外,应禁止将任何油类或油性混合物排放入海。

b. 特殊区域外的排放:船舶正在航行途中;油性混合物经本附则要求的滤油设备予以处理;未经稀释的排出物含油量不超过 15 ppm[①];油性混合物不是来自油船的货泵舱的舱

① 1 ppm=1 mg/mL。

底;如是油船,油性混合物未混有货油残余物。

c. 特殊区域内的排放:船舶正在航行途中;油性混合物经滤油设备加工处理;未经稀释的排出物含油量不超过 15 ppm;油性混合物不是来自油船的货泵舱的舱底;如是油船,油性混合物未混有货油残余物。

d. 就南极和北极区域而言,禁止任何船舶将任何油类或油性混合物排放入海。

e. 本条中的任何规定,并不禁止仅有部分航程在特殊区域内的船舶在特殊区域以外排放。

f. 对南极区域以外任何区域内小于 400 总吨的船舶,应按下列规定将油类和油性混合物留存在船上或排放入海:船舶正在航行途中;船上所设经认可的设备正在运转以保证未经稀释的排出物含油量不超过 15 ppm;油性混合物不是来自油船的货泵舱的舱底;如是油船,油性混合物未混有货油残余物。

②对油船货物区域操作性排油的控制要求。

a. 特殊区域外的排放,北极水域除外:油船不在特殊区域之内;油船距最近陆地 50 n mile 以上;油船正在途中航行;油量瞬间排放率不超过 30 L/n mile;排入海中的总油量,对于 1979 年 12 月 31 日或以前交船的油船而言,不得超过这项残油所属的该种货油总量的 1/15 000,对于 1979 年 12 月 31 日以后交船的油船而言,不得超过这项残油所属的该种货油总量的 1/30 000;油船所设的本附则要求的排油监控系统以及污油水舱正在运转。

b. 特殊区域内的排放:除清洁压载水和专用压载水的排放外,禁止油船将货油区域的油类或油性混合物排放入海。

c. 对小于 150 总吨的油船的要求:将油留存在船上以及随后将所有经污染的洗涤液排入接收设备。用于冲洗和流回到储存柜中的全部油和水应排入接收设备,除非设有适当的装置以保证对允许排入海水的流出物有足够的监测以符合本条的规定。

(4)对防油污设备的要求

①对所有船舶机器处所设备的要求。

a. 凡 400 总吨及以上但小于 10 000 总吨的任何船舶,应装有符合 f 规定的滤油设备。

b. 凡 10 000 总吨及以上的任何船舶,应装有符合 g 规定的滤油设备。

c. 固定不动的旅店客船和水上仓库之类的船舶,不必安装滤油设备。这种船舶应设有储存柜,其容积足够留存船上含油舱底水的总量,并使主管机关满意。所有含油舱底水均应留存船上,以便随后排入接收设备。

d. 主管机关应保证小于 400 总吨的船舶尽可能装有将油类或油性混合物留存船上或按本附则相关规定将其排放的设备。

e. 主管机关可对下述船舶免除本条 a 和 b 的要求:任何专门从事在特殊区域内航行的船舶,或任何按《国际高速船安全规则》发证,从事定期营运且返程时间不超过 24 小时的船舶,并包括这些船舶不载运旅客/货物的迁移航程。对上述规定,下列条件应予满足:船舶设有储存柜,其容积足够容纳留存于船上含油舱底水的总量,并使主管机关满意;所有含油舱底水均留存船上,以便随后排入接收设备;主管机关确认在船舶停靠的港口或装卸站设有足够数量的接收设备,以接收该含油舱底水;当需要备有《国际防止油污证书》时,应在证书中签署,说明该船是专门从事在特殊区域内航行或被视为是高速船和有确定业务;含油污水的数量、时间和港口应记入油类记录簿第 I 部分内。

f. 滤油设备的设计,应保证通过该系统排放入海的油性混合物的含油量不超过 15 ppm。

g. 本条 b 所述的滤油设备除应符合 e 的规定。此外,该系统应装有报警装置,在不能保持这一标准时发出报警。该系统还应装有在排出物的含油量超过 15 ppm 时能保证自动停止油性混合物排放的装置。

②对油船货物区域设备的要求。

a. 排油监控系统。

150 总吨及以上的油船应装有一个经主管机关批准的排油监控系统。排油监控系统的设计和安装应符合 IMO 制定的油船排油监控系统指南和技术条件。主管机关可接受在该指南和技术条件内详述的具体布置。图 3-7 所示为排油监控系统的组成及原理。

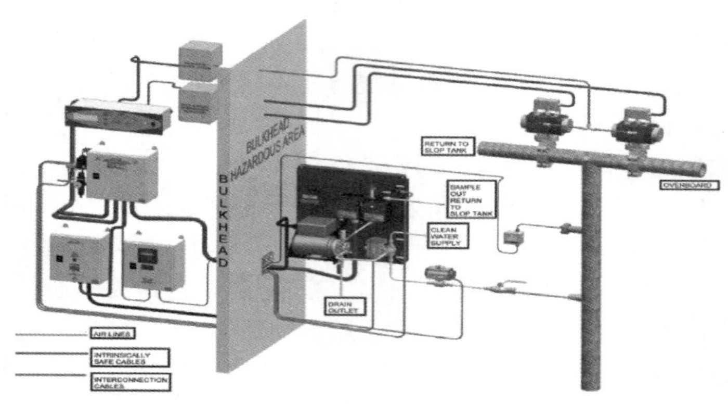

图 3-7　排油监控系统的组成及原理

b. 油水界面探测器

150 总吨及以上的油船应备有经主管机关认可的有效的油水界面探测器，以便能迅速而准确地确定污油水舱中的油/水分界面，其他舱柜如需进行油水分离并拟从中将排出物直接排放入海者，也应有这种探测器。

(5)对船舶构造的要求

对于不同船舶，需要设置如下设备。

①残油(油泥)舱。

②标准排放接头。

为了使接收设备的管路能与船上机舱舱底和油泥舱残余物(即舱底水和油渣)的排放管路相连接，在这两条管路上均应装有符合要求的标准排放接头，如图 3-8 所示。

图 3-8　标准排放接头

③泵舱底保护。

对于所有 2007 年 1 月 1 日及以后建造的 5 000 载重吨及以上的油船，要求有泵舱底保护。

④燃油舱保护。

适用范围内的船舶的所有燃油舱(单个燃油舱的最大转载容量不超过 30 m^3 的小燃油舱除外)应满足双壳双底的要求。

(6)防止油污染的特殊措施

对油船货物区域的要求主要包括:专用压载舱;双壳体和双层底;污油水舱。

(7)油类记录簿

根据 MARPOL 73/78 附则Ⅰ的规定,凡 150 总吨及以上的油船,应备有油类记录簿(oil book)的第Ⅰ部分(机舱的作业记录)和第Ⅱ部分(货油和压载作业记录),即油船应备有两种油类记录簿:一种用于机器处所的操作,由轮机部保管;一种用于货油的操作,由大副保管。凡 400 总吨及以上的非油船,应备有油类记录簿的第Ⅰ部分(机舱的作业记录)。

应及时将每项作业详细地记入油类记录簿的第Ⅰ部分或第Ⅱ部分。船舶事故造成任何油类和油性混合物的排放,均应记入油类记录簿。每项记录应由该项作业的操作负责人签字,每记完一页由船长签字,记完最后一页应留船保存 3 年。

油类记录簿的第Ⅰ部分或第Ⅱ部分的记录,对于持有国际防止油污证书(IOPPC)的船舶,至少应为英文、法文或西班牙文的一种。若同时使用船旗国的官方文字做记录,在遇有争议或不相一致的情况时,应以该船旗国的官方文字记录为准。

油类记录簿应存放于船上在所有合理时间内可随时取来检查的地方。缔约国的主管机关,可对停靠本国港口或近海装卸站的适用船舶检查油类记录簿,可将记录簿中的任何记录制成副本,并要求船长证明该副本是该项记录的正确副本。经船长证明为船上油类记录簿中某项记录的真实副本,在任何法律诉讼中可作为该项记录中所述事实的证据。对油类记录簿的检查和制作正确副本应尽快进行,不可对船舶造成不当延误。

(8)船上海洋污染应急计划

①适用范围。

根据 MARPOL 73/78 附则Ⅰ第 37 条和附则Ⅱ第 17 条的要求,凡 150 总吨及以上的油船和 400 总吨及以上的非油船,均应备有经主管机关认可的“船上油污染应急计划”(SOPEP);150 总吨及以上准予装载散装有毒液体物质的船舶应备有经主管机关认可的“船上有毒液体物质海洋污染应急计划”;对于同时满足上述两个条件的船舶,可以以“船上海洋污染应急计划”(SMPEP)替代上述两计划。

计划用于指导船长和船上高级船员有效处理油类或有毒液体物质的意外排放,以确保采取必要措施,组织或最大限度地降低意外排放并减轻其对水域环境的影响。有效的计划确保从结构上以合理、安全和及时的方式采取必要的措施。计划不仅适用于操作性溢油,还可在船长应对船舶发生事故排放时提供所需的指导。编制计划时要考虑到处于应急情况下的人员面临着各种压力和复杂工作。因此计划必须确切、实用、易于操作,使船上人员和岸上船舶管理人员都能理解,并定期进行评估、检查和修改。

计划应使用船长和高级船员的工作语言或他们精通的语言编制。当船长和高级船员更换导致使用的语言与计划不一致时,应将计划译成新船长和高级船员使用的语言。如果所用语言不是英文,还应提供英文的译文。计划至少应包括下列强制性规定。

a. 船长或负责管理该船的其他人员应遵循的油类污染事故报告程序。

b. 在发生油类污染事故时,需要联系的当局或人员名单。

c. 为减少或控制事故引起的油类的排放,船上人员将立即采取行动的详细说明。

d. 在处理油类污染事故中，为协调国家与地方当局的船上行动，进行联系的程序和要点。

e. 为 5 000 载重吨及以上的油船提供获取"破损稳性和剩余结构强度岸基电脑计算程序"服务。

除上述强制性规定外，对地方要求及保险公司、船东/经营者的方针等，也可以纳入计划。这些内容可以包括图解和图纸、船载相应设备、公众事务、记录保存信息、货物具体资料和参考材料等。

②强制性规定部分。

MARPOL 73/78 附则 I 规定，计划至少应由下述四部分组成。

a. 报告要求。

根据 MARPOL 73/78 第 8 条和议定书 I 的要求，应该把油类或有毒液体物质的实际的或可能的排放情况通知最近的沿海国家，以便使沿海国家有可能估计在此项事故中受到的污染威胁以及采取适当的行动进行援救和协调行动。

船长或负责管理该船的其他人员，以 IMO A. 851(20)决议通过的《船舶报告制度及报告要求总则》为基础确定报告程序。

• 报告时间

实际排放　无论何时发生下列情况都必须做报告：由于船舶或设备损坏而引起的排放；为了确保船舶安全和在海上救生而引起的排放；超过现行公约允许的排放总量或瞬时排放率；由于螺旋桨轴和艉轴油封装置损坏而引起的排放。

可能发生的排放　当发生下述情况，船长判断可能发生排油时，需向最近沿岸国报告：船舶发生碰撞、搁浅、火灾、爆炸、结构受损、船舱进水、货物移动等影响船舶安全的情况；舵机、推进器、发电系统等关键的航行设备发生故障或失灵，使航行安全性下降。

• 报告内容

报告应按规定的统一格式填写。

• 报告程序

初始报告：发生排油或可能发生排油时应立即报告。

b. 油污事故中需联系的当局或人员名单。

Contact Points：https://www.imo.org/en/OurWork/Circulars/Pages/CP.aspx。

c. 减少或控制油类排放的措施。

为确保计划的实施，减少或控制油类排放的措施应为船长和其他高级船员在发生溢漏事故时迅速采取有关控制排放措施提供指导，以制止和减少排放。为此，所有船员无论在什么时候，一旦发现船上发生溢漏事故，应立即报告船长或其他负责人。而船长及其他负责人接到事故报告后，应立即发出溢漏报警，并组织船员按船舶溢油应变部署表做出应急响应。

每艘船舶应有本船溢油应变部署表，在表中应注明：溢油报警信号、船员集合地点、每个船员负责的部位和应变职责等。当船舶发生溢油时，要求全体船员做出应变反应到达分工部位和完成职责，并要求在船上如驾驶台、机舱、餐厅、居住区等公共场所张贴相应的船舶溢油应变部署表。

d. 国家和地方协作相关内容。

在抗油类污染行动中，船舶与沿海国家或港口当局进行快速有效的协作对于减轻污染事故的危害是至关重要的。当发生海洋污染事故时，船长在为实施计划而做出应急响应前，必须与沿海国家或港口当局取得联系，并提供计划附录中所列资料，以便得到核准。船长按计划提供的指导实施响应时，应向沿海国家或港口当局报告船上所采取的响应措施的执行人员和相关的回收程序，以便与沿海国家或港口当局保持密切的联系。

③非强制性部分。

MARPOL 73/78 附则Ⅰ规定除上述强制部分外，计划应有由地方或船舶公司要求提供的指导，如图表和图纸、应急反应设备、公关事务、记录保存信息、计划检查及演练等。

(9)国际防止油污证书

根据 MARPOL 73/78 的规定，150 总吨及以上的油船和 400 总吨及以上的非油船在航行通过缔约国所辖的港口或近海装卸站时，应持有国际防止油污证书(IOPPC)。

对 150 总吨及以上的油船和 400 总吨及以上的其他船舶应进行下列检验：

①初次检验。

初次检验在船舶投入营运以前或在首次签发本附则所要求的证书以前进行。该检验应包括对船舶的结构、设备、系统、附件、布置和材料的完整检验。该检验应确保其结构、设备、系统、附件、布置和材料完全符合本附则的适用要求。

②换证检验。

换证检验按主管机关规定的间隔期限进行，但不得超过 5 年。换证检验应确保其结构、设备、系统、附件、布置和材料完全符合本附则的适用要求。

③中间检验。

中间检验在证书的第二或第三个周年日前/后 3 个月之内进行，应取代一次年度检验。中间检验应确保设备及其附属的泵和管系，包括排油监控系统、原油洗舱系统、油水分离设备和滤油系统完全符合本附则的适用要求，并处于良好的工作状况。中间检验应在证书上签注。

④年度检验。

年度检验在证书的每周年日前/后 3 个月之内进行，包括对结构、设备、系统、附件、布置和材料的全面检验，以确保其已得到保养，同时确保其满足船舶预定营运的要求。年度检验应在证书上签注。

⑤附加检验。

附加检验是指在规定的调查导致进行修理后或在任何重大修理(或换新)后应进行的全面或部分检验。该检验应确保已有效进行了必要的修理或换新，并确保这种修理或换新所用的材料和工艺在各方面均属合格，且船舶在各方面都符合本附则的要求。

2. MARPOL 73/78 附则Ⅱ——防止散装有毒液体物质污染规则的相关规定

(1)定义

①液体物质系指在温度为 37.8 ℃时，绝对蒸气压力不超过 0.28 MPa 的物质。

②有毒液体物质系指《国际散装化学品规则》第 17 或 18 条的污染类别栏中所指明的或根据本附则第 6.3 条规定经临时评定被列为 X、Y 或 Z 类的任何物质。

(2)有毒液体物质的分类

有毒液体物质应分为以下四类。

①X 类。这类有毒液体物质，如从洗舱或排除压载的作业中排放入海，将被认为会对海洋资源或人类健康产生重大危害，因而应严禁向海洋环境排放该类物质。

②Y 类。这类有毒液体物质,如从洗舱或排除压载的作业中排放入海,将被认为会对海洋资源或人类健康产生危害,或对海上休憩环境或其他合法利用造成损害,因而对排放入海的该类物质的质和量应采取限制措施。

③Z 类。这类有毒液体物质,如从洗舱或排除压载的作业中排放入海,将被认为会对海洋资源或人类健康产生较小的危害,因而对排放入海的该类物质应采取较为宽松的限制措施。

④其他物质。这类物质包括以其他物质(OS)形式被列入《国际散装化学品规则》第 18 条污染类别栏目中的物质,并经评定认为不被列入本附则所规定的 X、Y 或 Z 类物质之内的物质。因为目前认为当这些物质从洗舱或排除压载的作业中排放入海时,对海洋资源、人类健康、海上休憩环境或其他合法利用并无危害。排放仅含有被列为“其他物质”的物质的舱底水、压载水、其他残余物或混合物的行为,不应受本附则任何要求的约束。

(3)有毒液体物质残余物的排放控制

①排放规定。

a. 应禁止把 X、Y 或 Z 类物质的残余物,临时归类的类似残余物,压载水、洗舱水或含有此类物质的其他混合物排放入海。

b. 在根据本条进行的任何预洗或排放程序前,应根据程序与布置手册中所规定的程序最大限度地排空相关货舱。

c. 禁止装载未经分类、临时归类或本附则涉及的物质,并禁止装载压载水、洗舱水或含有此类物质残余物的其他混合物。同时禁止将此类物质排放入海。

②排放标准。

a. 如果本条规定允许把 X、Y 或 Z 类物质的残余物,临时归类的此类物质,压载水,洗舱水或含有此类物质的其他混合物排放入海,则上述物质应符合下列排放标准:船舶在海上航行时,自航船航速至少为 7 kn,非自航船航速至少为 4 kn;在水线以下通过水下排放口进行排放时,排放速率不应超过水下排放口的最高设计速率;排放时距离最近陆地不少于 12 n mile,水深不少于 25 m。

b. 对于 2007 年 1 月 1 日之前建造的船舶,关于将 Z 类物质,被临时评定为此类物质的残余物或含有此类物质的压载水、洗舱水及其他混合物在水线以下排放入海并无强制规定。

c. 对 Z 类物质,主管机关可对仅在本国主权或所辖水域内航行的悬挂其归属国国旗的船舶免除关于排放时距最近陆地不少于 12 n mile 的要求。

③X 类物质残余物的排放。

a. 对于已被卸完含 X 类物质货物的货舱,在船舶离开卸货港口之前,应予以预洗。清洗的残余物在其质量浓度小于或等于 0.1%之前应被排入接收设备。其质量浓度指标由检查员从排入接收设备的残余物中提取样品并进行分析后确定。当质量浓度达到要求后,应将舱内剩余的洗舱水继续排入接收设备,直到该质舱排空。这些作业应在货物记录簿内做相应记录,并由检查员签字。

b. 预洗后灌入舱内的任何水均可按上述排放标准排放入海。

④Y 和 Z 类物质残余物的排放。

Y 和 Z 类物质残余物均可按上述排放标准排放入海。

⑤南极区域的排放。

禁止将任何有毒液体物质或含有此类物质的混合物排放入南极海域。

3. MARPOL 73/78 附则Ⅲ——防止海运包装形式的有害物质污染规则的相关规定

(1)定义

①有害物质指那些在《国际海运危险货物规则》(IMDG 规则)中被确定为海洋污染物的物质或符合本附则附录所述标准的物质。

②包装形式指 IMDG 规则中对有害物质所规定的盛装形式。

(2)包装

根据其所装的特定物质,包装件应能使其对海洋环境的危害减至最低限度。

(3)标志和标签

①盛装有害物质的包装件,应加上永久的标记或标签,以指明根据 IMDG 规则的相关规定,该物质为有害物质。

②在盛装有害物质的包装件上加标记和标签的方法应符合 IMDG 规则的相关规定。

(4)积载

对有害物质应予正确积载和系固,以使其对海洋环境的危害减至最低限度,而不致损害船舶和船上人员的安全。

(5)限量

对某些有害物质,由于科学和技术上的合理原因,可能需要禁止运输或在对某一船舶的装载数量方面加以限制。在限制数量时应充分考虑船舶的大小、结构和设备,同时还应考虑这些物质的包装和固有性质。

(6)例外

①禁止将以包装形式装运的有害物质抛弃入海,但为保障船舶安全或救护海上人命所必需者除外。

②应根据有害物质的物理、化学和生物学特性采取相应措施,以对其泄漏物冲洗出船外进行控制,但这种措施的执行应不致损害船舶和船上人员的安全。

4. MARPOL 73/78 附则Ⅳ——防止船舶生活污水污染规则的相关规定

(1)定义

①新船系指在本附则生效之日或以后订立建造合同的船舶,或无建造合同但在本附则生效之日或以后安放龙骨或处于相应建造阶段的船舶,或在本附则生效之日后 3 年或 3 年以上交船的船舶。

②生活污水系指任何形式的厕所的排出物和其他废弃物;医务室(药房、病房等)的洗手池、洗澡盆和这些处所排水孔的排出物;装有活畜禽货物处所的排出物;或混有上述排出物的其他废水。

③国际航线系指从某一适用本公约的国家至该国以外的港口的航线,或者相反。

(2)适用范围

本附则的规定适用于以下从事国际航行的船舶。

①400 总吨及以上的新船和小于 400 总吨但经核定可载运 15 人以上的新船。

②400 总吨及以上的现有船舶和 400 总吨以下但经核定可载运 15 人以上的现有船舶。

(3)生活污水的排放控制

除客船外的船舶在所有区域排放生活污水以及客船在特殊区域外排放生活污水的要求如下。

①船舶在距最近陆地 3 n mile 以外，使用主管机关认可的系统，排放业经粉碎和消毒的生活污水，或在距最近陆地 12 n mile 以外排放未经粉碎或消毒的生活污水。但在任何情况下，船舶不得将集污舱中储存的或来自装有活体动物处所的生活污水即刻排光，而应在航行途中(以不低于 4 kn 的航速航行时)，以适当速率排放。

②船舶配备的经认可的生活污水处理装置正在运行，并且排出物在其周围的水中不会产生可见的漂浮固体，也不会使周围的水变色。

(4)设备及构造要求。

①设备及构造要求内容。

凡符合本附则的各项规定的每艘船舶，均应配备下列之一的生活污水系统。

a. 生活污水处理装置，应经主管机关的型式认可，并考虑到 IMO 制定的标准和试验方法。

b. 经主管机关认可的生活污水粉碎和消毒系统，应配备令主管机关满意的各项设施，用于船舶在距最近陆地不到 3 n mile 时临时储存生活污水。

c. 集污舱，容量应参照船舶营运情况、船上人数和其他相关因素，能存放全部生活污水，并使主管机关满意。集污舱的构造应使主管机关满意，并应设能指示其集存数量的目视装置。

②标准排放接头。

为了使接收设备的管路能与船上的排放管路相连，两条管路均应装有符合规定的标准排放接头。对于型深为 5 m 及以下的船舶，排放接头的内径可为 38 mm。对于专项营运的船舶，即客滚船，船舶排放管路可选择配备一个使主管机关接受的排放接头，如快速连接接头。船舶生活污水标准排放接头如图 3-9 所示。

图 3-9　船舶生活污水标准排放接头

(5)生活污水处理装置的排放标准

生活污水处理装置应经主管机关的型式认可，并考虑到 IMO 制定的标准和试验方法。

5. MARPOL 73/78 附则Ⅴ——防止船舶垃圾污染规则的相关规定

(1)定义

①货物残余指本公约其他附则未涵盖，且在装载或卸载后仍留在甲板上或货舱内的货物的残余物，包括装载和卸载的多余货物或溢出物，无论其处于潮湿或干燥条件下，或是夹带在洗涤水中，但不包括进行清扫后在甲板上残留的货物灰尘和船舶外表面上的灰尘。

②食用油指用来或拟用来预制或烹饪食物的可食用的任何类型的油或动物脂肪，但不包括用这些油预制的食物本身。

③生活废弃物指其他附则未涵盖的在船上起居处所产生的所有类型的废弃物。生活废弃物不包括灰水。

④食品废弃物指船上产生的任何变质或未变质的食物,包括水果、蔬菜、乳制品、家禽、肉制品和食物碎屑。

⑤垃圾指产生于船舶正常营运期间并需要持续或定期处理的各种食品废弃物、生活废弃物和作业废弃物,以及所有塑料制品、货物残余、焚烧炉灰渣、食用油、渔具和动物尸体等。

⑥特殊区域指这样的一个海域:在该海域中,由于其海洋学和生态学的情况以及其运输的特殊性质等公认的技术原因,要求采取特殊的强制办法以防止垃圾污染海洋。就本附则而言,特殊区域为地中海区域、波罗的海区域、黑海区域、红海区域、波斯湾区域、北海区域、南极区域和大加勒比海区域。

⑦焚烧炉灰渣指用于焚烧垃圾的船上焚烧炉产生的灰和熔渣。

(2)在特殊区域外排放垃圾

①船舶仅在航途中时才被允许在尽可能远离最近陆地的特殊区域外将下述垃圾排放入海,注意事项如下。

a. 在任何情况下不得在距最近陆地不到 3 n mile 处将通过粉碎机或磨碎机的食品废弃物排放入海。这种业经粉碎或磨碎的食品废弃物,应能通过筛眼不大于 25 mm 的粗筛。

b. 在任何情况下不得在距最近陆地不到 12 n mile 处将未按上述 a 规定处理的食品废弃物排放入海。

c. 在任何情况下不得在距最近陆地不到 12 n mile 处将不能用通用的卸载方法回收的货物残余物排放入海。这些货物残余物不应包含任何被分类为对海洋环境有害的物质。

d. 对于动物尸体应尽可能远离最近陆地排放入海。

②可将货舱、甲板和外表面洗涤水中包含的清洁剂或添加剂排放入海,但要求这些物质必须对海洋环境无害。

③如果垃圾与其他被禁止排放或具有不同排放要求的物质混在一起或被其污染,则应适用其中更为严格的要求。

(3)在特殊区域内处理垃圾

①船舶仅在航途中时才被允许在特殊区域内以如下方法将下述垃圾排放入海:将食品废弃物排放入海时应尽可能远离最近陆地,但距最近陆地或最近冰架应不少于 12 n mile。食品废弃物应经粉碎或磨碎并应能通过筛眼不大于 25 mm 的粗筛。食品废弃物不应被任何其他类型的垃圾污染。不允许在南极区域排放外来的禽类产品,包括家禽和家禽的部分,除非其已经过无菌处理。

②可将甲板和外表面洗涤水中包含的清洁剂或添加剂排放入海,但这些物质必须对海洋环境无害。

③南极区域除适用于①规定外,还适用于下列规定。

a. 来往于南极区域的船舶设置足够的接收所有船舶垃圾的设备。

b. 所有船舶在进入南极区域前,具有足够能力留存在该区域作业时产生的所有垃圾。

④如果垃圾与其他被禁止排放或具有不同排放要求的物质混在一起或被其污染,则应适用其中更为严格的要求。

(4)垃圾公告板、垃圾管理计划和垃圾记录簿

①垃圾公告板。

总长为 12 m 及以上的船舶均应张贴告示以使船员和乘客知晓本附则关于垃圾处理的规定。告示应以船上人员的工作语言书写,对航行于其他缔约国政府管辖权范围内的港口

或近海装卸站的船舶，告示还应以英文、法文或西班牙文书写。

②垃圾管理计划。

100 总吨及以上的船舶和核准载运 15 人及以上人员的船舶，均应备有一份船员必须遵守的垃圾管理计划。该计划应为减少、收集、储藏、加工和处理垃圾以及船上设备使用等提供书面程序，还应指定负责执行该计划的人员。该计划应基于 IMO 制定的指南，并使用船员的工作语言书写。

③垃圾记录簿。

400 总吨及以上的船舶和核准载运 15 名及以上人员、航行于其他公约缔约国管辖权范围内的港口或近海装卸站的船舶，均应备有一份垃圾记录簿。垃圾记录簿的格式应符合相关要求。

a. 记录每次排放入海或接收设备的作业或完成的焚烧作业，并应由主管高级船员在排放或焚烧当日签字。船长应在垃圾记录簿完成记录的每一页上署名。垃圾记录簿的每项记载应至少用英文、法文或西班牙文中的一种语言书写。如果这些记载也使用该船船旗国的官方语言书写，在发生争执或有不同意见时，以船旗国的官方语言的记载为准。

b. 每次排放入海记录应包括日期和时间、船位、垃圾种类和被排放垃圾的估算量（以立方米计）。对于货物残余物的排放，除上述外还应记录排放开始和结束的位置。

c. 每次完成的焚烧记录应包括日期、时间、船位、焚烧的垃圾种类和每种被焚烧的垃圾的估算量（以立方米计）。

d. 每次排放至港口接收设备或另一艘船舶的记录应包括排放的日期和时间、港口或设备或船名、被排放垃圾的种类和每种被排放垃圾的估算量（以立方米计）。

e. 垃圾记录簿连同从接收设备处获得的收据应存放于船上或固定（或浮动）平台上在所有合理时间内随时可供检查的地方。该记录簿应自最后一次记录日期起保留 2 年。

f. 对任何例外排放或意外落失，应在垃圾记录簿中记录，或对任何小于 400 总吨的船舶，应在该船的正式航海日志中记录。

6. MARPOL 73/78 附则Ⅵ——防止船舶造成大气污染规则的相关规定

（1）定义

①连续进料系指当焚烧炉在正常操作条件下，燃烧室工作温度在 850 ℃～1 200 ℃时，无须人工辅助把废物送入燃烧室的过程。

②排放系指从船舶上向大气或海洋释放受本附则控制的任何物质，包括消耗臭氧物质、氮氧化物（NO_x）、硫氧化物（SO_x）、颗粒物质和挥发性有机化合物（VO_x）。

③在船上可能有的消耗臭氧物质包括但不限于下列各项：Halon 1211（溴氯二氟甲烷）；Halon 1301（溴三氟甲烷）；Halon 2402（1,2-二溴化物-1,1,2,2-四氟乙烷，也称作 Halon 114B2）；CFC-11（三氯氟甲烷）；CFC-12（二氯二氟甲烷）；CFC-113（1,1,2-三氯-1,2,2-三氟乙烷）；CFC-114（1,2-二氯-1,1,2,2-四氟乙烷）；CFC-115（氯五氟乙烷）。

④排放控制区系指要求对船舶排放采取特殊强制措施以防止、减少和控制 NO_x 或 SO_x 和颗粒物质或所有 3 种排放类型造成大气污染，以及随之对人类健康和环境造成不利影响的区域。

（2）船舶排放控制要求

①消耗臭氧物质。

a. 禁止任何对消耗臭氧物质的故意排放。故意排放包括在系统或设备的维护、检修、修理或处置过程中发生的排放,但故意排放不包括与消耗臭氧物质的回收或再循环相关的微量释放。

b. 将消耗臭氧物质以及含有此类物质的设备从船上卸下时,须送至合适的接收设施处。

c. 每艘按规定须持有国际防止空气污染证书(IAPP 证书)的船舶须保存含消耗臭氧物质的设备清单。

d. 按规定须持有 IAPP 证书并具有含消耗臭氧物质的再充注系统的船舶须保存一份消耗臭氧物质记录簿。

e. 消耗臭氧物质记录簿中的登记,须按物质的质量(kg),对含消耗臭氧物质的设备的全部或部分重新充注、设备的修理或维护、向大气中故意或非故意排放消耗臭氧物质、向陆基接收设施的排放消耗臭氧物质以及向船舶供给消耗臭氧物质的情况及时记录。

②氮氧化物(NO_x)。

a. 适用范围。

本条适用于船舶建造时安装的及 2000 年 1 月 1 日后经重大改装的输出功率超过 130 kW 的船用柴油机。但安装于救生艇上仅在应急情况下使用或其他仅在应急情况下使用的船用柴油发动机不受本条规定限制。安装在仅航行于悬挂其国旗的该国主权或管辖范围水域内的船舶上的船用柴油机不受本条规定限制,但此类柴油机应受到由该主管机关制定的 NO_x 控制替代方法的控制。

b. 氮氧化物排放限值等级标准。

氮氧化物排放限值可分成三个等级,见表 3-1。

表 3-1　氮氧化物排放限值

发动机额定转速 n/(r/min)	氮氧化物排放限值/[g/(kW·h)]		
	第Ⅰ级	第Ⅱ级	第Ⅲ级
n<130	17.0	14.4	3.4
130≤n<2 000	$45.0 \cdot n^{(-0.2)}$	$44.0 \cdot n^{(-0.23)}$	$9 \cdot n^{(-0.2)}$
n≥2 000	9.8	7.7	2.0

③硫氧化物(SO_x)和颗粒物质。

a. 船上使用的燃油的含硫量限值。

2020 年 1 月 1 日起,船上任何燃油的含硫量(质量分数)不应超过 0.50%。IMO 划定的硫氧化物排放控制区(SECA)包括:波罗的海区域、包括英吉利海峡在内的北海海域、北美区域、美国加勒比海区域,以及根据本附则附录Ⅲ中设定的衡准和程序而指定的任何其他海域,包括任何港口区域。船舶在 SECA 内营运时,船上使用的燃油的含硫量(质量分数)不应超过 0.10%。

b. 燃油含硫量须由供应商按照本附则要求提供证明文件。

c. 若使用不同的燃油以符合 SECA 内燃油含硫量的规定,进入或离开 SECA 的船舶,须携有一份书面程序表明燃油转换如何完成,在其进入排放控制区域之前规定的足够时间对燃油供给系统进行全面冲洗,以去除所有含硫量超过规定的燃料。燃油转换作业在进入

SECA 以前完成时或离开该区域后开始时的日期、时间及船位及届时各燃油舱中低硫燃油的容量须记录在主管机关规定的日志中。

④挥发性有机化合物(VOC)。

a. 对液货船 VOC 排放进行控制的缔约国应向本组织提交一份通知书。

b. 所有指定液货船挥发性有机化合物释放控制港口或装卸站的当事国,须保证在其指定的港口和装卸站配备经该当事国根据 IMO 制定的蒸气排放控制系统安全标准认可的蒸气排放控制系统,并确保该系统的操作安全及能防止造成船舶的不当延误。

c. 受到 VOC 排放控制的液货船须配备主管机关认可的蒸气排放收集系统,并须在装载有关货物时使用该系统。

d. 载运原油的液货船应备有 VOC 管理计划。

⑤船上焚烧。

a. 船舶正常操作过程中产生的污泥和油渣可在主发电机、辅发电机或锅炉内焚烧,但不得在港口、码头和内河中停驻或航行时进行。船上焚烧只允许在船上的焚烧炉中进行。

b. 禁止在船上焚烧下列物质:受附则Ⅰ、Ⅱ或Ⅲ管辖的货物残余物或相关被污染的包装材料;多氯联苯(PCB);所含重金属超过限量的附则Ⅴ定义的垃圾;含有卤素化合物的精炼石油产品;不是在船上产生的污泥和油渣;废气滤清系统的残余物。

c. 禁止在船上焚烧聚氯乙烯,但在已获发 IMO 型式认可证书的焚烧炉内焚烧的除外。

⑥燃油的质量。

a. 供给本附则所适用的船舶,并用于船上燃烧的燃油须为石油精炼产生的烃的混合物,但允许加入少量用于改善某些方面性能的添加剂;燃油须不含无机酸,以及任何会危害船舶安全或对机械性能有不利影响、对人员有害或总体上增加空气污染的附加物质或化学废物。

b. 以石油精炼之外的方法得到的用于燃烧的燃油的含硫量及氮氧化物排放量不得超过本附则规定的含硫量和导致发动机超过本附则规定的氮氧化物排放限值;不得含有无机酸、危害船舶安全或对机械性能有不利影响、对人员有害或总体上增加大气污染的附加物质或化学废物。

c. 每一艘持有 IAPP 证书的船舶,须以燃油交付单的方式对交付并作为船上燃烧用的燃油的细节加以记录。

d. 燃油交付单中需包括的资料:接受燃油的船舶名称和 IMO 编号;港口;交付开始日期;船用燃油供应商名称、地址和电话号码;产品名称;数量(吨);15 ℃时燃油的密度;含硫量(质量分数%);一份由燃油供应商代表签署和证明的声明,证明所供燃油符合本附则适用款项的要求。

e. 燃油交付单须在燃油交付之后在船上保存 3 年。

f. 燃油交付单须附有一份所供燃油的有代表性的样品。该样品须由供应商代表和船长或负责加油作业的高级船员在完成加油作业后密封并签字,并须由船方保存至该燃油基本用完为止,无论如何,其保存期不得少于 12 个月。

(3)国际防止空气污染证书

①证书的签发。

初次检验或换证检验完成后,国际防止空气污染证书(IAPP 证书)应签发给:

a. 从事前往其他缔约国港口或离岸码头航行的 400 总吨及以上船舶。

b. 从事前往其他 1997 年议定书缔约国主权或管辖水域航行的平台和钻井装置。

IAPP 证书由主管机关或经主管机关正式授权的任何个人或组织签发或签注,但在任何情况下,主管机关对证书负有全部责任。

IAPP 证书至少使用英文、法文或西班牙文中的一种语言写成。如果还使用发证国的官方语言,出现争议或不一致时,应以发证国的官方语言为准。IAPP 证书的有效期应由发证主管机关做出规定,但不得超过 5 年。

IAPP 证书在下列任何一种情况下将不再有效:在本附则规定的期限内没有完成相关的检验;证书未按照本附则的要求签注;船舶改挂另一国国旗。若转换船旗是在两个缔约国之间进行的,如果船舶在转换船旗后 3 个月内提出请求,则船舶原先悬挂其国旗的缔约国政府应尽快将变更船旗前该船持有的证书副本连同有关的检验报告副本(如有)转交主管机关。

②证书的检验。

凡 400 总吨及以上的船舶、所有固定式和移动式钻井平台,以及其他平台应接受的检验如下。

a. 初次检验:在船舶投入营运或首次签发本附则规定的证书前进行。初次检验应确保其设备、系统、装置、布置和材料完全符合本附则中适用的要求。

b. 换证检验:在主管机关规定的间隔期内进行,但不可超过 5 年。换证检验应确保其设备、系统、装置、布置和材料完全符合本附则中适用的要求。

c. 中期检验:在证书的第二或第三个周年日前/后 3 个月内进行,它应代替一次年度检验。中期检验应确保船舶的设备和布置完全符合本附则中适用的要求,并处于良好的工作状态。中期检验应在签发的证书上签注。

d. 年度检验:在证书签发的每个周年日前/后 3 个月内进行,包括对相关的船舶设备、系统、配件、装置及材料的全面检验。年度检验应在签发的证书上签注。

e. 附加检验:总体或部分修理后,或在做过重大修理或换新后,根据情况进行。

3.2.2 其他国际防污公约

1.《国际船舶压载水和沉积物控制与管理公约》

2004 年 2 月,IMO 在伦敦总部召开国际压载水管理大会,通过了《国际船舶压载水和沉积物控制与管理公约》。制定该公约的目的是通过对船舶压载水和沉积物的控制与管理来防止、尽量减少和最终消除有害水生物及病原体的转移。2016 年 9 月 8 日,公约达到了生效条件,并于 2017 年 9 月 8 日正式生效。

(1)定义

①压载水:为控制船舶纵倾、横倾、吃水、稳性或应力而在船上加装的水及其悬浮物。

②压载水管理:单独或合并的机械、物理、化学和生物处理方法,以清除、无害处置、避免摄入或排放压载水和沉积物中的有害水生物和病原体。

③有害水生物和病原体:如被引入海洋,包括河口,或引入淡水水道则可能危害环境、人体健康、资源等,损害生物多样性,或妨碍此区域的其他合法利用的水生物或病原体。

④沉积物:船内压载水的沉淀物质。

⑤压载水容量:船上用于承载、加装或排放压载水的任何液舱、处所或舱室容量,包括被设计成允许承载压载水的任何多用途液舱、处所或舱室的总体积容量。

⑥活性物质：对“有害水生物和病原体”有一般或特定作用或有一般或特定抵抗作用的物质或生物，包括病毒或真菌。

(2)适用范围

除公约另有明文规定外，本公约应适用于：

①有权悬挂某一当事国国旗的船舶。

②无权悬挂某一当事国国旗但在某一当事国的管辖下营运的船舶。

本公约不适用于：

①设计和建造成不承载压载水的船舶。

②仅在某一当事国管辖水域内营运的该当事国的船舶。

③仅在某一当事国管辖水域内营运，并得到该当事国授权免除的另一当事国的船舶。

④仅在一个当事国的管辖水域内和在公海上营运的船舶。

⑤任何军舰、海军辅助船舶或由国家拥有或营运并在当时仅用于政府非商业服务目的的其他船舶。

⑥船上密封舱柜中的不排放的永久性压载水。

(3)压载水管理计划

每一船舶均应在船上携带并实施压载水管理计划。压载水管理计划具体说明：

①本公约要求的压载水管理有关的该船舶和船员的安全程序。

②本公约中所载的压载水管理要求和补充性的压载水管理实践所应采取的行动。

③详述沉积物的海上处置程序和岸上处置程序。

④指定在船上负责确保计划得到正确实施的高级船员。

⑤以船舶的工作语言写成。如果使用的语言不是英文、法文或西班牙文，则应包括其中之一的译文。

(4)压载水记录簿

每一船舶均应在船上备有至少载有压载水记录簿。记录簿可以是一种电子记录系统，或可以被合并到其他记录簿或系统中。

压载水记录簿的记录事项应在完成最后一项记录后保留在船上至少 2 年；此后应在至少 3 年的期限内由公司控制。压载水记录簿应在所有合理时间随时可供检查；对于被拖带无人船舶，可放在拖船上保存。

每一压载水作业均应及时在压载水记录簿中做出完整记录。每一记录均应由负责有关作业的高级船员签字，每一页填写完毕均应由船长签字。压载水记录簿中的记录事项应以该船的工作语言填写。如果该语言不是英文、法文或西班牙文，则该记录事项应载有其中一种语言的译文。当填写的记录事项也使用了船舶有权悬挂其国旗的国家的官方语言时，在发生争端或有不一致时，应以此种语言填写的记录事项为准。

(5)压载水管理标准

①压载水更换标准。

船舶按本条进行压载水更换，其压载水容积更换率应至少为 95%。对于使用泵入与排出方法交换压载水的船舶，泵入、排出 3 倍于每一压载水舱容积应视为达到第 1 款所述标准。泵入与排出少于压载舱容积 3 倍，如船舶能证明达到了至少 95%容积的更换，则也可被接受。

②压载水性能标准。

按本条进行压载水管理的船舶的排放,应达到每立方米中最小尺寸大于或等于 50 μm 的可生存生物少于 10 个,每毫升中最小尺寸小于 50 μm 但大于或等于 10 μm 的可生存生物少于 10 个;并且,指示微生物的排放不应超过第 2 款中所述的规定浓度。

作为一种人体健康标准,指示微生物应包括:

a. 有毒霍乱弧菌(O1 和 O139):少于每 100 mL 1 个菌落形成单位(cfu)或小于每克(湿重)浮游动物样品 1 cfu。

b. 大肠杆菌:少于每 100 mL 250 cfu。

c. 肠道球菌:少于每 100 mL 100 cfu。

(6)压载水更换

①为符合第 D-1 条的标准而进行压载水更换的船舶:

a. 凡可能时,均应在距最近陆地至少 200 n mile、水深至少为 200 m 的地方进行压载水更换。

b. 在所有情况下距最近陆地至少 50 n mile、水深至少为 200 m 的地方进行压载水更换。

②如船长合理地确定:由于恶劣天气、船舶设计或应力、设备失灵或任何其他异常状况,压载水更换会威胁船舶的安全或稳性、其船员或乘客,则应视情不要求进行压载水更换的船舶符合第 1 或 2 款。

(7)船舶压载水管理

船舶压载水管理主要包括两种方式,即压载水置换和压载水处理。就 IMO《压载水公约》而言,压载水置换要求仅是一种过渡性管理措施,而最终的压载水管理目标是必须对加装到船上的压载水进行处理达到 D-2 标准后,才允许排放。目前实施这一目标的主要手段是通过船舶安装获得型式认可的压载水处理系统(BWMS),对压载水进行处理来满足。

(8)检验和发证

本公约适用的 400 总吨及以上的船舶,应接受初次检验、换证检验、中间检验、年度检验和附加检验。为执行本公约的规定的船舶检验应由主管机关的官员进行。但主管机关可将检验委托给为此目的指定的验船师或由其认可的组织。证书应按主管机关规定的、不超过五年的期限颁发。证书以颁证国的官方语言写成。如果使用的语言不是英文、法文或西班牙文,则文本应包括其中一种语言的译文。

2.《防止倾倒废物及其他物质污染海洋的公约》

《防止倾倒废物及其他物质污染海洋的公约》通常简称“1972 年伦敦倾废公约”或“伦敦公约”,本公约是为保护海洋环境、敦促世界各国共同防止由于倾倒废弃物而造成海洋环境污染的公约。该公约于 1975 年 8 月 30 日生效,1985 年 12 月 15 日对中国生效。

(1)定义

“倾倒”的含义是:任何从船舶、航空器、平台或其他海上人工构筑物上有意地在海上倾弃废物或其他物质的行为;任何有意地在海上弃置船舶、航空器、平台或其他海上人工构筑物的行为。

(2)公约构成

公约由正文和 3 个附件组成。附件 1 列举了禁止在海上倾倒的物质,被称为“黑名单”;附件 2 列举了获得特别许可证后方可倾倒的物质,被称为“灰名单”;未列入附件 1 和附件 2 的物质,被称为“白名单”,在获得普通许可证之后,可以按许可证规定的时间、地点、倾倒方式等进行;附件3对废弃物的分类标准、倾废区选划的条件及应考虑的因素、废弃物倾倒的方式等问题做了规定。

该公约生效后,缔约国于1978年和1980年对公约进行了两次重要的修正,并先后通过了3个有关附件修正的决议,做出了一系列有利于全球海洋环境保护的决定。3个有关附件修正的决议分别为:①"关于逐步停止工业废弃物和海上处置问题的决议";②"关于海上焚烧问题的决议";③"关于海上处置放射性废物的决议"。

3.《国际干预公海油污事故公约》

《国际干预公海油污事故公约》(international convention relating to intervention on the high seas in cases of oil pollution casualties)是1969年11月29日政府间海事协商组织在布鲁塞尔海上污染损害国际法会议上签订的公约。1975年5月6日生效。公约宗旨是:保护沿岸国家利益,避免由于海上事故引起海上和沿岸油污危险的严重后果。

该公约正文有17条;并有附则,包括调解(12条)和仲裁两部分,共19条。主要内容如下:

①公约规定了沿岸国,在发生海上事故后,有在公海上采取必要措施的权利,以防止、减轻或消除对其沿岸海区和有关利益产生严重的和紧急的油污危险或油污威胁,但这些措施不能影响公海的自由原则。

②本公约不针对军舰或其他属于国家所有或经营的、且当时为政府使用、从事非商业性服务的船舶采取措施。

③在采取措施前,应与受海上事故影响的其他国家,尤其是与船旗国进行协商,也可与没有利害关系的专家们进行协商。

④所采取的措施如超出前述限度,而致使他方遭受的损失,应负赔偿责任。

⑤缔约国之间发生任何争议,又不能协商解决时,可按附则规定,在任一方要求下,提请调解或仲裁。

⑥处理油污费用由肇事船国家负责,若在肇事船被免责的情况下,由各会员国按此比例分担。

1973年政府间海事协商组织通过了修订公约的议定书,把公约的适用范围扩大到非油类的其他污染物,修订议定书于1983年生效。我国于1990年2月23日交存加入书,1990年5月24日对我国生效。

4.《1969年国际油污损害民事责任公约的1992年议定书》

1992年11月,国际海事组织(IMO)在伦敦召开的国际会议上通过了《1969年国际油污损害民事责任公约的1992年议定书》(以下简称《1992年责任公约》)。《1992年责任公约》于1996年5月30日生效,目前已有96个国家加入了该公约。该议定书于2000年1月5日对我国生效。

(1)适用范围

公约适用于在下列区域内造成的污染损害:①缔约国的领土,包括领海;②缔约国按照国际法设立的专属经济区;或者,如果缔约国未设立此种区域,则为该国按照国际法确立的,在其领海之外并与其领海毗连的,从测量其领海宽度的基线向外延伸不超过200 n mile的区域。公约同时还适用于不论在何处采取的用以防止或减少此种损害的预防措施。

(2)责任主体

在事故发生时的船舶所有人,或者,如果该事故系由一系列事件构成,则第一个此种事件发生时的船舶所有人,应对船舶因该事故而造成的任何污染损害负责。

当发生涉及两艘或更多船舶的事故并造成污染损害时,所有有关船舶的所有人应对所有无法合理区分的此种损害负连带责任。

根据公约规定,对油污损害的任何索赔也可向承担船舶所有人油污损害责任的保险人或提供财务保证的其他人直接提出。

公约还明确规定了只有确定损害是第三人故意造成或明知可能造成此种损害而轻率地作为或不作为所致,才可以对该第三人提出污染损害赔偿请求。

(3)责任相关条款

公约实行严格责任原则。只要油类从船上溢出或排放引起的污染在该船之外造成的灭失或损害,船舶所有人就要对污染承担民事赔偿责任。如果船舶所有人能够证实损害是属于以下情况的,则不负责任:

①由于战争行为、敌对行为、内战或武装暴动,或特殊的、不可避免的和不可抗拒性质的自然现象所引起的损害;

②完全是由于第三者有意造成损害的行为或怠慢所引起的损害;

③完全是由于负责灯塔或其他助航设备的政府或其他主管当局在执行其职责时,疏忽或其他过失行为所造成的损害。

如果船舶所有人证明,污染损害完全或部分地由于遭受损害人有意造成损害的行为或怠慢而引起,或是由于该人的疏忽所造成,则该船舶所有人即可全部或部分地免除对该人所负的责任。

(4)责任限额

《1992年责任公约》大幅提高了船舶所有人的责任限额。如证明该污染损害系由所有人故意造成或明知可能造成此种损害而轻率地作为或不作为所致,则该所有人无权限制其赔偿责任。

(5)强制保险制度

船舶所有人可以选择实行强制保险制度或财务保证制度。实行强制保险制度或财务保证制度有利于受害人得到充分的补偿。

在缔约国登记的载运2 000吨以上散装货油船舶的船舶所有人必须进行保险或取得其财务保证,如银行保证或国际赔偿基金出具的证书等。

缔约国的有关当局在确信上述要求已获得满足之后,应向每艘船舶颁发一份证书,证明保险或其他财务担保根据本公约的规定确属有效。

(6)时效和管辖权

油污损害赔偿请求的时效为3年,自损害发生之日起计算。无论如何不得在引起损害的事件发生之日起6年之后提出诉讼。如该事故包括一系列事件,6年的期限应自第一个事件发生之日起算。

每一缔约国都应保证它的法院具有处理赔偿诉讼的必要管辖权。由具有上述管辖权的法院所做的任何判决,如可在原判决国实施而不再需通常复审手续时,除下列情况外,应为各缔约国所承认:

①判决是以欺骗取得;

②未给被告人以合理的通知和陈述其立场的公正机会。

按上述规定确认的判决,一经履行各缔约国所规定的各项手续之后,应在各该国立即实施,在各项手续中不允许重提该案的是非。

5.《1990 年国际油污防备、反应和合作公约》

《1990 年国际油污防备、反应和合作公约》(OPRC 1990)是为防备海洋油污事故和在发生海洋油污事故时采取有效应急措施和国际合作而制定的公约,1990 年 11 月 30 日订于伦敦, 1995 年 5 月 13 日生效。我国于 1998 年 3 月 30 日加入,1998 年 6 月 30 日对中国生效。

公约要求缔约国的海洋船舶、近海装置、海港和油装卸设施备有油污应急计划,并且港口国当局有权对此进行监督检查,同时规定了当事国在发生或可能发生排油的事件时向沿海国报告的程序和有关国家在收到报告后的行动,要求缔约国建立国家的和区域的油污防备和反应系统,即应建立全国性油污防备和响应体系;各国之间可建立双边或多边、地区性或国际性的技术合作。其附件对援助费用的偿还做了规定。截至 2022 年 2 月 10 日,已经有 115 个国家加入该公约。

(1)公约内容

公约由 19 个条款和 1 个附件组成,正文条款主要包括总则、定义、修正、生效、保存等内容,其中第 1 条总则规定公约正文和附则视为一个整体,公约适用范围不包括任何军舰、军用辅助船或由国家拥有或使用并在当时用于政府非商业性服务的其他船舶。

第 2 条定义中给出公约中“油”“油污事故”“船舶”“近海装置”等术语的定义,其中“油”系指任何形式的石油,包括原油、燃油、油泥、油渣和炼制产品;“油污事故”系指同一起源的一起或一系列造成或可能造成油的排放,对海洋环境或对一个或多个国家的海岸线或有关利益方构成或可能构成威胁,需要采取应急行动或其他迅速反应措施的事故。

第 3 条规定了油污应急计划的要求(MARPOL 附则Ⅰ中有同样的要求),第 4 条给出发生污染事故时报告的要求,包括报告对象和报告程序(报告程序参考 MARPOL 附则Ⅱ),第 5 条给出了收到油污报告时的行动要求:当事国收到污染报告或污染信息时,应对事件做出评估, 以判断是否发生了油污事故;对油污事故的性质、范围和可能的后果做出评估;将该报告或污染信息连同评估结果、准备采取的措施等信息及时通知其利益受到或可能受到该油污事件影响的所有国家,如果油污事故很严重,将相关信息通知 IMO。附件给出了援助费用的计算和承担原则。

(2)OPRC-HNS 2000 协议书

作为公约的议定书,OPRC-HNS 2000 的内容结构与 OPRC 1990 近似,公约正文共 18 条, 此外包括 1 个附件。与 OPRC 1990 一样,适用范围不包括任何军舰、军用辅助船或由国家拥有或使用并在当时用于政府非商业性服务的其他船舶。它要求每一当事国应采取不影响由其拥有或使用的这类船舶的作业或作业能力的适当措施,确保此种船舶在合理和可行时,以符合本议定书的方式活动。

3.2.3 区域防污法规

1. 美国《1990 年油污法》

《1990 年油污法》虽然不是国际公法,但对油污损害规定了船东、经营人和光船租船人的严格责任和义务,以及对油船和其他各类船舶设计和安全设备提出了严格要求。凡在美国海域从事航运的船舶都必须在其管理和经营方面遵守其制定的规则,因此引起国际航运界的极大关注。

（1）概况

《1990年油污法》共9章78节。《1990年油污法》从油污责任与赔偿、油污事件的预防与清除等方面，就防止船舶和海洋石油勘探开发等造成的污染，做出了一系列严格规定。

《1990年油污法》对保护美国海域环境和油污受害者的利益起了重要作用，致使油船建造成本和石油运输成本大幅度上升并导致了MARPOL 73/78公约的修正。

（2）油污赔偿

①赔偿限额（责任限制）。

责任方的赔偿责任以及负责方就每一油污事件造成的或在其名下的任何清污费用的总额不超出下列规定的范围：

a. 3 000总吨以上的液货船限额为每总吨1 200美元，或总额1 000万美元，取其大者；

b. 3 000总吨以下的液货船限额为每总吨1 200美元，或总额200万美元，取其大者；

c. 其他船舶限额为每总吨600美元，或总额50万美元，取其大者。

②无限赔偿。

如果油污染事故是由于负责方或其代理人、雇员或按照与负责方的合同关系的人员的下列行为，则将承担无限赔偿：

a. 有重大过失或故意不当行为；

b. 违反适用的联邦安全、构造或操作规则和命令，其中包括没有按规定报告该事故或没有向有关方面提供关于清污活动和一切合理的合作与协助；

c. 从外部大陆架设施运载货油时，油污染事故所产生的一切清污费用全部由船东或经营人承担，不享受责任限制。

③免责。

由下述原因造成的油污事故，可免除赔偿损害和清污费用：

a. 天灾；

b. 战争行为；

c. 第三方的行为或不为，但负责方的雇员或代理人或其行为或不为涉及与负责方的任何合同关系的第三方不在此例。

④拒赔。

油污事故由索赔人的严重过失或故意不当行为所造成，则负责方不对索赔人负责赔偿。

（3）对船员的要求

①对船员的酗酒和吸毒进行严厉处罚，严重者追究刑事责任；

②凡到美国的船舶尤其是油船，其船上的船员要接受美国主管机关的考核，其内容包括配员、培训、资历和值班标准。油船还要求"原油洗舱"培训与证书、航行计划及英语能力，必须具备为防止和消除油污行动的应急反应能力。其他国家船员发证标准至少相当于美国法律或美国所接受的国际标准规定的能力，否则禁止其进港。

（4）对液货船航行安全标准的规定

①配备完善足够的航行设备和系统；

②制定符合规定的航行计划和驾驶台常规命令；

③用船旗国官方语言和英文对照的船东管理船舶的规章制度；

④实施船位报告制度；

⑤威廉王子湾、华盛顿的罗萨里欧海峡和普夫特海峡等水域，强制雇佣拖船护航。

(5)对油船构造和货油系统的要求

①油船必须建造成双层壳体；

②货油舱必须设置液位和舱内压力监测装置、超高液位报警装置；

③设置舱内油气回收装置，保证油气不放入大气。

2.《中华人民共和国海洋环境保护法》

《中华人民共和国海洋环境保护法》于 1982 年 8 月 23 日通过，1983 年 3 月正式生效，经 1 次修订和 3 次修正。最新版自 2017 年 11 月 5 日起施行。

《中华人民共和国海洋环境保护法》共 10 章 97 条：第一章总则；第二章海洋环境监督管理；第三章海洋生态保护；第四章防治陆源污染物对海洋环境的污染损害；第五章防治海岸工程建设项目对海洋环境的污染损害；第六章防治海洋工程建设项目对海洋环境的污染损害；第七章防治倾倒废弃物对海洋环境的污染损害；第八章防治船舶及有关作业活动对海洋环境的污染损害；第九章法律责任；第十章附则。

(1)目的、适用范围和义务

为了保护和改善海洋环境，保护海洋资源，防治污染损害，维护生态平衡，保障人体健康，促进经济和社会的可持续发展，制定本法。

本法适用于中华人民共和国内水、领海、毗连区、专属经济区、大陆架以及中华人民共和国管辖的其他海域。在中华人民共和国管辖海域内从事航行、勘探、开发、生产、旅游、科学研究及其他活动，或者在沿海陆域内从事影响海洋环境活动的任何单位和个人，都必须遵守本法。在中华人民共和国管辖海域以外，造成中华人民共和国管辖海域污染的，也适用本法。

一切单位和个人都有保护海洋环境的义务，并有权对污染损害海洋环境的单位和个人，以及海洋环境监督管理人员的违法失职行为进行监督和检举。

(2)管理体制

国务院环境保护行政主管部门作为对全国环境保护工作统一监督管理的部门，对全国海洋环境保护工作实施指导、协调和监督，并负责全国防治陆源污染物和海岸工程建设项目对海洋污染损害的环境保护工作。

国家海洋行政主管部门负责海洋环境的监督管理，组织海洋环境的调查、监测、监视、评价和科学研究，负责全国防治海洋工程建设项目和海洋倾倒废弃物对海洋污染损害的环境保护工作。

国家海事行政主管部门负责所辖港区水域内非军事船舶和港区水域外非渔业、非军事船舶污染海洋环境的监督管理，并负责污染事故的调查处理；对在中华人民共和国管辖海域航行、停泊和作业的外国籍船舶造成的污染事故登轮检查处理。船舶污染事故给渔业造成损害的，应当吸收渔业行政主管部门参与调查处理。

国家渔业行政主管部门负责渔港水域内非军事船舶和渔港水域外渔业船舶污染海洋环境的监督管理，负责保护渔业水域生态环境工作，并调查处理前款规定的污染事故以外的渔业污染事故。

军队环境保护部门负责军事船舶污染海洋环境的监督管理及污染事故的调查处理。

沿海县级以上地方人民政府行使海洋环境监督管理权的部门的职责，由省、自治区、直辖市人民政府根据本法及国务院有关规定确定。

(3)防治船舶及有关作业活动对海洋环境的污染损害

在我国管辖海域,任何船舶及相关作业不得违反本法规定向海洋排放污染物、废弃物和压载水、船舶垃圾及其他有害物质。从事船舶污染物、废弃物、船舶垃圾接收、船舶清舱、洗舱作业活动的,必须具备相应的接收处理能力。

船舶必须按照有关规定持有防止海洋环境污染的证书与文书,在进行涉及污染物排放及操作时,应当如实记录。船舶必须配置相应的防污设备和器材。载运具有污染危害性货物的船舶,其结构与设备应当能够防止或者减轻所载货物对海洋环境的污染。

船舶应当遵守海上交通安全法律、法规的规定,防止因碰撞、触礁、搁浅、火灾或者爆炸等引起的海难事故,造成海洋环境的污染。

国家完善并实施船舶油污损害民事赔偿责任制度;按照船舶油污损害赔偿责任由船东和货主共同承担风险的原则,建立船舶油污保险、油污损害赔偿基金制度。实施船舶油污保险、油污损害赔偿基金制度的具体办法由国务院规定。

载运具有污染危害性货物进出港口的船舶,其承运人、货物所有人或者代理人,必须事先向海事行政主管部门申报。经批准后,方可进出港口、过境停留或者装卸作业。

交付船舶装运污染危害性货物的单证、包装、标志、数量限制等,必须符合对所装货物的有关规定。需要船舶装运污染危害性不明的货物,应当按照有关规定事先进行评估。装卸油类及有毒有害货物的作业,船岸双方必须遵守安全防污操作规程。

港口、码头、装卸站和船舶修造厂必须按照有关规定备有足够的用于处理船舶污染物、废弃物的接收设施,并使该设施处于良好状态。装卸油类的港口、码头、装卸站和船舶必须编制溢油污染应急计划,并配备相应的溢油污染应急设备和器材。

船舶及有关作业活动应当遵守有关法律法规和标准,采取有效措施,防止造成海洋环境污染。海事行政主管部门等有关部门应当加强对船舶及有关作业活动的监督管理。

船舶进行散装液体污染危害性货物的过驳作业,应当事先按照有关规定报经海事行政主管部门批准。

船舶发生海难事故,造成或者可能造成海洋环境重大污染损害的,国家海事行政主管部门有权强制采取避免或者减少污染损害的措施。对在公海上因发生海难事故,造成我国管辖海域重大污染损害后果或者具有污染威胁的船舶、海上设施,国家海事行政主管部门有权采取与实际的或者可能发生的损害相称的必要措施。

所有船舶均有监视海上污染的义务,在发现海上污染事故或者违反本法规定的行为时,必须立即向就近地依照本法规定行使海洋环境监督管理权的部门报告。

3.《防治船舶污染海洋环境管理条例》

《防治船舶污染海洋环境管理条例》是为防治船舶及其有关作业活动污染海洋环境,其依据是《中华人民共和国海洋环境保护法》。

该条例分总则、防治船舶及其有关作业活动污染海洋环境的一般规定、船舶污染物的排放和接收、船舶有关作业活动的污染防治、船舶污染事故应急处置、船舶污染事故调查处理、船舶污染事故损害赔偿、法律责任、附则共9章76条,自2010年3月1日起施行,2017年3月1日第5次修订。

主要内容有:

(1)适用范围和主管机关

防治船舶及其有关作业活动污染中华人民共和国管辖海域适用本条例。防治船舶及其有关作业活动污染海洋环境，实行预防为主、防治结合的原则。

国务院交通运输主管部门主管所辖港区水域内非军事船舶和港区水域外非渔业、非军事船舶污染海洋环境的防治工作。海事管理机构依照本条例规定具体负责防治船舶及其有关作业活动污染海洋环境的监督管理。

（2）船舶污染物的排放和接收

①船舶在中华人民共和国管辖海域向海洋排放的船舶垃圾、生活污水、含油污水、含有毒有害物质污水、废气等污染物以及压载水，应当符合法律、行政法规、中华人民共和国缔结或者参加的国际条约以及相关标准的要求。

船舶应当将不符合前款规定的排放要求的污染物排入港口接收设施或者由船舶污染物接收单位接收。

船舶不得向依法划定的海洋自然保护区、海滨风景名胜区、重要渔业水域以及其他需要特别保护的海域排放船舶污染物。

②船舶处置污染物，应当在相应的记录簿内如实记录。

船舶应当将使用完毕的船舶垃圾记录簿在船舶上保留 2 年；将使用完毕的含油污水、含有毒有害物质污水记录簿在船舶上保留 3 年。

③船舶污染物接收单位从事船舶垃圾、残油、含油污水、含有毒有害物质污水接收作业，应当编制作业方案，遵守相关操作规程，并采取必要的防污染措施。船舶污染物接收单位应当将船舶污染物接收情况按照规定向海事管理机构报告。

④船舶污染物接收单位接收船舶污染物，应当向船舶出具污染物接收单证，经双方签字确认并留存至少 2 年。污染物接收单证应当注明作业双方名称，作业开始和结束的时间、地点，以及污染物种类、数量等内容。船舶应当将污染物接收单证保存在相应的记录簿中。

⑤船舶污染物接收单位应当按照国家有关污染物处理的规定处理接收的船舶污染物，并每月将船舶污染物的接收和处理情况报海事管理机构备案。

（3）船舶有关作业活动的污染防治

①从事船舶清舱、洗舱、油料供受、装卸、过驳、修造、打捞、拆解，污染危害性货物装箱、充罐，污染清除作业以及利用船舶进行水上水下施工等作业活动的，应当遵守相关操作规程，并采取必要的安全和防治污染的措施。从事作业活动的人员，应当具备相关安全和防治污染的专业知识和技能。

②船舶不符合污染危害性货物适载要求的，不得载运污染危害性货物。

③载运污染危害性货物进出港口的船舶，其承运人、货物所有人或者代理人，应当向海事管理机构提出申请，经批准方可进出港口或者过境停留。

④载运污染危害性货物的船舶，应当在海事管理机构公布的具有相应安全装卸和污染物处理能力的码头、装卸站进行装卸作业。

⑤进行散装液体污染危害性货物过驳作业的船舶，其承运人、货物所有人或者代理人应当向海事管理机构提出申请，告知作业地点，并附送过驳作业方案、作业程序、防治污染措施等材料。海事管理机构应当自受理申请之日起 2 个工作日内做出许可或者不予许可的决定。2 个工作日内无法做出决定的，经海事管理机构负责人批准，可以延长 5 个工作日。

⑥依法获得船舶油料供受作业资质的单位，应当向海事管理机构备案。海事管理机构应当对船舶油料供受作业进行监督检查，发现不符合安全和防治污染要求的，应当予以制止。

⑦船舶燃油供给单位应当如实填写燃油供受单证,并向船舶提供船舶燃油供受单证和燃油样品。船舶和船舶燃油供给单位应当将燃油供受单证保存 3 年,并将燃油样品妥善保存 1 年。

⑧禁止船舶经过中华人民共和国内水、领海转移危险废物。经过中华人民共和国管辖的其他海域转移危险废物的,应当事先取得国务院环境保护主管部门的书面同意,并按照海事管理机构指定的航线航行,定时报告船舶所处的位置。

⑨船舶向海洋倾倒废弃物,应当如实记录倾倒情况。返港后,应当向驶出港所在地的海事管理机构提交书面报告。

⑩载运散装液体污染危害性货物的船舶和 1 万总吨以上的其他船舶,其经营人应当在作业前或者进出港口前与污染清除作业单位签订污染清除作业协议。

(4)船舶污染事故应急处置

①本条例所称船舶污染事故,是指船舶及其有关作业活动发生油类、油性混合物和其他有毒有害物质泄漏造成的海洋环境污染事故。

②船舶污染事故分为以下等级:

a. 特别重大船舶污染事故,是指船舶溢油 1 000 t 以上,或者造成直接经济损失 2 亿元以上的船舶污染事故;

b. 重大船舶污染事故,是指船舶溢油 500 t 以上不足 1 000 t,或者造成直接经济损失 1 亿元以上不足 2 亿元的船舶污染事故;

c. 较大船舶污染事故,是指船舶溢油 100 t 以上不足 500 t,或者造成直接经济损失 5 000 万元以上不足 1 亿元的船舶污染事故;

d. 一般船舶污染事故,是指船舶溢油不足 100 t,或者造成直接经济损失不足 5 000 万元的船舶污染事故。

③船舶在中华人民共和国管辖海域发生污染事故,或者在中华人民共和国管辖海域外发生污染事故造成或者可能造成中华人民共和国管辖海域污染的,应当立即启动相应的应急预案,采取措施控制和消除污染,并就近向有关海事管理机构报告。发现船舶及其有关作业活动可能对海洋环境造成污染的,船舶、码头、装卸站应当立即采取相应的应急处置措施,并就近向有关海事管理机构报告。

④船舶污染事故报告应当包括下列内容:

a. 船舶的名称、国籍、呼号或者编号;

b. 船舶所有人、经营人或者管理人的名称、地址;

c. 发生事故的时间、地点以及相关气象和水文情况;

d. 事故原因或者事故原因的初步判断;

e. 船舶上污染物的种类、数量、装载位置等概况;

f. 污染程度;

g. 已经采取或者准备采取的污染控制、清除措施和污染控制情况以及救助要求;

h. 国务院交通运输主管部门规定应当报告的其他事项。

做出船舶污染事故报告后出现新情况的,船舶、有关单位应当及时补报。

⑤船舶发生事故有沉没危险,船员离船前,应当尽可能关闭所有货舱(柜)、油舱(柜)管系的阀门,堵塞货舱(柜)、油舱(柜)通气孔。船舶沉没的,船舶所有人、经营人或者管理人应当及时向海事管理机构报告船舶燃油、污染危害性货物以及其他污染物的性质、数量、种

类、装载位置等情况，并及时采取措施予以清除。

⑥发生船舶污染事故或者船舶沉没，可能造成中华人民共和国管辖海域污染的，有关沿海地区的市级以上地方人民政府、海事管理机构根据应急处置的需要，可以征用有关单位或者个人的船舶和防治污染设施、设备、器材以及其他物资，有关单位和个人应当予以配合。

被征用的船舶和防治污染设施、设备、器材以及其他物资使用完毕或者应急处置工作结束，应当及时返还。船舶和防治污染设施、设备、器材以及其他物资被征用或者征用后毁损、灭失的，应当给予补偿。

⑦发生船舶污染事故，海事管理机构可以采取清除、打捞、拖航、引航、过驳等必要措施，减轻污染损害。相关费用由造成海洋环境污染的船舶、有关作业单位承担。需要承担前款规定费用的船舶，应当在开航前缴清相关费用或者提供相应的财务担保。

⑧处置船舶污染事故使用的消油剂，应当符合国家有关标准。

(5)船舶污染事故损害赔偿

①造成海洋环境污染损害的责任者，应当排除危害，并赔偿损失；完全由于第三者的故意或者过失，造成海洋环境污染损害的，由第三者排除危害，并承担赔偿责任。

②免予承担责任的情况：a. 战争；b. 不可抗拒的自然灾害；c. 负责灯塔或者其他助航设备的主管部门，在执行职责时的疏忽，或者其他过失行为。

③对船舶污染事故损害赔偿的争议，当事人可以请求海事管理机构调解，也可以向仲裁机构申请仲裁或者向人民法院提起民事诉讼。

4.《中华人民共和国船舶及其有关作业活动污染海洋环境防治管理规定》

《中华人民共和国船舶及其有关作业活动污染海洋环境防治管理规定》已于2010年10月8日由中华人民共和国交通运输部颁布，自2011年2月1日起施行。2016年12月13日第3次修正。

该规定分总则，一般规定，船舶污染物的排放与接收，船舶载运污染危害性货物及其有关作业，船舶拆解、打捞、修造和其他水上水下船舶施工作业，法律责任，附则共7章62条。

(1)总则

为了防治船舶及其有关作业活动污染海洋环境，根据《中华人民共和国海洋环境保护法》《中华人民共和国大气污染防治法》《中华人民共和国防治船舶污染海洋环境管理条例》和中华人民共和国缔结或者加入的国际条约，制定本规定。

本规定所称有关作业活动，是指船舶装卸、过驳、清舱、洗舱、油料供受、修造、打捞、拆解、污染危害性货物装箱、充罐、污染清除以及其他水上、水下船舶施工作业等活动。

(2)一般规定

船舶的结构、设备、器材应当符合国家有关防治船舶污染海洋环境的船舶检验规范以及中华人民共和国缔结或者加入的国际条约的要求，并按照国家规定取得相应的合格证书。船员应当具有相应的防治船舶污染海洋环境的专业知识和技能，并按照有关法律、行政法规、规章的规定参加相应的培训、考试，持有有效的适任证书或者相应的培训合格证明。

船舶从事下列作业活动，应当遵守有关法律法规、标准和相关操作规程，落实安全和防治污染措施，并在作业前将作业种类、作业时间、作业地点、作业单位和船舶名称等信息向海事管理机构报告；作业信息变更的，应当及时补报：

①在沿海港口进行舷外拷铲、油漆作业或者使用焚烧炉的；

②在港区水域内洗舱、清舱、驱气以及排放压载水的；

③冲洗沾有污染物、有毒有害物质的甲板的；

④进行船舶水上拆解、打捞、修造和其他水上、水下船舶施工作业的；

⑤进行船舶油料供受作业的。

（3）船舶污染物的排放与接收

在中华人民共和国管辖海域航行、停泊、作业的船舶排放船舶垃圾、生活污水、含油污水、含有毒有害物质污水、废气等污染物以及压载水，应当符合法律、行政法规、有关标准以及中华人民共和国缔结或者加入的国际条约的规定。

船舶在船舶排放控制区内航行、停泊、作业还应当遵守船舶排放控制区大气污染防治控制要求。船舶应当使用低硫燃油或者采取使用岸电、清洁能源、尾气后处理装置等替代措施满足船舶大气排放控制要求。

船舶应当将不符合规定排放要求以及依法禁止向海域排放的污染物，排入具备相应接收能力的港口接收设施或者委托具备相应接收能力的船舶污染物接收单位接收。

船舶污染物接收单位进行船舶垃圾、残油、含油污水、含有毒有害物质污水等污染物接收作业，应当在作业前将作业时间、作业地点、作业单位、作业船舶、污染物种类和数量以及拟处置的方式及去向等情况向海事管理机构报告。接收处理情况发生变更的，应当及时补报。港口建立船舶污染物接收、转运、处置监管联单制度的，船舶与船舶污染物接收单位应当按照联单制度的要求将船舶污染物接收、转运和处置情况报告有关主管部门。

船舶污染物接收单位应当在污染物接收作业完毕后，向船舶出具污染物接收单证，经双方签字确认并留存至少 2 年。污染物接收单证上应当注明作业单位名称，作业双方船名，作业开始和结束的时间、地点，以及污染物种类、数量等内容。船舶应当将污染物接收单证保存在相应的记录簿中。

船舶进行涉及污染物处置的作业，应当在相应的记录簿内规范填写、如实记录，真实反映船舶运行过程中产生的污染物数量、处置过程和去向。船舶应当将使用完毕的船舶垃圾记录簿在船舶上保留 2 年；将使用完毕的含油污水、含有毒有害物质污水记录簿在船舶上保留 3 年。

船舶应当配备有盖、不渗漏、不外溢的垃圾储存容器，或者对垃圾实行袋装。船舶应当对垃圾进行分类收集和存放，对含有有毒有害物质或者其他危险成分的垃圾应当单独存放。船舶将含有有毒有害物质或者其他危险成分的垃圾排入港口接收设施或者委托船舶污染物接收单位接收的，应当向对方说明此类垃圾所含物质的名称、性质和数量等情况。

船舶应当按照国家有关规定以及国际条约的要求，设置与生活污水产生量相适应的处理装置或者储存容器。

【巩固与提高】

扫描二维码,进入过关测试。

任务 3.2 闯关

任务 3.3　SOLAS 公约

【任务引入】

船舶管理–国际海上人命安全公约

【思想火花】

阳江“7 · 2”“福景 001”起重船风灾事故调查报告

【知识结构】

SOLAS 公约结构图

【知识点】

国际海上人命安全公约(SOLAS 公约)

3.3.1　公约产生的背景

《国际海上人命安全公约》(international convention for the safety of the life at sea,简称SOLAS公约)现行的公约是《1974年国际海上人命安全公约》。该公约被认为是关于船舶与船员管理最为重要的国际公约之一。

1912年4月14日,豪华客轮"泰坦尼克"(Titanic)号在北大西洋沉没,海难造成1 522人丧生,引起了世界各国的关注。1913年底,英国政府召集了第一次国际海上人命安全会议,讨论新的安全规则。第一个SOLAS公约的很多内容是针对"泰坦尼克"号海难而制定的。公约对客船提出了很多具体的安全要求,其中对船舶的构造分舱、救生和防火等项目做了严格和具体的规定,并要求客船配备无线电设备,公约还建议在北大西洋设置冰区巡逻艇。

此后分别于1929年和1948年修正,1960年《国际海上人命安全公约》于1960年6月17日通过,1965年5月26日生效。1974年10月,第五次国际海上人命安全会议在伦敦召开,会议最终通过了《1974年国际海上人命安全公约》(简称SOLAS 74公约)。该公约于1974年11月1日起正式被采用,并于1980年5月25日起生效。我国于1980年1月7日加入了该公约。

3.3.2　公约的性质

SOLAS公约的主要目的是提供船舶构造安全、设备安全和安全操作的最低标准,同时要求船旗国有义务确保悬挂其船旗的船舶达到这一要求,船舶必须持有公约规定的有效证书作为达到公约标准的证据。

IMO将《国际船舶安全营运和防止污染管理规则》(简称ISM规则)纳入SOLAS公约第Ⅸ章,并成为强制性要求。2002年12月通过了SOLAS公约新增的"第Ⅺ-2章——加强海上保安的特别措施"和《国际船舶和港口设施保安规则》(简称ISPS规则)。这使SOLAS公约的性质在以下两个方面发生了重大变化:

SOLAS公约已由原有"纯技术"公约变成"技术管理"公约。原有SOLAS 74公约有8章,除第Ⅲ/18条(关于弃船训练和操练)涉及管理方面内容以外,其余都是技术性条款。但是新增的第Ⅸ章和第Ⅺ章内容多是有关管理方面的。这标志着IMO对海上人命安全和环境保护方面所采取的措施,意识到人为因素在确保海上安全和防止海洋污染中的作用。

SOLAS公约的范围从船舶扩大到岸基。由于ISM规则和ISPS规则的实施,该公约不再局限于船舶本身,而涉及岸上的公司和港口设施。

3.3.3　公约的构成与主要内容

SOLAS 74公约包括:①公约正文;②1988年SOLAS议定书;③公约附则(安全规则)及其单项规则。这3个层次的规定是不可分割的。

1974年SOLAS公约由13个条款的正文和1个附则组成。凡引用公约,也就引用其附则。

公约的正文用中文、英文、法文、俄文和西班牙文写成。公约正文包括:第1条公约一般义务,第2条适用范围,第3条法律规则,第4条不可抗力情况,第5条紧急情况下载运人员,第6条以前的条约和公约,第7条经协议订立的特殊规则,第8条修正,第9条签字、批准、接受、认可和加入，第 10 条生效，第 11 条退出，第 12 条保存和登记，第 13 条文字等。

SOLAS 公约的附则是公约的主体，包括 14 章内容。

1. 第Ⅰ章　总则

本章主要包括：公约的适用范围，有关名词的定义，公约适用的例外、免除以及规则的生效等内容；各种用途船舶法定检验的种类检验的内容和签发证书，以证明这些船舶符合公约要求；缔约国政府对到达其港口的船舶的监督的有关条款。

2. 第Ⅱ章　构造

第Ⅱ-1 章　构造——结构、分舱与稳性、机电设备

本章共分为 A、B、C、D、E 五个部分：A 部分——通则（适用范围、定义、船舶结构）；B 部分——分舱与稳性；C 部分——机器设备；D 部分——电气装置；E 部分——周期性无人值班机器处所的附加要求。其主要内容包括：

①规定客船分舱的水密程度应能保证船舶在假定船壳破损的情况下保持正浮和稳性的要求；还规定了客船水密完整性和污水泵系统置的要求以及客船和货船的稳性要求。

②分舱等级——由两个相邻舱壁之间最大许可长度决定的分舱等级因船舶长度以及船舶的营运业务而有所不同。客船的分舱等级最高。

③机器和电气装置——在各种紧急情况下，机电设备的设计和安装应能保持工作以确保船舶、旅客和船员的安全。

第Ⅱ-2 章　构造——防火、探火和灭火

本章主要内容包括：适用范围、消防安全目标和功能要求、名词定义，火灾和爆炸的防止，火灾的抑制、脱险、操作性要求；规定了防火、探火、灭火系统与设备的安装要求以及对客船、货船、液货船在构造方面的防火措施和设备方面的灭火措施。

这些条款有以下原则：用耐热和结构性限界面将船舶划分为若干主竖区；用耐热和结构性限界面将起居处所与船舶其他处所隔开；限制可燃材料的使用；探知火源区的任何火灾；抑制和扑灭火源区的任何火灾；保护脱险通道或灭火通道；保证灭火设备的随时可用性；将易燃货物蒸发气体着火的可能性降至最低程度。

公约 2000 年 12 月修正案，将有关消防设备、消防布置的技术标准从公约中分离出来，成为独立的强制性规则——《国际消防系统安全规则》（FSS 规则）。

3. 第Ⅲ章　救生设备与装置

本章内容包含对通用救生设备与装置的要求以及专用于客船、货船上的救生设备与装置的要求。本章分为 A 和 B 两部分。

A 部分——关于适用范围、免除、定义、救生备和装置的鉴定、试验与认可以及生产试验的一般性规定。

B 部分——关于船舶和救生设备的要求，共有五节：①客船与货船；②客船附加要求；③货船附加要求；④救生设备和装置的要求；⑤其他事项（培训手册和船上培训教具，船上维护保养须知，应变部署表与应变须知）等内容。

4. 第Ⅳ章　无线电通信设备

本章在 1988 年进行了全面修改，将标题“无线电报和无线电话”（radio telegraphy and radio telephone）改为“无线电通信设备”（radio communications）并引入了全球海上遇险和安全系统（the global maritime distress and safety system，简称 GMDSS）。

除另有明文规定外，本章适用于本规则所适用的所有船舶和 300 总吨及以上的货船。

5. 第Ⅴ章 航行安全

本章共有23条。本章规定了由缔约国政府提供一定的航行安全服务。除另有明文规定外,本章涉及的安全操作规则适用于一切航线上的所有船舶,而公约附则的其他章节只适用于国际航行业务的一定等级的船舶。

其主要内容如下:危险通报;遇险通信;搜寻与营救;配员、航海资料与操舵装置及操练。本章还规定了船方对遇险船舶进行帮助的责任,以及保证船舶充足有效配员的责任。

其中危险通报主要内容包括为船舶提供气象服务、冰区巡逻服务、船舶航线以及搜寻与救助;规定船长有义务进行危险通报、救助遇险船舶及其人员。每艘船舶的船长如遇有下列情况之一时,均有责任自行采取一切措施将此信息通知附近各船及能与之通信的最近岸上主管当局(这种电文应冠以安全信号TTT):

①遇到危险的冰、危险的漂浮物,或其他任何对航行的直接危险;

②热带风暴;

③遇到伴随强风低于冰点气温致使上层建筑严重积聚冰块;

④未曾收到风暴警报而遇到蒲福风级10级及以上风力时。

6. 第Ⅵ章 货物装运

本章内容涉及因对船舶或船上人员的特别危害而需采取特别预防措施的货物的装运(散装液体、散装气体和其他章内已做出装运规定的除外),分为A、B和C三部分:A部分——一般规定,包括适用范围、货物资料、氧气分析和气体探测设备、船上使用杀虫剂堆装和系固。B部分——谷物以外的散装货物的特别规定,包括装运的可接收性、散装货物的装卸和堆装等内容。C部分——谷物装运,包括定义和货船装运谷物的要求。

7. 第Ⅶ章 危险货物装运

本章包括了包装形式、散装固体形式、散装化学液体和液化气体危险货物的分类包装标志和积载的条款。其内容分为A、B、C、D四个部分。

A部分——关于包装危险货物的装运,包括定义、适用范围、危险货物装运的要求、单证、货物系固手册和涉及危险货物的事故报告等有关内容。

本章内容涉及《国际海运危险货物规则》(international maritime dangerous goods code,简称IMDG规则)。危险货物系指IMDG规则中所述的物质、材料和物品。包装形式系指IMDG规则中规定的包装形式。除另有明文规定外,本部分适用于本公约规则所适用的所有船舶和小于500总吨的货船中装运的包装危险货物;但本部分的规定不适用于船用物料和设备。

A-1部分——关于固体散装危险货物的装运。

B部分——关于散装运输危险液体化学品船舶的构造和设备。

C部分——关于散装运输液化气体船舶的构造和设备。

D部分——关于船上装运密封装辐射性核燃料、钚和强放射性废料的特殊要求。

8. 第Ⅷ章 核动力船舶

本章规定了基本要求,主要是关于放射性危害。1981年国际海事组织大会通过了一个详细的、综合性的《核动力商船安全规则》,该规则是本章的不可分割的补充。

主管机关应采取措施,确保在海上或港内不使船员、乘客或公众,或水道或食物或水源受到不当的辐射或其他的核能危害。核反应堆装置的设计、构造以及检查和装配的标准均应经主管机关认可和满意,并应考虑因辐射而使检验所受到的限制。

9. 第Ⅸ章　船舶安全营运管理

公约附则新增的一章:1994 年 5 月 25 日缔约国大会通过,1998 年 7 月 1 日生效。

本章内容包括定义、适用范围、安全管理要求、发证、状况的保持、验证与控制等。

《国际安全管理规则》(ISM 规则)系指 IMO A. 4(18)号决议通过的《国际船舶安全营运和防污染管理规则》(具体内容见本章第四节)。

公司系指船舶所有人或其他组织或个人,诸如理者或光船租赁人,他们已从船舶所有人处接受船舶营运的责任,同意承担《国际安全管理规则》规定的所有责任和义务。

公司和船舶应符合《国际安全管理规则》的要求。主管机关或主管机关认可的组织应给符合《国际安全管理规则》要求的每一公司签发“符合证明”。船舶应由持有“符合证明”的公司营运。船上应存有 1 份“符合证明”的副本。应给每艘船舶签发“安全管理证书”。

10. 第Ⅹ章　高速船的安全措施

公约附则新增的一章:1994 年 5 月 25 日缔约国大会通过,1996 年 1 月 1 日生效。

1994 年的修正案还引入了《高速船安全规则》(the international code of safety for high-speed craft,简称 HSC 规则)。

2000 年 12 月的修正案对 1994 年的 HSC 规则进行了修改,修改后的规则适用于 2002 年 7 月 1 日及以后建造的高速艇筏,并于 2002 年 7 月 1 日强制执行。

11. 第Ⅺ章　加强海上安全的特别措施

公约附则新增的一章:1994 年 5 月 25 日缔约国大会通过,1996 年 1 月 1 日生效。

本章Ⅺ-1 的主要内容有 5 条:对被认可组织的授权、加强检验、船舶识别号、关于操作要求的港口国监督以及连续概要记录。

本章Ⅺ-2 的主要内容有:定义、适用范围、约国政府的保安义务、对公司和船舶的要求公司的具体责任、船舶保安警报系统、对船舶的威胁、船长对船舶安全和保安的决定权、控制和符合措施、对港口设施的要求、替代保安协议、等效保安安排和资料的送交。

12. 第Ⅻ章　散货船的附加安全措施

公约附则新增的一章:1997 年 11 月 27 日通过,1999 年 7 月 1 日生效。

本章主要涉及船长为 150 m 及以上的散货船的破损稳性要求、结构强度要求和货舱、压载舱和干燥处所水位探测器以及泵系的有效性。

13. 第Ⅷ章　符合验证

旨在强制执行 A. 1070(28)“IMO 文件实施规则”,从实施、执行、评估和复审等方面规定船旗国、沿岸国、港口国如何履约。包括 4 条:

第 1 条“定义”,列出了“审核”“审核方案”“实施规则” 和“审核标准” 的定义。

第 2 条“适用范围”中阐明,缔约国政府在履行包含在本公约(SOLAS)中的它们的义务和责任时,应采用“实施规则”的规定。

第 3 条“符合性验证”规定,每一缔约国政府应经受本组织(IMO)按审核标准进行的的定期审核,以验证其符合和实施本公约。

第 4 条明确,所有缔约国政府的审核应依据 IMO 秘书长制定的总体计划,且应定期进行。

14. 第ⅩⅣ章　极地水域操作船舶安全措施

①极地规则主要目的:保护极地地区脆弱的生态环境,尽最大可能免受日益增长的极地航运活动的影响,以降事故促环保为原则,采用风险方法,针对极地水域特殊风险,提供

了覆盖极地船舶构造、设备、操作、培训、搜救、环保等所有方面的目标和功能要求。

②《极地规则》适用范围：所有极地水域操作的客船和500总吨及以上的货船，且需持MARPOL证书和SOLAS证书。对于非SOLAS但需要MARPOL证书的船舶（如渔船），仅需满足《极地规则》PART Ⅱ的要求。

③《极地规则》主要包括：第Ⅰ-A部分，关于船舶航行安全；第Ⅱ-A部分，关于防止污染；以及第Ⅰ-B和Ⅱ-B部分对前两部的建议性规定。《极地规则》(polar code)，涵盖在两极水域同船舶营运相关的船舶设计、建造、设备配备、操作、培训、搜索搜救以及环境保护相关事宜。

【巩固与提高】

扫描二维码，进入过关测试。

任务3.3闯关

任务 3.4　MLC 海事劳工公约

【任务引入】

船舶管理-2006 年海事劳工公约

船舶管理-国际卫生条例

【思想火花】

2021 IMO：截至目前，共 63 个成员将海员定为“key worker”(职业认同)

【知识结构】

MLC 海事劳工公约结构图

【知识点】

MLC 海事劳工公约

3.4.1　公约的构成

《2006 年海事劳工公约》(MLC)在结构上分为三个层次，即正文条款(articles)、规则(regulations)和守则(code)。

条款和守则规定了核心权利和原则，以及批准公约成员国的义务。条款和规则只能由大会在《国际劳工组织章程》框架下修改。守则包含了规则的实施细节。它由 A 部分(强制性标准)和 B 部分(非强制性导则)组成。守则可以通过本公约所规定的简化程序来修订。由于守则涉及具体实施，对守则的修正必须仍放在条款和规则的总体范畴内。

规则和守则是公约的标准，在内容上分为五个标题(titles)。标题一为“海员上船工作的最低要求”，包括了“最低年龄、体检证书、培训和资格、招募与安置”等方面的内容；标题二为“就业条件”，包括海员就业协议、工资、工作或休息时间、休假的权利、遣返、船舶灭失或沉没时对海员的赔偿、配员水平、职业和技能发展和海员就业机会等；标题三为“船上居住、娱乐设施、食品和膳食”，包括居住舱室和娱乐设施、食品和膳食等；标题四为“健康保护、医疗、福利及社会保障”，包括船上和岸上医疗、船东的责任、保护健康和安全保护及防止事故，获得使用岸上福利设施和社会保障等；标题五为“符合与执行”，包括了检查与发证、港口国监督、船上及岸上投诉程序及船员提供国应尽的义务等。

3.4.2　公约的性质

国际劳工组织于 2006 年 2 月 23 日在日内瓦举行大会暨第十届海事大会上通过了《国际海事劳工公约》。该公约在达到至少 30 个国家批准且这些国家的商船总吨位占世界商船总吨位的 33%之日起十二个月后生效。该公约于 2013 年 8 月 20 日正式生效。中国于 2015 年 8 月批准加入《2006 年海事劳工公约》，并在 2016 年 11 月 12 日对中国正式生效。

该公约适用于任何吨位的通常从事商业活动的所有海船，但专门在内河或在遮蔽的水域或与其紧邻水域或在港口规定适用水域航行的船舶、军船或军辅船、从事捕鱼或类似捕捞的船舶、用传统方法制造的船舶（例如独桅三角帆船和舰板）除外；200 总吨以下国内航行船舶可免除守则中的有关要求。

公约要求 500 总吨及以上国际航行船舶应持有“海事劳工证书”和“符合声明”，并规定公约生效后，缔约国可对非缔约国的到港船舶进行港口国监督（PSC）检查。

公约生效会对我国船公司的船员管理运作、船员的福利待遇、船员职业安全与健康、船员招募与安置、船舶设计与建造等诸多方面带来一系列较大影响。

国际海事界普遍认为，海事劳工公约将与《国际海上人命安全公约》《国际防止船舶造成污染公约》《海员培训、发证和值班标准国际公约》一起，构成世界海事法规体系的四大支柱。

《2006 年海事劳工公约》的根本目标是：

①在正文和规则中规定一套确定的权利和原则；

②通过守则允许成员国在履行这些权利和原则的方式上有相当程度的灵活性；

③通过标题五确保这些权利和原则得以妥善遵守和执行。

【巩固与提高】

扫描二维码，进入过关测试。

任务 3.4 闯关

任务 3.5　其他国际海事公约与规则

【任务引入】

船舶管理-STCW 公约

【思想火花】

亚丁湾护航十周年记忆·商船篇

【知识结构】

其他国际海事公约与规则结构图

【知识点】

其他国际海事公约与规则

3.5.1　STCW 公约

1. STCW78/95 公约的产生背景及历次修正

《1978 年海员培训、发证和值班标准国际公约》(international convention on standards of training、certification and watchkeeping for seafarers,1978;STCW78),是国际海事组织约 50 个公约中最重要的公约之一,用于控制船员职业技术素质和值班行为。1980 年 6 月 8 日,我国政府向 IMO 提交了批准《STCW78 公约》的文件,成为该公约的缔约国。1984 年 4 月 28 日,《STCW78 公约》生效。该公约的生效实施,对促进各缔约国海员素质的提高,在保障海上人命财产安全和保护海洋环境及有效地控制人为因素对海难事故的影响,都起到积极作用。

随着航运事业的迅速发展,船舶科技水平的不断提高,船舶配员的多国化,以及各国对海上安全、海洋环境保护的严重关注和对海难事故的人为因素的日益重视,势必要求对该公约做相应调整。STCW 公约历次修订见表 3-2。

表 3-2 STCW 公约历次修订

序号	修正案年份	修正主要内容	生效日期
1	1991 年	关于全球海上遇险和安全系统(即 GMDSS)、驾驶台单人值班试验	1992 年 12 月 1 日
2	1994 年	关于液货船船员的特殊培训	1996 年 1 月 1 日
3	1995 年	阶段性的全面修正,新增了与公约和附则相对应的更为具体的《海员培训、发证和值班规则》,简称 STCW78/95 公约	1997 年 2 月 1 日
4	1997 年	关于客货船培训	1999 年 11 月 1 日
5	1998 年	关于散货船培训	2003 年 1 月 1 日
6	2006 年	关于船舶保安员培训,以及快速救生艇回收和发放培训	2008 年 1 月 1 日
7	2010 年	阶段性的全面修正	2012 年 1 月 1 日
8	2014 年	每一缔约国均须接受 IMO 按照审核标准进行的定期审核,以对符合和实施 STCW 公约进行验证	2016 年 1 月 1 日
9	2015 年	关于在 IGF(船上使用气体或低闪电燃料)规则适用的船舶上,船员根据职责应接受基本培训或高级培训	2017 年 1 月 1 日
10	2016 年	关于极地水域和客船船员资质、培训	2018 年 7 月 1 日
11	2017 年	关于对动力定位系统操作人员的培训和资历的指导	2018 年 7 月 1 日

2. STCW78/95 公约的构成和性质

(1)公约的构成

STCW78/95 公约主要包含公约正文、附则和 STCW 规则。STCW 规则分为 A、B 两部分。A 部分是关于附则有关规定的强制性标准,与附则的章节一一对应,共有 8 章,详述了附则中制定的标准、证书格式,功能证书中各职能/责任级别与传统发证标准对应的适任内容/知识、理解和熟练要求程度/表明适任的方法/评价适任的标准。B 部分是关于附则的建议和指导,它与公约附则、规则 A 部分的章节一一对应,是关于如何实施公约及其附则的建议和指导。

(2)公约的编排

STCW78/95 公约的附则把公约技术条款在附则中以规则的形式体现,其内容共分 8 章。第 1 章总则;第 2 章船长和甲板部;第 3 章轮机部;第 4 章无线电通信和无线电人员;第 5 章特定类型船舶的船员特殊培训要求;第 6 章应急、职业安全、医护和救生职能;第 7 章可供选择的发证;第 8 章值班。

提及公约和附则的要求时,也应提及 STCW 规则 A 部分和 B 部分的相应规定。

(3)公约的适用范围

适用于在有权悬挂缔约国国旗的海船上服务的海员,但在下列船舶上服务的海员除外：

①军舰、海军辅助舰艇或者为国家拥有或营运而只从事政府非商业性服务的其他船舶；

②渔船；

③非营业的游艇；

④构造简单的木船。

(4)STCW 规则核心内容

STCW 规则 A 部分在适任标准中规定的应具有的能力归纳为 7 项职能和 3 个责任级别。

①7 项职能为：航行；货物装卸和积载；船舶作业管理和人员管理；轮机工程；维护和修理；电气、电子和控制工程；无线电通信。

②3 个责任级别为：管理级；操作级；支持级。

STCW 规则 B 部分是关于公约及其附则的建议和指导，旨在协助缔约国和其他各方以统一的方式使公约得以充分和完全实施。B 部分由“关于 STCW 公约条款的指导”和“关于 STCW 公约附则条款的指导”两部分组成。“关于 STCW 公约附则条款的指导”的条文编排与公约附则及 A 部分的章节一一对应。

3.5.2 国际船舶载重线公约

《国际载重线公约》是国际社会为保障海上人命财产安全而制定的关于国际航行船舶载重限额的统一原则和规则。

《国际载重线公约》主要由正文和 3 个附则构成。正文包括定义、适用范围、检验、证书和监督。附则Ⅰ：载重线核定规则，规定了载重线勘绘的技术规范，并针对船体强度、结构、密性和稳性等规定了相应的技术标准；附则Ⅱ：地带、区域和季节期，规定了各种载重线适用的航区和季节；附则Ⅲ：证书的格式，规定了国际载重线证书和免除证书的标准格式。

3.5.3 国际消防系统安全规则(FSS 规则)

国际海事组织(IMO)于 2000 年 12 月 5 日以 MSC. 98(73)号决议通过了《国际消防安全系统规则》(简称 FSS 规则)。与此同时，IMO 还以 MSC. 99(73)号决议通过了对经修正的《1974 年国际海上人命安全公约》第Ⅱ-2 章的修正案。在通过此项修正案时，IMO 海上安全委员会决定，FSS 规则必须在上述修正案生效后于 2002 年 7 月 1 日生效。

按照安全公约规定的默认接受程序，该修正案已于 2002 年 7 月 1 日生效，因此，FSS 规则也于同日生效。根据安全公约上述修正案的规定，FSS 规则为强制性规则。我国是安全公约的缔约国，该规则对我国具有约束力。

FSS 规则主要内容包括：序言、总则、人员保护、灭火器、固定式气体灭火系统、固定式泡沫灭火系统、固定式压力水雾和细水雾灭火系统、自动喷水器、探火和失火报警系统、固定式探火和失火报警系统、取样探烟系统、低位照明系统、固定式应急消防泵、脱险通道的布置、固定式甲板泡沫系统、惰性气体系统。

3.5.4 国际救生设备规则(LSA 规则)

《国际救生设备规则》(LSA 规则)的修正案是由国际组织在 2006 年 5 月 18 日，于伦敦签订的条约。本节适用于所有船舶上的救生设备。

《国际救生设备规则》(LSA 规则)将个人救生设备划分为 5 种,即救生圈、救生衣、救生服、抗暴露服和保温用具。其中救生服、抗暴露服和保温用具的基本用途均是为了减少人体在水中热量的散失。

LSA 规则主要内容包括:前言、通则、个人救生设备、视觉信号、救生艇筏、救助艇、降落与登乘设备、其他救生设备等内容。

3.5.5 国际船舶安全营运和防止污染管理规则(ISM 规则)

1. ISM 规则产生的背景与发展过程

20 世纪 80 年代以来,船舶海难事故频繁发生,全球全损船舶的数量和吨位以及人员伤亡均呈增长趋势。这些海难事故对船上人命、财产安全和海洋环境构成了巨大的威胁,造成的巨大损失引起了世界船舶保险业、海运行业性组织、各国政府、地区性组织以及 IMO 前所未有的关注。统计资料表明,船舶海损、机损及污染海洋事故的发生,约有 80%是由人为因素所致,人为因素造成的事故中 80%与管理不善有关,而管理不善的 50%又与岸上公司的管理有关。1994 年通过 SOLAS 74 公约增补第Ⅸ章——船舶安全营运管理,使 ISM 规则获得了法律强制力。

本规则包括了船舶管理的各类要素,要求公司和船舶加强管理以促进安全。规则由 SOLAS 公约的 1994 年修正案纳入第Ⅸ章,并于 1998 年 7 月 1 日生效。ISM 规则要求所有船舶必须在 2002 年 7 月 1 日前满足规则的要求。

ISM 规则要求船公司和船舶建立、实施、保持安全管理体系(SMS),并分别取得“符合证明”(DOC)和“安全管理证书”(SMC)。从规定的日期起,各港口国主管机关将对未执行 ISM 规则的船舶实施滞留或不准其进入港口。建立 SMS 成为船舶进入国际航运市场的“准入证”。

ISM 规则来源于 ISO 9000 系列质量体系,是船舶运输业的质量管理和质量保证体系。将规范的对象从海上延伸到岸上,从习惯上对船舶、设备、操作方面提出技术要求转变到对船公司的系统化管理。

ISM 规则规定公司应对船舶提供岸基支持,应对人员加强培训,船长在船舶决定权上具有最高权限,公司应提供船上关键操作的操作要求和程序。该规则将船舶的管理和维护保养纳入法定检验范畴,极大地促进了船舶安全状况的提升。

公约及规则要求:

适用 ISM 规则的公司应经审核获得船旗国主管机关或其授权认可组织签发的符合证明(document of compliance,简称 DOC),适用 ISM 规则的船舶应经审核获得船旗国主管机关或其授权认可组织签发的安全管理证书(safety management certificate,SMC)。

适用船舶:

客船(包括高速客船)及 500 总吨及以上的油船、化学品液货船、气体运输船、散货船、高速货船及其他货船和海上移动式钻井平台。不适用于政府经营的用于非商业目的的船舶。

适用公司:

指船舶所有人或任何其他组织或个人,诸如管理者或光船租赁人,他们已从船舶所有人处接受船舶营运的责任,同意承担《国际安全管理规则》规定的所有义务和责任。

证书:

临时 SMC:新船交付、公司新承担一艘船舶的营运责任或更换船旗时应进行船舶临时审核,审核满意后将签发有效期不超过 6 个月的临时 SMC。

SMC：安全和防污染管理体系在船实施满3个月后经初次审核满足ISM规则要求，将获得有效期不超过5年的SMC。SMC第2个周年日至第3个周年日期间应进行中间审核，SMC有效期届满前应进行换证审核。

临时DOC：公司新成立或公司现有"符合证明"新增船舶类型应进行临时公司审核，审核满意后将签发有效期不超过1年的临时DOC。

DOC：公司已全面实施安全管理体系且其管理的每种船型中至少各有一艘船舶已经运行安全和防污染管理体系至少3个月，经初次公司审核满足ISM规则要求，将为公司签发有效期不超过5年的DOC。DOC周年日前后3个月内进行年度审核，DOC有效期届满前应进行换证审核。

2. 安全管理体系(SMS)简介

所谓SMS系指能使公司人员和船上人员有效地实施公司和船舶的安全与防污染方针的一种结构化和文件化的管理体系，该体系由组织机构，人员责任，工作程序，活动过程和人力、财力资源等五大要素构成。其中文件化是SMS的表现形式，是指将体系以文件的形式表现出来，可以是书面、电子文档形式；结构化是指体系文件的结构化、组织机构的结构化、职能分配的结构化等。它强调整个体系是由人员、ISM组织机构、程序、过程、资源等所有与安全和防污染有关的环节构成的有机整体，强调与安全和防污染活动有关的所有环节衔接得当，并能有机地整合在一起。

通常每个公司都要建立、实施和保持一个安全管理体系，这个体系应当包括6项功能要求：

①安全和环境保护方针；

②确保船舶的安全营运和环境保护符合有关的国际和船旗国立法的须知和程序；

③船、岸人员的权限和相互间的联系渠道；

④事故和不符合规定情况的报告程序；

⑤对紧急情况的准备和反应程序；

⑥内部评审和管理性复查(管理评审)程序。

SMS有如下特点：

①它是一个闭环的、动态的、自我调整和完善的管理系统；

②它涉及船舶安全和防污染的一切活动；

③它把船舶安全和防污染管理中的策划、组织、实施和检查、监督等活动要求集中、归纳、分解和转化为相应的文件化的目标、程序、方案和须知；

④体系本身使所有的体系文件受控。

安全管理体系文件层次结构如图3-10所示，安全管理体系文件构成见表3-3。

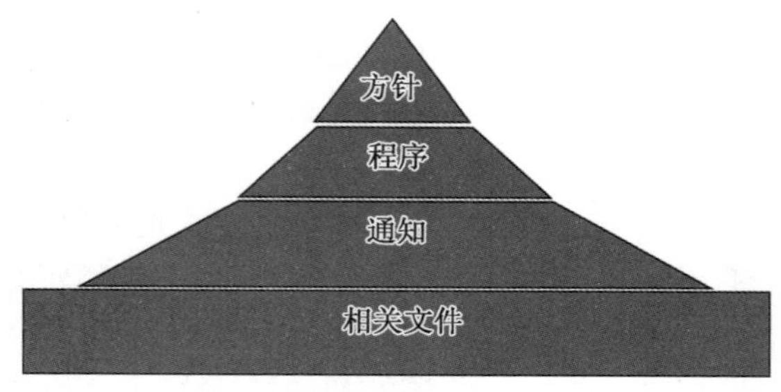

图3-10 安全管理体系文件层次结构

表 3-3 安全管理体系文件构成

安全管理手册	方针及 SMS 描述
程序文件	公司安全及防污染管理规定
须知手册	船舶操作及维护文件(船舶操作方案,须知及记录)
支持性文件	与体系相关的其他文件资料

3.5.6 国际船舶和港口设施保安规则

《国际船舶和港口设施保安规则》(international ship and port facility security code,简称 ISPS Code 或 ISPS 规则) 于 2002 年 12 月在伦敦召开的国际海事组织海上保安外交大会通过,并于 2004 年 7 月 1 日开始生效。这项规则是对于《1978 年国际海上人命安全公约》针对船舶、港口及港口国政府机构对于最低安全(security)一项的修正案。它规定港口国政府、船东、船上人员以及港口/设施人员察觉安全威胁并且采取相应预防措施的责任,以防止安全事件影响从事国际贸易的船舶或港口设施。

ISPS 规则包括 A、B 两个部分,其中 A 部分是强制性的要求,B 部分是对 A 部分要求的实施提供指导,内容相互对应。ISPS 规则的主要内容有 3 个方面,即对缔约国政府的要求、对公司和船舶的要求以及对港口设施的要求。

公约及规则要求:为推动国际航行船舶安保措施的制定和实施,SOLAS 公约第Ⅺ-2 章要求适用船舶应符合《国际船舶和港口设施保安规则》(ISPS 规则)的要求。每条 ISPS 规则适用船舶应随船携带经船旗国主管机关或其授权的认可保安组织批准的船舶保安计划(ship security plan,SSP),船舶还应经审核获得船旗国主管机关或其授权保安认可组织签发国际船舶保安证书(international ship security certificate,ISSC)。

适用船舶:客船(包括高速客船)及 500 总吨及以上的货船(包括高速货船)和海上移动式钻井平台。不适用于军船、海军辅助船、或由缔约国政府拥有或经营仅用于政府非商业性服务的其他船舶。

公司:指船舶所有人或任何其他组织或个人,诸如管理者或光船租赁人,他们已从船舶所有人处接受船舶营运的责任,同意承担《国际安全管理规则》规定的所有义务和责任。

船舶保安计划批准书:公司应根据船舶保安评估报告制定船舶保安计划(SSP),经船旗国主管机关或其授权的保安认可机构审查满意后,将为船舶签发船舶保安计划批准书。船舶保安计划的任何修改应经船旗国主管机关或其授权的保安认可机构批准。

临时 ISSC:新船交付或投入营运或重新投入营运、船旗政府从一缔约国变更为另一缔约国、船旗政府从非缔约国变更为缔约国或公司新承担一艘船舶的营运责任时,船舶应进行临时审核,审核满意后将签发有效期不超过 6 个月的临时 ISSC。

ISSC:船舶保安体系已在船实施满 3 个月后经初次审核满足 ISPS 规则要求,将获得有效期不超过 5 年的 ISSC。ISSC 第 2 个周年日至第 3 个周年日期间应进行中间审核,ISSC 有效期届满前应进行换证审核。

3.5.7 港口国监督(PSC)

港口国监督(port state control,PSC),或称为港口监、港口国管理、港和港口国检查,是指各港口国依照国际公约、本国规定或区域性协定，对抵港外籍船舶实施以确保船舶和人员安全、防止海洋，以船员适任、船舶技术状况符合国际公约最低标准为对象的专项检查。

1. 港口国监督的由来

港口国监控的由来可追溯到1978年的“AMODOCAD1G”轮的触礁事件。当时，该海难事故在欧洲引起了有关各方的极大震惊和严重关注。人们普遍认为，许多海难事故的发生，其主要原因是人为因素和船舶结构缺陷所致，港口国有必要共同采取措施，限制并继而消除那些不满足国际公约要求的船舶继续航行。为此，著名的“港口国监控巴黎备忘录”（简称“巴黎备忘录”或“Parismou”）在1982年1月应运而生。

海事界普遍认为，港口国监督是促进船旗国政府履约，保证船舶符合有关国际公约要求的重要手段，是海上安全的最后防线。

2. 港口国监督的检查目的

港口国监督检查是为了保证外国船舶是适航的，不会造成污染危险，提供健康和安全工作环境和符合有关国际公约。

港口国检查是针对自己国家港口和领海内的国外船舶进行检查的国际检验体制。它检验船舶状态与设备是否满足国际规定，并且船舶是否按照这些规定运营。港口国要管理抵达本国港口的国外船舶，并确认其船舶无缺陷后方允许其航行。总的来说港口国的检查是为了排除不合规格的船舶在海上航行，港口国检查被认为是对船旗国管理的补充。

PSC作为海上安全和防止污染的最后一道防线。“当船舶所有人、船员、船级社未能很好地履行自己的职责时，PSC就开始发挥了作用”。

一般都是由各国的海事主管机关来执行港口国监督检查。在中国是中华人民共和国海事局；在美国是美国海岸警备队；在澳大利亚是澳大利亚海事安全当局。

3. 港口国监督检查依据

港口国监督的实施是基于相关国际公约的相关规定，同时港口国是这些公约的缔约国。依据所适用公约的条款规定，港口国可由检察官对抵达其港口的外国籍船舶实施检查。下列公约及其技术标准作为港口国监督的统一尺度：

①经修订的《1974年国际海上人命安全公约》；

②《1974年国际海上人命安全公约1988议定书》；

③《1966年国际载重线公约》；

④《1966年国际载重线公约1988年议定书》；

⑤《经1978年议定书和1997年议定书修订的1973年国际防止船舶造成污染公约》；

⑥经修订的《1978年海员培训、发证和值班标准国际公约》；

⑦《1969年国际船舶吨位丈量公约》；

⑧《国际控制有害船舶防污底系统公约》；

⑨《避碰规则》；

⑩《国际油污损害民事责任公约》（1969）；

⑪《国际油污损害民事责任公约的1992年议定书》；

⑫《国际油轮污染损害民事责任公约》（2001）；

⑬《2004国际船舶压载水和沉积物控制与管理公约》；

⑭《2007年内罗毕国际船舶残骸清除公约》。

根据上述公约要求，PSC的通常检查项目是：船舶证书、文件和手册；船体、机器和设备状态;有关机器、设备和仪器的使用和操作要求;船员设备、劳动及生活条件;船舶保安条件。

4.《港口国监督程序》

为了统一各港口国监督组织执行港口国监督的做法,给港口国监督检查官提供有效的实施指南,1995 年 11 月 IMO 第 19 届大会通过了 A. 882(21)号决议,即《港口国监督程序》。历经 A. 1155(32)(2021)、A. 1138(31)(2019)、A. 1119(30)(2017)、A. 1052(27)(2011)、A. 882(21)(1999),经修正的《港口国监督程序》已成为各港口进行 PSC 检查的基准文件,特别是对船舶、船舶设备以及船员方面存在缺陷的判定提供了指导性的文件。

《港口国监督程序》由 5 章正文和 19 个附录构成。5 章正文分别是:

第 1 章总则。阐明该程序目的、适用范围、引言、港口国监督的规定、非缔约国船舶、小于公约尺寸船舶、定义、港口国监督官员专业概况和港口国监督官员资格和培训要求。

第 2 章港口国检查。阐明总则、初次检查、港口国监督官员一般程序到则、明确根据、更详细的检查。

第 3 章违章和扣船。阐明认定不达标船舶、提交关于缺陷的信息、港口国应对指标不达标船舶的行为、港口国采取补救行动的责任、对扣船的指导、中止检查、纠正缺陷和放船程序。

第 4 章报告要求。内容包括港口国报告、船旗国报告、根据防污公约报告指称事宜。

第 5 章审查程序。内容包括报告意见。

【巩固与提高】

扫描二维码,进入过关测试。

任务 3.5 闯关

任务 3.6　国内相关法律、法规

【任务引入】

船舶管理-我国海上交通管理法规(简)

【思想火花】

中国新修订海上交通安全法刚刚施行,澳军执意“以身试法”

【知识结构】

国内相关法律、法规结构图

【知识点】

国内相关法律、法规

3.6.1 《中华人民共和国海上交通安全法》

《中华人民共和国海上交通安全法》是我国海运领域的基础性法律,是海上交通安全管理最基础最重要的法律,是交通运输法治体系的重要内容。

新修订的《中华人民共和国海上交通安全法》共 10 章 122 条,主要修订内容涉及优化海上交通条件、规范海上交通行为、严控行政许可事项、完善海上搜救机制等方面,并强化了责任追究,还从船舶登记、船舶检验、航行安全、船员保障、防治污染等方面全面、系统履行我国缔结或加入的国际海事公约义务。

1. 优化海上交通条件,提高安全保障水平

一是规定海事管理机构根据需要划定、调整并及时公布船舶定线区等海上交通功能

区域。

二是明确国家建立完善船舶定位、导航等海上交通支持服务系统。

三是明确航标建设、维护、保养的行为规范和责任主体。

四是规定强制引航范围,明确引航机构、引航员和被引领船舶的责任。

2. 强化船舶、船员管理,规范海上交通行为

一是规定船舶应当经船舶检验机构检验合格,取得相应证书、文书及国籍证书。

二是规定船员应当经过相应专业教育、培训,持有合格有效证书,按照制度规程操纵和管理船舶。

三是要求有关船舶所有人、经营人或管理人建立、运行安全营运和防污染管理体系及保安制度,取得海事劳工证书。

四是明确船舶航行、停泊、作业需要普遍遵守的行为规则,规定船舶载运乘客、危险货物以及进行危险货物装卸过驳作业的安全保护措施。

3. 完善海上搜救机制,健全事故调查处理制度

一是规定船舶应当经船舶检验机构检验合格,取得相应证书、文书及国籍证书。

二是规定船员应当经过相应专业教育、培训,持有合格有效证书,按照制度规程操纵和管理船舶。

三是要求有关船舶所有人、经营人或管理人建立、运行安全营运和防污染管理体系及保安制度,取得海事劳工证书。

四是明确船舶航行、停泊、作业需要普遍遵守的行为规则,规定船舶载运乘客、危险货物以及进行危险货物装卸过驳作业的安全保护措施。

此外,该法规还对各类违法行为规定了严格的法律责任,强化责任追究。

3.6.2 《中华人民共和国海上交通事故调查处理条例》

《中华人民共和国海上交通事故调查处理条例》是为了加强海上交通安全管理,及时调查处理海上交通事故,根据《中华人民共和国海上交通安全法》的有关规定制定的条例。该条例于 1990 年 1 月 11 日由国务院批准,经 1990 年 3 月 3 日交通部令第 14 号发布。主要内容如下。

1. 总则

(1)为了加强海上交通安全管理,及时调查处理海上交通事故,根据《中华人民共和国海上交通安全法》的有关规定,制定本条例。

(2)中华人民共和国港务监督机构是本条例的实施机关。

(3)本条例适用于船舶、设施在中华人民共和国沿海水域内发生的海上交通事故。

以渔业为主的渔港水域内发生的海上交通事故和沿海水域内渔业船舶之间、军用船舶之间发生的海上交通事故的调查处理,国家法律、行政法规另有专门规定的,从其规定。

(4)本条例所称海上交通事故是指船舶、设施发生的下列事故:①碰撞、触碰或浪损;②触礁或搁浅;③火灾或爆炸;④沉没;⑤在航行中发生影响适航性能的机件或重要属具的损坏或灭失;⑥其他引起财产损失和人身伤亡的海上交通事故。

2. 报告

(1)船舶、设施发生海上交通事故,必须立即用甚高频电话、无线电报或其他有效手段向就近港口的港务监督报告。报告的内容应当包括:船舶或设施的名称、呼号、国籍、起讫

港，船舶或设施的所有人或经营人名称，事故发生的时间、地点、海况以及船舶、设施的损害程度、救助要求等。

（2）船舶、设施发生海上交通事故，除应按第五条规定立即提出扼要报告外，还必须按下列规定向港务监督提交《海上交通事故报告书》和必要的文书资料：

①船舶、设施在港区水域内发生海上交通事故，必须在事故发生后24小时内向当地港务监督提交。

②船舶、设施在港区水域以外的沿海水域发生海上交通事故，船舶必须在到达中华人民共和国的第一个港口后48小时内向港务监督提交；设施必须在事故发生后48小时内用电报向就近港口的港务监督报告《海上交通事故报告书》要求的内容。

③引航员在引领船舶的过程中发生海上交通事故，应当在返港后24小时内向当地港务监督提交《海上交通事故报告书》。

（3）《海上交通事故报告书》应当如实写明下列情况：①船舶、设施概况和主要性能数据；②船舶、设施所有人或经营人的名称、地址；③事故发生时间和地点；④事故发生的时的气象和海况；⑤事故发生的详细经过（碰撞事故应附相对运动示意图）；⑥损害情况（附船舶、设施受损部位简图。难以在规定时间内查清的，应于检验后补报）；⑦船舶、设施沉没的，其沉没概位；⑧与事故有关的其他情况。

3. 调查

（1）港务监督在接到事故报告后，应及时进行调查。调查应客观、全面，不受事故当事人提供材料的限制。根据调查工作的需要，港务监督有权：①询问有关人员；②要求被调查人员提供书面材料和证明；③要求有关当事人提供航海日志、轮机日志、车钟记录、报务日志、航向记录、海图、船舶资料、航行设备仪器的性能以及其他必要的原始文书资料；④检查船舶、设施及有关设备的证书、人员证书和核实事故发生前船舶的适航状态、设施的技术状态；⑤检查船舶、设施及其货物的损害情况和人员伤亡情况；⑥勘查事故现场，搜集有关物证。港务监督在调查中，可使用录音、照相、录像等设备，可采取法律允许的其他调查手段。

（2）被调查人必须接受调查，如实陈述事故的有关情节，并提供真实的文书资料。

港务监督人员的执行调查任务时，应当向被调查人员出示证件。

（3）港务监督因调查海上交通事故的需要，可以令当事船舶驶抵指定地点接受调查。当事船舶在不危及自身安全的情况下，未经港务监督同意，不得离开指定地点。

（4）港务监督的海上交通事故调查材料，公安机关、国家安全机关、监察机关、检察机关、审判机关和海事仲裁委员会及法律规定的其他机关和人员因办案需要可以查阅、摘录或复制，审判机关确因开庭需要可以借用。

4. 处理

（1）港务监督应当根据对海上交通事故的调查，做出《海上交通事故调查报告书》，查明事故发生的原因，判明当事人的责任；构成重大事故的，通报当地检察机关。

（2）《海上交通事故调查报告书》应包括以下内容：①船舶、设施的概况和主要数据；②船舶、设施所有人或经营人的名称和地址；③事故发生的时间、地点、过程、气象海况、损害情况等；④事故发生的原因及依据；⑤当事人各方的责任及依据；⑥其他有关情况。

5. 调解

（1）对船舶、设施发生海上交通事故引起的民事侵权赔偿纠纷，当事人可以申请港务监督调解。调解必须遵循自愿、公平的原则，不得强迫。

(2)前条民事纠纷,凡已向海事法院起诉或申请海事仲裁机构仲裁的,当事人不得再申请港务监督调解。

(3)调解由当事人各方在事故发生之日起三十日内向负责该事故调查的港务监督提交书面申请。港务监督要求提供担保的,当事人应附经济赔偿担保证明文件。

(4)经调解达成协议的,港务监督应制作调解书。调解书应当写明当事人的姓名、住所、法定代表人或代理人的姓名及职务、纠纷的主要事实、当事人的责任、协议的内容、调解费的承担、调解协议履行的基础。调解书由当事人各方共同签字,并经港务监督盖印确认。调解书应交当事方各持一份,港务监督留存一份。

(5)调解达成协议的,当事人各方应当自动履行。达成协议后当事人翻悔的或逾期不履行协议的,视为调解不成。

(6)凡向港务监督申请调解的民事纠纷,当事人中途不愿意调解的,应当向港务监督递交撤销调解的书面申请,并通知对方当事人。

(7)港和监督自收到调解申请书之日起三个月内未能使当事人各方达成调解协议的,可以宣布调解不成。

(8)不愿意调解或调解不成的,当事人可以向海事法院起诉或申请海事仲裁机构仲裁。

(9)凡申请港务监督调解的,应向港务监督缴纳调解费。调解的收费标准,由交通运输部会同国家物价局、财政部制定。

经调解达成协议的,调解费用按当事人过失比例或约定的数额分摊;调解不成的,由当事人各方平均分摊。

3.6.3 《中华人民共和国船舶安全监督规则》

1.船旗国监督概述

船旗国监督(FSC)是指船舶所悬挂国旗的国家政府机构对船舶进行的安全检查。

船旗国海事主管机关或机构对本国籍船舶进行管辖和监督,不仅是国家法规的强制性规定,而且是有关国际公约赋予缔约国政府的法律义务。船旗国监督的依据是国际海事公约,国际劳工组织的有关公约,船旗国国家的法律、法规。

2.《中华人民共和国船舶安全监督规则》的主要内容

《中华人民共和国船舶安全监督规则》2017 年 7 月 1 日起施行,修订后的安全监督规则 2020 年 6 月 1 日起施行。

(1)为了保障水上人命、财产安全,防止船舶造成水域污染,规范船舶安全监督工作,根据《中华人民共和国海上交通安全法》《中华人民共和国海洋环境保护法》《中华人民共和国港口法》《中华人民共和国内河交通安全管理条例》《中华人民共和国船员条例》等法律、法规和我国缔结或者加入的有关国际公约的规定,制定本规则。

(2)本规则适用于对中国籍船舶和水上设施以及航行、停泊、作业于我国管辖水域的外国籍船舶实施的安全监督工作。不适用于军事船舶、渔业船舶和体育运动船艇。

(3)交通运输部主管全国船舶安全监督工作。国家海事管理机构统一负责全国船舶安全监督工作。各级海事管理机构按照职责和授权开展船舶安全监督工作。

(4)船舶安全监督管理遵循依法、公正、诚信、便民的原则。

(5)船舶安全监督是指海事管理机构依法对船舶及其从事的相关活动是否符合法律、法规、规章以及有关国际公约和港口国监督区域性合作组织的规定而实施的安全监督管理活动，分为船舶现场监督和船舶安全检查。

船舶现场监督，是指海事管理机构对船舶实施的日常安全监督抽查活动。

船舶安全检查，是指海事管理机构按照一定的时间间隔对船舶的安全和防污染技术状况、船员配备及适任状况、海事劳工条件实施的安全监督检查活动，包括船旗国监督检查和港口国监督检查。

(6)船舶综合质量管理。

海事管理机构应当建立统一的船舶综合质量管理信息平台，收集、处理船舶相关信息，建立船舶综合质量档案。船舶综合质量管理信息平台应当包括下列信息：船舶基本信息；船舶安全与防污染管理相关规定落实情况；水上交通事故情况和污染事故情况；水上交通安全违法行为被海事管理机构行政处罚情况；船舶接受安全监督的情况；航运公司和船舶的安全诚信情况；船舶进出港报告或者办理进出港手续情况；按相关规定缴纳相关费税情况；船舶检验技术状况。

(7)船舶安全监督。

船舶现场监督的内容包括：中国籍船舶自查情况；法定证书文书配备及记录情况；船员配备情况；客货载运及货物系固绑扎情况；船舶防污染措施落实情况；船舶航行、停泊、作业情况；船舶进出港报告或者办理进出港手续情况；按照相关规定缴纳相关费税情况。

船舶安全检查的内容包括：船舶配员情况；船舶、船员配备和持有有关法定证书文书及相关资料情况；船舶结构、设施和设备情况；客货载运及货物系固绑扎情况；船舶保安相关情况；船员履行其岗位职责的情况，包括对其岗位职责相关的设施、设备的维护保养和实际操作能力等；海事劳工条件；船舶安全管理体系运行情况；法律、法规、规章以及我国缔结、加入的有关国际公约要求的其他检查内容。

海事管理机构完成船舶安全监督后应当签发相应的《船舶现场监督报告》《船旗国监督检查报告》或者《港口国监督检查报告》，由船长或者履行船长职责的船员签名。报告一式两份，一份由海事管理机构存档，一份留船备查。

船舶现场监督中发现船舶存在危及航行安全、船员健康、水域环境的缺陷或者水上交通安全违法行为的，应当按照规定进行处置。发现存在需要进一步进行安全检查的船舶安全缺陷的，应当启动船舶安全检查程序。

(8)船舶安全缺陷处理。

海事行政执法人员在船舶安全监督过程中发现船舶存在缺陷的，应当按照相关法律、法规、规章和公约的规定，提出下列处理意见：警示教育；开航前纠正缺陷；在开航后限定的期限内纠正缺陷；滞留；禁止船舶进港；限制船舶操作；责令船舶驶向指定区域；责令船舶离港。

(9)船舶安全责任。

航运公司应当履行安全管理与防止污染的主体责任，建立、健全船舶安全与防污染制度，对船舶及其设备进行有效维护和保养，确保船舶处于良好状态，保障船舶安全，防止船舶污染环境，为船舶配备满足最低安全配员要求的适任船员。

中国籍船舶应当建立开航前自查制度。对船舶安全技术状况和货物装载情况进行自查，填写船舶开航前安全自查清单，并在开航前由船长签字确认。船舶在固定航线航行且单次航程不超过 2 小时的，无须每次开航前均进行自查，但一天内应当至少自查一次。船舶开航前安全自查清单应当在船上保存至少 2 年。

单位和个人不得阻挠、妨碍海事行政执法人员对船舶进行船舶安全监督。海事行政执法人员在开展船舶安全监督时,船长应当指派人员配合。指派的配合人员应当如实回答询问,并按照要求测试和操纵船舶设施、设备。

海事管理机构通过抽查实施船舶安全监督,不能代替或者免除航运公司、船舶、船员、船舶检验机构及其他相关单位和个人在船舶安全、防污染、海事劳工条件和保安等方面应当履行的法律责任和义务。

【巩固与提高】

扫描二维码,进入过关测试。

任务 3.6 闯关

任务 3.7 军事法规与规章

【任务引入】

国防在线"军训第一课":内务篇

【思想火花】

海军方队让候车室变阅兵场,乘客看呆

【知识结构】

军事法规与规章结构图

【知识点】

单兵队列动作、内务整理及单兵队列训练

3.7.1 军事法规与规章概述

军事法规泛指国家机关制定颁布的一切军事规范性文件，如军事法律、军事法规（军事行政法规）、军事规章（军事行政规章）等。

军事法规、规章是军队建设和部队行动的基本依据，是官兵行为的基本准则。军事规范性文件是军事法规制度体系的组成部分，是军事法规、军事规章的必要补充。

全国人民代表大会制定宪法中的国防法律条款和基本国防法律。在国防法律体系中，基本国防法律起着诠释、衔接宪法，统领其他国防法律法规的作用。全国人民代表大会常务委员会制定国防法律以宪法和基本国防法律为依据，其内容主要是国防和军队建设某一方面重要的原则、制度和行为规范，它们是宪法中的国防法律条款和基本国防法律的具体化。如《兵役法》《军官服役条例》《军官军衔条例》《预备役军官法》《军事设施保护法》《人民防空法》《香港驻军法》等。

中央军事委员会（简称中央军委）制定军事法规，国务院单独或与中央军委联合制定国防行政法规。军事法规和国防行政法规以国防法律为依据，其内容主要是国防和军队建设某一方面中某一重要事项的原则、制度和行为规范。包括：一是国防法律规定需要由国务院、中央军委联合或分别制定实施办法的事项，如《军事设施保护法》规定其实施办法由国务院和中央军委制定。二是国务院、中央军委依职权需要制定军事法规和国防行政法规的重要事项。属于调整国防建设领域内的社会军事关系，但不直接涉及军队和现役军人的规范，由国务院单独制定，如《军人抚恤优待条例》《退伍义务兵安置条例》等。属于调整军队内部基本活动、军人基本行为及相互关系的规范，由中央军委制定，如《司令部条例》《后勤条例》《战斗条令》等。凡属于调整国防建设领域，涉及军队、军人与地方各级人民政府、社会组织和公民相互关系的规范，则由国务院和中央军委联合制定，如《士兵服役条例》《国防交通条例》等。

军委各总部、各军兵种、各军区制定军事规章，国务院有关部委单独或与军委各总部联合制定国防行政规章。军事规章和国防行政规章以军事法规和国防行政法规为依据，结合本系统或本区域的实际情况做出具体规定，以保证实施军事法规或国防行政法规的贯彻实施。由军委各总部和国务院各部，军委制定的军事规章或国防行政规章在全军或全国一定范围内具有法律效力。如《单兵训练规定》《兵员管理规定》《牺牲、病故人员遗属抚恤的规定》等。战区、军兵种可以根据法律、军事法规、中央军委的决定和命令，制定适用于本战区、本军兵种的军事规章。

地方各级权力机关和行政机关制出地方性国防法规和规章。其以国防法律和国防行政法规为依据，其内容是本地区国防建设的制度和行为规范，主要限于兵员征集，军人优抚及退伍安置、国防教育、军事设施保护等方面。

3.7.2 军事条令

军事条令,也称军队条令,是军队中用条文颁布的法规性文件。通常由军队最高领导机关或最高领导人以命令形式颁发,全军组织实施。它是中央军事委员会以简明条文形式发布给全军的命令,是军队(预备役部队)战斗、训练、工作、生活的法规和准则。其主要依据军队战斗、训练和管理的经验,武器装备和组织编制的状况,军事研究的成果等制定。

我军的条令主要包括共同条令、战斗条令、军兵种条令。军队中的共同条令,就是军队各级组织和全体人员必须共同遵照执行的基本军事法规。

共同条令有:《内务条令》《纪律条令》《队列条令》《警备条令》等。其中《内务条令》《纪律条令》《队列条令》亦称三大条令,主要规定军人的基本职责、权利、相互关系、生活制度、活动方式、队列行动、执勤办法、奖惩和纪律等,适用于全军。三大条令是我军进行管理教育的主要依据和全体军人的行动准则,是维护良好的内外关系、建立正规的生活秩序、养成优良的工作作风和执行严格的组织纪律的行为规范。

战斗条令有:《合成军队军师战斗条令》《步兵战斗条令》《炮兵战斗条令》等;军兵种条令有:《飞行条令》《海军舰艇条令》等。

1.《内务条令》

《内务条令》主要涉及军队内务,包括职责、关系、礼节、军容军纪、作息、日常制度、值班、警卫、管理、卫生等章节,涵盖了军队运行的日常工作。

新的《内务条令》修订后共15章325条,主要修订了6个方面的内容:

重塑了内务建设的指导思想和原则。将"党在新时代的强军目标""建设世界一流军队""全面从严治军""推进治军方式根本性转变""'四铁'过硬部队""'四有'新时代革命军人"等重要思想和论述写入条令,充分体现习近平总书记政治建军、改革强军、科技兴军、依法治军和备战打仗等重大战略思想。

调整优化了军人职责规范。按照改革后军队人员分类,规范义务兵、士官、军官的基本职责,充实不怕牺牲、提高打仗本领、忠诚勇敢、敢于担当、清正廉洁等内容。改变行将废止的条令按照陆军部队编成规范主管人员职责的方式,重点规范旅(团)、营、连、排、班主管人员职责。

进一步规范了战备训练秩序。着眼塑造"打仗型"军队,把规范内容进一步延伸到训练场、野外和战场。《内务条令》总则中专门增写"聚焦备战打仗"条目,扩充节日战备的内容规范。

调整了军人着装规范。对"营区内"是否戴军帽做了授权性规范,将"军人非因公外出应当着便服"规定修改为"军人非因公外出可以着军服,也可以着便服"。

从严规范了军人行为举止。条令进一步严格了官兵关系、礼节礼仪、军容风纪等方面的制度规范。明确军人着军服不得戴非制式手套、不得戴手镯(链、串),以及不得在非雨雪天打伞、打伞时应当使用黑色雨伞、通常左手持伞的规定。

强化了维护官兵权益的规范。条令对保障官兵权益方面做出了很多更加科学合理、人性化的规范。对各级落实休假制度的基本要求、休假官兵的召回条件及补偿办法做了规范,放宽了已婚军官和士官离队回家住宿的条件。首次明确"女军人怀孕和哺乳期间,家在驻地的可以回家住宿,家不在驻地的可以安排到公寓住宿。"

2.《纪律条令》

《纪律条令》主要涉及奖惩机制，包括奖励的目的原则、项目内容、条件、权限、实施；处分的目的原则、项目内容、条件、权限、实施；特殊措施；控告和申诉；纪律检查等章节，以实现奖罚严明。

2018 年修订的《纪律条令（试行）》主要针对 5 个方面内容进行了修订，修订后共 10 章 262 条。在三大条令中，《纪律条令》不仅诞生最早，也是修订次数最多的，这是中国人民解放军《纪律条令》的第 17 次修订。

首次对军队纪律内容做出集中概括和系统规范。将政治纪律、组织纪律、作战纪律、训练纪律、工作纪律、保密纪律、廉洁纪律、财经纪律、群众纪律、生活纪律等 10 个方面内容写入新条令。这样规范，有利于强化官兵纪律意识，增强纪律观念，进而在行动中自觉遵照执行，确保军队令行禁止、步调一致。

修订调整优化奖惩项目。新增“八一勋章”奖励项目，作为军队最高奖项，授予在维护国家主权、安全、发展利益，推进国防和军队现代化建设中建立卓越功勋的军队人员。调整士兵处分项目，区分义务兵、士官两类人员分别进行规范，按照由轻到重的处罚程度排序。

修订调整完善奖惩条件。奖励方面，细化了实战化军事训练奖励条件，增加了执行海外军事行动的奖励条款，充实培养“四有”新时代革命军人、凝聚军心士气等方面的奖励情形。惩处方面，充实违反政治纪律、违规选人用人、降低战备质量标准、训风演风考风不正、重大决策失误、监督执纪不力等处分情形，对部分违纪行为提高处罚标准。

修订调整明确奖惩权限和承办部门。按照新的体制编制重新明确了各级的奖惩权限。

此次修订还调整完善特殊情形处理办法。新增“追授奖励”“撤销奖励”的实施条件，明确“故意违纪”“过失违纪”“共同违纪”的认定标准，完善“从轻处分”“从重处分”“免予处分”“撤销处分”的原则办法。

3.《队列条令》

《队列条令》主要涉及队列的规定，包括队列指挥、队列队形、队列动作、分队乘车、敬礼、国旗和军旗相关动作、阅兵等章节。这部分在公民的军训中均可直接体现，是军训内容的主要依据标准。

新的《队列条令（试行）》主要对 3 个方面内容进行修订，修订后共 10 章 89 条。《队列条令（试行）》修订最大的亮点是充实完善仪式规范。按照聚焦实战、立足实际、注重实效的原则，条令将现有 3 种仪式（晋衔、授枪、纪念）整合增加至 17 种，包括：升国旗、誓师大会、码头送行和迎接任务舰艇、凯旋、组建、转隶交接、授装、晋衔、首次单飞、停飞、授奖授称授勋、军人退役、纪念、迎接烈士、军人葬礼、迎外仪仗。条令规范了组织各类仪式的时机、场合、程序和要求，将进一步激励官兵士气、展示我军良好形象、激发爱国爱军热情。在纪念仪式、军人葬礼仪式等活动中设置鸣枪礼环节。

条令调整队列活动的基准单位属性，主要以不体现军兵种属性的班、排、连、营、旅级建制单位，代替陆军属性的摩托化（装甲）步兵建制单位为基准，规范日常队列活动。

条令还增加营门卫兵执勤动作规范，明确了营门卫兵查验证件、交接班、武器操持等执勤动作规范，为部队卫兵正规化执勤提供依据。

4.《海军舰艇条令》

《海军舰艇条令》是海军舰艇部队综合性管理法规，自 1973 年首次颁发以来已经历 4 次修订，上次修订是 2002 年。2021 年 7 月 1 日起，新修订的《中国人民解放军海军舰艇条令(试行)》正式施行。

该条令在框架结构上,紧紧围绕新时代海军舰艇部队战略定位、使命任务、建设目标、战斗力建设指导进行重构;在管理制度上,从理念、措施、技术三方面综合施策,填补政策制度“空白”、补齐管理措施“短板”、打通运行链路“堵点”。重点在强化舰艇政治工作“生命线”地位、调整优化舰艇组织与部署、突出军事训练实战化导向、拓展深化安全管理领域内涵、规范明确舰艇礼仪标准程序等 11 个方面进行了调整优化。

《中国人民解放军海军舰艇条令(试行)》正式施行后,航空母舰、万吨驱逐舰、核潜艇、两栖攻击舰等主战舰艇部门代号全面统一;舰艇在码头停泊、航行、锚泊、重大节日等时机,旗帜悬挂及转换的规定和要求得到充分细化;舰载机和两栖装备驻舰、舰艇执行海外任务、官兵使用手机网络等都有了明确要求。

【巩固与提高】

扫描二维码,进入过关测试。

任务 3.7 闯关

项目4　舰船安全管理

【项目描述】

通过舰船搁浅、碰撞、恶劣气候、全船失电等相关知识的学习与技能训练，达到士官第一任职能力所要求具备的有关舰船的安全操作与损害管控的标准要求。

一、知识要求

1. 明白船舶搁浅碰撞等基本知识；
2. 明白台风的特点及危害；
3. 明白恶劣气候对于舰船的影响；
4. 明白全船失电的原因及危害；
5. 明白舵机失灵的原因及危害；
6. 明白弃船的要点；
7. 明白轮机部安全操作的基本程序；
8. 熟悉应变部署表的基本内容和要求；
9. 熟悉舰船通信系统和音响信号；
10. 明白舰船旗语及礼节；
11. 明白舰船损害管控的基本要领。

二、技能要求

1. 能积极采取措施避免或应对舰船搁浅和碰撞；
2. 舰船遇到恶劣气候，能采取措施积极应对；
3. 台风期间，能采取措施确保舰船的安全；
4. 舰船不同环境下，能积极采取措施，避免全船失电后造成海难事故；
5. 出现舵机失灵后，能采取合理措施，积极应对；
6. 在舰船危难之际，能采取措施积极应对减少最小损失和避免人员伤亡；
7. 在机舱能采取合理措施，确保机舱各项操作与管理安全有效；
8. 出现紧急情况，能依据应变部署的要求采取合理措施应对；
9. 能正确使用舰船通信；
10. 能迅速辨别舰船音响信号；
11. 在不同场合，能识别与运用旗语；
12. 采取合理措施，合理管控舰船各种损害。

三、素质要求

1. 具有自主学习意识，能主动建构知识结构；
2. 具有团队意识和协作精神。

【项目实施】

任务4.1 搁浅、碰撞应急处理

【任务引入】

船舶管理-船舶搁浅、碰撞后的应急安全措施

【思想火花】

台湾长荣海运一艘货柜船在苏伊士运河搁浅已达70小时

【知识结构】

搁浅、碰撞应急处理结构图

【知识点】

船舶搁浅、碰撞后的应急安全措施

4.4.1 舰船搁浅后的应急安全措施

所谓舰船搁浅,指的是舰船进入浅水域航行时,船体底部落在水底。根据搁浅的程度,对舰船及其相关设备可能造成的损坏包括:

①海水系统吸进泥沙或堵塞。

②舰船底部破损,使相应的舱柜进水。

③船体变形,使运转设备的对中性改变。

1. 应急措施

(1)根据舰船所处的情况和环境,全船采取如下行动。

①如不明搁浅水域的地形和地貌,应立即停车,切忌盲目倒车,可行时,应抛双锚。

②如了解搁浅水域情况,舰尾方向水域开阔、水深充裕,且舰船航向与浅滩垂直,应立即停车、倒车,可行时,抛双锚。

③如了解搁浅处仅为航道中新生的小沙滩,应全速前进并左右交替满舵。

(2)舰船发生搁浅或擦底时,机舱应采取下列应急处理措施。

①轮机长迅速进入机舱。

②转换主机的操纵方式为集控室操纵,命令值班轮机员迅速进行相应的操作,使机舱的相应设备处于备车状态。

③根据主机的负荷情况,适时地降低主机转速。及时与驾驶台联系,询问情况,以便及时地采取相应的降速措施。

④使用机动操纵转速操纵主机。搁浅后,无论驾驶台采取冲滩或退滩措施,机舱所给车速都应使用机动操纵转速或系泊试验转速,防止主机超负荷。

⑤换用高位海底门。搁浅时值班轮机员应立即将低位海底门换为高位海底门,防止海水泵吸入泥沙,堵塞海水滤器。

2. 搁浅后机舱检查内容或处理措施

(1)主机运转时的检查内容或处理措施

①推进装置及其附属系统。

a. 持续检查主海水系统的工作情况,如果发现海水压力较低,立即换用另一舷的高位海底阀,同时尽快清洗海水滤器,清除积存的泥沙;避免因发生海水低压报警,出现主机不能正常运行、发电机因高温停止工作等的情况。

b. 连续检查滑油循环柜的液位,关注主机滑油压力和主机滑油冷却器滑油进出口温度。

c. 检查曲轴箱的温度。

d. 检查中间轴承和艉轴的温度,观察艉轴在回转运动中是否有跳动现象,地脚螺栓是否有松动情况。

e. 倾听齿轮箱(如果适用)的声音是否正常。

f. 检查舵机工作电流及转动声音是否正常。

②其他设备及系统。

a. 搁浅时双层底舱柜可能变形破裂,要注意检查和测量各舱柜的液位变化,注意海面有无油花漂浮等,并做好机舱排水准备工作。

b. 停止非必须运行的海水冷却系统的工作,避免由于舰船搁浅而吸入的泥沙造成大范围的海水系统堵塞。

(2)停止主机运转后的检查

搁浅可能引起船体变形,造成柴油机轴系中心线的弯曲,影响柴油机运转。判断轴系状态可用下列方法:

①盘车检查。停车后为判断轴系是否正常,船尾部搁浅时可用盘车机盘车检查,检查轴系运转是否受阻,查看盘车机电流的变化情况是否正常。

②柴油机曲轴臂距差的测量。搁浅后应尽快创造条件测量曲轴臂距差,通过曲轴臂距

差来判断曲轴中心线的变化和船体的变形,决定脱险后主机是否正常运行或减速运行。

③舵系的检查。

搁浅时舵系有可能被擦伤和碰坏,因此搁浅后必须对舵系进行仔细检查:

a. 进行操舵试验,检查转舵是否受阻。

b. 检查舵机负荷是否增加,如电机电流和舵机油压是否正常。

c. 检查转舵时间是否符合要求(从任一舷的35°转至另一舷的30°不超过28 s)。

d. 检查舵柱有无移位,转舵时舵柱是否振动。

④做好事故记录。记录搁浅发生的时间和脱浅的时间;记录所采取的各项应急措施;记录所造成的直接损失和间接损失等,以便为海事处理提供正确和必要的法律依据。

4.1.2　舰船碰撞后的应急安全措施

舰船碰撞是指舰船与舰船或舰船与海上固定物或漂浮物之间发生受力接触,使船体破损进水,并引起船身倾斜,甚至沉船等后果的情况。

根据舰船碰撞的程度,对船体及其相关设备可能造成的损坏包括:

①使船体破损进水,引起船身倾斜,甚至沉船。

②如果碰撞发生在船体燃油舱部位,会造成燃油的泄漏,给海洋环境造成污染。

③有时会伴有火情产生,危及舰船及人员生命的安全。

1. 应急措施

①轮机长迅速进入机舱。

②如为航行状态,命令当值人员做好备车工作,使主机处于随时可操纵状态。

③如为停泊状态,停止甲板作业(装卸货中)或加开一部发电机(锚泊中)。

④监督值班轮机员按照船长命令操纵主机,做好轮机日志、车钟记录簿的记录。

⑤其他人员应到指定地点(航行中到机舱)集合听候分配。

2. 碰撞部位在机舱外的进一步安全措施

①视情切断碰撞部位的油、水、电、气、汽源,关闭有关油水柜的进出口阀,尽量减轻油水污染并为抢救工作创造一个安全的现场。

②如有火情、进水现象发生,各职责人员应按应变部署表规定迅速进入各自应变岗位。

③反复测量受损部位及其附近油水舱的液位高度(水舱由甲板部负责)变化情况。如发现有进水现象,应关闭该油水舱的进出口阀以切断舱柜之间的通道。对于油舱还应设法封闭该舱的透气管,尽量减少污染。

④碰撞发生在非机舱部位,除值班人员外应一律参加由甲板部组织的抢救工作。

3. 碰撞部位在机舱内的进一步安全措施

若碰撞发生在机舱内的部位,且有进水现象,则应按机舱进水应急操作程序处理。

①一旦发现机舱进水,值班人员应立即发出警报并报告值班轮机员或轮机长,同时应迅速采取紧急措施,不得擅离机舱。

②轮机长或值班轮机员接到报告后,应立即进入机舱现场检查并按应急部署组织抢救。

③尽力保持舰船电站正常供电,必要时启动应急发电机。

④根据进水情况使用舱底水系统或应急排水系统,若机舱大量进水时做好应急吸入阀及其海水泵系的应急操作。

⑤根据进水部位、进水速率判断排水措施的有效性,进一步采取相应措施。

4. 机舱进水时的应急堵漏措施

船长和轮机长立即组织人员摸清破损部位、进水流量,拟定有效的堵漏措施;风浪天应关好水密门窗及通风口;艉轴管及其密封装置破损,应酌情关闭轴隧水密门;如海底阀及阀箱、出海阀或应急吸入阀等破损,则应关闭相应的阀,并选用有效的堵漏器材封堵;冷却器、海水滤器或管路等破损,应关闭相应的阀,组织修复或堵漏。

5. 机舱进水事故报告

①值班人员立即将现场情况报告轮机长,轮机长立即报告船长。报告内容:破损的部位、程度与原因;已经采取的应急措施;机舱水位与排水情况。

②轮机长将抢修、抢救情况报告船长。报告内容:人员安排情况;堵漏措施及堵漏效果;机舱进、排水量;所需要的支援与要求。

③船长向海事局和公司报告的内容:机舱进水的时间、船位与海况;破损的部位、程度与原因;应急排水和堵漏的效果;所需要的支援与要求。

④事后应向海事局和公司报告的内容:进水的原因与性质;采取的应急措施及效果;进水对舰船营运的影响、损失估计。

6. 做好事故记录

①对轮机部所辖范围进行检查,将损坏部位和损坏情况记入轮机日志。

②详细记录机电设备的损失或损失的估计、发生的时间和抢救措施,为海事处理提供必要和准确的法律依据。

【巩固与提高】

扫描二维码,进入过关测试。

任务 4.1 闯关

任务4.2　恶劣气候应急处理

【任务引入】

船舶管理-恶劣气候条件下轮机部安全管理

【思想火花】

"福景001"轮走锚遇险沉没4人获救26人失联

【知识结构】

恶劣气候应急处理结构图

【知识点】

恶劣气候条件下轮机部安全管理

恶劣海况是指下面几种情况：

①海面受台风的袭击或影响及季节风的影响，导致海面上风浪较大，即大风浪天气。

②海面上雾大，能见度不良。

③在冰区航行，如冬季航行在北冰洋海域。

4.2.1 初步认识台风

1. 热带气旋概述

热带气旋是发生在热带洋面上的一种发展强烈的暖性气旋性涡旋，是对流层中最强大的风暴，俗称为“台风”。热带气旋来临时，会带来狂风暴雨天气，海面产生巨浪和风暴潮，严重威胁海上舰船安全。

2. 热带气旋的强度等级标准、编号和命名

(1)热带气旋的等级标准

中国国家气象局按世界气象组织规定的统一标准，据热带气旋中心附近最大风力进行分级：

①热带低压(TD)：风力<8 级(17.2 m/s)

②热带风暴(TS)：风力 8~9 级(17.2~24.4 m/s)

③强热带风暴(STS)：风力 10~11 级(24.5~32.6 m/s)

④台风(T)：风力≥12 级(≥32.7 m/s)

不同国家和组织对于热带气旋分类等级标准有所不同，见表 4-1。

表 4-1 各主要国家和组织对热带气旋分类等级标准

国家、地区气象机构		热带气旋等级名称	中心附近最大风速	风力
中国	中国国家气象局(NMC)	热带低压(tropical depression)	10.8~17.1 m/s	6~7 级
		热带风暴(tropical storm)	17.2~24.4 m/s	8~9 级
		强热带风暴(severe tropical storm)	24.5~32.6m/s	10~11 级
		台风(typhoon)	32.7~41.4 m/s	12~13 级
		强台风(severe typhoon)	41.5~50.9 m/s	14~15 级
		超强台风(super typhoon)	≥51.0 m/s	16 级或以上
	中国台湾中央气象局(CWB)	热带性低气压	<17.2 m/s	小于 8 级
		轻度台风	17.2~32.6 m/s	8~11 级
		中度台风	32.7~50.9 m/s	12~15 级
		强烈台风	≥51.0 m/s	16 级或以上
日本气象厅(JMA)		热带低压	22~33 kn	6~7 级
		热带风暴	34~47 kn	8~9 级
		强热带风暴	48~63 kn	10~11 级
		台风(强度强)	64~80 kn	12~13 级
		台风(非常强)	81~102 kn	14~15 级
		台风(猛烈)	103 kn 以上	16 级或以上

表 4-1(续)

国家、地区气象机构	热带气旋等级名称	中心附近最大风速	风力
美国国家大气与海洋管理局(NOAA)	热带低压	≤33 kn	6~7 级
	热带风暴	34~63 kn	8~11 级
	一级飓风(category1,简称 CAT. 1)	64~82 kn	12~13 级
	二级飓风(CAT. 2)	83~95 kn	14~15 级
	三级飓风(CAT. 3)	96~113 kn	16~17 级
	四级飓风(CAT. 4)	114~135 kn	
	五级飓风(CAT. 5)	>135 kn	
法国留尼往岛(LA Reunion)气象局	热带风暴	34~47 kn	8~9 级
	强烈热带风暴	48~63 kn	10~11 级
	热带气旋	64~87 kn	12~13 级
	强热带气旋	88 kn 或以上	15 级或以上
澳大利亚政府气象局(BOM)	热带低压(TD)	≤33 kn	6~7 级
	一级旋风(cyclone,CAT. 1)	34~47 kn	8~9 级
	二级旋风(CAT. 2)	48~63 kn	10~11 级
	三级旋风(CAT. 3)	64~86 kn	12~13 级
	四级旋风(CAT. 4)	87~107 kn	14~16 级
	五级旋风(CAT. 5)	108 kn 以上	17 级或以上

(2)热带气旋的编号和命名

①热带气旋的编号。

国际上对热带扰动和达到热带低压强度的热带气旋都进行统一编号,达到热带风暴等级的热带气旋,另行编号并命名。

编号的顺序按其发生的先后来决定。如果在同一天内上述海域中有两个或两个以上热带气旋生成,则按“先东后西”顺序编号。如果在同一天内同一经度上有多个“热带气旋”产生,则按“先北后南”的原则分别编号。编号用四个数码,前两个数字代表年份,后两个数字表示出现的先后次序,如 0608 表示 2006 年出现在上述海域的第 8 个热带气旋。

②热带气旋的命名。

热带气旋的命名由国际气象组织中的台风委员会负责。西北太平洋和南海热带气旋采用统一的具有亚洲风格的名字命名,对发生在经度 180°以西、赤道以北的西北太平洋和南海海面的中心附近最大风力达到 8 级或以上的热带气旋进行统一命名。如果某个热带气旋造成了严重损失,该热带气旋的名字废止,提出新名字更替。

(3)热带气旋警报

中央气象台据热带气旋等级标准发布消息、警报和紧急报警。预计未来 72 h 热带气旋可能影响我国沿海时,发布热带气旋消息;预计未来 48 h 热带气旋可能影响我国沿海时,发布热带气旋警报;预计未来 24 h 热带气旋可能影响我国沿海时,发布热带气旋紧急警报。另外,我国还发布台风预警信号,根据逼近我国沿海的时间和强度分四级,分别以蓝、黄、橙和红色表示，等级依次升高。

3. 热带气旋的源地和发生季节

（1）热带气旋的源地和发生季节

全球热带气旋源地包括八大海区，西北太平洋、东北太平洋、西南太平洋、北大西洋、孟加拉湾、阿拉伯海、南印度洋西部、澳大利亚西北等洋区，东南太平洋和南大西洋则少有热带气旋发生。

热带气旋主要分布在南北半球的5~20°纬度，都发生在西北太平洋和西北大西洋这两个海域。发生在南北纬度5°以内赤道附近的热带气旋极少。

在全球热带气旋中，有占54%可达到台风或飓风强度，北半球发生较多，南半球较少。

（2）西北太平洋热带气旋的源地及发生季节

热带气旋发生源地有两种含义：一是指由热带扰动加强而成的热带气旋首次达到热带低压标准（风力达到6级）时的位置；另一是热带气旋首次达到热带风暴标准（风力达到8级）时的位置。

西北太平洋上达到热带风暴标准热带气旋出现的位置，主要三个区域：一是我国南海中部东北海区；二是菲律宾以东、加罗林群岛西部、岛国帕劳北部洋面；三是关岛附近至西南方加罗林群岛中部洋面。

热带气旋对中国影响情况的统计结果：

①年均20.1个热带气旋进入海岸线300 km的沿海海域，其中频率最高的是南海。

②我国每年平均有8个热带气旋登陆，而华南沿海占58.1%，其次是华东沿海，占37.3%。

③登陆热带气旋集中出现在5~12月，其中7~9月是热带气旋袭击我国的高峰季节。

4.2.2　轮机部抗台措施

1. 防台安全措施

（1）在台风发生区域和盛行季节，港口停泊的船舶应保持三分之二船员留船。

（2）会同甲板部，尽早对防台设备和器材进行一次全面的检查，确保锚机、绞缆机、主机、发电机、锅炉、舵机等处于良好的技术状态。

（3）出航前，按航区情况备足粮食、淡水、燃润物料及医药用品等；在台风季节航行时，船上应备有比正常航行多五天的备用燃油。

（4）停泊或航修的船舶，服从当地主管机关指挥，自行做好防台工作；厂修船舶应厂船结合、以厂为主，搞好防台工作。

2. 防台应急措施

（1）船舶在未来48 h内将遭受台风袭击，风力达六级并继续增强，被认为处于“台风威胁中”。此时应：

①当港内悬挂一号风球时，登岸人员应立即回船进行抗台准备。

②在港船舶如需拆检主机、舵机、锚机和清洗锅炉等，必须征得当地港监同意；进行中间遇台风警报，应立即装复并采取相应的安全措施。

③港内避风船舶应服从当地港监的统一安排、调遣。

（2）船舶在未来24 h内将遭受台风袭击，风力达六级以上并继续增强，被认为处于“台风严重威胁中”。此时应：

①拔下甲板上的机舱通风筒,盖上木盖,套上帆布罩;机炉舱、厨房等处的高大风斗应增加临时支索等。

②甲板上的出入口、通道口、水密门除急用者外,应一律关闭;关闭舷窗及铁盖;旋紧油、水舱及污水沟的测量盖。

③各舱柜中的燃油、淡水应尽量合并以减少自由液面。

④检查驾驶台与船首尾、机舱的通信设备(联系灯、电话、话管、对讲机、车钟等),保证联系畅通。

(3)台风中心接近,风力达八级以上时,被认为处于"台风袭击中",此时应:

①在航行中遇台风时,值班轮机员应在控制室里随时操纵主机,并督促值班机工加强巡回检查。

②轮机长应在机舱亲自指挥,保持主、副机,锅炉,舵机等机电设备正常运转;在安全范围内尽一切可能配合驾驶台的操作需要。

③如为锚泊遇台风,应备妥主机,以便运用车、舵减轻锚链受力,缓和船身偏荡。

(4)台风过后,应检查损失情况,特别要查验锚机、舵机、螺旋桨有无潜在损伤。

4.2.3　轮机部大风浪的应对措施

1. 航行时遇大风浪的管理

(1)轮机长要督促全体轮机部人员集中精力加强检查,防止主、副机和舵机发生故障;

(2)值班轮机员不得远离操纵室,注意主机转速变化,防止主机飞车和增压器喘振认真执行船长和轮机长的命令;

(3)根据海上风浪、船体摇摆情况及主机飞车和负荷变化情况,轮机长应适当降低主机负荷,并调好主机限速装置;

(4)安排船员将机舱管辖范围内的门窗和通风道的百叶窗关好;

(5)绑扎好机舱的行车、工具、备件和可移动的物料和油桶等;

(6)尽量将分散在各燃油舱柜里的燃油驳到几个或少数燃油舱柜中,以减少自由液面,并保持左、右舷存油平均,防止驳油时造成船体倾斜;

(7)燃油日用油柜和沉淀油柜要及时放残水,并保持较高的油位和适当的油温;

(8)注意主、副机燃油系统的压力,酌情缩短清洗燃油滤器的时间,以免燃油滤器被堵而影响供油;

(9)主滑油循环油柜的油量应保持正常,不可过少;

(10)密切注意辅助锅炉和废气锅炉的工况,特别是辅助锅炉的水位,防止出现假水位;

(11)要及时处理机舱舱底水;

(12)必要时增开一台发电机;

(13)根据实际工作的需要,无人值班机舱可临时改为有人值班及时处理各种报警并排除故障,确保航行安全。

2. 大风浪中锚泊时轮机部安全管理事项

(1)按航行状态保持有效的轮机值班;

(2)影响航行和备车的各项维修检查工作必须立即完成,使所有与航行有关的机电设备保持良好的工作状态;

(3)仔细检查所有运转和备用的机器设备;

(4)按驾驶台的命令使主、副机处于备车状态;

(5)采取措施防止本船污染周围环境并遵守防污规则;

(6)所有应急设备、安全设备和消防系统均处于备用状态;

(7)注意做好大风浪中航行的各项准备,加强对机舱动力设备的管理,应经常在机炉舱及舵机间巡回检查,及时处理可能发生的故障。

4.2.4 冰区航行应急安全措施

在冰区航行时,除做好必要的防冻工作外,还要做到:

(1)轮机值班人员加强监视主、辅机等机电设备的运行工况;

(2)指定专人照顾主、副海水泵的工作,及时换用低位海底阀,防止冰块卡住或堵塞,以致海水系统因缺水而无法正常工作;

(3)特别注意舵机的运转情况;

(4)注意船体与舷外冰块的摩擦声响,船体的动态及推进器搅动冰块的声响,空载、轻载船舶应增加艉部吃水,使推进器全部浸入水中;

(5)发现异常动态,要做好记录并及时通知轮机长和船长。

4.2.5 能见度不良时航行轮机部安全管理注意事项

(1)轮机部加强值班,集控室不能无人值班,保持主机、发电机、锅炉及空压机等机器设备处在正常使用状态;

(2)保证汽笛的工作空气正常使用;

(3)保持船内通信畅通;

(4)随时听从驾驶台的命令;

(5)必要时增开一部发电机。

【巩固与提高】

扫描二维码,进入过关测试。

任务 4.2 闯关

任务4.3 全船失电应急处理

【任务引入】

船舶管理-全船失电时应采取的措施

【思想火花】

致曾经迷茫的你

【知识结构】

全船失电应急处理结构图

【知识点】

全船失电时应采取的措施

船舶电站突然中断对船舶主要设备及系统的电力供应,导致其无法正常运行的故障情况,称为全船失电。根据船舶类型、主机及其系统的特点,全船失电可导致故障包括:主机停车;舵机失灵;助航设备失灵。

所以,一般公司都把“全船失电”定为重大事故。船舶在不同状态下,全船失电的危险程度是不一样的,全船失电的状况分类及危险等级。

(1)靠泊在港口码头上(危险等级★)。

(2)在锚地抛锚(危险等级★★)。

(3)正常航行于大海上(危险等级★★★)。

(4)狭窄水道航行时(危险等级★★★★)。

(5)靠离港作业时(危险等级★★★★★)。

（6）极端恶劣天气航行途中（危险等级★★★★★★）。

4.3.1　全船失电的主要原因

发电机跳闸造成全船失电的原因十分复杂，常见的有：

（1）电站本身故障，如空气开关故障、相复励变压器故障等；

（2）大电流、过负荷，如大功率泵的启动或电气短路等；

（3）大功率电动辅机故障或启动控制箱的延时发生变化；

（4）发电机及其原动机本身故障，如调速器故障和滑油低压、冷却水低压、燃油供油中断；

（5）操作失误。

4.3.2　全船失电时的应急措施

1. 船舶在正常航行中全船失电时的应急安全措施

（1）立即通知驾驶台，通知轮机长下机舱；

（2）同时启动备用发电机，合上电闸并以最短时间恢复供电；

（3）若另一备用发电机自动启动，则应立即合闸供电；

（4）恢复保证正常航行必需的各主要设备供电；

（5）重新启动主机，恢复正常航行；

（6）如情况特殊，船舶因避碰急需用车，只要主机有可能短期运转则应执行驾驶台命令；

（7）若备用发电机组不能启动供电，则应启动应急发电机，现代化船舶，应急发电机是自动启动，自动供电，保证机舱关键设备和助航设备的供电；

（8）待发电机恢复正常供电后，再启动各辅助设备，启动主机，保持正常航行。

2. 船舶在狭窄水道或进出港航行中全船失电应采取的安全措施

（1）立即通知驾驶台；

（2）同时启动备用发电机，合上电闸并以最短时间恢复供电；

（3）若另一备用发电机自动启动，则应立即合闸供电；

（4）尽最大可能以最短时间恢复主机所需的转速；

（5）主机操纵应有专人看护，并随时同驾驶台取得联系；

（6）如果情况紧急，船长必须用车，可按车令强制启动主机而不考虑主机后果。

3. 船舶在锚泊中或靠泊装卸货中船舶失电应采取的安全措施

（1）启动备用发电机，合上电闸并以最短时间恢复供电；

（2）若另一备用发电机自动启动，则应立即合闸供电；

（3）切除非重要负载，如起货机、通风机等；

（4）待确认正常后恢复供电。

以上几种情况的船舶失电，均应在恢复正常供电后，仔细分析、检查故障原因，及时排除。

4.3.3　防止船舶失电的安全措施

（1）做好配电板、控制箱等的维护保养工作；

(2)做好各电机及其拖动设备的维护保养工作,及时修理与更换有关部件;

(3)做好发电机及其原动机的维护保养工作;

(4)在狭窄水道、进出港航行时,增开一台发电机并联运行以策安全;

(5)在装卸货物期间,如增加开工头数,值班驾驶员应提前通知机舱;

(6)在狭窄水道、进出港等机动航行时应做到尽量避免配电板操作,尽量避免同时使用几台大功率设备,如起货机等。

【巩固与提高】

扫描二维码,进入过关测试。

任务4.3闯关

任务4.4　舵机失灵应急处理

【任务引入】

船舶管理-航行中主机舵机失灵时的应急措施

【思想火花】

选择正确的方向比努力更重要

【知识结构】

舵机失灵应急处理结构图

【知识点】

航行中主机、舵机失灵时的应急措施

船舶在定速或机动航行过程中,舵机无舵效或虽然有舵效但不能达到设计舵效要求时的舵机故障称为舵机失灵。根据舵机失灵的程度,对船舶的操纵可能产生以下影响:船舶无法完成规定的转向动作;船舶的转向速度无法满足要求。船舶在海上或港内航行时,舵机失灵将导致船舶失控,此时驾驶台与轮机部应密切配合,采取正确有效的应急措施以避免造成其他重大事故。

4.4.1 舵机故障

1. 舵机失灵的主要原因

(1)船舶失电导致舵机无法正常工作;

(2)液压动力系统故障导致舵机无法正常工作;

(3)轴承故障导致舵机无法正常转动;

(4)船舶擦底或搁浅等导致舵机舵页损坏故障。

2. 舵机容易出现的故障

(1)硬件类故障。

舵机的硬件类的故障是指与舵机相关的机器、设备发生了功能性的障碍,使得舵机不能正常工作发挥效用。常见的主要有:通信系统的故障,如驾驶员发出的舵令信号不能输出至舵机,舵机接收不到舵令,驾驶台与舵机间无法通话等;电力系统的故障,如动力电路、配电板等电力输出故障,使电动机无法正常运转,两路电力线路只有一路可以使用;液压系统的故障,如液压系统密封性能出现问题,有油路泄漏或有旁通现象、主油路锁闭不严、油位过低、液压系统内有空气等问题,使液压系统不能正常运行。

(2)软件类故障。

软件类的故障是指与舵机运行有关的管理制度,船员对舵机的操作存在的问题。通常主要是船员对应急舵的操作不熟悉,在需要的时候无法启动应急舵。

4.4.2 航行中舵机失灵时应采取的应急措施

1. 舵机失灵的一般应急措施

(1)航行中发现舵机失灵,驾驶台应先转换为辅助操舵系统,并通知船长和机舱值班人员;

(2)机舱值班人员立即启动辅助或应急操舵装置,同时通知轮机长;

(3)轮机长迅速到舵机房,组织机舱人员进行相应的操作和抢修;

(4)船长到驾驶台,按照舵机的损坏情况指挥船舶的应急操纵。

2. 当舵机因控制系统故障而失灵时采取的应急措施

舵机的控制系统故障,是指驾驶台不能有效地通过主、辅操舵装置操纵舵机的紧急状

态,此时应采取如下应急措施:

(1)在舵机应急操纵过程中,值班轮机员不能远离操纵台,按车令操纵主机,执行船长和轮机长的命令;

(2)船长安排一名驾驶员和水手到舵机房,负责接听驾驶台的舵令,配合轮机员操纵舵机;

(3)轮机员应指导值班水手的操舵,尽快使其能独立操作应急操舵装置;

(4)机舱人员应加强轮机值班,尽全力抢修驾驶室主、辅操舵装置,使其尽快恢复功能;

(5)向公司汇报驾驶室主、辅操舵装置失灵的经过,并请求驶向最近海岸有能力修复主、辅操舵装置的有关港口进行修复;

(6)轮机长做详细的事故报告,包括发生故障的时间、海况、地点、原因、抢修经过和采取的措施及可能需要的支援。

3. 当舵机因电源故障而失灵时采取的应急措施

(1)船长应上驾驶台亲自指挥,并召集甲板部人员采取应急措施。

①若船舶在海上航行,则:

a. 值班驾驶员应按《国际信号规则》和《国际海上避碰规则》规定显示号灯、号型;

b. 加强了望,并用甚高频(VHF)发布通告;

c. 可利用主机操纵船舶,安全离开航线,若水深合适,应随时准备抛锚;

d. 应换用任何备用转舵装置。

②若船舶正在进出港或狭水道航行,则应:

a. 立即备锚、尽快选择合适地点抛锚;

b. 按《国际信号规则》和《国际海上避碰规则》显示号灯、号型;

c. 加强了望并用 VHF 发布通告,提醒来往船只注意安全;

d. 必要时要求港方派拖船协助拖航。

(2)如果轮机部自行抢修困难或无效时,轮机长应立即报告船长,说明舵机失灵的原因、已经进行的抢修措施、需提供的支援和准备进一步采取的措施。

4.4.3　防止舵机失灵而对舵机的检查

1. 外部检查

要初步判断设备保养如何,查看舵机所处地板有没有液压油泄漏;观察舵机液压系统外观的清洁情况,设备有无锈蚀和腐蚀情况;检查油缸、舵柱、电机等主要设备的保养情况;查看舵机油箱油位多少。查看各液位计、压力表是否正常;贮存器上的各类报警:温度报警、过滤报警(回油管路)、低液位报警(机器处所和驾驶室)等是否正常。舵机基座是否设置围油栏;操作说明是否张贴。

2. 设备检查

舵机运行时,驾驶台发送的舵令传至舵机,确认舵机接收命令是否正常,同时检查舵机间与驾驶室通信正常性。检查配电板工作情况,动力电路输出有没有故障。效用试验:

(1)运转舵装置判断舵的运转情况,要求运转平稳,无杂音和运转连续性情况,适用主操舵操舵时观察舵机灵敏性,是否能达到法规要求时间和角度。

(2)舵运转时在驾驶室舵角指示仪所显示角度与舵机上舵角指示器角度一致。验证舵角指示角度准确性需要两名工作人员配合进行,分别在驾驶室和舵机间观察读数值,数值应相同或在有效偏差内。

(3)当舵运转至左、右最大角度时，检查舵角限位器开关是否断开，切断动力，以起到保护液压油缸作用，确定限位器有效性。

(4)当主操舵装置发生故障失效时，要求检查应急舵能否正常运转，进行操舵，如果不正常，要求船方立即修复，并且复查，直至满足要求。

【巩固与提高】

扫描二维码，进入过关测试。

任务 4.4 闯关

任务 4.5　弃　船

【任务引入】

船舶管理-弃船时轮机部应急安全措施

【思想火花】

电影《泰坦尼克号》教你如何海上求生

【知识结构】

弃船结构图

【知识点】

弃船时轮机部应急安全措施

4.5.1 舰船发展概况

当发生重大机损、海损事故,抢救失败,经确认不弃船就无法保证船上人命安全时船长或公司应果断下令弃船。当船长下令弃船命令后,除“途中固定值班人员”外,全体船员应立即穿着救生衣,按应急部署表的分工完成各自的弃船准备工作。

弃船时轮机部人员的职责如下。

轮机长职责:

(1)在机舱进行指挥,督促、指导和检查轮机部全体人员对应变部署表各自职责的执行情况,对突发的事件给予指导和决定;

(2)负责与船长保持联系,及时掌握船舶的具体情况,确保轮机部人员安全撤离;

(3)负责携带轮机部的相关文件最后撤离机舱。

大管轮职责:

(1)停主机及为其服务的辅助设备,同时切断其电源;

(2)关闭海底阀及应急遥控阀;

(3)关闭机舱水密门;

(4)启动机舱风油切断装置。

二管轮职责:

(1)停发电机及切断为其服务的辅助设备的电源;

(2)如条件许可应尽可能开启应急发电机和应急电源保持供电。

三管轮职责:

(1)停锅炉并放气,切断电源;

(2)关闭机舱各污油、污水柜的进出口阀门及测量孔等。

4.5.2 弃船时轮机部的应急措施

(1)轮机长应该立即下机舱,现场督促、指导机舱人员的各项操作;

(2)机舱固定值班人员在听到警报信号后仍应坚守岗位按命令完成各项操作;

(3)各轮机员按照应变部署的要求进行弃船的各项操作;

(4)如果接到两次完车信号或船长利用其他方法的通知后,应立刻告诉轮机部全部人员撤离机舱,并待全部人员离开机舱后,轮机长才能携带轮机日志、副机日志、车钟记录簿、电气日志及其他重要文件,最后撤离机舱。

4.5.3 舰船弃船

海军舰船很少有“弃船”之说,民族英雄邓世昌的“舰在人在,舰亡人亡”大义凛然就是很好的例证。但古往今来,也有舰船出现过“弃船”的案例。

案例一:1918 年 6 月 10 日黎明,奥匈帝国海军“圣伊斯特万”号战列舰,被意大利海军排水量仅 30 t 的 MAS-15 鱼雷快艇击沉。在这期间,船上的 1 089 名船员大部分得以成功弃船逃生。

案例二:韩国“文武大王”号在亚丁湾执行国际护航任务,当时舰上所有船员无一人接种疫苗,在 6 月份时,该舰因为靠岸补充物资时不幸中招,在 301 名船员中,有 247 人被确诊感染新冠,还有 4 名检测结果“暂时无法判定”,韩国军方听闻这一消息十分震惊,当即下达弃船命令,派遣两架 KC-330 空中加油机前往事发海域,将全部感染舰员接回国接受治疗。

【巩固与提高】

扫描二维码,进入过关测试。

任务 4.5 闯关

任务 4.6 轮机部安全操作

【任务引入】

船舶管理-轮机部安全作业

【思想火花】

Enclosed Space Risk Assessment - Responsible Officer

【知识结构】

轮机部安全操作结构图

【知识点】

轮机部安全操作

4.6.1 上高和多层作业时的安全注意事项

（1）按规定离基准面2 m以上为高空作业。上高作业用具如系索、滑车、脚手架、坐板、保险带、移动式扶梯等，在使用前必须严格检查，确认良好。脚手架上应铺防滑的帆布或麻袋。

（2）上高作业人员应穿防滑软底鞋、系带保险带并系挂在牢固的地方，必要时应在作业处的下方铺设安全网。

（3）上高作业和多层作业时，上高作业所有的工具和所拆装的零部件应放在工具袋或桶内，或用软细绳索缚住，以防落下伤人或砸坏部件。

（4）当上层有人作业时，尽量避免在其下方停留或作业。如属必需，应佩戴安全帽。

（5）上高作业人员易发生坠落或重物落下砸人等伤亡事故。在强风中或涌浪时，除非特殊需要，禁止上高作业。

4.6.2 吊运作业时的安全注意事项

（1）严禁超负荷使用起吊工具。在吊运部件或较重的物件前，应认真检查起吊工具、吊索、吊钩以及受吊处，确认牢固可靠，方可吊运。禁止使用断股钢丝、霉烂绳索和残损的起吊工具。吊起的部件，除非必要，应立即在稳妥可靠的地方放下，并衬垫绑系稳固。

（2）起吊时，应先用低速将吊索绷紧，然后摇晃绳索并注意观察，确认牢固、均衡且起吊物已松动后，再慢慢起吊。发现起吊吃力，应立即停止，进行检查或采取相应措施，防超负荷。

（3）在吊运过程中，禁止任何人员在其下方通过；也不得在起吊的部件下方进行工作；如确属必须，应采取各种有效的防范措施。

（4）使用气动吊车时，应派人看守压缩空气阀，以便一旦失控立即切断气源，免发生事故。

（5）严禁用起重设备运送人员。

4.6.3 检修作业时的安全注意事项

（1）检修主机时，必须在主机操纵处悬挂“禁止动车”的警告牌并应合上转车机，以防水流带动推进器。检修中如需转车，须征得驾驶员同意。应特别注意检查各有关部位是否有人或影响转车的物品和构件，并应发出信号或通知周围人员注意，以防伤人或损坏部件。

（2）检修副机和各种辅助机械及其附属设备时，应在各相应的操纵处或电源控制部位悬挂“禁止使用”或“禁止合闸”的警告牌。

（3）检修发电机或电动机时，应在配电板或分电箱的相应部位悬挂“禁止合闸”的警告牌。如有可能还应取出控制箱内的保险丝。

(4)检修管路及阀门时,应事先按需要将有关阀门置于正确状态,并在这些阀门处悬挂“禁动”的警告牌,必要时用锁链或铁丝将阀扎住。

(5)在锅炉、油水舱内部工作时,应打开两个导门并给予足够通风。作业期间应经常保持空气流通,并悬挂“有人工作”的警告牌;派专人守望配合,注意在内部工作的人员情况。

(6)在锅炉汽包等汽水空间内工作时,应参照上述(4)、(5)项执行。如在连通的其他部位仍有压力时,还应事先检查并确认阀门无漏,应派专人看守阀门。

(7)检修空气瓶、压力柜及有压力的管道时,应先泄放压力,禁止在有压力时作业。

(8)在锅炉、机器和舱柜等内部工作时,应用可携式低压照明灯,但在油柜内应使用防爆式,使用前必须认真检查并确保状态良好。

(9)拆装带热部件时,要穿长袖衣裤并戴帽及手套。

(10)拆装冷冻液管时,一般应先抽空,拆装时必须戴手套、防护镜或面罩,防冻伤和中毒。

(11)检修气门室、气缸、透平内部、减速齿轮以及其他较为隐蔽或不易接近的部位时,作业人员衣袋中不得携带任何零星杂物,以免落入机内造成事故。检查减速齿轮时,必须在主管检修的轮机员亲自监督指导下方可打开探视门,收工以前必须盖好;严禁在无人看守时敞开探视门。

(12)柴油机在运转中如发现喷油器故障需立即更换时,应先停车,打开示功阀,泄放气缸内压力,禁止在运转中或气缸尚有残存压力时拆卸喷油器。

(13)试验柴油机喷油器时,禁止用手探摸喷油器的油嘴或油雾。

(14)裸露的高压带电部位必须悬挂危险警告牌或用油漆书写危险标记。除非绝对必要,严禁带电作业;确需带电作业时,必须使用绝缘良好的工具。禁止单人作业,只有一名电机人员时,轮机长应指派一名合适的人员进行协助。作业中注意防止工具、螺栓、螺帽等物掉入电器或控制箱内。看守人员应密切注意工作人员的操作情况,随时准备采取切断电源等安全措施;作业完毕后,应再认真检查。

(15)一切电气设备,除主管人员和电气人员外,任何人不得自行拆修。

(16)禁止使用超过额定电流的保险丝。

(17)一切警告牌均由检修负责人挂、卸,其他任何人不得乱动。

(18)因检修移走栏杆、花铁板或盖板后,应在周围用绳子拦住,以防人员不慎踏空而伤亡。

4.6.4 车、钳作业时的安全注意事项

(1)在进行车床、钻床作业时应严格遵守操作规程,工件应夹持牢固,夹头扳手用完应立即从夹头上取下。操作者衣着要紧身,袖口要扣好,戴好防护眼镜。禁止戴手套操作。

(2)在磨制工具和砂轮机作业时(包括除锈、除炭时),作业者应戴防护眼镜和口罩,并站在与砂轮旋转方向略偏一个角度处。

(3)禁止使用手柄不牢的手锤。

4.6.5 清洗和油漆作业时的安全注意事项

(1)油管、过滤器和加热器等如有泄漏应尽快清除,并注意防止漏油流散。

(2)机舱地板上的油污必须随时抹去。在用水冲洗机舱底部时，要防止水柱和水珠冲到电气设备上而引起损坏，并防止人员滑倒跌伤。

(3)使用易燃或有刺激性的液体清洗部件时，一般应在艉部甲板等下风处进行，不宜在机舱进行，同时要注意防止发生污染海面的事故。

(4)在处理酸、碱或其他化学品，或有毒气处所时，戴手套、防护眼镜、口罩、面罩等。

(5)处理化学品时，要按规定的步骤操作，避免引起剧烈的反应，损伤人体。如果身上溅到液体，要迅速地用水清洗或作相应的处理。

(6)油漆空气瓶内部或其他封闭处所，不能同时多人作业，且时间不能太长，应轮流作业相互照顾，防止油漆中毒。

4.6.6　焊接作业时的安全注意事项

1. 焊接守则

(1)航行途中施焊轮机长须报告船长，征得同意后方可进行并报上级机关备案。除施焊间外，必须经轮机长或大管轮同意方可在机炉舱内实施焊接作业。在机炉舱外的其他部位施焊必须征得船长同意。船靠码头或在装卸作业期间如须进行焊接，必须遵守港方有关规定或征得港方同意方可进行。

(2)在任何部位施焊均必须先清理现场，现场不得有任何易燃物品，并注意周围环境有无易燃的物品和气体，必要时应予挪移和通风。根据不同环境备妥适当的灭火器材。

(3)施焊时必须有二人作业，一人操作，一人监守。作业人员应穿长袖衣裤，戴手套、眼镜，必要时应戴防护面具。电焊时必须使用面罩，不得用墨镜代替。

(4)严禁对存有压力的容器、未经清洁和通风的油柜、油管进行施焊。

(5)在狭窄舱、柜内或其他空气不够流通的部位施焊要特别注意通风，施焊持续时间不应太久。照明灯具应使用低压型并注意电线不能距离施焊处过近。

(6)焊件的焊处应清洁、干燥，防止焊后产生裂缝。焊接大件时，应先预热以消除内应力，必要时可用夹具。

(7)对有色金属或合金施焊时应注意通风，作业人员应在上风位置或戴防护面具，以防中毒。

(8)敲打焊渣时必须戴眼镜并注意角度，以防碎屑飞溅入眼。

(9)焊件未冷，作业人员不应离开现场，如属必要，应采取防范措施，防止误触烫伤。

(10)施焊完毕，应将工具整理好并复归原处，现场打扫清洁，仔细检查周围有无火种隐患，确认无患后方可离开。

(11)如由船厂工人施焊时，应由主管部门同意，派专人备妥消防器材，并监督施焊以防止发生火灾；如认为施焊不安全时，有权停止其作业。施焊完毕后应仔细检查，特别应注意施焊物的背面有无隐患，待施焊物完全冷却后方可离去。

2. 电焊注意事项

(1)严格遵守电焊机的使用操作规程，开机时应逐步启动开关，不可过快，注意防止焊夹和焊条碰地。

(2)经常注意检查焊机温度及运转是否正常。禁止在施焊时调整电流。

(3)禁止在运转中的机电设备、起重用的钢丝绳或乙炔、氧气管或钢瓶上通过电焊线。

(4)密切注意电焊设备的绝缘状况，夏季作业时焊工脚下最好垫入木板、橡皮等绝缘物。

(5)电焊完毕或较长时间停焊应切断焊机电源。

3. 气焊注意事项

(1)各部分焊具应先吹净阀口,检查并确认各阀门无漏气。气瓶阀口和焊枪喷嘴不应对人。

(2)连接胶管时,接氧气的应是蓝色或黑色,接乙炔的应是黄色或红色。

(3)胶管要牢固,接口要紧密,不宜用铁丝捆扎胶管接口,以防扎孔或断裂。烧焊时胶管不应拉得过紧,并尽量远离火焰和焊件。

(4)一般情况下,气瓶总阀的开度应不超过1/2,以便应急关闭。

(5)气焊结束后,应先关掉焊枪上的控制阀,然后关闭气瓶总阀。

(6)点火、熄火、回火:

①点火:打开钢瓶上的阀门,转动减压器的调节螺丝,将氧气和乙炔调到工作压力(氧气为0.3~0.5 MPa,乙炔为0.01~0.05 MPa),然后打开焊枪上的乙炔阀门,稍开氧气阀,在喷嘴的侧面点火,点着后慢慢开大氧气阀,将火焰调到中性焰(或碳化焰、氧化焰):

中性焰的焰芯较圆具呈蓝白色,轮廓清楚,外焰中长呈淡橘红色,这种火焰常被用来焊接低碳钢材料;

碳化焰的焰芯较长且尖,呈绿白色,轮廓不清楚,外焰很长呈橘红色,这种火焰常被用来焊接铸铁、高碳钢和硬质合金;

氧化焰的焰芯短小且呈蓝白色,外焰看不清,同时发出急剧的"嗤嗤——"声响,这种火焰常被用来焊接黄铜材料。

②熄火:先将氧气阀关小,再将乙炔阀关闭,火即熄灭,然后关闭氧气阀(如使用割炬时,应先关切割氧气阀,再关乙炔和预热氧气阀)。

③回火:施焊中有时会出现爆响,随之火熄灭,同时焊枪有吱吱响声,这种现象称回火。如遇回火,应速将胶管曲折握紧,先关闭焊枪上的氧气阀,再关闭乙炔阀,回火即可免除。处理回火时,动作要迅速、准确,防止气瓶爆炸酿成重大事故。

4.6.7 压力容器使用安全注意事项

(1)氧气、乙炔和氟化物钢瓶是高压容器,而乙炔是易燃易爆的危险性气体,故在装卸或搬运时不准跌落或抛扔,避免碰撞。插好瓶口钢帽,取下钢帽时不准敲击。

(2)压力钢瓶不准卧放使用,应直立安放在妥善处并用卡箍或绳子紧固。两瓶的间距和瓶与烧焊处的距离均应大于3 m。

(3)钢瓶不准在电焊间存放,应放在阴凉处,禁止曝晒或靠近锅炉、火焰等热源。

(4)钢瓶内气体绝不能全部用光,剩余压力应保持不小于100 kPa。

(5)待灌的空瓶应做好明显标记并按原来气体充灌,不准互换使用或改灌其他气体。

(6)钢瓶在开阀前应仔细检查,特别要注意阀门是否反螺牙。开阀时要缓慢开大。

(7)钢瓶如因严寒结冻,不能用明火烘烤,但可用蒸汽或热水适当加温。一般瓶体温度不得超过30~40 ℃。

(8)当发现下列情况时,立即停止使用:容器超温、超压、过冷、严重泄漏,经处理无效时;主要受压元件发生裂缝、鼓毛、变形、泄漏,危及安全时;安全阀失效、接管端断裂,难以保证安全时;发生火灾、爆炸或相邻管道发生事故危及容器安全时,应迅速搬挪他处或泄压。

4.6.8　船上封闭处所作业的安全注意事项

任何封闭处所内的气体都有可能缺氧(或含有易燃、有毒气体或蒸汽)。这种不安全气体也可能出现在以前是安全的处所。不安全的气体也可能在靠近已知是危险处所的处所中存在。所以,在进入船上封闭处所时应该按步骤严格遵守以下安全技术要求。

1. 危险评估

首先对将要进入的处所的潜在危险做出初步评估。合格人员的初步评估应确定存在缺氧、易燃或有毒空气的可能性。

初步评估对健康或生命具有最低危险或在处所工作期间有出现危险的可能性,应视情采取相应预防措施;初步评估确定对健康或生命具有危险,若要进入该处所,应采取额外防护措施。

2. 进入许可

进入封闭处所许可证,应由船长或指定负责人发放,进入之前由进入封闭处所人员填写。

3. 空气测试

(1)空气质量要求。

①舱内空气中的氧气浓度始终大于19.5%(按体积比计),且小于或等于23.5%(按体积比计)。

②舱内空气中的二氧化碳浓度始终不得高于1%。

③可燃气体浓度小于或等于可燃下限(LFL)的1%。

(2)通风换气要求。

应通风换气的场合:装有易造成缺氧危险货物的货舱及其相关处(如人孔等)进行有效的通风换气;暂停作业、封舱的货舱在重新作业前;有多层货舱的船舶,在进入不同货舱作业时;自然通风换气效果不好的舱室或封闭时间较长的舱室(如空舱、水舱、锚链舱、边舱、双层底、油舱和浮筒舱等);清舱作业前;采用二氧化碳气体灭火的货舱。

严禁使用纯氧通风换气;存在可燃、可爆气体的舱室采用防爆通风机械。

(3)空气检测。

检测方法类型:便携式氧气检测仪和二氧化碳检测仪。

测试时机:在人员进入处所之前、进入后按固定的时间间隔。

测试要求:在不同层面上。

4. 一般安全防护措施

仪器要定期检定和维护;船舶应配备自给式空气呼吸器,要明确专管部门和专管人员。每次使用前应仔细检查空气呼吸器;进入舱室的检测人员,应配备必要的自给式空气呼吸器和安全带、索等安全防护用品。每次使用前应认真检查。

5. 进入封闭处所期间的安全防护措施

(1)作业人员与监护人员应事先规定明确的联络信号,监护人员始终不得离开工作点,随时按规定的联络信号与作业人员取得联系。

(2)对作业过程中易发生氧气、二氧化碳浓度变化的舱室和作业过程长的舱室应随时监视空气中的氧气、二氧化碳的浓度变化情况,应保持必要的检测次数或连续检测。

(3)货舱须定位分层拆卸作业,采取阶梯式拆卸方法,并检测每层每处作业点氧气浓度。

(4)不以任何理由离开工作场所和擅自进入货舱深处。作业工具落入舱内不准私自下舱拾取,必须重新领取使用。

(5)当处所内有人和在暂时休息期间,应继续保持通风。再次进入之前,应对处所内再次进行测试。万一通风系统失灵,处所内所有人员应立即离开。

(6)出现紧急情况,在救助人员尚未到达和尚未对情况做出评估确保进入处所进行救助作业的人员的安全之前,照应的船员无论如何都不得进入处所内。

(7)作业人员进入舱室前和离开舱室时,应清点人数。

6. 发生事故的应急防护措施

(1)当发现舱内有异常情况或有缺氧危险可能性(如发生不明原因的突然晕倒、坠落等)或发生缺氧窒息事故时,必须立即停止作业,在安全处清点人数并向有关机关报告。

(2)发生缺氧窒息事故时,积极营救遇险人员,对已患缺氧症的作业人员应立即在空气新鲜处施行现场抢救(人工心肺复苏),并尽快与医疗单位联系,以便抢救和治疗。

(3)进舱抢救人员佩戴自给式空气呼吸器等救生用具,不许佩戴过滤式防毒面具下舱救人。

(4)舱内发生缺氧窒息事故时应封锁通道,在危险解除前,非抢救人员以及未配备安全救护器的救护人员不得进入事故现场。

7. 如果已知或怀疑处所内空气危险时进入处所的额外防护措施

(1)如果怀疑或知道封闭处所内的空气危险,只有在别无其他可行的选择时才能进入处所。进入处所人员的数量应为完成工作要求的最低数。

(2)应携带合适的呼吸器,例如空气管或自给式呼吸器。

(3)应系配救助安全带,还应使用救生索。

(4)应穿着适当的防护服。

8. 作业人员的教育

(1)一般作业人员的教育内容:缺氧症的主要症状,预防舱内缺氧窒息事故的措施和安全作业注意事项;自给式空气呼吸器及其他安全防护用品的正确佩戴、使用知识;事故现场的应急措施及现场抢救知识。

(2)作业负责人的培训内容:与缺氧作业有关的法规;缺氧窒息事故发生的原因,缺氧症的主要症状,预防舱内缺氧窒息事故的方法和措施;事故现场应急抢救措施及人工心肺复苏技术;自给式空气呼吸器和其他安全防护用品的使用、检查和维修、保养技术;仪器的使用方法及氧气、二氧化碳的检测方法。

【巩固与提高】

扫描二维码,进入过关测试。

任务 4.6 闯关

任务 4.7 舰船应变部署与基本文件

【任务引入】

记者在战位 直击南昌舰损管训练

【思想火花】

船舶机舱失火应急演练——配有应急消防泵及消防员装备的船舶

【知识结构】

舰船应变部署与舰船基本文件结构图

4.7.1 应变部署表与应变须知

1. 货船应变部署

每艘船舶都应按主管机关规定，中国籍200总吨及以上的运输船舶，都必须配备我国主管机关认可的统一印制的货船或客船应变部署表。根据本船设备和人员情况，编制应变部署表与应变须知。

(1)应变部署的种类

船舶应变部署一般分为救生(包括弃船求生和人落水救助)、消防、堵漏和综合应变等。

(2)应变部署表的主要内容

①船舶及船公司名称，船长署名及公布日期。

②紧急报警信号的应变种类及信号特征、信号发送方式和持续时间。

③职务与编号、姓名、艇号、筏号的对照一览表。

④航行中驾驶台、机舱、电台固定人员及其任务。

⑤消防应变、弃船求生、放救生艇筏的详细分工内容和执行人编号。

⑥每项应变具体指挥人员的接替人。

⑦有关救生、消防设备的位置。

(3)应变信号

民船的各类应变警报信号为:

①消防:警铃和气笛短声,连放 1 min。

②堵漏:警铃和气笛二长一短声,连放 1 min。

③人落水:警铃和气笛三长声,连放 1 min。

④弃船:警铃和气笛七短一长声,连放 1 min。

⑤综合应变:警铃和气笛一长声,持续 30 s。

⑥解除警报:警铃和气笛一长声,持续 6 s 或以口头宣布。

为了指明火警部位,在消防警报信号之后,鸣一声表示船的首部,二声中部,三声后部,四声机舱,五声上层建筑甲板。

(4)应变部署职责

①人员职责。

a. 船长是应变总指挥,有权采取一切措施进行抢险处置,并可请求有关方面给予援助;

b. 大副是应变现场指挥(除机舱抢险外),是应变总指挥的接替人,并负责救生、消防、堵漏等单项应变的组织部署;

c. 轮机长是机舱现场指挥,并负责保障船舶动力;

d. 驾驶员(大副、二副、三副)任各救生艇艇长;

e. 轮机员或熟练机工任机动艇发动机操纵员;

f. 放艇时,先进入艇内的两人应是技术熟练的一级水手。

②消防应变部署分消防、隔离和救护三队。

a. 消防队由三副或水手长任队长,直接担负现场灭火;

b. 隔离队由木匠任队长,任务是根据火情关闭门窗、舱口、风斗、孔道,截断局部电路,搬开近火易燃物品,阻止火势蔓延;

c. 救护队由医生或事务员任队长,任务是维持现场秩序、传令通信和救护伤员。

③堵漏应变部署分堵漏、排水、隔离和救护四队。

a. 堵漏队由水手长任队长,三管轮任副队长,直接担负堵漏和抢修任务;

b. 排水队由轮机长领导机舱固定值班人员进行;

c. 隔离队由三副任队长,负责关闭水密门、隔舱阀等,木匠测量各舱水位;

d. 救护队由医生或事务员任队长。

(5)应变部署表的编制要求

根据 SOLAS 公约规定:

①应变部署表应写明通用紧急报警信号和有线广播的细则,并应规定发出警报时船员和乘客必须采取的行动。应变部署表尚应写明弃船命令将如何发出。

②应变部署表应写明分派给各种船员的任务。

③应变部署表应指明各高级船员负责保证维护救生设备和消防设备,使其处于完好和立即可用状态。

④应变部署表指明关键人员受伤后的替换者,要考虑不同应变情况要求不同的行动。

⑤应变部署表应指明在应变时,指定给船员的与乘客有关的各项任务。

⑥应变部署表应在船舶出航以前制定。

⑦客船用的应变部署表的格式应经认可。

(6)应变部署表的编制原则

①符合本船的船舶条件、船员条件、客货条件以及航区自然条件;

②关键部位、关键动作选派得力船员;

③根据本船情况,可以一职多人或一人多职;

④人员的编排应最有利于应变任务的完成。

(7)应变部署表的编制职责与公布要求

应变部署表由大副具体负责。三副根据大副的部署意图,于船舶开航前编排应变部署表,经大副审核,船长批准签署后公布实施。应变部署表应张贴或用镜框配挂在驾驶台、机舱、餐厅和生活区内走廊的主要部位;在其附近,应有本船消防器材布置示意图。为使应变中各级负责人熟悉所领导的人员及其分工,应将部署表中各编队(组)分别抄录发给各艇(队、组)长。

在客船上,还应绘制出本船各层安全通道的路线图,图上应标明各梯口、出入口和各登艇点的位置和走向。张贴在旅客生活区(包括餐厅、休息室、主要走廊、重点舱室和其他旅客活动场所)各部位。在此附近和每个客房内均应挂有救生衣穿着法示意图。在备用救生衣站(箱或柜)处应有醒目标志。走廊内每隔适当距离,应标有指明通道走向的箭头标志并注明去向。

2. 船舶应变须知和操作须知的有关内容

(1)应变须知

每个船员应有一份应变时的须知。在床头及救生衣上都有一张应变任务卡。任务卡上有本人在船员序列中的编号、救生艇艇号、各种应变信号及本人在各种应变部署中的任务。

在旅客舱室中,应该张贴用适当文字书写的图解和应变须知,向旅客通知他们的集合地点,应变时必须采取的必要行动和救生衣的穿着方法等。

(2)操作须知

在救生艇筏及其降落操纵器的上面或附近,应设置明显的告示或标志,说明其用途和操作程序,并提出有关须知和注意事项,以便紧急操作时不至于造成错误。

救生艇是救生应变的最主要设备,放艇必须经船长同意,除演习、操练和紧急救助之外,不准随意动用救生艇。在港内放艇,必须事先得到港监批准。在紧急救助时,机动艇不应少于5人,非机动艇不应少于7人。

(3)演习

①每位船员每月应至少参加一次弃船演习和一次消防演习。

②若有25%以上的船员未参加本船上月的弃船演习和消防演习,应在该船离港后24 h内举行该两项演习。

③客船每周应举行一次弃船演习和消防演习。

④堵漏(抗沉)演习每3个月举行一次。

4.7.2　救生应变部署

舰船在航行中人员落水极其危险,即使未被吸入高速旋转的螺旋桨,也会很快在视野中消失,搜寻极难。而且,在低温的风浪天气,遇险者维持生命时间很短。

1. 救生应变部署表

救生部署属于全员工作部署,整个舱面工作由艇长指挥。当第一个发现者发现有人落水时,应立即投救生圈,并大声呼喊“某舷有人落水”,并以最快的通信方式向总指报告。发出救生部署后与救生无关的战位人员按一级部署就位并逐级报告。小艇作业人员,按吊放工作艇、交通艇部署职责执行。表 4-3 列出了救生时的一般部署。

表 4-3　救生应变部署表

船员职务	位置	姓名	职责
船长			评估态势,下令发出部署,指挥舰船机动
副船长			协助船长指挥,操纵舰船负责工作艇吊放和安全工作
吊放小艇人员			迅速按照吊放小艇部署就位,根据命令将小艇吊放到规定位置
航海长			1. 及时向指挥员提供风流情况; 2. 记录落水者的准确地点、时间,协助指挥员寻找落水者
操舵班长			1. 操舵; 2. 检查操舵仪分罗经航向与主罗经航向是否一致; 3. 打开船舶气象仪,检查其工作是否正常
操舵兵			舵机舱就位,听令操纵简易舵、人力舵
导航兵			1. 听令操纵导航雷达; 2. 及时提供全球定位系统(GPS)地速
信号值更			投下救生浮标,按命令挂出“有人落水”旗号,负责对外的甚高频联络,协助做好与小艇的联络
信号兵			带手旗、口笛、打火机、小艇军旗、手电筒和对讲机上小艇,负责与舰指的通信联络
辅机班长			操纵交通艇
舱段班长			备便担架,负责运送伤员到医务室
电工兵			备便担架,负责运送伤员到医务室
舱段兵			备便担架,负责运送伤员到医务室
帆缆兵			卫生员,负责包扎伤员

说明:1. 发出救生部署后与救生无关的部门战位人员按规定部署就位并逐级报告。
2. 当第一个发现者发现有人落水时,应立即投救生圈,并大声呼喊“某舷有人落水”,并以最快的通信方式向指挥所报告。
3. 本部署在救生时不仅考虑了平时救生,同时也考虑了战时可能发生的救生情况。
4. 小艇作业人员,按吊放工作艇、交通艇部署职责执行。

2. 舰船救助落水人员

(1)发现落水人员的行动

发现有人落水时,目击者应立即大声呼喊,并根据落水者位置向驾驶台值班人员报告:“左(右)舷有人落水”或“船首(尾)有人落水”。接到报警后,驾驶台值班人员应:

①使船尾离开落水者。向落水者一舷摆满舵,使船尾离开落水者。

②做标记。白天时,立即抛下救生圈、烟雾信号和其他可供落水者攀附的物体;夜间

时，立即抛下带有自亮浮灯的救生圈，有可能保持探照灯对准落水者。

③指定了望人员。

应始终保持落水者在视线内。在恶劣天气或者夜间的时候，容易失去落水者的位置。搜寻落水者的最好的方法是对其保持连续视觉跟踪，在船首安排了望人员也是不错的方法。

上述行动并不是按照顺序进行，它们是同时进行的。

(2)升起字母“O”信号旗

升起字母“O”信号旗，让附近其他舰船了解你船有人落水。

(3)舰船接近落水者的操纵方法

海上发现人员落水后可能有三种不同的情况：一是发现有人落水，落水者始终在指挥员的视野中；二是发现有人落水，落水者随即在指挥员的视野中消失；三是发觉有人落水，但已相隔较长时间或无法得出准确的落水时间。

①落水者始终在指挥员的视野中。

a. 一次转向法。一次转向法的操纵比较简单，也是最迅速的接近法，它适用于大型舰船等机动性能好的舰船，但机动性能不太好的单车舰船实施一次转向法就比较困难。如图 4-1 所示。

b. 两次转向法。两次转向法比一次转向法慢，但稳妥可靠。如图 4-2 所示。

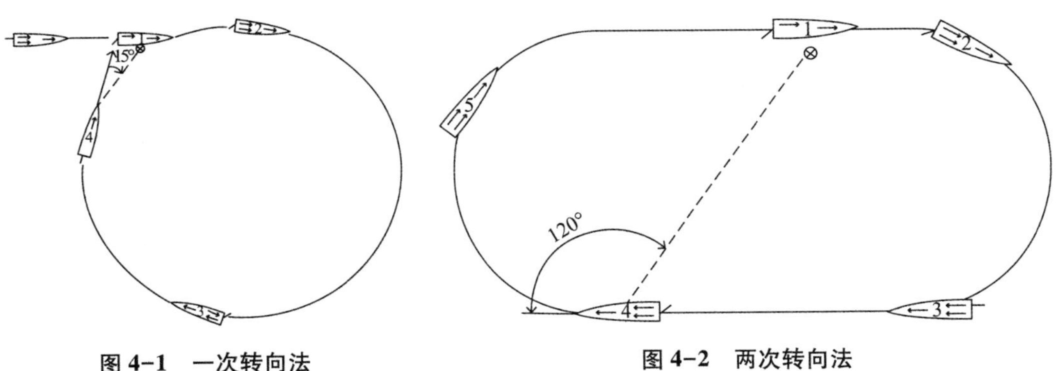

图 4-1　一次转向法　　**图 4-2　两次转向法**

②发现落水者后落水者随即在指挥员的视野中消失。

如果由于海况或能见度的原因，导致发现落水者后，落水者随即在指挥员的视野中消失，则应先以“一次转向法”操纵舰船。如图 4-3 所示。

③无法确定落水者的位置时。

如发觉有人落水，但无法断定落水时间和位置，大海上又无参照物可取时，通常只能“沿原路返回”寻找。这在操纵上称为“返回原航迹寻找法”。通常采用 60°反向法，如图 4-4 所示。在有风、流的条件下，舰船的漂移速度要比落水人员快，舰船即使返回到反航向上，也难以保持在原航迹上。所以，应适当向上风、流方向修正航向。

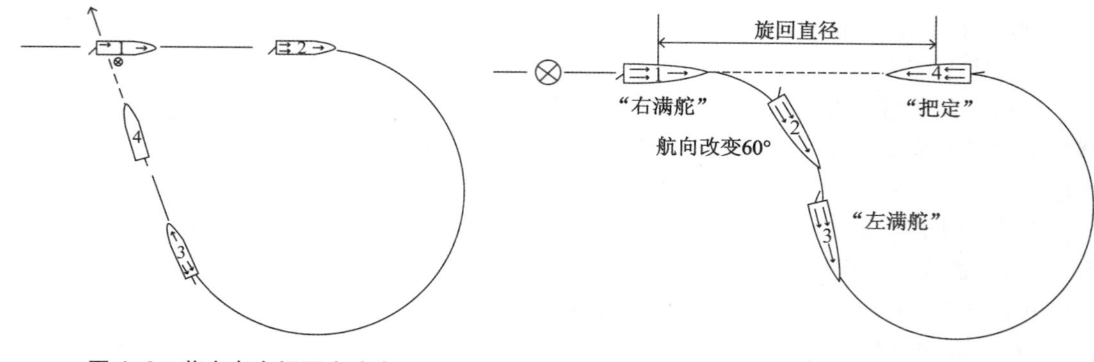

图 4-3 落水者在视野中消失

图 4-4 60°反向法

④落水者的行动。

落水者应留在落水区域，便于了望人员跟踪。落水者可以通过下述方式帮助舰船了望人员看见或听见自己：

a. 使自己更容易看得见：通过挥动手臂、T 恤衫、手绢或任何可能抓到的亮颜色物体可以使自己更容易被看到。

b. 使自己更容易听得见：大声呼喊，拍打水面（同时也能被看到），吹响哨笛等。

3. 救助艇救助落水人员

舰船发现落水人员，施放救助艇组织实施救助。艇长随时与大船保持联络，艇上人员必须服从艇长指挥，分别做好操艇（舵）、了望、搜救等准备工作。

（1）救助艇救助程序

①艇长应使用甚高频双向无线电话随时与大船保持联络；

②救助艇入水前启动艇机，入水后迅速解开吊艇钩；

③在了望人员指引下，直接驶向落水者位置；

④在接近目标后，迅速由下风缓慢靠近落水者并实施救助；

⑤救助成功后，将救助艇直接驶回大艇，挂好吊艇钩，人员集中于救助艇中部并照顾好遇险人员，然后将救助艇吊升至大船甲板。

（2）救助艇救助方式

①利用救助艇直接实施救助。

这种方式比较适合充气式救助艇或混合式救助艇，依靠其左（右）舷边上的浮胎停靠，其操控方式：a. 救助艇由下风缓缓靠近；b. 艇上救助人员略探出身体，用双手扶住落水者；c. 将落水者拉向艇边，使其背对救助艇；d. 两位救助人员相互配合，帮助落水者登上救助艇。

②用救生浮环（圈）救助方式。

救助艇接近落水者后，如发现落水者神志清醒，并且具有活动能力，采取下列方法实施救助：a. 大声呼唤使其配合施救；b. 救助艇由下风接近落水者；c. 到达适合距离后，可快速将带浮索的救生环（圈）抛向落水者上风，待其抓牢或套住后，即可拉到艇边帮助其登上救助艇。

③使用艇篙救助方式。

落水者神志模糊且不能自主活动，并且海面比较平缓，采用救生艇篙救助方式：a. 可将艇缓缓由下风接近落水者；b. 到达适合位置后，可将艇篙勾住落水者的救生衣或其他部位

(必须是安全部位),拉向艇边上。

(3)帮助落水者登上救助艇或救生筏

当落水者靠近舷边,采用下列步骤将其拉到艇筏内:

①救助艇或救生筏内的两名救助人员将外舷腿的膝部压在救助艇的艇缘或救生筏上浮胎上面,必要时可以调整艇筏上人员分布以降低干舷高度;

②转动水中落水者使其背对着救助艇或救生筏;

③用里舷手抓住落水者的救生衣,用外舷手握住落水者的上臂;

④两人先将落水者向上提起,然后向下将其压入水中,借助浮力同时用力将落水者提起拉到救助艇或救生筏内,注意应使其背部首先接触筏底;

⑤两名救助人员顺势倒在筏底两侧,使落水者位于二者之间,如图4-5所示。

图4-5 帮助落水者登上救生艇(筏)

4. 进入水中救助落水人员

发现落水者在水中发生危急情况时,采取进入水中实施救助的方法,以求争取时间救助生命。

(1)进入水中救助程序

①入水:发现落水者危急时,应迅速入水实施救助。条件允许,可先抛下救生圈、救生浮环、救生衣、救生浮具等器材辅助救助。

②接近:当游近落水者时,看清其方位,再选择由后面或侧面接近落水者。

③控制:迅速控制落水者双手,防止其乱抓、乱拽、乱压,将其头部露出水面,保证其呼吸顺畅,并大声呼唤其配合救助。

④施救:在整个施救过程中,应始终保持落水者头部露出水面,使其呼吸顺畅,并迅速寻找和获取可利用的救生器材或浮具,积极帮助落水者使用救生浮具。

⑤拖带:拖带是指救助者采用侧泳或反蛙泳进行水上运送溺水者的一项专门技术。拖带的目的是将落水者快速拖带至救生艇筏或救助艇旁边,然后帮助其登上救生艇筏。拖带时应注意救护者及被拖带者的嘴、鼻必须露出水面;同时,注意落水者因不明被救而强行挣扎,应使其保持清醒、冷静,配合救助行动。常用的方法如下:

a. 借助救生衣拖带。

可一手拉住救生衣救助带(在救生衣后枕部)或后枕部,采用仰泳、侧泳、单手蛙泳拖带。

b. 夹胸拖带。

一般采用此种方法。救助者左臂手由落水者左上肩穿过,经其胸前至右侧的腋下抱住,并以此作为拖带的用力点。救助者可采用侧泳或蛙泳腿技术进行拖带。夹胸臂不可贴近溺者的喉部(一般应距10~15 cm)以防溺者的气管受压,如图4-6所示。

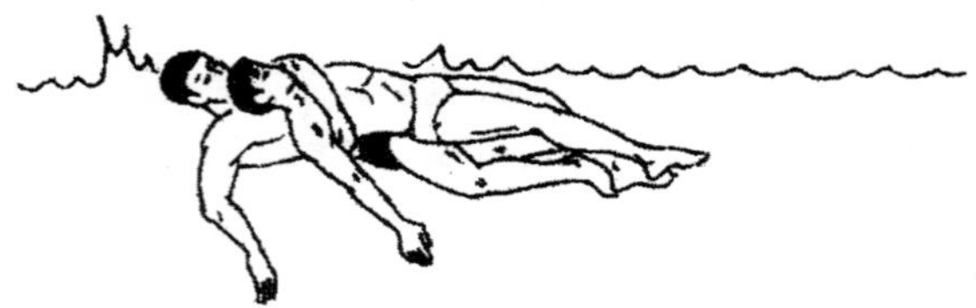

图 4-6　夹胸拖带

c. 拖颊和拖腋拖带法。

拖颊法：拖带时救助者仰卧水面，两臂伸直扶住溺者的两颊，腿可采用仰泳或反蛙泳腿动作使身体前进。

拖腋法：仰卧水面，两臂伸直，以双手的四指挟着溺者的两腋下，大拇指放在肩脚骨上，腿做反蛙泳动作使身体前进，如图 4-17 所示。

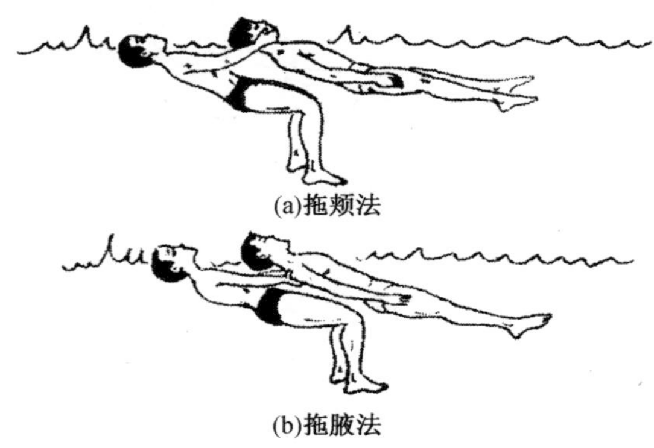

(a)拖颊法

(b)拖腋法

图 4-17　拖颊和拖腋法

(2) 直接入水救助原则

在救助落水者过程中，一般不提倡直接入水实施救助。其原因：没有使用器材（特别是投掷类的救生器材）更直接、更快速、更简便，而且施救者本身也面临危险。特别在恶劣环境施救者自身游泳水平比较差的情况下，强行采用进入水中救助，不但难保救助成功，而且使救助者自身处于危险之中。因此，只有当下列条件具备时方可采用入水救助：

①施救者自身安全能得到保证。

②施救者必须具备一定的救助知识和技能。

③视落水者情况：a. 当落水者不能在水面漂浮或生命面临危急时；b. 当被救者神志不清或丧失意识时；c. 当被救者受伤时。

4.7.3　舰船文书

舰艇文书是舰艇在战斗和日常活动中形成的各种基本文件、表册和图书的统称，包括：①舰艇经历资料，有舰艇经历书、武器装备经历簿等；②舰艇组织部署，有组织系统表、战斗部署表、航行部署表、备战备航部署表、损害管制部署表等；③条令、条例、规则、章程等；④航海资料，有航海指南、潮汐表、航海日志、航泊日志、海图等；⑤其他，如世界各国海军旗章图式、海战法规等。

根据中国人民解放军《内务条令(试行)》第十章日常制度第六节登记统计第一百七十三条,基层单位应当认真做好登记统计,真实、准确、及时、规范地填写"七本、五簿、三表、一册"。其具体意思为:

①七本:即《航泊日志》《连务会记录本》《党支部会议记录本》《团支部工作记录本》《军人委员会工作记录本》《网络、移动电话、涉密载体使用管理登记本》《文件管理登记本》。

②五簿:即《军事训练登记簿》《训练器材、教材登记簿》《营产、公物管理登记簿》《伙食管理登记簿》《军械装备登记簿》。

③三表:即《周工作安排表》《军事训练月统计报表》《一周食谱表》。

④一册:即《人员名册》。

【巩固与提高】

扫描二维码,进入过关测试。

任务 4.7 闯关

任务 4.8 舰艇通信设备与系统

【任务引入】

船舶管理-船内通信系统的布置与使用

【思想火花】

一起听!3 分钟带你认识 11 种中国军号

【知识结构】

舰艇通信设备与系统结构图

【知识点】

船内通信系统的布置与使用

舰艇通信设备是舰艇上用于传输信息的各种设备的统称，分为舰艇外部通信设备和舰艇内部通信设备两类，包括舰艇无线电通信设备、舰艇有线电通信设备、水声通信设备、舰艇视觉通信器材、音响通信器材等。

舰船内部、舰船与外部之间的通信的区别：内通是保障舰船内部指挥、会议电话、生活勤务、通播及监视报警等任务的通信；而外通一般应具有舰-岸、舰-舰（艇）、舰-空无线通信以及应急救生通信的功能和能力。

这两种通信在方式上的主要区别是内通以有线方式为主，其所用的技术与设备与民用电信系统的类似；而外通则主要用无线方式，其在某些频段上与商业移动通信系统有共通之处，但使用了更多的频段和方式来保证其通信的可靠性；两种通信在通信业务种类、调制方式、组网特点及信息的管理处理上也有共通之处。大约自 1990 年代，舰船通信中的内通和外通就基本上不再以独立系统的形式出现了，而是两者被完全结合在一起，形成了内、外通一体化的舰船综合通信系统。

4.8.1　舰船外部通信概述

舰艇外部通信设备一般是指舰船与外部，如与各级指挥所及协同行动的其他舰艇、岸上机动部队、空基与天基平台之间，以及舰船内部所进行通信联络和信息交换。也可以说是根据作战指挥、航行、勤务及内部联络的需要，舰船与外部及舰船内部所进行通信联络和信息交换。

1. 舰艇通信发展

在早期的冷兵器和热兵器时代的漫长岁月里，舰船通信一直是以传递听得到的声音和看得见的信号为基本手段的。这类手段包括：早期用海螺、钟、鼓等发出声音，以及用狼烟、五色旗、手旗和焰火、火箭等视觉信号传递消息，后来又发展了汽笛声和信号灯等手段。

现代无线电舰船通信产生于 19 世纪末、20 世纪初。1897 年夏，俄国人在波罗的海上的“非洲”号和“欧洲”号军舰之间首次进行了无线电通信试验。1899 年，意大利人在英国的 3 艘军舰上安装了无线电通信设备，第一次实现了舰船之间的无线电通信。日本和俄罗斯在 1905 年的日本海大战中，首先把无线电舰船通信用于战争。此后，舰船通信进入了无线电通信的新时代。最初的无线电台使用的是火花式发射机和矿石检波接收机。1918 年之后,电子管的应用及超外差接收制式的发明使无线电通信确立了正弦振荡发射、超外差接受的体制。1920 年到 1980 年是现代无线电舰船通信的重要发展时期。

2. 无线电通信设备

通用无线电通信设备按照所采用的技术及对信号处理方式的不同,现已发展了四代产品:即模拟电台、数字电台、软件电台和软件无线电。国外先进国家海军的舰船通信技术与设备基本是与这些发展同步的,美国海军的舰船通信在二战后更是一直处于世界领先的地位。

模拟电台的特点是其射频部分、中频处理及基带和信源处理,包括功率放大、射频接收、调制解调、混频、滤波等均采用模拟的方式实现。设备一般体积较大,硬件调整比较困难,是舰船通信早期应用的主要设备。

随着数字信号处理技术的不断发展及其在无线电设备中的应用,1970—1980 年,无线电设备经历了由模拟向数字方式的转变。由于早期数字信号能力的限制,初期的数字电台的数字处理仅限于基带和信源部分。其中包括信源编解码、差错编码、信道均衡、载波恢复等,而射频和中频的处理,如调制解调、混调、滤波等,仍采用模拟方式。与模拟电台相比,数字电台的体积较小,耗电省,性能更可靠。

软件电台的进步体现在:除了射频滤波、低噪声放大和功率放大外,电台的其他功能都利用数字处理的器件通过软件编程来实现。软件电台和数字电台虽然采用的都是数字技术,但软件电台具有高度可编程性,包括可编程的中频滤波、信道接入方式和调制解调方式等。软件电台能够自动选择最佳传输信道,并可通过检测传播路径来选择适当的调制方式。另外,它还可以选择最佳的通信模式及合适的通信协议与信号格式来进行通信。这些进步不仅使设备的体积进一步减小,而且使其功能有了更大的提高。

软件无线电是一种理想化的“纯数字”“纯软件”的无线电设备,它的模/数变换装置紧靠射频天线,除功率放大等少数射频处理功能外,其他功能均可通过数字处理器件和软件编程来实现。软件无线电采用的是模式化、开放式的体系结构,其仅通过更新软件版本或更换个别硬件模块就可以实现更新换代。应当说,软件无线电使无线电通信设备实现了由硬件密集型向以软件为中心的结构转移。

4.8.2 舰艇内部通信

舰艇内部通信装备是保障舰艇内部各战位、部位或舱室之间通信联络的设备和器材,主要用于全舰范围内传输交换各种话音、数据、视频和控制管理信息。

传统的舰艇内部通信设备以不同的目的和用途各自分散配置,包括指挥电话、声力电话、自动电话、岸线服务台、舰内广播设备及闭路电视设备等,传输介质为电缆,通信方式以话音通信为主。

①指挥电话,用于指挥命令的上传下达,采用一键通方式,具有对讲、三方通话、全双工会议、半双工会议、广播和报警等多种工作方式,并具有优先级别和强拆等特殊功能,在高噪声环境中还配置了声光呼叫装置和抗噪送受话器。

②声力电话,为无源电话,工作时无须供电,主要用于舰艇重要战位出现电源故障时的应急通信以及防爆舱室之间的通信。

③自动电话,又称程控电话,用于日常勤务通信。

④岸线服务台,在舰艇靠码头后,将内部电话与岸基程控电话网相连,实现舰内电话与岸基电话的互通。

⑤舰内广播设备,对全舰发布命令和报警,或者广播文娱节目。

⑥闭路电视设备,用于舰员日常生活中收看电视节目。

20 世纪末,出现了以宽带信息传输网络为代表的新型舰艇内部通信装备,传输介质为具有通带宽、误码率低、抗电磁干扰能力强等特点的光缆,采用分布式体系结构和通用的传输交换标准,通过布设在船舷两侧的双冗余骨干网和个别舱室的网元连接站,将分布在全舰的各类电话、数据、视频监视、控制单元等终端按照就近接入的原则,综合到一个传输平台上进行传输、交换、控制与管理。同时,还实现了内部通信装备和外部通信装备通过同一平台综合为一个实体,使得具有使用权限的用户终端可以方便、灵活地使用无线信道和有线信道达成各种通信。舰艇新型内部通信装备具有如下特点:传输容量大,传输带宽可达 2.5 千兆比特,能够适应各种宽带业务的传输需求;抗毁能力强,当光缆由于某种原因被切断时,系统具备路由自愈功能,保障信息不间断传输;综合业务传输能力强,可实现语音、数字、视频、控制等综合业务信息一体化传输;设备安装灵活、简便,避免了大量穿舱电缆的铺设,减轻了系统总体质量。

【巩固与提高】

扫描二维码,进入过关测试。

任务 4.8 闯关

任务 4.9　舰船升降旗与礼节

【任务引入】

鸣响汽笛,悬挂代满旗 用最高礼仪迎辽宁舰入列 10 周年

【思想火花】

南海大阅兵完整视频来了

【知识结构】

舰船升降旗与礼节结构图

【知识点】

4.9.1 舰船旗语

1. 国际信号旗构成

现代舰船使用的国际信号旗是用红、黄、蓝、白、黑 5 种不同颜色的旗纱制成，其中字母旗 26 面（从字母 A~Z），数字旗 10 面（数字 0~9），代旗 3 面，回答旗 1 面，一套 40 面旗帜。如图 4-8 所示。

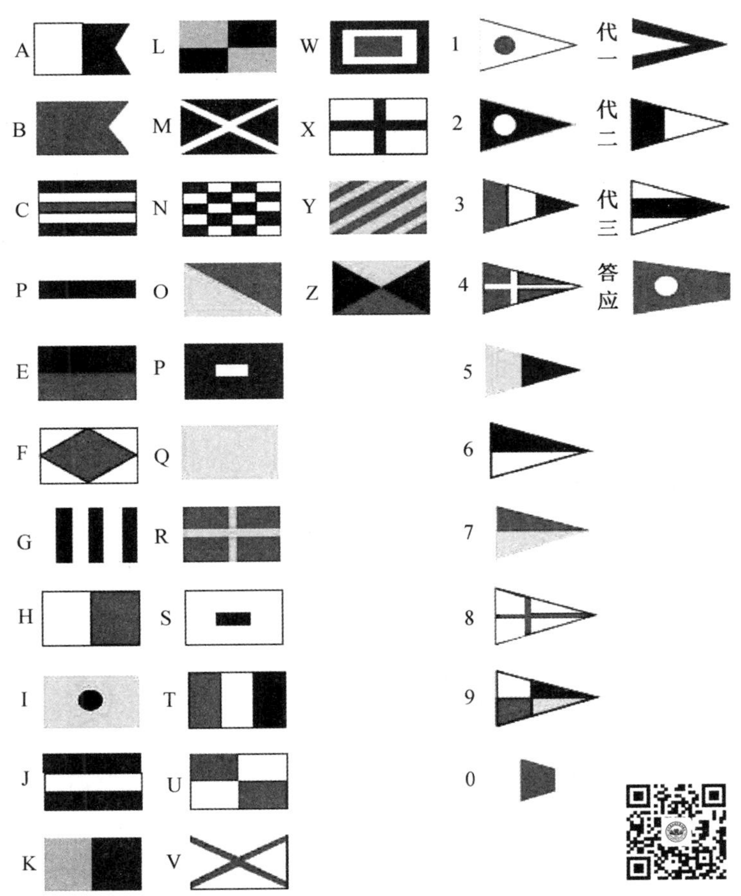

图 4-18 国际信号旗

在船上，它们被存放在旗箱中对应的格子里，便于取用。按照形状不同，国际信号旗分为:长方旗、燕尾旗、三角旗和梯形旗。长方旗的长与宽之比为 7:6;燕尾旗的尺寸同长方旗,缺口的斜边长度是旗长的 1/3;三角旗的长与宽之比为 3:2;梯形旗的长与宽之比为 5:1.5。

信号旗可以单独使用,每面旗帜都有各自特殊的含义。也可以用一组旗帜来表达本船的意图或表示敬意。

2. 国际信号旗含义

A 旗,含义:我下面有潜水员,请慢速远离我。

B 旗,含义:我正在装卸或运载危险货物。

C 旗,含义:是(肯定或“前组信号的意义应理解为肯定的”)。

D 旗,含义:请让开我,我操纵困难。

E 旗,含义:我正在向右转向。

F 旗,含义:我操纵失灵,请与我通信。

G 旗,含义:我需要引航员。

H 旗,含义:我船上有引航员。

I 旗,含义:我正在向右转向。

J 旗,含义:我船失火,并且船上有危险货物,请远离我。

K 旗,含义:我希望与你通信。

L 旗,含义:你应立即停船。

M 旗,含义:我船已停,并已没有对水速度。

N 旗,含义:不(否定或“前组信号的意义应理解为否定的”)。

O 旗,含义:有人落水。

P 旗,含义:在港内表示,本船将要出海,所有人员应立即回船。在海上由渔船使用时表示,我的网缠在障碍物上。

Q 旗,含义:我船没有染疫,请发给进口检疫证。

R 旗,含义:该旗当前没有含义。

S 旗,含义:我的主机正在开倒车。

T 旗,含义:请让开我,我正在对拖作业。

U 旗,含义:你正临近危险中。

V 旗,含义:我需要援助。

W 旗,含义:我需要医疗援助。

X 旗,含义:终止你的意图,并注意我发送的信号。

Y 旗,含义:我正在走锚。

Z 旗,含义:我需要一艘拖轮。

3. 国际信号旗的码组

所谓国际信号旗的码组是指由 2~4 面旗所组成的一种独立信号,有时一个完整的意思只需要一个码组就能表达,有时则需要若干个码组来表达。

舰船大多会配置若干套国际信号旗以及《国际信号规则》,以方便进行区域视觉通信。然而,《国际信号规则》中所列均属于民用通信规则,信号的解释仅适用于民用船只。若是军舰,则各旗号所代表的意义将不同。各国海军会编制各自所属的密码信号书,定期更换。在战时和战斗训练中,军舰都会以特有的信号码组来联系,以确保通信的机密性。简单列举几个民用信号旗码组及含义：

AE：我必须放弃我的船（弃船）。

AE1：我想放弃船舶，但是没有救生设备。

AE2：除非你留下准备救助我，否则我将弃船。

BB：你（直升机）可以在我的甲板上降落。

信号旗码组以字母 M 开头的一般为医疗信息，如：

MAA：我请求紧急医疗指导。

4.9.2 舰船礼节

俗话说，礼多人不怪。作为国际性军种，海军是所有军种中礼仪最多的。舰船礼节主要包括挂满旗、满灯、升挂国旗、设仪仗队和军乐队、船员分区列队、鸣笛、鸣放礼炮、海上阅兵等。目前，虽然世界各国海军的礼仪在等级划分、规模及执行方法等方面不尽相同，但其表现形式是基本一致的。

1. 海军礼炮

（1）礼炮含义

海军礼炮是表示欢迎、庆祝、致敬、哀悼或答谢的隆重海军礼仪。通常在重大节日、庆典、殡葬和举行其他隆重礼仪场合时鸣放。

（2）海军礼炮起源

海军礼炮起源于英国。16 世纪，舰船使用前膛炮，弹药从炮口装填，发射后不能立即进行连续发射。当时，英国海军舰船驶入他国海域或在海上与他国舰船相遇，为向对方表示友好，将炮膛内的炮弹放光，对方的海岸炮和舰船也同样将炮膛内的炮弹放光，表示回报。此后，以鸣炮示敬的形式，逐渐成为国际海军舰船相互致敬和友好的礼节仪式。当时英国最大的军舰装有 21 门大炮，海军司令登舰时 21 门炮齐放，以后鸣放礼炮 21 响即成为海军的最高礼节。

（3）海军礼炮种类

海军对礼炮是很讲究的，舰上有专门的礼炮位置，左右舷各一座。礼炮有 37 mm、45 mm 和 47 mm 口径的，最大的还有 100 mm 的，但一般口径都不大。有国家礼炮、个人礼炮、殡葬礼炮和庆典礼炮。有的国家海军还鸣放皇室礼炮。

（4）不鸣放礼炮的情形

按照国际惯例，下列情况不鸣放礼炮：接受个人礼炮致敬的官员，谢绝鸣放礼炮（但需事先通知对方）；遇有他国节日，该国谢绝鸣放；其他特殊原因。日落后至日出前一般不鸣放礼炮，但对国家元首的致敬礼炮，答谢他国军舰鸣放致敬礼炮，不受此限制。鸣放个人礼炮时，当在场还有该国别的官员，其职衔相当或高于接受礼炮致敬者时，不向其鸣放个人礼炮致敬。另外，礼炮炮弹不是装炸药的实弹，而是装有黑色火药的礼炮专用弹。

2. 升挂国旗

（1）升挂国旗含义

军舰悬挂本国国旗，表示国家的尊严，同时表明军舰的国籍。当其他国家元首登舰时，要在前桅横桁上悬挂该国的国旗，表示对他们的敬意和欢迎。军舰停靠外国港口时，悬挂港口国国旗，表示对这个国家领土的尊重和人民的友好。

(2)隆重升旗要求

隆重升旗是停泊的舰船在规定的节日和逢重大事件时,举行的一种盛大庄重的仪式。隆重升旗是指在列队升旗的同时,升挂满旗、桅顶旗和舰艏旗。中国海军规定,在国家法定的节日和海军成立纪念日、舰船授旗和命名典礼、舰船海上阅兵时,举行隆重升旗仪式。

(3)升旗时机

海军陆上单位或停泊在港内的舰船每日 8 时都要举行升旗典礼,日落时要举行降旗典礼。在 7 时 55 分和日落前 5 分钟吹降旗预备号(有号兵的军舰或单位),或播放号音,如都没有则由当值帆缆士官吹口笛并广播准备升(降)旗,信号士官悬挂准备旗于横桁上,8 时整吹立正号,没有号兵或不播放号音的单位广播立正,或由当值信号士官用哨子吹一长声同时落下准备旗,并将国旗轻快地升至旗杆顶。

3. 满旗和满灯

(1)满旗含义

满旗是海军舰船白天按规定悬挂国旗、军旗,并由舰艏通过桅杆连接到舰艉挂满通信旗的仪式,用于迎接国家元首、政府首脑、军队高级将领和来访的外国军舰,重大节日,隆重活动,出国访问停泊于外国港口时。通信旗的排列是两方一尖,燕尾旗可作为方旗用。不过,不得悬挂与各国国旗图案相同的通信旗,以及用于表示战斗、防核、防化、防空警报的单旗。

(2)升挂满旗时机

通常在早晨 8 时升满旗,日落时降满旗。如果舰船航行时、遇雨天大风或担负战斗值班时,不挂满旗,挂代满旗:即航行时悬挂桅顶旗,停泊时悬挂桅顶旗和舰艏旗。

(3)满灯含义

满灯是海军舰船在夜间按规定沿满旗位置并围绕舰舷和上层建筑的轮廓挂满彩灯的仪式,用于迎接国家元首、政府首脑、军队高级将领,举行隆重庆祝活动。

(4)升挂满灯时机

通常在日落后挂满灯,夜晚 12 时关闭。出于安全原因,油船不挂满灯。当舰船航行、担负值班或在雨天大风时,不悬挂满灯。

4. 仪仗队和分区列队

(1)海军仪仗队的组成

海军仪仗队是执行军队礼仪的海军武装分队。海军仪仗队分陆勤仪仗队和舰上仪仗队。仪仗队员应着制式海军服、携带武器。中国海军规定,执行三级以上礼仪时,舰船或陆勤部队设仪仗队。舰上仪仗队由军官 1 人和水兵 12 人或 24 人组成,陆勤仪仗队则由 60 至 120 人组成。

(2)仪仗队检阅程序

舰上仪仗队的检阅程序是:当首长或外宾登舰距仪仗队适当距离时,仪仗队长下令:“向右(左)看!”仪仗队持枪立正,行注目礼,视线随首长或外宾移动。他们通过后,仪仗队长下令:“向前看!”礼毕。

(3)分区列队的时机

分区列队是船员在舰上列队的一种形式,用于迎接国家元首、政府首脑、军队高级将领、海上阅兵、检阅舰船、访问外国港口进出港时以及其他有关场合。

(4)分区列队的规定

分区列队时,船员面向舷外,根据需要可两舷分区列队,也可在一舷分区列队。我国海军规定,舰船执行三级以上礼仪时,全体船员分区列队。在每层甲板上,军官、士官均站在舰艏方向。

5. 海上阅兵

(1)海上阅兵的含义

海上阅兵是在海上对海军舰船进行检阅的仪式,分为阅兵式和分列式。阅兵式是阅兵者乘检阅舰从受阅舰船前通过进行检阅的仪式;分列式是受阅舰船依次从阅兵舰前侧通过,接受阅兵舰检阅的仪式。不论是阅兵式还是分列式,受阅舰船船员均应分区列队。

(2)海上阅兵的程序

海上阅兵的有关程序如下:

①阅兵式。

阅兵总指挥通常在岸上迎接阅兵首长,然后陪同阅兵首长乘舰船驶向受阅部队。当阅兵首长乘坐的舰船驶至第一艘受阅舰船4~5链距离时,阅兵总指挥宣布阅兵式开始。当受阅舰距首长乘坐的阅兵舰船2链,舷角45°。时,受阅舰船信号兵鸣笛一长声,全体船员立正,舰长发出“向右(左)看”的口令,军官、士官行举手礼,水兵行注目礼,并目迎目送。待阅兵首长乘坐的舰船通过舷角135°时,舰长发出“向前看”的口令,信号兵鸣笛两短声,礼毕。

②分列式。

当阅兵总指挥宣布分列式开始后,受阅舰船保持一定距离依次通过阅兵舰船,接受首长的检阅。进行分列式的舰船,敬礼和礼毕的时机与举行阅兵式时相同。

6. 舰船访问礼节

(1)舰船访问程序

从访问舰船方面来看,按照以下程序执行:

①在抵达被访问国领海后,首先要主动与被访问国的海军指挥机关、港务局或迎接舰沟通联络,并发致敬电。

②在与被访国迎接舰会合后,如迎接舰升挂表示欢迎的国际信号旗,应立即升挂表示感谢的国际信号旗。

③军舰抵达预定换乘区后,应派专人在舷梯口迎接被访国海军礼仪官、联络官和引水员登舰,并安排舰长与其会见。如果是军舰正式访问,应按两国事先商定方式鸣放礼炮。

④军舰进港时,船员应在两舷分区列队。

⑤军舰抵达指定泊位系泊后,一般应在昼间悬挂满旗,夜间挂满灯。

⑥为了表达对被访国海军和人民款待的感谢,来访舰船可在舰上或岸上举行宴会、招待会,招待当地的高级军政官员和知名人士,视情况设军乐队奏乐。

⑦答谢招待会通常在访问结束的前一天举行。

⑧来访军舰访问结束时,舰上最高指挥官应向东道国欢送的有关人员致谢告别,船员两舷分区列队,军乐队奏乐。

⑨出港时,遇东道国军舰和信号台悬挂表示欢送的国际信号旗以及与被访国欢送舰在预定地点告别时,应升挂表示感谢的国际信号旗,同时向东道国海军发出感谢电。

(2)被访问国礼节程序

从东道国方面来看,按照以下程序执行:

①遇外国军舰来访时,东道国通常要派出迎接舰表示欢迎并引导来访舰进港。迎接舰与来访舰沟通联络后,应通过无线电发出欢迎电。

②来访舰进港时,沿港军舰和信号台应升挂表示欢迎的国际信号旗,对方答礼或驶过后降下。

③对于来访军舰的访问活动,东道国海军通常派出联络军官。联络官是东道国海军指挥官的代表。欢迎仪式通常在来访军舰停泊的码头上举行,由当地海军有关方面负责人主持。码头视情况设军乐队。

④东道国应根据军舰来访的性质、指挥官的职务、两国关系等诸因素,安排来访的最高指挥官拜会当地最高海军长官、最高行政长官及东道国海军首脑。

⑤来访舰访问结束后,东道国通常要在码头上举行欢送仪式并视情况设军乐队。

⑥来访舰在欢送舰引导下出港。抵达预定分别点时,欢送舰升挂告别的国际信号旗,船员分区列队致意告别;待来访舰远离后,降下国际信号旗,船员解散。欢送舰同来访舰告别时,应通过无线电发出欢送电。

7. 舰船间礼节

(1)礼节种类

舰船相遇时相互表示敬意的礼节。舰船间礼节方式有:鸣放礼炮、鸣笛鸣哨、降旗、旗语、灯光、船员分区列队、军官行举手礼、水兵行注目礼等。

(2)礼节规定

军舰相遇时礼节的实施:如果两艘不同国家的舰船在海上友好相遇(不是对峙的)时,一般要吹哨或鸣笛,互致敬意。在构成指挥关系时,被指挥的舰船向指挥的舰船敬礼;舰级低的舰船向舰级高的舰船敬礼:如果是同级的,那么在差不多的距离上大家同时敬礼。舰船编队相遇时,职衔低的指挥官所乘坐的舰船向职衔高的指挥官所乘坐的舰船敬礼。通常是相遇的两舰舰艏对齐,或追越舰的舰艏与被追越舰的舰艉对齐,开始敬礼。

(3)敬礼规定

敬礼采取鸣笛或鸣哨方式。鸣笛是海军特有的礼仪。中国海军规定:鸣笛一长声,表示立正或敬礼,两短声表示稍息或礼毕。这种礼节通常用于迎接各级首长和外宾。当他们踏上舷梯或跳板时,更位长鸣笛一长声,列队船员立正;进入舱内后,更位长鸣笛两短声,列队船员跨立。当两艘舰船航行中相遇时,一般也要使用鸣笛这一礼节。

具体程序是:当相遇的两舰舰艏对齐或追越舰的舰艏与被追越舰的舰艉对齐,且距离不超过2链(1链等于185.2 m)时,敬礼舰先鸣笛一长声,表示敬礼;受礼舰鸣笛一长声,表示还礼,随即再鸣笛两短声,表示礼毕;敬礼舰接着鸣笛两短声,礼节即告结束。此时,所有在甲板上的船员听到鸣笛一长声时,均应面向通过的舰船敬礼,军官、士官行举手礼,水兵行注目礼。

8. 登离舰礼节

军人登舰或离舰时向海军旗或国旗致敬的礼节。

(1)礼节方式

①军人在舰船升旗后至降旗前登舰或离舰时,面向舰艉旗杆悬挂的海军旗敬礼;

②当舰船桅顶升挂国旗时,则面向国旗敬礼;

③当数艘舰船并靠时,仅在登上第一艘舰船或离开最后一艘舰船时,面向海军旗或国旗敬礼;

④当集体登离舰船时,由带队者敬礼;

⑤当舰船悬挂满旗或进行外事活动时,如悬挂双方国旗,军人登舰或离舰时,只向主桅杆悬挂的国旗敬礼;如未悬挂双方国旗,军人登离舰时只向舰艉旗杆悬挂的海军旗敬礼。

(2)礼节时机

军人通常在登上或离开舰船舷梯口时,开始敬礼。如双手持物不能行举手礼时,则行注目礼。

【巩固与提高】

扫描二维码,进入过关测试。

任务 4.9 闯关

任务 4.10 舰船损害管制

【任务引入】

铿锵海防行·为战而练 为战而训 记者直击:舰艇损管训练

【思想火花】

"好人理查德"号两栖攻击舰失火被毁,20 多名美军受罚

【知识结构】

舰船损害管制结构图

【知识点】

4.10.1　舰船损害管制常识

舰船损害管制是指舰船上一切保障舰船生命力活动的总称，主要包括损害管制管理、损害预防、抗沉、灭火、装备损害管制、武器袭击条件下的损害管制、援助失事舰船、损害管制训练、损害管制装备器材配置与管理等。舰船损害管制的基本任务是预防、限制和消除舰船的各种损害，保持和恢复舰船的生命力。舰船损害管制应当遵循预防为主、全力限制、积极消除的原则。

1. 损害管制组织

(1)损害管制队(损管队)

舰船应当建立损管队，指定人员担任队长，队员通常由相关专业人员组成。损管队的主要任务是：

①灭火、堵漏、排水。

②加固舱壁、甲板、水密门、舱口盖和人孔盖。

③转换和抢修管路、电路。

④控制全舰空调、通风、气动控制系统。

⑤喷淋、灌注弹药库等重要舱室。

⑥救援失事舱室人员。

舰船损管队的运用应当符合下列要求：

①主要用于限制、消除无人舱室损害，支援其他位置损害管制。

②集中用于应对影响全局的损害、损害的主要方向和关键时机。

③周密组织与其他位置的协同动作。

(2)支援他船损管队

舰船应当视情建立支援他船损管队，下设抗沉、灭火、装备抢修、人员救护、器材供应等若干组；指定人员担任队长，队员通常由相关专业人员组成。

支援他船损管队的主要任务是：

①支援受损舰船抗沉、灭火。

②协助受损舰船抢修装备，恢复通信联络、电力供应。

③搜救、转移人员。

④提供备品备件和损害管制装备器材。

支援他船损管队的运用应当符合下列求：

①主要用于离船损害管制。

②及时掌握受损舰船损害情况，制定支援方案。

③严密组织人员和装备器材的输送。

④周密组织与受损舰船的协同动作。

2. 舰船损害预防的要求

舰船损害预防应当遵循科学设计、精心建造、正确使用、严格管理、合理维修的原则。舰船损害预防的基本要求是：

①各级领导必须高度重视舰船损害预防工作，加强对舰船使用管理和维修的检查、指

导、监督;督促工业部门根据舰船担负的使命任务,在总体设计、装备配备、材料运用和建造维修等方面,严格执行舰船损害预防相关的规范和标准。

②舰船必须建立健全部署和值勤制度,制定、完善损害预防措施和损害管制预案。

③各级领导必须开展损害预防工作研究,增强船员损害预防意识,检查、纠正影响舰船水密的行为,消除火灾和爆炸隐患。

④船员必须严格执行规章制度,遵守操作规程,强化损害管制训练,提高损害管制技能,保持损害管制装备器材齐备、完好,并置于规定位置。

3. 舰船损害管制准备

(1)出航前损害管制准备

①检查、修理损害管制装备,补充损害管制器材。

②检查、修理全舰水密舱壁、水密门、舱口盖、舷窗、人孔和通风口,保持舰船水密。

③检查潜水、救生装设备器材,保持其处于完好状态。

④检查调整导航通信装备、动力装置、电气设备、辅助机械和管路系统,排除装备故障。

⑤检查拖带装备,准备拖带工具。

⑥卸弃不必要的易燃易爆以及妨碍人员行动的物品,必须留下的应当妥善保管。

⑦按照规定装载,质量和数量较大载荷应当分散配置,载荷较大变化,应校核稳性。

⑧做好复杂条件下航行有关准备工作。

(2)备航时损害管制准备

①备便全舰损害管制装备器材和不沉性文件资料。

②备便防护、救生装设备器材。

③调整装载,平衡舰体,抽干舱底积水,消除自由液面,掌握舰船的浮态稳性。

④备便内部通信联络装备器材。

⑤固定活动载荷。

⑥按照规定关闭水密门、舱口盖、舷窗等水密装置。

⑦做好装备应急操纵准备工作。

(3)部署中损害管制准备

舰船应根据部署等级做好相应的损管准备。通常,应当做好下列损害管制准备工作:

①主动力装置停泊时应当处于备便状态,航行时做好全负荷工作准备。

②按照电力战斗使用计划,部分发电机组投入工作,其他发电机组处于备便状态。

③关闭水密门、舷窗和无人舱室舱口盖。

④备便损害管制、救生装设备器材。

⑤打开全船舱室门锁。

⑥按照使用计划分段向全船供消防水。

⑦停止辅助锅炉工作,切断生活供油、供水、供汽(气)。

4.10.2 舰船防沉与抗沉

1. 舰船防沉措施

舰船应当按照平时和离靠码头、狭水道航行、大风浪航行、雾中航行、海上航行补给、拖带、进出坞、结冰等情况,制定和完善防沉措施,并严格执行。

(1)舰船平时的防沉措施

①舰舷、甲板、水密隔墙、水密门、舱口盖、人孔盖、舷窗、海底门等应当分工专人管理，定期检查保养。

②水密门、舱口盖、人孔盖、舷窗的水密胶条应当保持完好，定期抹滑石粉，禁止涂油、涂漆，丧失弹性时应当及时更换。

③水密门、舱口盖、人孔盖、舷窗和海底门的转动装置（喷淋、灌注用的海底门、阀门除外）应当经常转动和涂油。

④每日定时检查全船各底舱，做到无渗漏和积水。

⑤禁止在甲板、水密隔墙、耐压管路、通风管道上钻孔或者切割。

⑥定时检查通过水密隔墙的填料函，保持填料完好。

⑦甲板下的水阀、隔墙连通阀，排水和通风系统的隔离阀应当保持完好，并严格按照规定开关，定期检查疏水管路排出止回阀的可靠性，严防海水倒灌入舱内。

⑧不得擅自将导管、电缆等通过水密门、舱口盖或者舷窗，需要临时通过时，必须经机电部门领导同意并报舰船领导批准，指定专人负责，作业完毕后立即拆除。

⑨新造或者修理后舰船航行试验前，须检查舱室和海底门水密情况，发现问题及时处理。

⑩拆卸海底门、舷孔时，必须采取封堵措施，安排人员现场值更，备便堵漏、排水器材。

⑪舰船水密性能不符合要求时，必须及时修理。

(2)舰船正常航行时防沉措施

①备便损害管制装备器材，保持水消防系统规定压力。

②主动力装置做好全速前进和后退的准备。

③关闭水密门、舷窗和无人舱室舱口盖。

④检查、固定可以移动或者悬挂的物品。

⑤检查、抽干舱底积水。

⑥拆除天遮和围栏帆布。

⑦排除围井中或者甲板上的积水，保持甲板下水管路畅通。

⑧严格按照规定顺序使用油、水，确保油、水舱的自由液面最小。

(3)舰船在离靠码头、航行补给和岛礁区、浅水区、狭水道、雾中航行时防沉措施

①损害管制队人员就位。

②关闭全船舷窗和水线以下的水密门、舱口盖。

③备便预备舵和人力舵，做好应急抛锚准备。

④通常，应当避免转换发电机；确因特殊情况需要转换发电机时，应当确保不断电。

(4)舰船在大风浪航行时防沉措施

①选择适当的航向、航速，避免横浪航行，必要时可以选择适当的角度斜浪航行；转向时，应当采用低速、小舵角，并尽可能在两次大浪之间转向；当发现倾角过大时，应当降低主机转速，不得回舵。

②关闭全船舷窗、甲板上的通风口和水线以下的水密门、舱口盖，确保全船水密。

③导移载荷，降低重心，必要时可以抛弃上部重物，压载空油、水舱或者底部舱室，提高舰船的抗风浪能力。

(5)舰船在结冰条件下航行时防沉措施

①执行出海任务前,必须经过结冰稳性计算。

②及时清除露天甲板以及上层建筑结冰。

③规避浮冰,密切关注舰体和水下装置工作状态。

(6)舰船拖带航行时防沉措施

①拖船与被拖舰船必须保持通信畅通,密切配合,随时观察拖索情况并及时上报。

②拖船应当充分考虑被拖舰船的稳性和耐波性,合理确定拖速,被拖舰船不得随意动车。

③转向时,拖船应当采用低速、小舵角,禁止横向急拖。

(7)舰船进、出坞(上、下排)或者进厂修理时防沉措施

①损害管制装备器材应当尽可能保留在舰船上,并保持完好状态,需要更换或者修理时,应当分批进行。

②未修理的水密门、舱口盖、舷窗等水密装置应当保持完好。

③拆卸海底门或者通舷外的管端后,应当采取密封措施。

④拆卸底部重大装备前,应当校核舰船的稳性,确认在安全范围内后,方可施工。

⑤修理更换穿过舱壁的电缆或者管路后,应当进行水密试验。

⑥拆卸压舱铁前,应当对压舱铁的数量和位置进行记录;安装时,应当按照原来的数量和位置进行安装。

⑦重大改装工程前,应当由工厂或者有关设计部门进行稳性计算;完工后,必须进行倾斜试验,并提供相应文件资料。

⑧大、中修的舰船,应当进行舱壁水密性试验。

⑨进坞或上排前,横倾角、纵倾角必须符合要求,初稳度不得小于规定值。

⑩出坞或下排前,检查水线以下舱室水密情况,确认正常,方可向坞内注水。

⑪出坞或下排时,应当组织人员检查底舱、海底门、减摇鳍、舵轴、艉轴等的水密情况,及时消除泄漏隐患。

2. 舰船抗沉的原则

舰船抗沉之成败,关系着舰船的存亡,关系着战斗的胜负。抗沉指挥管理,是舰船各级领导的主要职责之一。在抗沉战斗中必须遵循下列基本原则:

(1)集中力量,限制水的蔓延

舰船的抗沉指标表明:一两个破口进水,甚至两三个舱被淹,只要限制了水的蔓延,且不再遭到破损,舰船一般是不会沉没的。海战经验证明,多数舰船的沉没或失去航行和战斗力,是由水蔓延造成的。经验也证明,舰船虽然有严重的破损,但由于限制住水蔓延,舰船因而得以保存并保持了一定的航行和战斗力。例如,第二次世界大战中,德国某 T-3 型驱逐舰,只命中一颗炸弹,但由于炸弹爆炸时,其他部位舱口敞开着,水迅速扩散蔓延。且产生严重横倾,15 min 后该舰沉没。限制水蔓延的基本方法是前述的堵漏、支撑加固、排水三种。

(2)提高稳度,节约贮备浮力,必要时可以放弃贮备浮力换取稳度

国外大量沉没舰船的资料表明:绝大多数遇难船只最终都是由于丧失稳性,很快而突然地倾翻的,只有极少数是丧失储备浮力而保持正直下沉的。并且,正直下沉的速度较慢,往往会持续几个小时以上。所以,如破损严重,稳性恶化,应果断地采取牺牲部分储备浮力来保持稳性的措施,以便争取时间,一面对敌作战,一面进行抗沉抢救舰船。

(3)多舱进水,又存在大面积自由液面并有倾斜时,应当先按照负初稳性处理

多舱进水存在大面积自由液面、舰船有较多的高载荷或底舱油水消耗过多、有大量的悬挂载荷和活动载荷等情况下,都容易出现负初稳性。当出现负初稳性的特征时,抗沉工作必须谨慎从事,禁止直接平衡舰船。这时关键是设法减少自由液面和降低重心,使稳心高提高到正值,只有判定负初稳性特征消失后,才能按一般方法来平衡舰船。

平衡有负初稳性舰船的方法:

①减小或消除自由液面,制止海水自由流通。

②对称地铅垂下移载荷或对称地去掉高载荷。

③底舱对称地加满压载水。

平衡时采取逐步法,注意观察,直至负初稳性消除为止。当初稳性恢复到正值时,舰船自然扶正。如确有偏倾载荷,则在负初稳性消除之后,才可用加反力矩方法平衡剩余的倾斜。在消除负初稳性过程中,调整载荷时切勿造成倾斜力矩。在负初稳性消除之前,操纵舰船应注意:不可急转弯,尽可能保持航向,以免发生意外。

3. 舰船抗沉的基本方法

(1)堵漏

堵漏即堵塞漏洞、裂缝,防止破损舱室被淹。

①堵漏的基本原则。

a. 动作快。

一旦发现破口进水,立即用手边一切可利用的器材、物品堵漏,必要时用身体先阻止水流。不要等待命令,即使不能完全堵住水流,也要最大限度地减少进水量,延缓舱室和机器被淹时间,为抗沉斗争和海战创造有利条件。

b. 先堵塞主要水流。

堵漏的顺序是:先大(洞)后小(洞),先下(洞)后上(洞),先易后难,先堵住后加固密封。

c. 根据需要和可能,不同破洞不同对待。

水线以下的小破洞,凡力所能及者要立即堵上。水线附近的干舷破洞要及时堵好,不能忽视。战时不能堵塞的破洞,在战斗间隙或退出战斗后再堵。本舰不能堵的破洞,做好安全措施后,待回基地修理。

②堵漏的主要方法。

a. 一般破口使用木塞、堵漏箱、堵漏垫、泡沫堵漏器、堵漏伞等制式或者棉被、毛毯等非制式堵漏器材堵漏;

b. 裂缝使用木楔、麻絮等器材堵漏;

c. 舱壁上的填料函,采用压紧,增加填料或者使用涂有油漆膏的麻絮铅块等堵塞。

(2)支撑

支撑即加固舱壁、水密门、舱口盖,阻止海水蔓延。

①支撑的要求。

a. 舱壁甲板桡度未增加,短时间内并无危险,可暂不支撑;

b. 舱壁甲板桡度增加,而且舱内进水量也增加,必须立即支撑;

c. 当舰体破损严重时,如果舰速对破损灌注舱的舱壁有很大影响时,应降低航速和支撑;

d. 当有风暴,海浪冲击力很大时,应避免水流经大破洞对舱壁的直接冲击。

支撑是抗沉中的一项重要活动,支撑的目的是压紧堵漏器材,加固舱壁、舱口盖、水密门、甲板等以限制水的蔓延,支撑也是平时损管训练中应经常进行操练的内容。

②支撑的主要方法。

a. 一字支撑法:适用于被支撑物中心正对面有依托物时的支撑;

b. T形支撑法:适用于被支撑物中心对面有依托物,但不正对被支撑物中心时支撑;

c. 下端无依托支撑法:T形支柱大于舱室高度,支柱纵向倾斜,斜柱在两层甲板之间撑紧,斜柱与铅垂方向的夹角不大于10°的支撑;

d. 人字支撑法:两根支柱同时顶在被支撑物上或者将上支柱压在下支柱上,两根支柱组成人字形的支撑;

e. 重叠支撑法:支柱长度不足,在中间建立一根立柱,再在立柱两边建立纵向支柱,以接力方式传递到依托物上的支撑。

(3)排水

排水即排除舱内积水、提高贮备浮力。

①排水的功能。

a. 排除破损进水,提高舰船的贮备浮力和稳度;

b. 消除自由液面,提高舰船的稳度;

c. 推延舱室灌注时间,利于损管抢救;

d. 保持舱室无积水、干燥。

②排水的主要方法。

将舱室的水排出舷外可利用固定的排水、吸干系统排水吸干、移动排水器材、人工排水等(如用桶打、拖把吸干);在一定条件下可用气压排水(如潜艇上高压气排水)、充填轻质物品(如泡沫塑料)等排水。

舰船排水的主要方法有:

a. 水位下降,应当全力排水;

b. 水位不变,应当增加排水器材数量;

c. 水位继续上升,当增加排水器材无效时应当停止该舱排水,将排水器材转入其他舱室排水,并首先排除离破口最远的舱室积水;

d. 将破损舱室内的进水导移疏放到另一舱室进行排水时,应当密切注意水位,防止超过安全高度,超过安全高度时,应当立即关闭连通阀,停止导移;

e. 禁止通过水密门、舱口盖或者人孔导移,必要时,可以在甲板、舱壁钻孔,导移完毕后立即封闭。

(4)平衡

平衡即调整载荷,保持和恢复舰船浮态稳性。

①平衡舰船的目的。

平衡舰船就是为了提高舰船的稳性,消除纵横倾及保障武器装备的正常使用。各级舰船有不同的平衡标准,如驱逐舰以下舰船,横倾角要求小于3°~5°,巡洋舰以上舰船要求不大于4°~5°,如超过上述角度,应迅速平衡至所要求的范围之内。

②平衡舰船的基本方法。

各级舰船有不同的平衡标准,如驱逐舰以下舰船,横倾角要求小于3°~5°,巡洋舰以上舰船要求不大于4°~5°，如超过上述角度，应迅速平衡至所要求的范围之内。平衡舰船主要是借助于平衡舱进行，其方法有：

a. 排出载荷法：即排除破损舱附近的载荷，或排除已堵塞好破口的灌注舱积水。这种方法节约储备浮力，但舰船上可卸可排载荷不多，如排出燃油会影响续航力和暴露航迹。

b. 导移载荷法：即将破损舱附近的载荷导移至破损舱的对角位置。通常是导移油水，也可搬运其他重物。这种方法不再损失储备浮力，但速度慢。因此，采用导移载荷法时，应选对角远舱，尽量从高外向低处导，而且尽可能导尽装满。

c. 对角灌注法：即在破损舱的对角舱加灌海水。这种方法平衡速度快，如灌注舱室低，还可以提高初稳性，但要损失一部分储备浮力。因此，在采用对角灌注法时，应选择远的、小的而且低的对角舱室，并尽量灌满。

4. 舰船抗沉行动

(1)舰船舱室破损进水时，破损舱室船员行动要求

①高喊某舱某部位破损进水，迅速报告位置长；停泊时报告部门值日或者舰值日。

②迅速堵漏，并限制水的蔓延。

(2)舰船舱室破损进水时，破损舱室所在位置行动要求

①报告上级，并通报相邻位置。

②迅速组织堵漏、排水，关闭通往邻舱的水密门。

③必要时转换受浸水影响的管路、电路系统、停止装备工作。

④向上级提出援助需求和弃舱建议。

(3)舰船舱室破损进水时，相邻位置行动要求

①报告上级。

②关闭通向邻舱的水密门、舱口盖和隔离阀门，检查本舱渗水情况。

③备便排水、堵漏、支撑器材，必要时支撑舱壁、水密门、舱口盖。

④做好支援邻舱损害管制准备。

损管队还应当监控损害区域的实时状态，将损害情况报告上级，听令参加损害管制。

(4)舰船严重破损时行动要求

①迅速查明破损情况和进水区域。

②集中损害管制力量，限制水的蔓延。

③堵塞破口。

④加固破损或者薄弱部位。

⑤排除积水。

⑥调整载荷，保持和恢复舰船浮态稳性。

⑦合理操纵舰船，减少动水压力威胁。

(5)舰船多处破损时行动要求

①集中调配损害管制力量，消除主要威胁；可能出现负初稳性时，应当慎重处理。

②先下后上，先大后小，先阻止主要水流，后水密加固。

③水线面附近舱室破损造成舱内积水与舷外水相连通，或者中性面以上舱室进水特别是存在自由液面时，应当立即处理。

④及时消除舱内自由液面。

⑤当破损严重威胁舰船安全时，方可灌注动力舱室和弹药库等重要舱室。

遇双层底舱进水，水线以下舱室特别是左右舷对称舱室灌满时，可以暂缓采取处理措施。

(6)舰船搁浅或者触礁后行动要求

①立即停车，不得贸然倒车。

②查明舰体损坏部位、程度和海底底质、坡度，测量艏艉、两舷吃水。

③将搁浅或者触礁的时间、海域、气象、水文等情况，记入航海日志。

④关闭全船水密装置，备便损害管制装备器材。

⑤组织堵漏、排水和支撑舰体，不间断检查全船底部舱室破损和进水情况。

⑥保护动力和其他重要舱室，注意破损对动力装置用油的影响。

⑦采取灌注、压载、抛锚、带缆、舷外支撑等措施，限制损害扩大，防止舰船倾覆。

⑧研究制定脱险方案，组织脱险，本舰无力脱险时，请求援助。

(7)舰船具有下列情形之一的，应当判定为处于负初稳性状态。

①舰体大破损多舱室进水、灭火产生积水存在大面积自由液面，或者冬季严重结冰，或者因装载不当重心显著升高，引起舰体不定期时而左倾、时而右倾。

②过大倾斜于不对称进水舱室的一舷。

③倾斜于不对称进水舱室的另一舷。

舰船处于前款规定的情形时，禁止采用反力矩的方法扶正，应当消除或者减少自由液面和降低重心，并采取下列措施恢复初稳性为正值:

①对称卸去或者下移高处载荷。

②对称排除上部舱室积水。

③对称压载底部舱室。

(8)舰船破损具有下列情形之一的，方可弃舱

①破损舱室进水量或者速度超过本舰的堵漏和排水能力时。

②破损舱室对全船不沉性影响较小，为了战斗需要或者处置其他更严重的损害时。

弃舱前，应当停止机械工作，切断电源，关闭受损系统的隔离阀，取出重要文件资料，撤出人员，封闭舱室，加固水密门、舱口盖、隔墙。

【巩固与提高】

扫描二维码，进入过关测试。

任务4.10闯关

项目 5　舰船业务管理

【项目描述】

通过舰船涉外执法、舰船战备、舰船应急与防污设备、舰船人员管理等相关知识的学习与技能训练，达到士官第一任职能力所要求具备的有关舰船业务管理的标准要求。

一、知识要求

1. 了解舰船海事维权和执法的基本要求；
2. 了解舰船战备方案的基本要求；
3. 了解舰船装备管理，尤其是应急设备管理的基本要求；
4. 了解舰船防污设备种类及基本要求；
5. 了解国家关于劳动法的基本规定；
6. 了解舰船值班的基本规定要求；
7. 了解舰船执勤基本准则要求。

二、技能要求

1. 能采取合理有效措施，保障国家海洋权益；
2. 在战备中，确保站位的执勤准确到位；
3. 能落实职责分工，确保舰船装备功能正常；
4. 能操纵和管理舰船防污染设备；
5. 能遵守和执行劳动法；
6. 能够完成舰船出航准备、舰船航行与舰船停泊管理的职责；
7. 能执行舰船日常勤务舰船日常管理。

三、素质要求

1. 具有自主学习意识，能主动建构知识结构；
2. 具有团队意识和协作精神。

【项目实施】

任务5.1　涉外海上执法业务

【任务引入】

请立即离开！央视曝光中国海警船在南海海域驱逐外国渔船

【思想火花】

海巡船宣传片

【知识结构】

涉外海上执法业务结构图

【知识点】

随着我国海洋经济的快速发展和国际海洋战略格局的不断变化，我国海上安全、海洋权益面临的形势十分严峻和复杂，中国常见的海上执法部门包括海巡、海警等，它们分别隶属不同的部门。

本任务主要讨论海警涉外执法业务，涉外已成为海警机构（中国海警局及其海区分局和直属局、省级海警局、市级海警局、海警工作站）执法环境的重要特性。

5.1.1　中国人民武装警察部队海警总队历史变革

中国人民武装警察部队分为三大块，分别是内卫总队、机动总队、海警总队。从武警机构设置来看，武警海警总队与地方省级武警总队级别一致，都为正军级建制。武警海警总队的特殊性，又决定其身份与其他省份武警总队有所区别。武警海警总队有三大特性，一为武警，二为准海军，三为国家海洋维权力量。

国家在沿海地区按照行政区划和任务区域编设中国海警局海区分局和直属局、省级海警局、市级海警局和海警工作站，分别负责所管辖区域的有关海上维权执法工作。中国海警局按照国家有关规定领导所属海警机构开展海上维权执法工作。

中国人民武装警察部队海警总队(China Coast Guard),是中国人民武装警察部队下辖的总队,对外称为中国海警局,统一履行海上维权执法职责。我国的管辖海域约300万 km^2,是内海和领海总面积37万 km^2 的8倍,大陆架面积约130万 km^2。

2013年,国务院将中国海监总队、中华人民共和国农业农村部渔业渔政管理局、公安边防海警、海关海上缉私四支队伍进行整合,重新组建国家海洋局,国家海洋局以中国海警局名义开展海上维权执法,统一指挥调度海警队伍开展海上维权执法活动。

2018年,第十三届全国人民代表大会常务委员会第三次会议决定,国家海洋局领导管理的海警队伍转隶武警部队,组建中国人民武装警察部队海警总队,称中国海警局,中国海警局统一履行海上维权执法职责。2019年7月10日,中国海警局95110海上报警电话开通。2020年1月1日起,中国海警执法证正式启用。2021年1月1日中国海警局官方网站正式启用。

直属海区分局与地方海警支队机构设置如下:

中国人民武装警察部队海警总队北海海区指挥部(中国海警局北海分局)

中国人民武装警察部队海警总队东海海区指挥部(中国海警局东海分局)

中国人民武装警察部队海警总队南海海区指挥部(中国海警局南海分局)

中国人民武装警察部队海警总队辽宁支队(辽宁海警局)

中国人民武装警察部队海警总队天津支队(天津海警局)

中国人民武装警察部队海警总队河北支队(河北海警局)

中国人民武装警察部队海警总队山东支队(山东海警局)

中国人民武装警察部队海警总队江苏支队(江苏海警局)

中国人民武装警察部队海警总队上海支队(上海海警局)

中国人民武装警察部队海警总队浙江支队(浙江海警局)

中国人民武装警察部队海警总队福建支队(福建海警局)

中国人民武装警察部队海警总队广东支队(广东海警局)

中国人民武装警察部队海警总队广西支队(广西海警局)

中国人民武装警察部队海警总队海南支队(海南海警局)

中国人民武装警察部队海警总队第一支队(中国海警局直属第一局)

中国人民武装警察部队海警总队第二支队(中国海警局直属第二局)

中国人民武装警察部队海警总队第三支队(中国海警局直属第三局)

中国人民武装警察部队海警总队第四支队(中国海警局直属第四局)

中国人民武装警察部队海警总队第五支队(中国海警局直属第五局)

中国人民武装警察部队海警总队第六支队(中国海警局直属第六局)

中国人民武装警察部队海警总队第一航空大队

中国人民武装警察部队海警总队第二航空大队

中国人民武装警察部队海警总队第三航空大队

海警工作站(县级)

中国海警首次分区域设置海警工作站,实现海上执法力量全域分布,以提高海上执法效能。

5.1.2 中国人民武装警察部队海警总队的职责

海警总队行政执法，是指海警机构依法实施监督检查、调查取证、行政强制以及做出行政处罚等执法行为。涉外执法是指具有涉外相关因素的执法活动。涉外因素既包括外国人、外国国家、外国组织、外国机构，也包括在中国领域外发生的涉及中国国家或中国公民利益的事务。

行政执法应当遵循合法、公正、公开、及时的原则，尊重和保障人权，保护公民的人格尊严。办理涉外行政案件，应当维护国家主权和利益，坚持平等互利原则。

海警执法依据包括《海警法》《领海及毗连区法》《专属经济区和大陆架法》《治安管理处罚法》《渔业法》《海洋环境保护法》等法律、法规。

海警机构依法履行下列职责：

①在我国管辖海域开展巡航、警戒，值守重点岛礁，管护海上界线，预防、制止、排除危害国家主权、安全和海洋权益的行为；

②对海上重要目标和重大活动实施安全保卫，采取必要措施保护重点岛礁以及专属经济区和大陆架的人工岛屿、设施和结构安全；

③实施海上治安管理，查处海上违反治安管理、入境出境管理的行为，防范和处置海上恐怖活动，维护海上治安秩序；

④对海上有走私嫌疑的运输工具或者货物、物品、人员进行检查，查处海上走私违法行为；

⑤在职责范围内对海域使用、海岛保护以及无居民海岛开发利用、海洋矿产资源勘查开发、海底电（光）缆和管道铺设与保护、海洋调查测量、海洋基础测绘、涉外海洋科学研究等活动进行监督检查，查处违法行为；

⑥在职责范围内对海洋工程建设项目、海洋倾倒废弃物对海洋污染损害、自然保护地海岸线向海一侧保护利用等活动进行监督检查，查处违法行为，按照规定权限参与海洋环境污染事故的应急处置和调查处理；

⑦对机动渔船底拖网禁渔区线外侧海域和特定渔业资源渔场渔业生产作业、海洋野生动物保护等活动进行监督检查，查处违法行为，依法组织或者参与调查处理海上渔业生产安全事故和渔业生产纠纷；

⑧预防、制止和侦查海上犯罪活动；

⑨按照国家有关职责分工，处置海上突发事件；

⑩依照法律、法规和我国缔结、参加国际条约，在我国管辖海域以外区域承担执法任务；

⑪法律、法规规定的其他职责。

5.1.3 中国人民武装警察部队海警总队涉外执法

处理海上涉外案件总的原则是既要维护国家主权、海上治安秩序，又要遵循国家的外交方针、政策，推动我国与周边国家睦邻友好关系；既要考虑政治效果，又要考虑涉外效果，使政治效果与涉外效果有机结合。

海上维权执法工作坚持中国共产党的领导，贯彻总体国家安全观，遵循依法管理、综合治理、规范高效、公正文明的原则。

海上维权执法工作的基本任务是开展海上安全保卫，维护海上治安秩序，打击海上走私、偷渡，在职责范围内对海洋资源开发利用、海洋生态环境保护、海洋渔业生产作业等活动进行监督检查，预防、制止和惩治海上违法犯罪活动。"维权执法"的执法手段包括：

第一类是发现手段：巡航。发现手段是指通过对我国管辖的海域进行巡航，发现侵犯我国海洋权益的行为。巡航区别于随航监管与巡航监视手段，前者并没有特定的执法对象，而后者具有特定的执法对象。

第二类是监督手段。这类手段主要包括随航监管、监视、跟踪、监管、巡航监视、监督检查、登检。监督手段是为了发现执法对象侵犯我国海洋权益的行为，因此对其航行与作业进行监督。监督既包括对在我国海域内合法作业与航行船舶的执法检查行为，也包括对未经批准与备案进入我国海域内的陌生船舶实施的监视与跟踪行为。

第三类是取证手段：拍摄录像、照片。取证手段是在对执法船舶的监督过程中，对其侵犯我国海洋权益的事实进行拍摄、记录，以作为执法证据或外交依据使用。比如 2004 年，在"春晓"油气田附近对日方船舶进行的"维权执法"活动中，拍摄录像 807 分钟、照片 7 232 张。

第四类是示警手段：警告、喊话。示警手段是在发现执法对象船舶进入我国管辖海域后，或发现其违法行为后，我国执法船舶对其宣示管辖权，并对其违法行为予以警告的行为。比如 2012 年 7 月，中国海监在南沙群岛开展维权巡航执法活动时，向外籍渔船进行喊话："西沙群岛和南沙群岛是中国领土。中国对上述群岛及附近海域拥有无可争辩的主权，任何国家对西沙群岛和南沙群岛提出领土主权要求，并依此采取的任何活动，都是非法的、无效的。"

第五类是处置手段：责令停止、责令离开、查处、拦截、驱离。处置手段是指在确定或怀疑执法对象船舶存在侵权行为后，对其采取措施，有效保护我国海洋权益的行为。比如 2013 年，中国海监成功驱离钓鱼岛领域内进行非法活动的 10 艘日方渔船。

第六类是保护手段：巡护、护航警戒、保护。保护手段主要是进行海上目标的警戒、保护以及对于我国正常海上作业活动的保护。比如 2012 年 4 月，国家海洋局出动中国海监执法编队，对被菲律宾军舰袭扰的中国渔船实施保护。

"维权执法"手段法律依据包括：《中华人民共和国海警法》《中华人民共和国渔业法》《中华人民共和国海上交通安全法》《中华人民共和国治安管理处罚法》《中华人民共和国海洋环境保护法》《中华人民共和国刑事诉讼法》《中华人民共和国海关法》《中华人民共和国海岛保护法》。

跟踪监视、扣留、强制驱离、强制拖离、登临、检查、拦截、紧追、调查取证、使用武器在内的一切措施是依据《中华人民共和国海警法》规定的执法措施，喊话，巡航监视，监视，拍摄录像、照片等均是《中华人民共和国海洋环境保护法》规定的执法措施，责令离开是《中华人民共和国渔业法》中规定的执法措施，监管是《中华人民共和国海关法》中规定的执法措施。但对外国船舶登临、检查、拦截、紧追，遵守我国缔结、参加的国际条约的有关规定。

海警机构因处置海上突发事件的紧急需要，可以采取下列措施：

①责令船舶停止航行、作业；

②责令船舶改变航线或者驶向指定地点；

③责令船舶上的人员下船，或者限制、禁止人员上船、下船；

④责令船舶卸载货物，或者限制、禁止船舶卸载货物；

⑤法律、法规规定的其他措施。

【巩固与提高】

扫描二维码，进入过关测试。

任务 5.1 闯关

任务 5.2　舰 船 战 备

【任务引入】

夜训突遇空情！东部战区海军航空兵迅速驱离“外机”

【思想火花】

境外公司利用阳台搜集我国敏感信息

保密防线

【知识结构】

舰船战备结构图

【知识点】

5.2.1　舰船战备概述

1. 军队战备的主要工作

舰船进入临战战备动员，战备值班人员昼夜坐班，无线电指挥网全时收听，保障不间断指挥，运用各种侦察手段，严密监视敌人动向，进行应急扩编，战备预备队和军区战备值班部队，按战时编制满员，所需装备视补充能力优先保障，完成阵地配系，落实各项保障，部队人员、兵器、装备疏散隐蔽伪装，留守机构组织人员向预定地区疏散，完善行动方案，完成一切临战准备，部队处于待命状态，停止一切休假，停止一切转业、退伍人员。

2. 战备工作的基本内容

(1)进行战备思想教育

战备思想教育是以增强战备观念为目的的教育。主要是组织进行马克思主义战争观的学习。认清国际形势和我国周边环境，了解帝国主义、霸权主义发动战争的惯用手段和现代战争特点，明确我军的根本职能和军人的基本职责。通过教育，使官兵懂得战争的起源和性质，认清帝国主义、霸权主义的反动本性，树立无产阶级的战争观，认清未来反侵略战争的性质、特点和敌我双方的长处与弱点，坚信人民战争的威力，牢固树立敢打必胜的信心；正确认识和理解我军建设指导思想实行战略性转变及其深远意义，牢固树立战斗队思想，常备不懈，随时准备消灭入侵之敌，保卫社会主义祖国，保卫人民和平劳动。

(2)制定并落实舰船战备方案

舰船战备方案是舰船为遂行水上使命任务而预先制定的行动方案，它是舰船战备建设的重要内容，是舰艇部队正规化建设的重要体现，是提高舰艇快速反应能力和综合保障能力的基本措施。

(3)落实战备值班制度

战备值班制度是战备制度内容之一。为防备敌人突然袭击和应付其他紧急情况建立的指挥员(首长)、指挥机关、部(分)队值班的制度。战备值班是促使舰船保持经常戒备的重要措施，确保在突发事件来临时，舰艇部队能及时上情下达，做出快速反应，尽快而有序地进入临战状态，并实施不间断的指挥。

(4)搞好战备器材储备，保持舰船技术状况完好

战备器材和船艇装备是舰船完成战时保障任务的物质基础，因此搞好战备器材储备，保持船艇技术状况是完成舰船战备工作的重要内容。

舰船航海保障器材，亦称舰船航保器材，是舰船航海保障所必备的非装备的航海、测量、海洋气象专用器材的统称。如磁罗经、六分仪、平行尺、水听器、干湿温度计、深度探测仪等。

舰船防险救生设备，是用于减少、限制因战斗或事故造成的损害，对舰船和人员进行援救或自救的设备、器材的统称。主要包括舰船损害管制、救生与求救、潜水等的器材和装具，舰艇助浮、离浅和拖救等设备。

舰船损害管制器材，主要包括舰艇抗沉和防火、防爆器材，如堵漏板、堵漏塞、堵漏垫、堵漏支柱，灭火器、灭火车、灭火弹、活动消防泵、消防防护衣等。

救生与求救器材，主要包括救生衣、救生圈、救生筏、潜艇艇员脱险救生装具和器材、落水飞行员救生装具、失事信标机、救生信号浮标和救生电台等。

潜水装备，既用于防险救生，也用于海上打捞和科学考察等水下作业。主要包括各种潜水装具、潜水钟、加压舱和水下作业时佩戴的设备。

舰船助浮、离浅、拖救设备，主要有各种浮筒、拖绞设备和潜艇半自动吊钩、打捞千斤等打捞设备。

在海军的防险救生保障活动中，还有许多专用的防险救生装备，如防救船、救生船、消防船、救生艇、深潜救生器(艇)、潜水工作船和工作车、救助拖船等。

舰船技术保障目的是保持、恢复和提高舰船及其装备(军械、通信、雷达、声呐、航海保

障、自动化火控指挥系统等)的技术战术性能,延长使用寿命,提高舰船在航率,以适应作战、训练等任务的需要。在现代战争中舰船损伤剧增,舰船技术保障已成为保持舰艇编成的最重要的措施。

5.2.2 舰船战备方案

舰船战备方案亦称“战备预案”,是军队为进行战争准备而颁发的各种制度和规定的统称。如情报报知、警报发放、战备等级、战备值班等制度或规定。舰船战备方案具体包括作战方案和部队机动与展开方案、人员收拢方案、动员扩编方案、作战保障方案、物资储备方案、后勤与装备保障方案、紧急疏散方案等。

舰船战备预案,是舰艇部队为战时遂行水上任务而预先制定的方案,包括战备方案及其保障方案。由舰艇部队司令部会同有关部门,依据上级指示、本级首长意图、本部队任务、船艇技术状况及保障条件等组织拟制。

战备方案主要内容包括:上级的作战意图和赋予本部队的任务;指挥组织及保障措施;各种行动方案,如各指挥所、船艇疏散锚地、通信保障分队的位置,疏散的路线(航线)、顺序和时限,各类船艇所担负的任务,协同单位与协同关系等;通信联络的组织措施;各种物资携带量的规定,以及运输工具的确定;后方留守组织的建立及警戒防卫措施。

保障方案包括航海、通信、后勤、抢修等方案。

(1)航海保障方案

航海保障方案主要内容是:航保资料的需求量、筹措渠道、分配原则、补充办法及航行通告的报知方法;航海仪器设备的配置标准、使用规定和受损后的抢修方案;战时船艇活动水域航标分布、识别方法;航海骨干队伍的组成、调配和更替措施。

(2)通信保障方案

通信保障方案主要内容是:通信组织建立;通信指挥、协同和通信联络办法;防核、防化学、防生物武器和反空袭报知通信的组织;通信分队任务和人员、器材的分配;通信预备队组成。

(3)后勤保障方案

后勤保障方案主要内容是:战时保障的组织领导;各类物资的储备标准、消耗定额、补充方法和前送顺序及其具体措施;医疗人员的配备、使用区分,以及救护、后送的保障措施等。

(4)抢修保障方案

抢修保障方案主要内容是:抢修组织建立;技术骨干力量编配与分工;抢修工具、仪器及器材携带标准;抢修人员和物资输送方法及生活保障;抢修工作组织程序与协同关系;安全措施等。

5.2.3 战备等级转换

战备等级,通常由军队最高指挥机关和军种、兵种指挥机关制定并以法规性文件发布施行。主要内容包括:战备等级的划分;发布进入和解除等级战备权限;战备等级转换方式和要求。主要包括各级各类部队应完成准备工作事项和指挥机关、人员、装备应达到的准备程度,战备等级的进入和解除由军队最高指挥机关或由它授权的指挥机关以命令形式下达执行。

区分战备等级是世界各国军队通行做法，各国军队情况不同，对战备等级划分也不同，在等级设置、作战准备要求、进入和解除等级战备发布权限和战备等级转换方式等方面各有些差异。

中国人民解放军的战备等级是以平时经常的战备为基础，划分为多个战备等级，即四级战备、三级战备、二级战备、一级战备，这四个战备等级的区别如下。

四级战备：即国外发生重大突发事件或者我国周边地区出现重大异常，有可能对我国安全和稳定带来较大影响时部队所处的战备状态。部队的主要工作：进行战备教育和战备检查；调整值班、执勤力量；加强战备值班和情况研究，严密掌握情况；保持通信顺畅；严格边境管理；加强巡逻警戒。四级战备是在几个战备等级中最低的一级，属于常态的战备状态。

三级战备：即局势紧张，周边地区出现重大异常，有可能对我国构成直接军事威胁时，部队所处的战备状态。部队的主要工作：进行战备动员；加强战备值班和通信保障，值班部队（分队）能随时执行作战任务；密切注视敌人动向，及时掌握情况；停止休假、疗养、探亲、转业和退伍。控制人员外出，做好收拢部队的准备，召回外出人员；启封、检修、补充武器装备器材和战备物资；必要时启封一线阵地工事；修订战备方案；进行临战训练，开展后勤、装备等各级保障工作。

二级战备：即局势恶化，对我国已构成直接军事威胁时，部队所处的战备状态。部队的主要工作：深入进行战备动员；战备值班人员严守岗位，指挥通信顺畅，严密掌握敌人动向，查明敌人企图；收拢部队；发放战备物资，抓紧落实后勤、装备等各种保障；抢修武器装备；完成应急扩编各项准备，重要方向的边防部队，按战时编制齐装满员；抢修工事、设置障碍；做好疏散部队人员、兵器、装备的准备；调整修订作战方案；抓紧临战训练；留守机构展开工作。

一级战备：即局势崩溃，局势极度紧张，针对我国的战争征候十分明显时，部队所处的战备状态。部队的主要工作：进入临战战备动员；战备值班人员昼夜坐班，无线电指挥网全时收听，保障不间断指挥；运用各种侦察手段，严密监视敌人动向，进行应急扩编，战备预备队和军区战备值班部队，按战时编制满员，所需装备补充能力优先保障；完成阵地配系；落实各项保障；部队人员、兵器、装备疏散隐蔽伪装；留守机构组织人员向预定地区疏散；完善行动方案，完成一切临战准备，部队处于待命状态。

战备等级的进入通常依次由经常战备转入较高级战备，必要时也越级转入所需战备等级。完成战备等级转换时限通常根据战备等级、部队类型做出相应规定。紧急情况下也有相关命令明确规定。

【巩固与提高】

扫描二维码，进入过关测试。

任务 5.2 闯关

任务5.3　机舱应急设备管理

【任务引入】

船舶管理-机舱应急设备的使用及管理

【思想火花】

远望5号船开展通信系统应急演练

【知识结构】

机舱应急设备管理结构图

【知识点】

机舱应急设备的使用及管理

舰艇机舱应急设备的种类按功能不同可分为:

①应急动力设备:应急电源、应急空气压缩机和应急操舵装置等。

②应急消防设备:应急消防泵、燃油速闭阀、风油应急切断开关、通风筒防火板和机舱天窗应急关闭装置等。

③应急救生设备:救生艇发动机和脱险通道(逃生孔)等。

④其他应急设备:应急舱底水吸口及吸入阀、水密门等。

5.3.1　应急动力设备的使用与管理

1. 应急电源

(1)应急电源要求

①一切客船和500总吨及以上的货船均应设独立的应急电源。

②应急电源应布置于经主管机关/船级社认可的最高一层连续甲板以上和机舱棚以外的处所,使其确保当船舶发生火灾或其他灾难致使主电源装置失效时能起作用。整个应急电源的布置,应能在船舶横倾 22.5°和/或纵倾 10°时仍起作用。

③应急电源可以是发电机,由 1 台具有独立的冷却系统、燃油系统和启动装置的柴油机驱动。原动机的自动启动系统和原动机的特性均应能使应急发电机在安全而实际可行的前提下尽快地承载额定负载。

④应急电源也可以是蓄电池组:当主电源供电失效时,蓄电池组自动连接至应急配电板。它应能承载应急负载而无须再充电,并在整个放电期间保持其电压在额定电压的±12%以内。

⑤应急电源的功率和供电时间应满足 SOLAS 公约和船级社对不同类型船舶的规定。

(2)应急电源使用管理

①应急发电机(图 5-1):在船舶布置上位于救生艇甲板层,为船舶应急照明、空压机、消防泵、舵机、助航设备等提供电源,日常管理上由二管轮负责。应急发电机应按 ISM 体系文件和设备管理体系标准(PMS)规定做定期检查、维护和试验;检查其柴油储存柜油量、冷却水箱与曲轴箱液位是否正常;润滑点要加油;检查启动电瓶或启动空气瓶,进行启动和并电试验(包括遥控启动);冬季或寒冷区域应做好防冻保温工作。应急发电机若位于不保暖处所,冬季应做的保护工作有:选用适当凝点的轻柴油和冬用润滑油;冷却水中加防冻剂;对于采用机外循环冷却的,应在使用后尽量放掉机内和管系中的残水。

②应急蓄电池(图 5-2):在船舶布置上位于救生艇甲板层,日常管理上由三管轮负责。应按 ISM 体系文件和 PMS 规定做定期检查、维护和试验;主要检查其电解液的相对密度,及时补充蒸馏水或对应的酸液;定期进行充放电;蓄电池室禁止烟火,并保持通风良好。现代化的船舶上基本上采用密闭的蓄电池,定期更换。

图 5-1　应急发电机

图 5-2　应急蓄电池

2. 应急空气压缩机

(1)应急空气压缩机(空压机)要求

①应急空压机应采用手动启动的柴油机或其他有效的装置驱动,以保证对空气瓶的初始充气。

②应急空压机是船舶以“瘫船”状态恢复运转的原始动力。所谓“瘫船状态”是指包括动力源的整个船舶动力装置停止工作,而且使主推进装置运转和恢复主动力源的辅助用途的压缩空气和启动蓄电池等都不起作用。

（2）应急空气压缩机使用管理

要按其结构的具体情况，定期检查和加注润滑油，进行启动和效用试验，确保其技术状况达到随时可用状态。

3. 应急操舵装置

（1）应急操舵装置的要求

①每艘船舶应配备主操舵装置和辅助操舵装置，并且两者之一发生故障时不会导致另一装置不能工作。

②辅助操舵装置应能于紧急时迅速投入工作，并能在船舶最深航海吃水和以最大营运前进航速的一半或 7 kn（取大者）前进时，在 60 s 内将舵自一舷 15°转至另一舷 15°。

③对于辅助操舵装置，其操作在舵机室进行，如系动力操纵也应能在驾驶室进行，并应独立于主操舵装置的控制系统。

④驾驶室与舵机室之间应备有通信设施。

（2）应急操舵装置使用管理

定期进行检查和进行效用试验，并做好记录。

5.3.2　应急消防设备的使用与管理

1. 应急消防泵

（1）应急消防泵要求

①2 000 总吨以下船舶的应急消防泵可为可携式，常用汽油机驱动的离心泵；2 000 总吨及以上船舶应设固定式动力泵。固定式应急消防泵应设在机舱以外，其原动机为柴油机或电动机。电动应急消防泵需由主配电板和应急配电板供电。

②应急消防泵的排量应不少于所要求的消防泵总排量的 40%，且任何情况下不得少于 25 m^3/h。应急消防泵按要求的排量排出时，在任何消火栓处的压力应不少于规范规定的最低压力。

③作为驱动应急消防泵的柴油机，应在温度降至 0 ℃时的冷态下能用人工手摇曲柄随时启动。若不能做到，或可能遇到更低气温时，则应设置经主管机关认可的加热装置，以确保随时启动。如人工启动不可行，可采用其他启动装置。这些启动装置应能在 30 min 内至少使动力源驱动柴油机起动 6 次，并在前 10 min 内至少启动 2 次。任何燃油供给柜所装盛的燃油，应能使该泵在全负荷下至少运行 3 h，在主机舱以外可供使用的储备燃油，应能使该泵在全负荷下再运行 15 h。

2. 应急舱底吸口

应急舱底水吸口和吸入阀要求包括：机舱应设一个应急舱底水吸口。应急吸口应与排量最大的 1 台海水泵相连，如主海水泵、压载泵、通用泵等。少数船舶的应急吸口还与舱底水泵相通，其管路直径应不小于所连接泵的进口直径。应急吸口与泵的连接管路上装设截止止回阀，阀杆应适当延伸，使阀的开关手轮在花铁板以上的高度至少为 460 mm。

应急消防设备使用管理：

①应急消防泵应做启动和泵水试验，检查排水压力，试车后关闭海底阀和进口阀，放空消防管中残水，冬季防止冰冻；

②应定期清洁机舱应急舱底水吸口，防止污物堵塞，截止止回阀阀杆应定期加油活络，防止锈死，保证正常开关；

③速闭阀、风机油泵应急开关、应定期保养和检验，并进行就地操纵试验和遥控试验。

5.3.3 应急救生设备的使用与管理

1. 救生艇发动机

(1)救生艇发动机的要求包括：

①救生艇发动机应是压燃式发动机；

②发动机应设有手动启动系统，或设有两个独立的可再次充电的电源启动系统；

③发动机启动系统和辅助启动设施应在环境-15 ℃，启动操作程序开始后 2 min 内启动发动机；

④使用的燃油其闪点不得低于 42 ℃；

⑤滑油的使用：应有耐寒性，在低温下不能结冻，救生艇发动机的滑油都有与其对应滑油品牌；

⑥救生艇发动机应有独立的冷却系统，现在的救生艇发动机都采用风冷。

(2)救生艇发动机的使用和管理

①救生艇发动机要每月定期检查发动机和离合器，进行启动试验。冬季做好防冻工作；

②定期检查燃油储存箱及发动机的滑油液位；

③定期更滑发动机的滑油。

2. 脱险通道

(1)脱险通道要求

①货船和载客不超过 36 人的国际航行客船，在机器处所内，在每一机舱、轴隧和锅炉舱应设有两个脱险通道，其中一个可为水密门。在专设水密门的机器处所内，两个脱险通道应为两组尽可能远离的钢梯，通至舱棚上同样远离的门，从该处至艇甲板应设有通路。

②从机舱处所的下部起至该处所外面的一个安全地点，应能提供连续的防火遮蔽。

(2)脱险通道使用管理

对应急通道(逃生孔)应保持通道清洁无障碍；照明良好；逃生孔的上、下门应经常加油活络，上下扶梯安全可靠，不可封闭。

5.3.4 其他应急设备的使用与管理

1. 水密门的要求

(1)水密门的要求包括：

水密门应为滑动门或铰链门或其他等效形式的门。任何水密门操作装置，无论是否为动力操作，均须于船舶横倾 15°时能将水密门关闭。

机舱与轴隧间舱壁上应设有滑动式水密门，水密门的关闭装置应能就地两面操纵和远距离操纵。在远距离操纵处应设有水密门开关状态的指示器。

(2)水密门使用管理

水密门、应急舱底水吸口及吸入阀等应急设备应按 PMS 定期检查，活络，加注润滑油。

5.3.5 轮机部应急设备维护保养

轮机人员应加强对应急设备方面的管理，所有应急设备应按规定周期进行效用试验并记录，确保应急设备始终处于立即可用状态，并能达到熟练操作使用的程度。

属轮机部管理的应急设备种类、效用试验周期、设备负责人及维护见表 5-1。

表 5-1 轮机部应急设备维护保养一览表

序号	应急设备	效用试验内容及周期	设备负责人	维护保养标准
1	救生艇机	①艇机:每周进行启动、正倒车换向试验,每次试验时间不得少于 3 min; ②充电变压器:每季测量输出电压;每月进行自动启动试验	三管轮	①及时补充燃油并泄放油柜凝结水。 ②具备 0 ℃启动能力,冬天用-10 号轻柴油。 ③充电变压器螺丝要紧固,充电控制箱水密性要好。自带充电机及艇内照明应检查线路,排除短路、断路和腐蚀隐患
2	消防泵和应急消防泵	每周进行效能试验		在最高位置的消防栓上应能维持两股射程不少于 12 m 的水柱或消防栓处的压力达 0.28 MPa
3	应急空压机	①每 2 周效用试验; ②每年进行充气试验一次	二管轮	年度充气试验应记录应急气瓶充气压力和所需时间
4	应急发电机	每月试验应包括启动和供电: ①自动启动、人工启动功能均正常; ②在主电源断电后 45 s 内能及时供电	二管轮	①应急电源可以是应急发电机,也可以是蓄电池,但都必须满足《钢规》要求。应急发电机具备 0 ℃启动能力,及时补充燃油和滑油并泄放燃油柜的凝结水。 ②应急配电板内外清洁,螺母无松动。 ③蓄电池组必须保持清洁。注液孔的胶塞必须旋紧,以免因振动使电解液溢出;透气孔保持畅通。 ⑤充放电盘:为了消除极板磁化现象,应按时进行过充电和定期进行全容量放电。 ⑥蓄电池室严禁烟火并通风良好
	应急配电盘	①每月试验应急启动应符合要求; ②每年检查与主配电板连锁装置动作应正常		
	充放电盘及蓄电池	每年对电解液化验 1 次,发现异常应及时处理		
5	油类速闭阀	每 6 个月就地、遥控关闭试验		及时保养集控箱(或空气管路、气瓶、空气压力或液压系统等)连接索,保持操作灵活

表 5-1(续)

序号	应急设备	效用试验内容及周期	设备负责人	维护保养标准
6	主机机旁应急操作装置	每 6 个月操作试验	大管轮	有些船公司要求每次抵港前和开航前进行操作试验。张贴主机应急操作规程
7	风、油应急切断装置	每 6 个月进行切断电源试验		
8	机舱应急吸入阀	每 3 个月进行开关活络检查;每年打开彻底检查		该阀应是截止止回阀,吸口应直通舱底,开关手轮应高出花铁板 450 mm,开关方向的标识要醒目。检查机舱进水操作步骤
9	应急舵机	每 3 个月进行手动操舵试验		有些公司要求每次抵港前和开航前进行操作试验。应急操作程序应能永久显示
10	机舱天窗、烟囱百叶窗速闭装置、机舱风筒挡火板	每 3 个月进行开关试验		保持活络
11	机舱水密门	每 3 个月就地两侧及遥控关闭试验		关闭前声光报警 15 s,直到关闭;关闭时间不大于 90 s(手动)或 60 s(动力)
12	机舱安全通道	随时畅通	大管轮	整洁、照明良好
13	二氧化碳灭火装置	随时保证完好可靠		①二氧化碳站室的通风和通信联系应良好可靠,站内不许存放任何杂物,开启站室钥匙箱应完好。 ②瓶体明显腐蚀时应对其进行测厚检查或压力试验。 ③机舱二氧化碳遥控释放装置应完好可靠,释放前声光报警应完好

【巩固与提高】

扫描二维码,进入过关测试。

任务 5.3 闯关

任务5.4　舰船防污染技术与设备管理

【任务引入】

船舶管理-防污染技术、油水分离器

【思想火花】

空气质量恶化　印度多地遭烟霾“围城”

【知识结构】

舰船防污染技术与设备管理结构图

【知识点】

舰船防污染技术与设备管理

5.4.1　溢油污染的处理技术

海上发生溢油事故后，首先应该防止石油继续溢漏，采取停泵、打开或关闭有关阀门、调驳舱柜存油等减少溢出手段；然后要控制溢油的继续扩散，如使用围油栏、集油剂等方式；再采取适当措施将溢油回收，可用人工方法、撇油器、回收船、吸油材料等方法；在不可能回收的情况下，则应果断采取措施将溢油消除，如油分散剂处理、燃烧处理、沉降处理和生物降解等手段。

1. 海上溢油的自然动态

石油溢入海洋后，在海洋特有的环境条件下，有着复杂的物理、化学和生物变化过程，并通过这些变化最终从海洋中消失。这种变化有扩散、漂移、蒸发、分散、乳化、光化学氧化分解、沉降和生物降解等。

(1)扩散

扩散是海面溢油在某些海洋环境条件影响下产生的水平扩散过程。它一方面决定了溢油扩散面积的大小;另一方面,由于其表面积增大,溢油的挥发、溶解、分散和光氧化过程都会受到不同程度的影响。

(2)漂移

由于受风、流的影响而导致溢油的平行运动过程叫漂移,它是影响溢油运动的主要因素之一。溢油的漂移过程受风力、潮汐、密度和压力梯度等因子的制约,其中风、流是最重要的因素。

(3)风化

石油溢流到海面后其组分和性质随时间变化,最后从海面消失的过程称为溢油的风化。这是物理、化学氧化和生物降解等在自然状态下综合作用的结果,它包括蒸发、溶解、乳化、分散、沉降、光氧化和生物降解等过程。从短期来看,蒸发和乳化是主要的风化过程,对溢油的残留量及其组成、性质和状态起决定性作用;从长期来看,光氧化和生物降解作用越来越重要,决定着海上溢油的最终归宿。

2. 海上溢油的围控

将溢油控制在较小范围内并阻止其进一步扩散和漂移所采取的措施称为溢油围控。所使用的设备主要有麦秆、玉米秸、稻草、围油栏、缆绳、网具等。

(1)围油栏

围油栏是防止溢油扩散、缩小溢油面积、配合溢油回收的最常用的、也是较为有效的设备。围油栏主要有围控、集中、诱导和防止潜在溢油等作用。

发生溢油事故后,溢油在外界因素的影响下,会迅速任意的扩散和漂移,形成大面积污染。在开阔水域、近岸水域或港口发生溢油时,及时布放围油栏,能够将扩散的溢油及时围控,并通过围油栏拖带或缩小围拢范围,可以将油膜集结到较小的范围内进行回收。溢油量大,风、流、浪的影响较大,在现场围控溢油不可能的时候,或者为了保护海岸或水产资源,可以利用围油栏将溢油诱导到能够进行回收作业或污染影响较小的海面上,根据现场情况可设多道围油栏。防止潜在溢油通常指在有可能发生溢油或存在溢油风险的地方,根据当地水域情况,提前布放围油栏进行溢油防控。船舶在码头进行油类装卸作业或在锚地进行油类过驳时,通常都要按照规定要求提前布放围油栏进行防控;对搁浅、沉没的船舶在尚未打捞前,也要根据实际情况进行适当的围控。

目前常用的围油栏有固体浮子式、充气式、气幕式三种类型。各种类型的围油效果都受流速和浪高的限制。

(2)集油剂

集油剂是一种防止溢油扩散的界面活性剂,是一种化学围油栏,适合在港湾附近使用。

用化学凝聚剂阻止扩散,在油膜周围撒布一种比溢油的扩散压大的化学药剂,它在水面上扩散并压缩油膜,使油膜面积大大缩小,从而阻止溢油扩散,收缩溢油,从而将溢油集中起来。撒布化学凝聚剂的作业比铺设围油栏容易且迅速。化学凝聚剂对防止煤油、柴油等轻油和重油的扩散是行之有效的方法。但集油剂不能与分散剂同时使用,也应避免同时用吸油材料,另外要防止混入碱类或洗涤剂。

3. 海上溢油的回收

用物理的方法回收溢油，是清除海面溢油较为理想的办法，既可避免溢油对环境的进一步危害，又能回收能源，物理回收方法包括人工回收、机械回收和溢油吸附材料回收。

溢油吸附材料指能将溢油渗透到材料内部或吸附于表面的材料。理想的溢油吸附材料应疏水、亲油，溢油吸附量大，亲油后能保留溢油且不下沉，还应有足够的回收强度。吸油材料便于携带，操作方便，适用于吸附很薄的油层，通常在大型溢油事故的处理后期或较小的溢油事故中使用。溢油吸附材料按其原料属性分为天然吸附材料和合成吸附材料。天然吸附材料主要有稻草、锯末、鸡毛、玉米秸、珍珠岩等，营运船上通常准备的是锯末。合成吸附材料主要包括聚氨酯、聚乙烯、聚丙烯、尼龙纤维和尿素甲醛泡沫等，具有较高的亲油性和疏水性。合成吸附材料可以做成多种形状，船上习惯使用的是吸油毡、吸油栏和吸油颗粒。

溢油吸附材料用于溢油未扩散时清除围油栏以外的油以及围油栏以内的油；有两道围油栏时，清除两道围油栏之间的油；利用溢油回收机械收油使油层变薄、回收效率下降时，用吸油材料吸附较薄的油层；当溢油到达岸边及不易处理的狭窄海域时，用吸油材料吸附；吸油材料还可用于对水面上的浮油进行阻拦或做记号。

4. 海上溢油的海上处理

当海上溢油无法用机械、物理方法回收时，可采用化学油分散剂、燃烧、沉降或降解等方法，在海上直接处理掉。

(1)油分散剂

油分散剂，又称乳化分散剂、化学分散剂或消油剂，它是至今使用最多的油处理剂。用由表面活性剂、溶剂和少量添加剂组成的乳化分散型油处理剂喷洒在海面溢油(尤其是经过回收处理的薄油膜)上，经搅拌或波浪作用，使浮油迅速分散成微小颗粒溶于水中。油被分散成微小颗粒后，加速了其在海水中的物理扩散、化学分解和生物降解过程，从而达到清洁海面的目的。一般在外海及开阔水域中，使用油分散剂会有显著效果。在半封闭海域或交换条件不良海面，不宜采用油分散剂。使用油分散剂会造成二次污染，使用前必须得到港口当局的批准，而且选用经主管机关认可的产品。

(2)燃烧处理

在远离陆地及船舶航道以外的海面，发生大规模溢油，又由于海上气候条件恶劣，无法用机械方法回收溢油时，可直接将溢油在海上燃烧处理掉。一般燃烧处理海面溢油，需用特别灯芯材料(麦秆、稻草、珍珠岩等)和引火剂(金属钠、镁等)进行引燃或帮助燃烧。

采用燃烧处理法有如下优点：能够短时间燃烧大量的溢油；比其他方法处理得彻底；对海洋底栖生物无影响；不需要人力和复杂的装置，且处理费用低。为防止燃烧蔓延，利用燃烧法处理溢油时要远离海岸、海上设施和船舶停泊的地方。在油量多、油层后、扩散迅速的情况下，需要采用耐火性围油栏或集油剂。有一种化学药品，它能在油迹表面形成一层泡沫，使油上浮并与空气接触，使油保持连续燃烧，这种方法效果很好，被烧掉的油可达98%。

(3)沉降处理

用相对密度大的亲油性物质，例如液体沉降剂(包括氯仿、四氯乙烯等)或固体沉降材料，如石膏、碳酸钙、砂、砖瓦碎屑、硅藻土等，撒布在溢流表面上，并与油一起沉降到海底。由于沉降处理会易造成二次污染，对海洋底栖鱼、贝类危害较大，许多国家禁止使用。一般只能在特定海域采用，大多数国家规定在距陆地50 n mile以内不准使用。

(4)生物处理

微生物治理污染的方法:一是在被污染的地区或其附近分离微生物,大量繁殖并增强其活性;二是向被污染地区引进新的微生物,进行遗传改良,用于处理污染物。

海洋环境中存在着大量能够降解石油烃的微生物。石油一旦进入海洋,就受到一系列物理、化学的综合作用,同时被海洋中的各种微生物氧化、降解。由于微生物具有种类多、繁殖快、容易培养和代谢能力强等特点,所以采用生物降解处理溢油能收到成本低、设备简单、无二次污染和适于大面积应用的效果。

5.4.2 防污染设备

1. 生活污水处理系统

(1)生活污水处理系统类型

船舶生活污水处理装置按污水的排放方式可分为无排放型生活污水处理装置和排放型生活污水处理装置。无排放型生活污水处理装置通常包含船上储存方式和再循环处理方式;排放型生活污水处理装置必须按照国际公约和相关规定的排放要求,对生活污水进行相应处理后再排放。船上一般选用的都是排放型生活污水处理方式,并按其净化方式的不同有生化处理、物理化学处理等方式。

①无排放型生活污水处理方式。

能满足 MARPOL73/78 公约要求的简单常用的方法就是船上安装生活污水储存柜。该储存柜系统将船舶日常产生的生活污水收集、储存起来,当船舶航行到允许排放海域时将储存的生活污水排出舷外或条件允许时排入岸上的接收设备。其简单流程如图 5-3 所示。

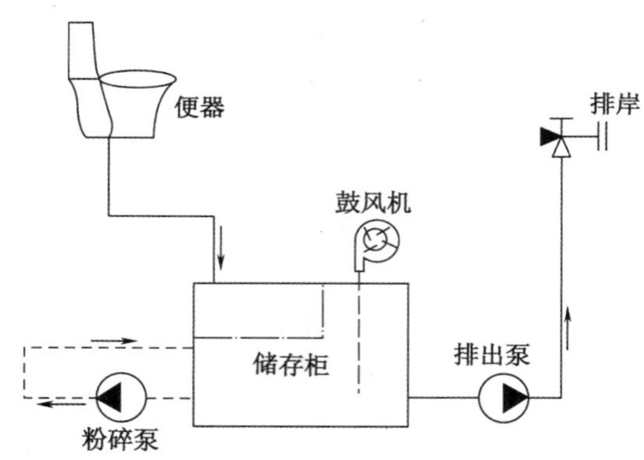

图 5-3 简单储存方式系统流程图

该系统包括生活污水的收集储存和排放两部分,主要设备有储存柜和排出泵。储存柜通常设置两个,两套排出泵、管系采用为相互备用的并联方式,以备必要时的调换使用。储存柜的出口专门装设了粉碎机、充气风机和通风管,以维持固体物的漂浮、减少气味和可燃性气体。柜内与外界保持密封,并装有冲洗设备。为了引出柜内产生的可燃气体,要装有带防火罩的透气管。另外,该装置在甲板上装有便于生活污水排往岸上接收设备的管路和标准排放接头。

该方式结构简单,操作管理容易,且对水环境几乎无任何损害。其主要缺点是:储存舱柜的容积较大,特别是在限制海域长期航行或停泊的船舶,必然造成船舶有效装载容积或机舱工作空间的减少;为了方式系统中在工作中散发臭味,需适时的进行投药处理,从而使药品的使用费增加;船舶过驳生活污水增加了停港或抛锚时间,降低了船舶的营运效率。

②排放型生活污水处理方式。

a. 生化处理方式。

该方法通过建立和保持微生物(细菌)生长的适宜条件,利用该微生物群体来消化分解污水中的有机物,使之生成对环境无害的二氧化碳和水,而微生物在此过程中得以繁殖。生物处理法有好氧生物法和厌氧生物法两大类,好氧生物法又分为活性污泥法和生物膜法两种。船上常用以好氧菌为主的活性污泥对污水中的有机物质进行分解处理。

图 5-4 是活性污泥法处理生活污水的工作流程图。污水进入曝气池,在不断通入空气的情况下,活性污泥在此消化分解有机物,离开曝气池后的混合液进入沉淀池。在沉淀池中活性污泥沉淀分离,而澄清的水进入投有杀菌药剂的消毒池,经杀菌后的净水排出舷外。从沉淀池中沉淀分离的活性污泥一部分分流回曝气池,多余部分定期排出舷外。

生物膜法中的接触氧化法利用微生物群体附着在其他物体(填料)表面上呈膜状,让其与污水接触而使之净化的方法。生物膜法主要用来除去污水中溶解性和胶体性的有机物。

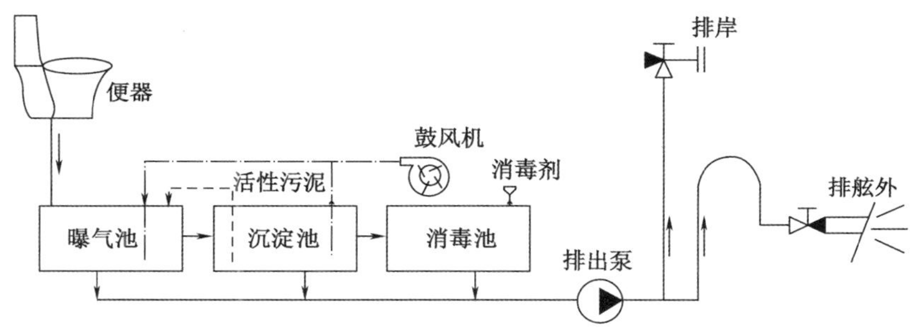

图 5-4　生化处理方式系统流程图

b. 物理化学处理方式。

物理化学处理方式的原理是通过凝聚、沉淀、过滤等过程消除水中的固体物质,使之与可溶性有机物质相脱离来降低生活污水中的 BOD_5 值,然后让液体通过活性炭使之被消毒,最后将符合要求的处理后的生活污水排出舷外。图 5-5 为物理化学处理方式的典型系统流程图。

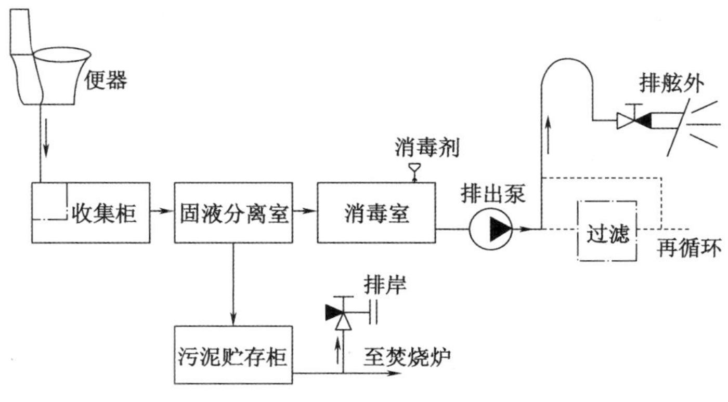

图 5-5　物理化学处理方式系统流程图

采用物理化学法处理污水的装置体积小，使用灵活，对污水量的变化适应性较强，工作过程可全面实现自动化。但是，该处理方式的药剂使用量较大，运行成本较高。

(2)典型装置：WCB 型生活污水生化处理装置

①工作原理。

图 5-6 为某公司生产的 WCB 型生活污水处理装置，利用活性污泥和生物膜的处理原理消解有机污染物质。

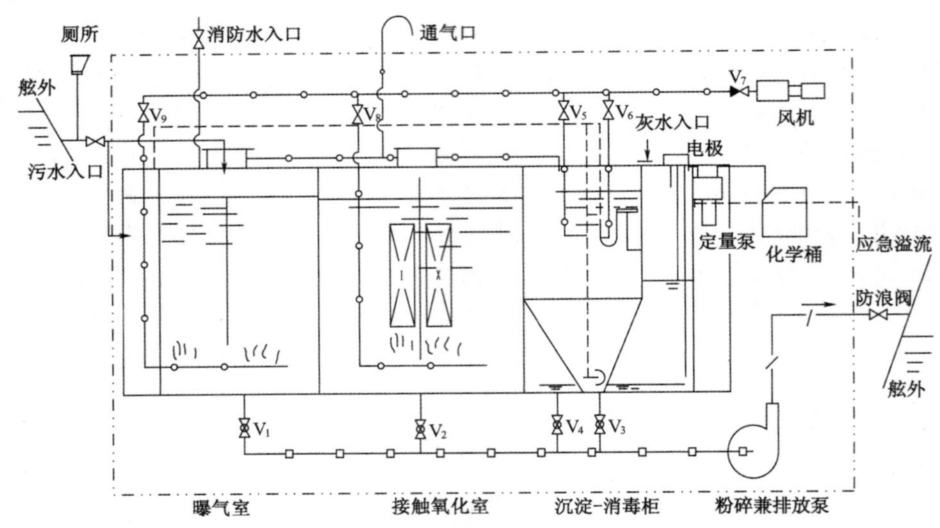

图 5-6 WCB 型生活污水处理装置

在一级曝气室内以好氧菌为主的活性污泥菌团形成像棉絮状带有黏性的絮体吸附有机物质，在充氧的条件下消解有机物质变成无害的二氧化碳和水，同时活性污泥得到繁殖，在作为菌团营养的有机污染物质减少时细菌呈饥饿状态以致死亡，死亡的细胞就成为附着在活性污泥中的原生物和原生动物的食物，粪便污水中 95%以上是易消解有机物质，完全被氧化。

在二级接触氧化室内悬挂有软性生物膜填料，具有吸附消解有机物功能的生物膜在水中自由飘动，大部分原生动物寄居于纤维生物膜内，同样由于充氧的作用，有机物质进一步与生物膜接触氧化分解。污水在进入沉淀柜时其中污泥量已很少，在沉淀柜内累积的活性污泥沉淀物再被返送至一级曝气柜内为菌种繁殖。

如果停机一段时间再启动的话，由于生物膜中尚有细菌的孢子存活，因此比常规曝气法启动时间要快得多。

经过沉清的处理过的污水最后进入消毒柜用含氯药品杀菌，然后由排放泵排至舷外。

污泥排放周期视污水性质和负荷而定，一般三个月左右排放一次多余污泥是适当的。

②系统构成。

WCB 型生活污水处理装置系统构成如图 5-6 所示。回转式鼓风机用于向装置供送空气，风机运转时，由滴油嘴往气缸体内滴入必要的润滑油，使摩擦表面润滑。润滑系统是利用风机工作时产生的压力差而形成的自动供给机油的循环装置，因此风机不能空负载运转。

粉碎泵即排放泵，安装在装置前方，用于排出处理过的排放水，当需要排放本体各腔污泥时，也可以排放污泥，此时具有粉碎的功能。

加药泵用于向装置消毒柜添加氯，泵头由几个聚四氟乙烯滚轮组成，由一个电动机通过减速齿轮驱动，含氯液体由加药泵从塑料桶通过一根硅胶管由滚轮挤压到消毒柜内，在泵运转时，始终有一个滚轮接触的压住尼龙管，保证液体不返回到塑料桶内，也不虹吸自流至柜内。

风机由控制箱内"连续-断续"选择开关控制，选择开关转向"连续"时，风机连续运转，转向"断续"时，风机断续运转和停止，其时间可由一个时间继电器控制，通常是运转20 min，停止20 min。

粉碎兼排放泵由控制箱内液位继电器根据消毒柜内液位自动控制泵的启动和停止，控制箱上有"手动-自动"选择转换开关，转向"手动"时排放泵连续运转，但应注意，不要让排放泵无水运转，转向"自动"时，排放泵按下述方式运转。

当液位达到"中位"电极时，泵自动启动，开始排放处理过的水；当液位降到"低位"电极时，泵自动停止，此时加药泵自动加药。经过设定时间(一般为2 min)，自动停止，等待下一周期，周而复始；当液位达到"高位"电极时，控制箱将发出报警信号。

在船上定员减少或船员上岸休息等造成低负荷甚至零负荷时，可以利用装置上的"连续-断续"开关转向"断续"，意即自动断续启停气泵，使细菌呈抑止繁殖状态，不致因过于富氧而饿死，同时也可节约能耗，待恢复正常运行时可很快"启动"装置。

③维护保养及注意事项。

a. 鼓风机维护保养要点。

润滑系统的检查：定期检查油箱内的储油量是否低于最低刻线，如机油不足请加油；定期检查机油是否混入水分等污物而变质，如变质请及时更换机油；定期清洗油过滤器；定期检查滴油嘴的滴油状况是否正常，如滴油嘴脏污可卸下调整螺钉清洗。

空气滤清器的检查：定期检查空气滤清器是否脏污。如脏污可卸下空气滤清器，旋开蝶型螺母，拿开盖子，清洗过滤海绵(卸滤清器时注意不要把脏物掉进风机主机内)。

三角带的检查：风机运行一段时间后，三角带会伸长。这时要将电机的固定螺栓松开，移动电机，拉紧三角带到合适位置后再将电机固定螺栓紧住，并注意电机皮带轮和风机皮带轮的端面要在同一平面上。同时检查一下皮带轮的顶紧螺丝是否松掉，如松了上紧。

定期检查安全阀的灵活状况，如不灵活需清洗调试，以保证可靠的启闭。

定期检查有无漏油，漏气的部位并修理之，如不能修理需立刻通知生产厂商。

经常检查风机及电机的运行状况，如发现噪声，温度不正常时要及时停机检修。

b. 电气控制箱检修要点与注意事项。

要保证外部船舶开关处于"断开"位置，控制箱内电流断路器处于"断开"位置；在拆卸某几个电气元件时不必将整个电气控制板拆下来；检查某个电气元件时应该先拆去接线，注意电线上的标记和代号，在必须拆下电气元件时才取下该电气元件；当必须更换某个损坏的电气元件时，应参照电气原理图及原来的接线编号连接电线，只有当确认接线无误后才可以合闸通电。

2. 焚烧炉

根据MARPOL73/78公约附则Ⅵ，2000年1月1日或以后建造的船舶上的焚烧炉或2000年1月1日或以后船舶上安装的焚烧炉，须符合公约附则Ⅵ附录Ⅳ《船用焚烧炉的型式认可和操作限制》的要求。符合该要求的焚烧炉须经主管机关按海洋环境保护委员会

(MEPC)制定的《船用焚烧炉标准技术规范》予以认可。

按要求安装焚烧炉的所有船舶应持有一份制造厂的操作手册,该手册须随焚烧炉存放。

按要求安装的焚烧炉,在该炉运行期间须随时对燃烧室烟气出口温度进行监测。如焚烧炉为连续进料型,在燃烧室烟气出口温度低于850 ℃的最小许可温度时,不应将废弃物送入该焚烧炉装置。如焚烧炉为分批装料型,该装置应设计成其燃料室烟气出口温度在启动后5 min内达600 ℃,且随后稳定在不低于850 ℃的温度上。

(1)焚烧炉作用

船舶垃圾来源于食品废弃物、舱室、污泥、废油、污油、渣油、油泥及扫舱垃圾等。对不同性质的垃圾采用不同的处理方法:排岸接收或航行中直接投弃、粉碎处理后投弃和焚烧炉焚烧处理等。

焚烧炉用来处理油渣、废油、生活污水处理装置中产生的污泥、食品残渣以及机舱产生的废棉纱和其他可燃的固体垃圾等。其中污油通过污油燃烧器燃烧;固体垃圾经投料口送入炉内燃烧;生活污泥可送入污油柜中与污油混合,经粉碎泵循环粉碎后,通过污油燃烧器送入炉内燃烧。

(2)典型结构——ATLAS 200型焚烧炉

一般焚烧炉都有一个钢制的外壳、内衬耐火砖形成炉膛,炉膛周围设有固体废物投料口和出灰口。污油燃烧器用以喷入污油、污水和污泥;而辅助燃烧器用以点火助燃。装有排烟风机以保证炉膛呈负压并冷却排烟,防止烟气外漏和发生火灾。此外,还有废油柜、控制箱、废油加热装置和观察孔等。

①工作原理。

如图5-7所示为ATLAS 200型焚烧炉,配置1200 S P型污油混合柜。

焚烧炉炉体是由主燃烧室和两级辅燃烧室组成。主燃烧室用于焚烧固体垃圾和所有形式的可燃非爆炸性的、闪点不低于60 ℃的污油,由一个速度控制单元自动调节污油供给量;辅燃烧室主要用于焚烧未充分燃烧的废气。主燃烧室和第一级辅燃烧室分别配有燃用柴油的主燃烧器和辅燃烧器,来自主燃烧器的热量用于干燥和点燃固体垃圾和污油。主要技术参数:焚烧污油24 L/h(最大40 L/h);焚烧固体垃圾最大40 kg/h;烟气温度250 ℃;装置的运行由可编程逻辑控制器(PLC)单元自动控制。

主、辅燃烧室之间用顶端开口的耐高温重质陶瓷墙隔开,辅燃烧室顶装有排烟混合室,既便于维修,又可自由选择排烟管的走向。主燃烧室侧面分别设有固体加料门和出灰门。炉层可分为内、外两层,内炉层敷设耐火材料,内外壳之间通空气隔热,主鼓风机、辅助燃烧器(包括主、辅燃烧器)和废油燃烧器等配套设备组装在炉体上。主鼓风机提供冷却炉壁、燃烧和排烟用的空气。排烟混合室中以空气作为介质的文丘里式抽气机抽吸并冷却烟气。

主、辅燃烧器(均为辅助燃烧器)为全自动气流式燃烧器,并配有电点火装置和火焰控制装置。污油燃烧器为压缩空气雾化式燃烧器,适用于燃烧含固体杂质直径不大于0.8 mm的油水污泥。压缩空气供应到焚烧炉,用于污油燃烧器、加料槽和速闭阀。为避免空气管的阻塞,设置空气滤器,网孔尺寸最大20 μm。

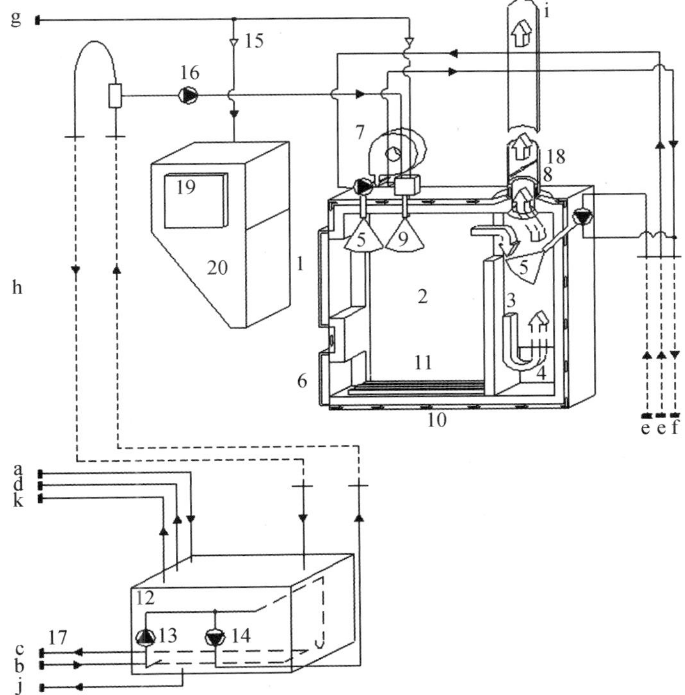

1—进料门；2—主燃烧室；3——级辅燃烧室；4—二级辅燃烧室；5—带内置泵的辅助燃烧器；6—出灰门；7—主鼓风机；8—抽吸式空气喷射器；9—污油燃烧器；10—空气冷却双层壁；11—燃烧空气进口；12—污油混合柜；13—粉碎泵；14—循环泵；15—压缩空气；16—污油计量泵；17—加热单元；18—风门挡板；19—加料门；20—加料槽；a—污油进口；b—蒸汽进口；c—蒸汽出口；d—污油柜透气口；e—柴油进口；f—柴油柜（图中未示出）透气口；g—压缩空气进口；h—电源供应；i—烟气出口；j—污油柜放残；k—污油柜溢流。

图 5-7 ATLAS 200 型焚烧炉原理图

装置中使用的主、辅燃烧器的内置泵和污油计量泵是具有自吸能力的泵，并由变速电动机驱动。主、辅燃烧器的内置泵均为齿轮泵，内置滤器，将柴油在焚烧炉柴油柜和燃烧器之间不断地打循环。柴油供应管路上装有粗滤器，避免管路堵塞，滤器网孔尺寸最大为 50~75 μm。内置柴油泵设定压力为 10 bar（1 bar = 100 kPa），建议的管路吸入真空为 0.4 bar。

污油和生活污水装置产生的污泥焚烧前需做预处理，将二者均匀混合，用粉碎泵反复处理使其中的固相杂质充分搅拌、粉碎和乳化，减少沉淀和放残的需要，用蒸汽加热提高其流动性。装置的这一预处理系统包括污油混合柜（柜内装有加热管、搅拌器等）、粉碎泵和循环泵等。

袋装的固态垃圾，在焚烧炉启动前投入主燃烧室。启动时，先点燃主燃烧器，燃烧约 30 min 以加热炉膛，同时启动污油混合柜搅拌器、循环泵和粉碎泵，当炉温达到 800 ℃时自动启动废油计量泵，自油水污泥预处理系统抽出的油水污泥被送往主燃烧室焚烧，污油计量泵的转速由主燃烧室的温度自动来调节。污泥含水量在 60%以下时，污油燃烧器可正常燃烧，若污泥含水过多，热值过低使炉温下降到 800 ℃以下时，主燃烧器自动投入工作，以保证正常的焚烧作业。当污油混合柜的液位下降到低位开关动作液位时，便停止污油的燃烧，焚烧炉停炉后自动转入冷却状态。在燃烧和冷却期间，固体加料门紧锁。

单独焚烧固体垃圾时，在主燃烧器辅助燃烧及污油燃烧器工作过程中，若出现温度过高、过低、熄火、雾化压力太低等失常情况时，报警系统会发出报警信号。

③主要部件结构。

a. 主、辅燃烧器。

主、辅燃烧器的基本结构如图 5-8 所示。

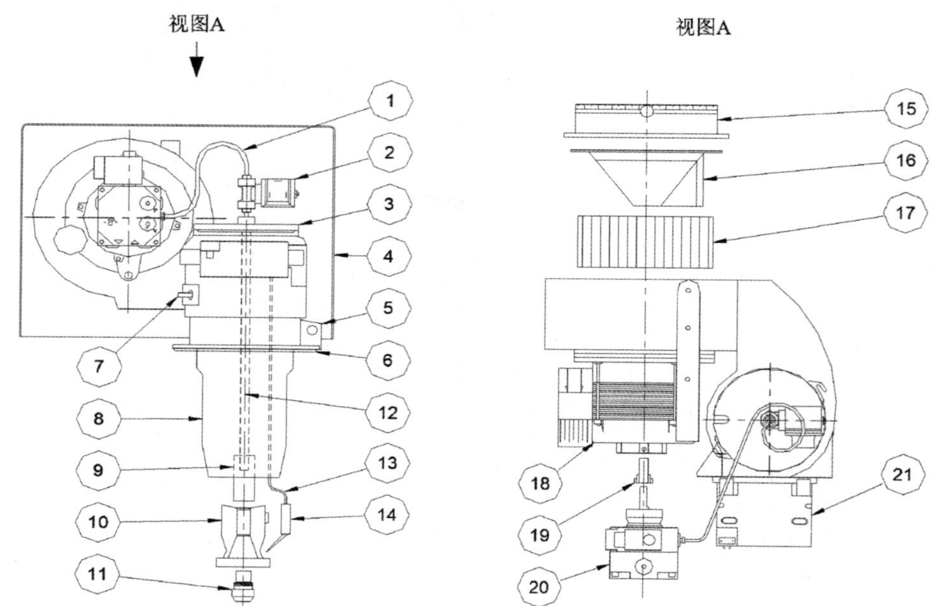

1—压力油管；2—电磁阀；3—后盖；4—罩壳；5—法兰；6—法兰垫片；7—火焰探测器；8—火焰通道；9—连接套；10—混合盘；11—喷油器；12—内部压力油管；13—点火电缆；14—点火电极；15—风量调节；16—吸风喷嘴；17—风机叶轮；18—马达；19—联轴器；20—油泵；21—点火变压器。

图 5-8 主、辅燃烧器的基本结构

点火电极及风量的调节如图 5-9 所示。两电极端部相距 3 mm，电极端部距喷嘴中心线 7 mm；风量调节时，螺母调向大的数值获得较多的空气。

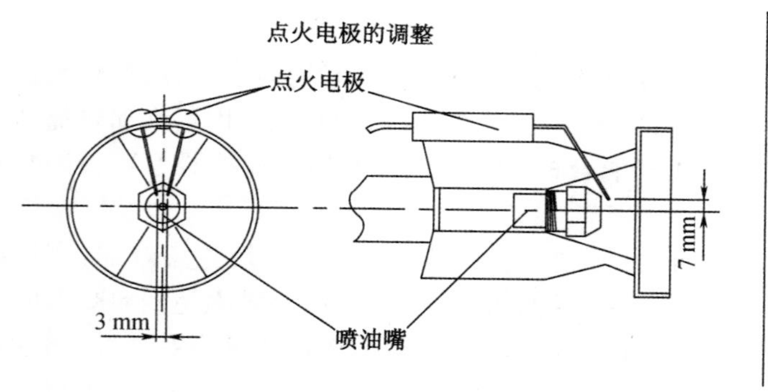

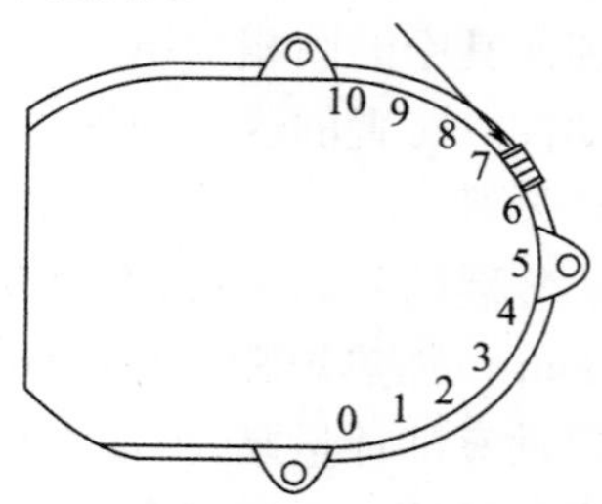

图 5-9 主、辅燃烧器的调节

b. 污油燃烧器。

污油燃烧器的基本结构如图 5-10 所示。

④操作说明。

a. 焚烧炉的启动准备。

在启动焚烧炉之前，应完成下列准备工作：

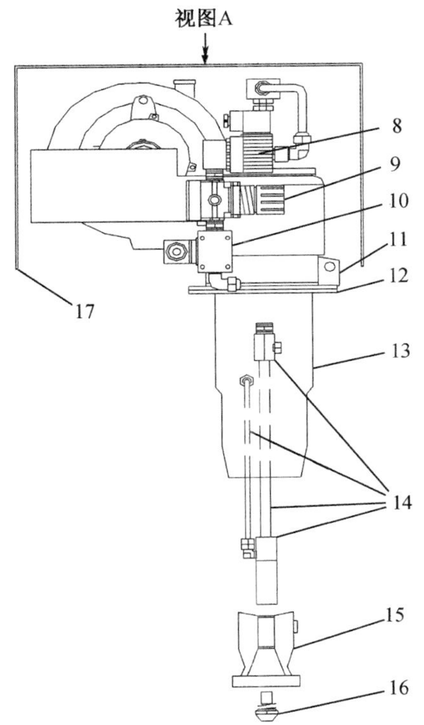

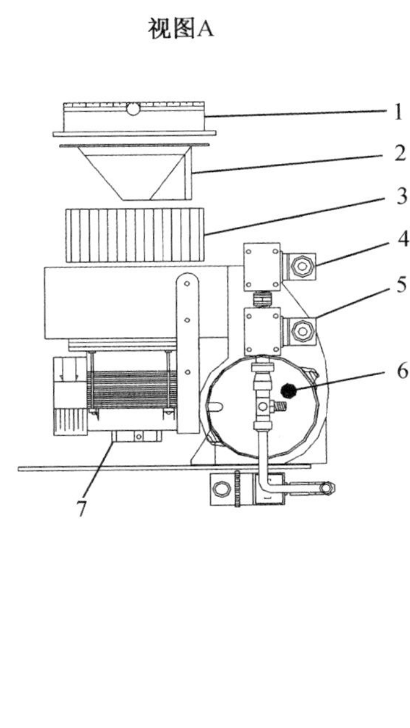

1—风量调节；2—吸风喷嘴；3—风机叶轮；4—电磁阀；5—电磁阀；6—后盖；7—马达；8—电磁阀；9—压力调节阀；10—电磁阀；11—法兰；12—法兰垫片；13—火焰通道；14—油头插件；15—混合盘；16—喷油器；17—罩壳。

图 5-10　污油燃烧器的基本结构

- 打开所有柴油进、出口阀；
- 打开压缩空气进口阀；
- 确认压缩空气到主鼓风机及烟气出口通道畅通；
- 确认出灰门和加料门关闭；
- 确认污油混合柜中存有污油；
- 确认焚烧炉柴油柜中存有柴油。

b. 运行。

焚烧炉的操作由控制面板和“启/停”开关控制。控制面板上的绿灯表示焚烧炉的主鼓风机在运行状态；红灯表示焚烧炉有一个报警被激活了；此外，控制面板还提供温度指示、焚烧炉运行模式选择和显示警报信息等。

c. 停止焚烧炉。

将开关转至“STOP”位停止焚烧炉。当开关转至“STOP”位的时候，所有打开的油阀关闭，主鼓风机的风门挡板关闭。焚烧炉冷却。当燃烧室温度降至 100 ℃以下时，主鼓风机、主燃烧器、辅燃烧器停止，出灰门解锁，雾化空气阀关闭。

(3)操作、维护与保养

对船上的废油、油渣、含油棉纱以及生活污水的固体物质和垃圾等,最干净最简便的处理方法就是用焚烧炉烧掉,但使用焚烧炉时应注意下列事项:

①可燃的固体垃圾应在点炉前打开炉门送入焚烧炉内,切不可在焚烧炉工作时打开炉门。

②焚烧炉在点火前应扫气 30 s 以上,驱除炉内油气,防止爆炸。

③焚烧炉污油柜加温到 80~100 ℃,并放掉残水。

④用柴油引燃焚烧炉,待炉温达到一定温度(约 600 ℃)后,再逐渐引入污油燃烧。污油中含有 30%~50%水时,一般仍可连续燃烧。因此,当焚烧炉正常运行时,可以停止使用点火柴油;如果不能连续燃烧则需用柴油一直引燃;停炉前应燃用柴油,以冲洗污油管路。

⑤焚烧后的炉灰,系无污染无毒的垃圾,可在船舶离港后,距最近陆地 12 n mile 以外倾倒入海。

3. 油水分离器

(1)油水分离器分离方法

油水分离的方法较多,主要有物理分离法、化学分离法和生物处理方法等。

物理分离法是利用油水的密度差或过滤吸附等物理现象使油水分离的方法,主要特点是不改变油的化学性质而将油水分离,主要包括重力分离法、过滤分离法、聚结分离法、气浮分离法、吸附分离法、超滤膜分离法及反渗透分离法等;化学分离法是向含油污水中投放絮凝剂或聚集剂,其中絮凝剂可使油凝聚成凝胶体而沉淀,而聚集剂则使油凝聚成胶体使其上浮,从而达到油水分离的一种方法;电浮分离法是把含油污水引进装有电极的舱柜中,利用电解产生的气泡在上浮过程中附着油滴而加以分离、从而实现油水分离的方法,实际上是一种物理化学分离方法;生物处理法有活性污泥法、生物滤池法等。由于船舶条件所限,目前在船用油水分离器中采用最多的方法是物理分离法,而物理分离法中又以重力分离、聚结分离、过滤分离和吸附分离为主。

①重力分离。

利用油水的密度差,使油浮于上部、而后排入污油柜中,下部清水若符合排放标准则可排出舷外。重力分离法如按其作用方式的不同,还可分为机械分离、静置分离和离心分离三种。

机械分离是让含油污水流过斜板、波纹板细管和滤器等,使之产生涡流、转折和碰撞,以促使微小油粒聚集成较大的油粒,再经密度差的作用而上浮,从而达到分离的目的。

静置分离是将含油污水贮存在舱柜内,在单纯的重力作用下,经过沉淀使油液自然上浮以达到分离的目的。这种方法需要较长的时间和较大的装置,同时也难以连续使用。

离心分离法是利用高速旋转运动产生的离心力,使油、水在离心力和密度差的作用下实现分离,它的特点是油污水在分离器中的停留时间很短,所以分离器体积较小。

重力分离法的优点是结构简单,操作方便,缺点是分离精度不高,只能分离自由状态的油,而不能分离乳化状态的油。一般认为油粒直径小于 50 μm 就很难分离,不能满足 15 ppm 的排放要求。因此,船用油水分离器都采用重力分离法作为第一级分离。

②聚结分离。

当含油污水通过聚结分离元件时,让它们互相碰撞以使油粒聚合增大,油污水中的微细油珠被聚结成较大的油粒(在这种分离过程中,由于微小油粒逐渐聚合长大,因此这种分离过程称聚结,也叫作粗粒化过程),在外力的作用下,粗粒化后的油粒脱离聚结分离元件的表面,利用油水密度差,克服阻力迅速上浮,从而达到提高油水分离精度满足排放要求的目的。

微细油珠的粗粒化过程可分为截留、聚结、脱离和上浮四个步骤。粗粒化的程度与聚结元件的材料选择以及材料充填的高度和密度等有关。提高油水分离效果,聚结分离元件(粗粒化元件)的材料是关键,选用适宜亲和力的材料。

目前应用的粗粒化材料有聚丙烯无纺布、丙烯腈纤维、弹性尼龙纤维、车削尼龙、玻璃、金属丝网等等。聚结分离一般能将油污水中5~10 μm油粒全部除去,甚至更小的油粒也能除去,效果好,设备紧凑。故占地面积小,一次投资少,便于分散处理且运行费用低,不产生任何废渣,不产生二次污染。

③过滤分离。

让油污水通过多孔性介质滤料层,而油污水中的油粒及其他悬浮物被截留,去除油分的水通过滤层排出,从而使油水得以分离。

过滤分离过程主要靠滤料阻截作用,将油粒及其他悬浮物截留在滤料表面,此外由于具有很大表面积的滤料对油粒及其他悬浮物的物理吸附作用和对微粒的接触媒介作用,增加了油粒碰撞机会,使小油粒更容易聚合成大油粒而被截留。

一般使用的过滤材料有:人造纤维和金属丝织成的滤布、特制的陶瓷塑料制品、石英砂、卵石、煤屑、焦炭以及多孔性烧结材料等。为提高滤料过滤性能,可改变水流方向或采用两种以上滤料组成多层滤料层。

过滤分离法通常是油污水处理过程的终端手段,做精分离用。

④吸附分离。

利用多孔性固体吸附材料直接吸附油污水中的油粒以达到油与水分离目的。

固体吸附材料表面的分子在其垂直方向上受到内部分子的引力,但外部没有相应引力与之平衡,因此存在吸引表面外测其他粒子的吸引力,由固体表面分子剩余吸引力引起的吸附称为物理吸附,由于分子间的引力普遍存在,所以物理吸附没有选择性,而且可吸附多层粒子,直到完全抵消固体表面引力场为止。吸附是一种可逆过程,被吸附的粒子由于热运动,会摆脱固体表面粒子引力从表面脱落下来重新回到污水中,这种现象称作脱附。

常用的吸附材料具有良好的亲油性,有纤维材料、硅藻土、砂、活性炭、焦炭和各种高分子吸附剂如分子筛等。吸附分离法主要是用来直接回收微小的油粒,一般用作油污水处理的精分离手段。吸附材料吸附油料达到饱和时,失去油水分离效能,因此吸附材料达到饱和之前就应更换,而吸附材料的更换和处理都比较困难,并且需要用大量吸附材料,所以吸附分离主要用于含油量很少的细分离。

近年来,为达到排放标准提高的要求(油分浓度小于15 ppm),油水分离器多为重力式分离器配以过滤、吸附等组合方式,即有粗分离和细分离(精分离)两部分。

粗分离部分都是用于第一级,主要采用重力分离法,处理容易上浮的分散油滴。重力分离法结构形式有多层斜板式、多层隔板式、细管式和多层波纹板式等。细分离部分用于第二级和第三级,多采用聚结法、过滤法、吸附法等,用以去除油污水中的微细分散油滴和乳化油滴。

(2)典型结构

实际使用的船用油水分离器种类繁多,但绝大多数是采用重力分离法,再加上聚结分离、过滤分离或吸附分离等方法,即所谓组合式结构。下面简要介绍 CYF-B 型油水分离器、ZYF 型油水分离器的基本结构组成及其工作原理。

①CYF-B 型油水分离器。

CYF-B 型油水分离器属于重力聚结组合式分离器,其结构如图 5-11 所示。它主要由粗分离装置——多层波纹板式聚结器 4、细分离装置——聚结材料构成的纤维聚结器 14、细滤器 16、加热器 7、油位检测器 8、自动排油阀 10、手动排油阀 11 和安全阀 3 等组成。

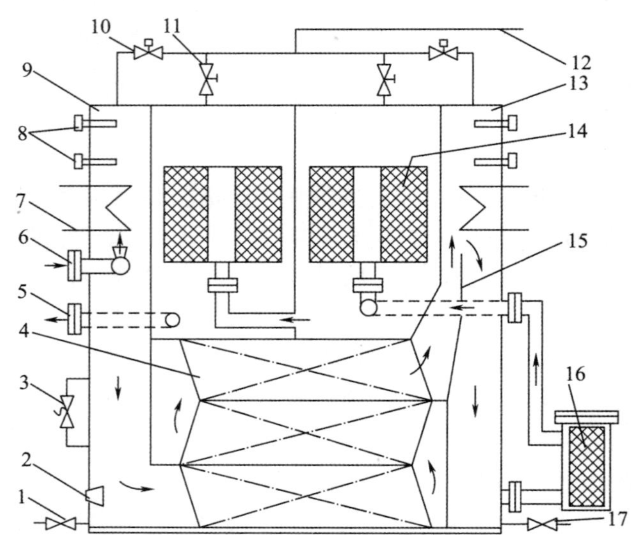

1—泄放阀;2—蒸汽冲洗喷嘴;3—安全阀;4—板式聚结器;5—清洁水排出口;6—油污水进口;7—加热器;8—油位检测器;9—集油室(左);10—自动排油阀;11—手动排油阀;12—污油排出管;13—集油室(右);14—纤维聚结器;15—隔板;16—细滤器;17—泄放阀。

图 5-11 CYF-B 型油水分离器

其工作过程如下:舱底水由污水泵经油污水进口 6 和喷嘴从左集油室中部送入油水分离器内,由于喷嘴的扩散作用,进入油水分离器内的污水迅速分散开,大颗粒油滴即上浮到左集油室 9 的顶部,而含有小颗粒油滴的污水向下流动进入峰谷对置的多层波纹板式聚结器 4 构成的机械式重力分离装置中。由于双波纹板组的湿周大,上浮距离小,流路长,水流平均流速低,使含油污水处于层流状态,并在特有的水腔结构内使小颗粒油滴相互碰撞,聚合而形成较大的油滴。当其流出波纹板组后,外接管流至细滤器 16,滤除水中的固态悬浮粒子和机械杂质,在浮力的作用下上浮至右集油室 13 的顶部,实现重力粗分离。此后,含有更小油滴的污水顺次进入串联布置的两级聚结元件纤维聚结器 14 中,残留在水中的细微油粒在其中经截留、聚结、脱离和上浮四个步骤实现精分离。分离出的污油上浮至中间集油室顶部,而分离出清水经排出口 5 排出舷外。

由油位检测器 8 检测左、右集油室内的污油量,控制自动排油阀的启闭。中间集油室的污油量较小,通过手动排油阀采用人工定期排放。集油室内设有蒸汽加热器或电加热器,保证高黏度污油在环境温度较低时能顺利排出。

CYF-B 型油水分离器主要用于处理机舱舱底水,可使排放水的含油量小于 10 ppm,并能在船舶倾斜 22.5°的条件下正常运行,其配套污水泵为单螺杆泵。

CYF-B 型污水泵位于分离器的前端,污水在水泵的搅拌下增加了乳化程度,影响分离效果。一般选用螺杆泵、往复泵,但输送泵与污水直接接触,其中的杂质和泥沙,使泵的磨损增大,甚至发生螺杆泵卡住或折断。

② ZYF 型舱底水分离器。

ZYF 型油水分离器与 CYF-B 型油水分离器的不同之处在于,它仅靠重力分离元件配以后置螺杆泵抽吸而达到污水处理目的,这种分离器的分离筒内保持一定真空,油水在真空状态下进行重力分离,避免了污水泵造成乳化对分离效果的影响。

ZYF 型油水分离器将污水泵后置,属于真空式油水分离器。真空式油水分离器特点:

a. 水泵后置,真空抽吸含油污水,进出水泵的液体为处理后的清水,无杂质和泥沙,泵的磨损小,工作可靠;

b. 避免油污水乳化,筒内真空度同时起到"气浮分离"的效应,提高油水分离效果;

c. 可采用电动柱塞泵和螺杆泵,密封性好,自吸能力强,磨损小,工作可靠;

d. 分离装置中的聚合元件能自动反向冲洗,不会堵塞,长期使用不需要更换;

ZYF 型油水分离器属于重力-聚结组合式分离器,其基本结构和工作原理如图 5-12 所示。

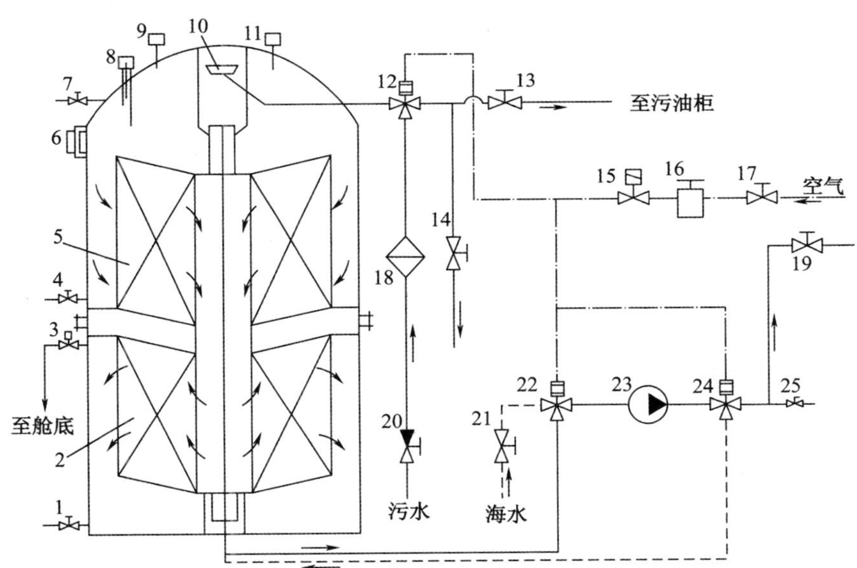

1—下排污阀;2—第二级集油器;3—第二级自动排油阀;4—上排污阀;5—第一级集油器;6—电加热器;7—检油旋塞;8—油位探测器;9—真空压力传感器;10—污水进入喷口;11—温度控制器;12—气动三通阀;13—排油截止阀;14—反冲洗管截止阀;15—气源电磁阀;16—空气压力控制阀;17—气源截止阀;18—污水吸入滤器;19—净水出口;20—污水吸入止回阀;21—海水吸入截止阀;22—气动三通阀;23—单螺杆泵组;24—气动三通阀;25—取样旋塞。

图 5-12 ZYF 型油水分离器

其基本工作原理是:当分离器在运行过程中,配套水泵在分离装置排出口处抽吸处理后的排水过程中,使分离筒内产生真空度,舱底水经过滤器 18 和上部气动三通阀 12 进入分离筒内部扩散喷口,进行初步的重力分离,被分离的大油滴浮至顶部集油室,含有小油滴的污水向下由环形室进入第一级集油器 5,在内部进行首次聚结分离,聚结形成的较大油滴逆向上浮至顶部集油室,污水继续由中心通道向下,进入第二级集油器 2 后向外腔流动,聚结后的大油滴停留在环形室顶部。符合排放标准的水(含油量小于 10 ppm)则向下经分离器底部排出，流向气动三通阀22，进入单螺杆泵23吸入口，从泵的排出口排出再经过气动三通阀24排向舷外。当分离出的污油在顶部聚集到一定程度时，油位探测器8触发信号，使气源电磁阀15开启，压缩空气同时进入三个气动三通阀12,22,24的顶部气缸，推动活塞向下，关闭常通口，打开常闭口，舱底水暂停进入分离器，分离后的水暂停排出。由于单螺杆泵23仍在继续运转，使来自海水管的海水由气动三通阀22进入单螺杆泵23的吸入口，泵出后再通过气动三通阀24进入分离器底，逆向经过聚结元件2,5进行反向冲洗，向分离器内部补充海水，并使分离器内部由真空变成压力状态。聚集的污油通过上部气动三通阀12排向污油柜。第二级集油器属于精分离过程，聚集在环形室顶部的污油较少，当顶部集油室排油时，环形室排油阀3就会自动开启将污油或油水混合液排放至舱底水舱。

4. 压载水处理系统

(1)压载水置换

压载水置换应该在深水、公海和尽可能远离海岸处进行。该方法被认为是目前减少压载水排放带来的外来物种入侵的最有效的方法之一。目前主要采用以下两种置换方法：

①排空-注入法。

此方法的基本原理是将压载舱的压载水全部排出，直到把压载水排空为止，然后用深海海水重新加满。该方法中，压载水的排空和注入通过已有的压载水管系和压载泵就可以实现。IMO规则推荐应在压载舱完全没有吸入时，才可以将压载水排出舱外。因此，在满负荷压载时，载荷大的变化将会影响到船舶的稳性、结构强度、吃水以及纵倾。

②径流法。

此方法的基本原理是把深海海水从舱底泵入使压载水从舱顶连续不断地溢出，直到换掉足够量的压载水，以减少残留在舱中的微生物的数量。巴西提出了一种新的置换压载水的方法——稀释法，即用3倍于舱容的水量从顶边舱注入，底部流出。此方法比底部注入、顶部流出产生的紊流大，有利于搅起沉积物，效果更好。

(2)过滤及旋流分离

过滤法处理压载水被认为是对环境最无害的方法，主要包括快速沙滤、筛漏、布质筛漏/过滤器和一系列的膜过滤器，可去除压载水中的微生物和病原体。

旋流分离法就是利用水流在管路中高速流动产生的分离作用，将液体的水和固体的生物及病原体分离开。

(3)化学处理方法

该方法主要是采用杀虫剂来杀灭水生物，所使用的杀虫剂分为氧化杀虫剂和非氧化杀虫剂。氧化杀虫剂广泛应用于废水处理中。强氧化杀虫剂能破坏生物结构，如细胞膜。目前所使用的氧化杀虫剂主要包括氯、二氧化氯、臭氧、过氧化氢、溴等。非氧化杀虫剂则是通过影响生物的繁殖、神经系统或新陈代谢功能来发挥作用。

(4)加热处理

航行中处理的方法是加热处理。加热方法主要原理是利用高温杀死压载水中的有害生物。来自船舶冷却系统和排气装置的废热是可免费获得的能量，这使它在成本上与置换处理大致持平。目前加热压载水的方法有：

①压载水与发动机的冷却水回路接触；

②压载水在热交换系统里反复流动来加温；

③采用外加热源加热压载水。

(5)紫外线处理

波长在 240~260 nm 尤其是 253.7 nm 的紫外光(UV)对压载水中的微生物和病原体有杀灭作用。该方法应用的主要问题是,沿岸水中因含有大量的悬浮物质会阻挡紫外线对微生物和病原体的照射,含有的另一种溶解性有机物对波长为 254 nm 的紫外线有强烈的吸收作用,这两者都会影响处理效果。此外紫外线处理能耗很大。

(6)超声波处理

超声波通过各种间接反应对海洋生物有致命作用。它可以产生热量、压力波的偏向,形成半真空或半真空状态从而脱氧导致浮游生物的死亡。

(7)岸上处理

把压载水排放到岸上的污水处理厂进行处理,由于存在处理量大、时间长、占地面积大、设备利用低等问题,导致运行成本大幅度提高。

(8)压载水不排放

压载水不排放就不会造成污染,但减少了船舶货物载运量,因此会使吨位运输成本增加。

【巩固与提高】

扫描二维码,进入过关测试。

任务 5.4 闯关

任务 5.5　我国《劳动法》的有关规定

【任务引入】

船舶管理-中华人民共和国劳动法

【思想火花】

2016 年十大劳动法维权案件发布

【知识结构】

我国劳动法的有关规定结构图

【知识点】

我国劳动法的有关规定

5.5.1 《中华人民共和国劳动法》的有关规定

《中华人民共和国劳动法》(以下简称《劳动法》)已由中华人民共和国第八届全国人民代表大会常务委员会第八次会议于 1994 年 7 月 5 日通过,1995 年 1 月 1 日起施行。

1.《劳动法》的构成和性质

《劳动法》共 107 条,分为 13 章,其主要内容包括总则;促进就业;劳动合同和集体合同;工作时间和休息、休假;工资;劳动安全卫生;女职工和未成年工特殊保护;职业培训;社会保险和福利;劳动争议;监督检查;法律责任和附则。其宗旨是为了保护劳动者的合法权益,调整劳动关系,建立和维护适应社会主义市场经济的劳动制度,促进经济发展和社会进步。

劳动者享有平等就业和选择职业的权利、取得劳动报酬的权利、休息休假的权利、获得劳动安全卫生保护的权利、接受职业技能培训的权利、享受社会保险和福利的权利、提请劳动争议处理的权利以及法律规定的其他劳动权利。劳动者应当完成任务，提高职业技能，执行劳动安全卫生规程，遵守劳动纪律和职业道德。用人单位应当依法建立和完善规章制度，保障劳动者享有劳动权利和履行劳动义务。

2.《劳动法》的主要内容

(1)总则

为了保护劳动者的合法权益，调整劳动关系，建立和维护适应社会主义市场经济的劳动制度，促进经济发展和社会进步，根据宪法，制定本法。

在中华人民共和国境内的企业、个体经济组织(以下统称用人单位)和与之形成劳动关系的劳动者，适用本法。

劳动者享有平等就业和选择职业的权利、取得劳动报酬的权利、休息休假的权利、获得劳动安全卫生保护的权利、接受职业技能培训的权利、享受社会保险和福利的权利、提请劳动争议处理的权利以及法律规定的其他劳动权利。劳动者应完成劳动任务，提高技能，执行劳动安全卫生规程，遵守劳动纪律和职业道德。

用人单位应当依法建立和完善规章制度，保障劳动者享有劳动权利和履行劳动义务。

国家采取各种措施，促进劳动就业，发展职业教育，制定劳动标准，调节社会收入，完善社会保险，协调劳动关系，逐步提高劳动者的生活水平。国家提倡劳动者参加社会主义义务劳动，开展劳动竞赛和合理化建议活动，鼓励和保护劳动者进行科学研究、技术革新和发明创造，表彰和奖励劳动模范和先进工作者。

劳动者有权依法参加和组织工会。工会代表和维护劳动者合法权益，依法开展活动。劳动者依照法律规定，通过职工大会、职工代表大会或者其他形式，参与民主管理或者就保护劳动合法权益与用人单位进行平等协商。

国务院劳动行政部门主管全国劳动工作。县级以上地方人民政府劳动行政部门主管本行政区域内的劳动工作。

(2)促进就业

国家通过促进经济和社会发展，创造就业条件，扩大就业机会。国家鼓励企业、事业组织、社会团体在法律、行政法规规定的范围内兴办产业或者拓展经营，增加就业。国家支持劳动者自愿组织起来就业和从事个体经营实现就业。地方各级人民政府应当采取措施，发展多种类型的职业介绍机构，提供就业服务。

劳动者就业，不因民族、种族、性别、宗教信仰不同而受歧视。妇女享有与男子平等的就业权利。在录用职工时，除国家规定的不适合妇女的工种或者岗位外，不得以性别为由拒绝录用妇女或者提高对妇女的录用标准。残疾人、少数民族人员、退出现役的军人的就业，法律、法规有特别规定的，从其规定。

禁止用人单位招用未满16岁的未成年人，必须依照国家有关规定，履行审批手续，并保障其接受义务教育的权利。

(3)劳动合同和集体合同

(略，具体内容见“《劳动合同法》与《劳动法》的关系”或《劳动法》原文)

(4)工作时间和休息、休假

国家实行劳动者每日工作时间不超过8小时、平均每周工作时间不超过44小时工时制度。

对实行计件工作的劳动者,用人单位应当根据本法第三十六条规定的工时制度合理确定其劳动定额和计件报酬标准。

用人单位应当保证劳动者每周至少休息1日。用人单位在下列节日期间应当依法安排劳动者休假:元旦;春节;清明节;国际劳动节;端午节;中秋节;国庆节;法律、法规规定的其他休假节日。用人单位由于生产经营需要,经与工会和劳动者协商后可以延长工作时间,一般每日不得超过1小时;因特殊原因需要延长工作时间的在保障劳动者身体健康的条件下延长工作时间每日不得超过3小时,但是每月不得超过36小时。

有下列情形之一的,延长工作时间不受本法第四十一条规定的限制:

①发生自然灾害、事故或者因其他原因,威胁劳动者生命健康和财产安全,需要紧急处理的;

②生产设备、交通运输线路、公共设施发生故障,影响生产和公众利益,及时抢修的;

③法律、行政法规规定的其他情形。

用人单位不得违反本法规定延长劳动者的工作时间。有下列情形之一,用人单位应当按下列标准支付高于劳动者正常工作时间工资报酬:

①安排劳动者延长时间的,支付不低于工资的百分之一百五十的工资报酬;

②休息日安排劳动者工作又不能安排补休的,支付不低于工资的百分之二百工资报酬;

③法定休假日安排劳动者工作的,支付不低于工资的百分之三百的工资报酬。

国家实行带薪年休假制度。劳动者连续工作1年以上的,享受带薪年休假。具体办法由国务院规定。

(5)工资

工资分配应当遵循按劳分配原则,实行同工同酬。

工资水平在经济发展的基础上逐步提高。国家对工资总量实行宏观调控。

用人单位根据本单位的生产经营特点和经济效益,依法自主确定本单位的工资分配方式和工资水平。

国家实行最低工资保障制度。最低工资的具体标准由省、自治区、直辖市人民政府规定,报国务院备案。

确定和调整最低工资标准应当综合参考下列因素:劳动者本人及平均赡养人口的最低生活费用;社会平均工资水平;劳动生产率;就业状况;地区之间经济发展水平的差异。

工资应当以货币形式按月支付给劳动者本人。不得克扣或者无故拖欠劳动者的工资。

劳动者在法定休假日和婚丧假期间及依法参加社会活动期间,用人单位应依法支付工资。

(6)劳动安全卫生

用人单位必须建立、健全劳动卫生制度,严格执行国家劳动安全卫生规程和标准,对劳动者进行劳动安全卫生教育,防止劳动过程中的事故,减少职业危害;劳动安全卫生设施必须符合国家规定的标准;新建、改建、扩建工程的劳动安全卫生设施必须与主题同时设计、同时施工、同时投入生产和使用;用人单位必须为劳动者提供符合国家规定的劳动安全卫生条件和必要的劳动防护用品,对从事有职业危害作业的劳动者应当定期进行健康检查。

从事特种作业的劳动者必须经过专门培训并取得特种作业资格;劳动者在劳动过程中

必须严格遵守安全操作规程。劳动者对用人单位管理人员违章指挥、强令冒险作业,有权拒绝执行;对危害生命安全和身体健康的行为,有权提出批评、检举和控告。

国家建立伤亡和职业病统计报告和处理制度。县级以上各级人民政府劳动行政部门、有关部门和用人单位应当依法对劳动者在劳动过程中发生的伤亡事故和劳动者的职业病状况,进行统计、报告和处理。

(7)女职工和未成年工特殊保护

国家对女职工和未成年工实行特殊劳动保护。未成年工指年满16周岁未满18周岁劳动者。

禁止安排女职工从事矿山井下、国家规定的第四级体力劳动强度的劳动和其他禁忌从事的劳动;不得安排女职工在经期从事高处、低温、冷水作业和国家规定的第三级体力劳动强度的劳动;不得安排女职工在怀孕期间从事国家规定的第三级体力劳动强度的劳动和孕期禁忌从事的劳动。对怀孕7个月以上的女职工,不得安排其延长工作时间和夜班劳动。

女职工生育享受不少于90天的产假;不得安排女职工在哺乳未满1周岁的婴儿期间从事国家规定的第三级体力劳动强度的劳动和哺乳期禁忌从事的其他劳动,不得安排其延长工作时间和夜班劳动。

不得安排未成年工从事矿山井下、有毒有害、国家规定的第四级体力劳动强度的劳动和其他禁忌从事的劳动;用人单位应当对未成年工定期进行健康检查。

(8)职业培训

国家通过各种途径,采取各种措施,发展职业培训事业,开发劳动者的职业技能,提高劳动者素质,增强劳动者的就业能力和工作能力。

各级人民政府应当把发展职业培训纳入社会经济发展的规划,鼓励和支持有条件的企业、事业组织、社会团体和个人进行各种形式的职业培训。

用人单位应当建立职业培训制度,按照国家规定提取和使用职业培训经费,根据本单位实际,有计划地对劳动者进行职业培训。

从事技术工种的劳动者,上岗前必须经过培训。

国家确定职业分类,对规定的职业制度职业技能标准,实行职业资格证书制度,由经过政府批准的考核鉴定机构负责对劳动者实施职业技能考核鉴定。

(9)社会保险和福利

国家发展社会保险,建立社会保险制度,设立社会保险基金,使劳动者在年老、患病、工伤、失业、生育等情况下获得帮助和补偿。

社会保险水平应当与社会经济发展水平和社会承受能力相适应。

社会保险基金按照保险类型确定资金来源,逐步实行社会统筹。用人单位和劳动者必须依法参加社会保险,缴纳社会保险费。

劳动者在下列情形下,依法享受社会保险待遇:退休;患病;因工伤残或者患职业病;失业;生育。

劳动者死亡后,其遗属依法享受遗属津贴。劳动者享受社会保险待遇的条件和标准由法律、法规规定。劳动者享受的社会保险金必须按时足额支付。

社会保险基金经办机构依照法律规定收支、管理和运营社会保险基金,并负有使社会保险基金保值增值的责任。

社会保险基金监督机构依照法律规定,对社会保险基金的收支、管理和运营实施监督。

社会保险基金经办机构和社会保险基金监督机构的设立和职能由法律规定。任何组织和个人不得挪用社会保险基金。

国家鼓励用人单位根据本单位实际情况为劳动者建立补充保险。国家提倡劳动者个人进行储蓄性保险。

国家发展社会福利事业,兴建公共福利设施,为劳动者休息、休养和疗养提供条件。

用人单位应当创造条件,改善集体福利,提高劳动者的福利待遇。

(10)劳动争议

用人单位与劳动者发生劳动争议,当事人可以依法申请调解、仲裁、提起诉讼,也可以协商解决。调解原则适用于仲裁和诉讼程序。

解决劳动争议,应根据合法、公正、及时处理的原则,依法维护劳动争议当事人合法权益。

劳动争议发生后,当事人可以向本单位劳动争议调解委员会申请调解;调解不成,当事人一方要求仲裁的,可以向劳动争议仲裁委员会申请仲裁。当事人一方也可以直接向劳动争议仲裁委员会申请仲裁。对仲裁裁决不服的,可以向人民法院提出诉讼。

在用人单位内,可以设立劳动争议调解委员会。劳动争议调解委员会由职工代表、用人单位代表和工会代表组成。劳动争议调解委员会主任由工会代表担任。

劳动争议经调解达成协议的,当事人应当履行。

劳动争议仲裁委员会由劳动行政部门代表、同级工会代表、用人单位代表方面的代表组成。劳动争议仲裁委员会主任由劳动行政部门代表担任。

提出仲裁要求的一方应当自劳动争议发生之日起 60 日内向劳动争议仲裁委员会提出书面申请。仲裁裁决一般应在收到仲裁申请的 60 日内做出。对仲裁裁决无异议,当事人必须履行。

劳动争议当事人对仲裁裁决不服,可以自收到仲裁裁决书之日起 15 日内向人民法院提起诉讼。一方当事人在法定期限内不起诉又不履行仲裁裁决的,另一方当事人可以申请强制执行。

因签订集体合同发生争议,当事人协商解决不成的,当地人民政府劳动行政部门可以组织有关各方协调处理。

因履行集体合同发生争议,当事人协商解决不成的,可以向劳动争议仲裁委员会申请仲裁;对仲裁裁决不服的,可以自收到仲裁裁决书之日起 15 日内向人民法院提出诉讼。

5.5.2　中华人民共和国劳动合同法的有关规定

《中华人民共和国劳动合同法》(简称《劳动合同法》)已于 2007 年 6 月 29 日通过,2008 年 1 月 1 日起施行;2012 年 12 月 28 日第十一届全国人民代表大会常务委员会第三十次会议《关于修改<中华人民共和国劳动合同法>的决定》修正。

1.《中华人民共和国劳动合同法》的构成和性质

《劳动合同法》共分 8 章,有 98 条,其主要内容包括总则、劳动合同的订立、劳动合同的履行和变更、劳动合同的解除和终止、特别规定(集体合同、劳务派遣和非全日制用工)、监督检查、法律责任和附则。这是自《劳动法》颁布实施以来,我国劳动和社会保障法制建设中的又一个里程碑。《劳动合同法》的颁布实施,对于更好地保护劳动者合法权益,构建和发展和谐稳定的劳动关系,促进社会主义和谐社会建设,具有十分重要的意义。

2.《劳动合同法》与《劳动法》的关系

(1)立法背景不同

《劳动法》是在我们国家在计划经济向市场经济过渡时期劳动关系初步紧张状态下产生的法律;《劳动合同法》则是在我国市场经济发育逐渐成熟时期、劳动关系非常紧张状态下产生的法律。

(2)立法宗旨不完全相同

《劳动法》是“为了保护劳动者的合法权益,调整劳动关系,建立和维护适应社会主义市场经济的劳动制度,促进经济发展和社会进步,根据宪法,制定本法”,明确把劳动者权益放在第一位;《劳动合同法》则是“为了完善劳动合同制度,明确劳动合同双方当事人的权利和义务,保护劳动者的合法权益,构建和发展和谐稳定的劳动关系,制定本法”。

(3)调整对象不同

《劳动法》是调整劳动关系以及与劳动关系密切联系的社会关系的法律规范总称。

《劳动法》适用主体是在中华人民共和国境内的企业、个体经济组织(以下统称用人单位)和与之形成劳动关系的劳动者以及国家机关、事业组织、社会团体和与之建立劳动合同关系的劳动者;《劳动合同法》适用主体是中华人民共和国境内的企业、个体经济组织、民办非企业单位等组织(以下称用人单位)与劳动者建立劳动关系,订立、履行、变更、解除或者终止劳动合同,以及国家机关、事业单位、社会团体和与其建立劳动关系的劳动者,订立、履行、变更、解除或者终止劳动合同。

(4)二者在条款上的区别

①用人单位的规章制度。

《劳动合同法》规定用人单位必须建立完善劳动规章制度,并对直接涉及劳动者切身利益的规章制度和重大事项在制定、修改及实施过程中从程序上予以严格规范。

②办理用工手续与签订劳动合同。

《劳动法》中规定:“建立劳动关系应当订立劳动合同。劳动合同应当以书面形式订立。”

用人单位与劳动者建立劳动关系不依法订立劳动合同的,由劳动保障行政部门责令改正,拒不改正的,处2 000以上2万元以下的罚款。

《劳动合同法》则对不签劳动合同的用人单位,不再设定行政处罚的内容,而是将用人单位的违法成本转为劳动者的经济利益,建立了一种用人单位的违法成本与劳动者的经济利益挂钩的机制,既加大了用人单位的违法成本,又提高了劳动者维权的积极性。

同时《劳动合同法》对用人单位用工后未与劳动者签订劳动合同的,给予一个月的宽限期,超过一个月不满一年不签合同的,以支付双倍工资予以惩罚;超过一年再不签的,按无固定期限劳动合同确定双方的劳动。

③劳动合同的条款。

《劳动法》规定:劳动合同期限;工作内容;劳动保护和劳动条件;劳动报酬;劳动纪律;劳动合同终止的条件;违反劳动合同责任。除上述必备条款外,当事人可以协商约定其他内容。

在必备条款方面,《劳动合同法》增加了劳动合同主体双方的基本情况、工作地点、工作时间和休息休假、社会保险,以及法律、行政法规规定的其他事项等内容;同时又取消了劳动纪律(属于用人单位的规章制度)、劳动合同终止条件(已由法定且不能约定)和违反劳动合同的责任(防止用人单位滥用违约责任)三项条款;在约定条款方面,新规定进一步明确了试用期、培训、商业秘密以及补充保险和福利待遇等具体内容。

④劳动合同试用期。

《劳动法》中规定:劳动合同期限6个月以下的试用期不得超过15天;合同期6个月以上1年以下的试用期不得超30天;合同期1年以上2年以下的试用期不得超过60天;合同期2年以上的,试用期不得超过6个月。

劳动者在试用期间被证明不符合录用条件的,用人单位可以解除劳动合同。

《劳动合同法》对试用期与合同期的关系重新做了规范;增加了对劳动者在试用期工资报酬的最低保护线;规定了对已经履行的超过法定试用期的期间应向劳动者支付赔偿金;增加了用人单位在试用期解除合同应当向劳动者说明理由的程序。

同时规定最低工资一般情况下不能作为劳动合同约定的工资。因为本法规定试用期的工资不得低于劳动合同约定工资的80%,而且不得低于当地的最低工资标准,如果把最低工资作为劳动合同约定的工资,按80%折算后试用期的工资就会低于当地的最低工资标准。

⑤劳动者可以随时通知解除劳动合同的情形。《劳动法》中对此方面的规定是:在试用期内的;用人单位以暴力、威胁或者非法限制人身自由的手段强迫劳动的;用人单位未按照劳动合同约定支付劳动报酬或者提供劳动条件的。

而《劳动合同法》增加了用人单位未缴纳社会保险费,违法规章制度损害劳动者权益,以欺诈、胁迫的手段或者乘人之危订立劳动合同,以及法律法规规定的情况等4类可以随时通知解除劳动合同的情形。同时把用人单位以暴力、威胁或者非法限制人身自由的手段强迫劳动,由“随时通知”改为“不需事先告知”即可解除劳动合同,并增加了用人单位违章指挥、强令冒险作业危及劳动者人身安全也不需事先告知即可解除劳动合同的情形。

《劳动合同法》将劳动者在试用期内可以随时通知解除劳动合同,变更为劳动者在试用期可以提前三日通知用人单位解除劳动合同,以满足用人单位工作交接的需要。

⑥用人单位可以随时通知劳动者解除劳动合同的情形。

《劳动法》对此条款的规定为:在试用期间被证明不符合录用条件的;严重违反劳动纪律或者用人单位规章制度的;严重失职、营私舞弊,对用人单位利益造成重大损害的;被依法追究刑事责任的。

《劳动合同法》则把劳动纪律并入用人单位的规章制度中,增加了对保持双重以上劳动关系且情节严重的劳动者可以解除劳动合同,以及以欺诈、胁迫的手段或者乘人之危订立或者变更劳动合同致使合同无效可以解除劳动合同等两种情形。

⑦用人单位可以解除劳动合同但应提前三十日以书面形式通知劳动者的情形。

《劳动法》中规定:有下列情形之一的,用人单位可以解除劳动合同,但是应当提前三十日以书面形式通知劳动者本人:劳动者患病或者非因工负伤,医疗期满后,不能从事原工作也不能从事由用人单位另行安排的工作的;劳动者不能胜任工作,经过培训或者调整工作岗位,仍不能胜任工作的;劳动合同订立时所依据的客观情况发生重大变化,致使原劳动合同无法履行,经当事人协商不能就变更劳动合同达成协议的。

《劳动合同法》中增加了代通知金制度,即用人单位以额外支付一个月工资的形式代替提前三十天通知劳动者。代通知金制度可以使劳动者有较多的时间寻找新的工作。

⑧非因劳动者过错或同意,用人单位不得解除劳动合同的情形。

《劳动法》:患职业病或者因工负伤并被确认丧失或者部分丧失劳动能力的;患病或者负伤,在规定的医疗期内的;女职工在孕期、产期、哺乳期内的;法律、行政法规规定的其他情形。

《劳动合同法》中增加了对从事接触职业病危害作业的劳动者的预防性保护和对在本单位工作时间较长的老职工的保护。

⑨劳动合同终止的情形。

《劳动法》中规定,劳动合同期满或者当事人约定劳动合同终止条件出现,合同即行终止。

《劳动合同法》取消了劳动合同的约定终止,即双方当事人不得约定劳动合同终止条件,即使约定也无效。劳动合同只能因法定情形出现而终止。另外,它规定根据劳动合同主体资格消失等情况,增加了五种劳动合同法定终止的情形。

⑩新增劳务派遣的相关内容。

《劳动合同法》新增加了关于劳务派遣的内容:"劳务派遣单位应当依照公司法的有关规定设立,注册资本不得少于五十万元。""劳务派遣单位派遣劳动者应当与接受以劳务派遣形式用工的单位订立劳务派遣协议。劳务派遣协议应当约定派遣岗位和人员数量、派遣期限、劳动报酬和社会保险费的数额与支付方式以及违反协议的责任。用工单位应当根据工作岗位的实际需要与劳务派遣单位确定派遣期限,不得将连续用工期限分割订立数个短期劳务派遣协议。"

3. 劳动合同法的主要内容(略)

【巩固与提高】

扫描二维码,进入过关测试。

任务5.5闯关

任务5.6　轮机部船员职责及舰队轮机兵勤务管理

【任务引入】

船舶管理-中华人民共和国海船船员值班规则

【思想火花】

航母当场撞毁千吨战舰,73名美海军葬身大海,舰长却只顾蒙头大睡

搁浅货轮"若潮"号燃油泄漏 毛里求斯陷入生态危机

【知识结构】

轮机部船员职责及舰队轮机兵勤务管理结构图

【知识点】

轮机部船员职责及舰队轮机兵勤务管理

5.6.1　我国轮机部船员职责和行为准则

1. 轮机部高级船员的职责

(1)轮机长

①轮机长是全船机电设备(不包括通信、导航设备)的技术总负责人。

②制订本船各项机电设备的操作规程、保养检修计划、值班制度,贯彻执行各项规章制

度，保证“船舶安全管理体系”在船保持和运行，确保安全生产。

③负责组织轮机员（电机员）制订修船计划、编制修理单和预防检修计划，组织领导修船，进行修船工作的验收。

④负责燃润料、物料、备件的申领，造册保管和合理使用，节约能源，降低成本。

⑤负责保管轮机设备的证书、图纸资料、技术文件，及时报告船长申请检验。

⑥经常亲自检查机电设备的运行情况，调整不正常的运行参数，检查和签署轮机日志、电机日志等。

⑦培训和考核轮机人员。

⑧在发生紧急事故时指挥机舱人员进行抢修和抢救工作。

⑨监督和签署轮机员（电机员）的调任交接工作。

（2）大管轮

①大管轮是轮机长的主要助手，在轮机长的领导下进行工作，轮机长不在时代理轮机长的职务。大管轮负责领导轮机部人员进行机电设备管理、操作、保养和检修工作，教育所属人员严格遵守工作制度、操作规程和劳动纪律，保证轮机部的各项规章制度得以正确执行，保证按时完成轮机部的航次作业计划和昼夜计划工作。

②大管轮负责维持机舱秩序，对机舱、工作间、材料间、备件工具及机电设备的整洁进行监督和检查，防止锈蚀、损坏或遗失，负责轮机部各舱室的油漆工作。

③负责保持轮机部有关安全的设备，如应急舱底阀、风油应急开关、机舱水密门、安全阀、机舱灭火设备、起重设备、危险警告牌、重要的防护装置等等处于使用可靠状态，定期进行必要的检查试验，并负责指导有关人员熟悉正确的管理和使用方法。做好防火防爆、防污染、防冻、防进水、防盗和防工伤等工作。

在船舶发生紧急事故时，按照应变部署表规定的职务，协助轮机长指挥轮机部人员做好应急抢救工作。

④负责管理主机、轴系及直接为主机服务的辅机，并负责管理舵机、冷藏机，贯彻执行操作规程，并对操作管理方法随时提出改进意见，经轮机长批准执行。

在抢修主机或主机吊缸检修、主机大修后试验、新到任轮机长首次试验主机时，大管轮应在场。

大管轮对所负责的机械设备应按预防检查制度制订预防检修计划，进行检查、测量、修理和记载，并保管修理记录簿。

除分工负责的机械设备外，还应负责轮机长指定由他负责的部分辅机和设备，并完成轮机长指派的其他工作。

⑤负责编制本人管理的机械设备的计划修理单、航次修理单和自修计划；审核和汇编其他轮机员的修理单和自修计划，并维护机舱的安全。

⑥负责综合轮机部的预防检修和自修计划，在轮机长批准后执行。负责组织检查人员协助其他轮机员做好预防工作，指导轮机部人员的检修技术和使用工具的方法。

⑦负责贯彻执行轮机部备件和物料的定额制度，及时收集、综合并审查工具、备件、物料的申领单交轮机长核定，组织验收、保管和盘点并监督备件物料的合理使用。

负责轮机部通用物料及本人主管机械设备的备件、润滑油的申领、验收和报销。

⑧负责保管本人使用的技术文件、仪器、工具等。

⑨负责安排航行及停泊时的检修工作，组织领导检查、清洁、油漆工作。在航行时，参

与轮值航行班,停泊时与二、三管轮轮流值班,并按轮机长的指示安排航行值班及停泊值班的人员。协助轮机长领导所属人员的政治思想学习和技术业务学习,提高所属人员的政治思想和技术水平。合理安排工作,督促做好轮机部使用的舱室、浴室、厕所的清洁卫生工作。负责安排轮机部船员的公休计划,提交轮机长审核。

⑩监督轮机部一般船员的交接工作。

(3)二管轮

①在轮机长和大管轮的领导下进行工作,负责管理发电原动机及为它服务的机械设备、机舱内部分辅机和轮机长指定由他负责的其他设备。

②负责制订本人主管的机械设备的预防检修计划,进行检查、测量及修理,记载并保管修理记录簿。

③负责编制本人主管的机械设备的计划修理单和航次修理单,提交大管轮审核。修船期间,协助监工,验收并参加自修工作。

④负责本人主管的机械设备的备件和专用物料的申领、验收和报销,妥善保管,防止锈蚀、损坏或遗失。

⑤负责加装燃油(驳油),进行燃油的测量、统计和记录工作。到港前,将燃油存量正确数字送轮机长。加装燃油时,负责检验质量,监督向指定油柜灌油,核定装油数量。清洗油柜时,监督清洗质量,负责检查加油管路、燃油加热管及其灭火管系的可靠性。

⑥负责保管拨交本人使用的技术文件、仪器、工具和备件等。

⑦在航行时轮值航行班。停泊时,领导由大管轮指派的人员进行检修工作,并与大、三管轮轮流值班。

(4)三管轮

①在轮机长和大管轮的领导下进行工作,负责管理甲板机械及泵浦间、救生艇发动机、应急消防泵、空调机、副锅炉及其附属设备的机舱内部分辅机等,以及轮机长指定的其他辅机和设备。

②负责制订本人主管的机械和设备的预防检修计划,进行检查测量及修理,记载并保管修理记录簿。

③负责编制本人主管的机械设备的计划修理单和航次修理单,提交大管轮审核。修船期间,协助监工,验收并参加自修工作。

④负责本人主管的机械设备的备件和专用物料的申领、验收和报销,监督妥善保管,防止锈蚀、损坏或遗失。

⑤负责保管拨交本人使用的技术文件、仪器、工具和备件等。

⑥在航行时轮值航行班,停泊时领导由大管轮指派的人员进行检修工作,并与大、二管轮轮流值班。

(5)电机员

①在轮机长直接领导下,领导电工进行工作。负责船舶电气设备的管理、保养和检修工作。保持电气设备、仓库和电气修理间的整洁和秩序。贯彻各项工作制度和安全规则,节约材料、物料,安排电助、电工的工作。

②负责管理、保养发电机、电动机、应急安全设备线路、避雷装置、电操舵装置、照明设备、有线电话、电气仪表、电导航及无线电通信设备的强电部分及其他电气设备。应贯彻执行操作规程,研究改进管理办法,报轮机长批准执行。定期测量绝缘电阻,保证电气设备及

线路经常处于良好工作状态。

严格遵守并监督执行安全规则,注意正确及时地悬挂危险警告牌,禁止非电气工作人员接触重要的带电设备。

③根据预防检修制度,制订电气设备的预防检修计划,提交轮机长批准后执行。记载并保管电气测量修理记录簿,定期提交轮机长审签。

④负责编制电气部分的计划修理和航次修理的修理单,提交轮机长审核;厂修期间,监督并验收厂修工程;参加并组织领导电助、电工、实习生或大管轮派给的人员进行自修工作。

⑤开航前,做好开航准备工作,特别注意舵机、锚机、绞盘、航行灯和航行有关的电气设备的可靠性。在靠离码头、进出港、通过狭窄航道、运河以及轮机长认为必要时,应在机舱执行工作。停泊时领导并参加所属人员进行检修。按轮机长的指示,参加并安排夜间及假日留船值勤人员值班。

⑥负责电气备件、材料、物料及专用工具的申领、验收、统计和报销,指定专人负责保管上述物品并负责管理记账簿。

⑦负责保管电工日志,按时提交轮机长审签;编制航次报告,提交轮机长审签上报。

⑧保管电气设备的技术文件、图纸。

(6)船舶检修、养护分工明细表

根据船员职务规则规定编制的轮机部高级船员的分工明细表见表5-2。

表5-2 轮机检修养护分工明细表

序号	检修负责人	项目	备注
1	大管轮	主机及中间轴系统	
2		艉轴系统及螺旋桨	
3		侧向推进器系统	
4		为主机服务的泵、热交换器、滤器	
5		主机盘车机	
6		推进装置遥控、自控装置	
7		主机及系统的监测和应急装置	
8		舵机和操舵装置	
9		制冷装置(货物与伙食)	
10		滑油舱柜、滑油分油机及系统	
11		防海生物装置	
12		机舱灭火系统	
13		机舱水密门、逃生门	
14		机舱应急舱底水阀	
15		机舱风道挡板	
16		机舱堵漏设备	
17		机舱起重、车床、测量工具和物料	

表 5-2(续)

序号	检修负责人	项目	备注
18	二管轮	副机(发电原动机)	
19		为副机服务的泵、热交换器、滤器	
20		燃油舱、燃油驳运泵及系统	
21		燃油分油机及系统	
22		油柜速闭切断装置及远操机构	
23		空气压缩机、压缩空气瓶、空气管系	
24		造水机及系统	
25		应急发电原动机	
26		应急空气压缩机	
27		油渣柜	
28	三管轮	锅炉及附属设备和系统	
29		蒸汽、回汽、凝水系统	
30		甲板机械	
31		厨房机械	
32		机舱淡水、热水、卫生水设备与系统	
33		空调和暖气设备	
34		压载、舱底水设备与系统	
35		防污染设备	
36		消防泵、应急消防系统	
37		救生艇发动机	
38	电机员	发电机、电动机及各种电气设备	

2. 我国船舶轮机值班制度

(1)航行值班

①轮机员航行值班职责。

a. 值班轮机员负责领导并督促本班值班人员严格遵守机炉舱规则及各项安全操作规程,保证机电设备正常运转,完成机舱内的各项工作。

b. 根据驾驶台命令迅速准确地操纵主机,填写轮机日志和车钟记录簿,不得任意涂改。

c. 按制造厂说明书的规定和要求,使机电设备保持在标定的工作参数范围内;经常保持油水分离器和各种滤器处于良好的使用状态;注意废气锅炉(或副锅炉)工作情况是否正常。

d. 维护机炉舱、轴系及各种设备的清洁,按时巡回检查,仔细观察,倾听机电设备、轴系的运转情况,如发现不正常现象应立即设法排除。如不能解决,应立即报告轮机长。

e. 主机故障必须立即停车检修,应先征得驾驶台同意并迅速报告轮机长。如情况危急,将造成严重机损或人身伤亡时,可先停车,同时报告驾驶台和轮机长,详细情况记入轮机日志。

f. 在恶劣天气中航行，为防止主机空车和超负荷而需要降低主机转速时，应取得轮机长同意并通知驾驶台。

g. 根据设备运转需要，随时进行驳油、净油、造水、充气等工作，保持日用油柜、水柜有足够数量的储备。除日用油柜驳注外，移驳燃油应事先与大副联系。

h. 根据甲板部书面通知，领导值班人员移注、排灌压舱水或移注油、水，供应或停供所需的水、电、气、汽。认真遵守防污染的有关规定并详细填写油类记录簿和排污记录簿。

i. 注意防火检查，随时清除油污，正确处理油污破布、棉纱头等易燃物。

j. 船舶发生紧急事故时，按应变部署表分工积极参加抢险工作。

k. 有实习人员跟班时，应严格要求，热情指导。

l. 三管轮值班时，轮机长应经常下机舱检查指导。大管轮班人员进晚餐时由三管轮班人员下机舱接替，时间不超过半小时。

m. 认真执行船长、轮机长指派的其他工作。

②交接班规定。

a. 交班轮机员于交班前半小时（白天 4～8、8～12 班于交班前 45 分钟）应指派专人叫班，并做好交班准备。

b. 接班人员接班前 15 分钟进入巡回检查路线，按交接内容认真检查。发现问题汇总由接班轮机员向交班轮机员提出，其中主要问题应记入轮机日志，双方有争议应报告轮机长处理。

c. 交班人员应向接班人员分别介绍：运转中的机电设备的工作情况；曾经发生的问题及处理结果；需要继续完成的工作；驾驶台或轮机长的通知；提醒下一班注意事项。

d. 交接班必须在现场进行，交班人员必须得到接班人员同意后才能下班，做到交清接明，并在轮机日志上签字。

③附则。

a. 轮机长在下列情况下必须到机舱指挥：进出港、移泊、过运河时；机电设备发生故障危及安全运转时；狭水道、恶劣天气等特殊情况及船长命令时；机舱报警、应变部署时；值班轮机员工作有疑难，要求轮机长前往时。

b. 轮机长在下列情况应做到：出港航行命令下达后，应在机舱监督检查并做好下列工作，即调整主、副机燃油系统及轴承润滑和冷却所需油量、水量、压力、温度；调整废气锅炉气压，转换蒸汽阀门（有强制循环泵进行启动使用）；调整扫气压力和温度。对燃油锅炉的油温、油压、风压和燃烧情况加以检查或调整，以便靠港后正常使用。

（2）停泊值班

①轮机员停泊值班职责。

a. 督促检查轮机值班人员严格遵守有关安全生产的规定。

b. 保证机电设备正常运转。

c. 及时供应日常工作及生活所需要的水、电、气、汽。

d. 严格遵守防污染规定，防止污油污水排出舷外。

e. 根据大副或值班驾驶员的书面通知，移注、排灌压载水。

f. 装卸货期间如起货机发生故障，应组织力量抢修。

g. 机电设备发生故障或值班机工有疑难时，应立即到机舱处理。

h. 若临时进厂修理，应认真检查和落实各项安全措施，以防发生意外事故。

i. 加强机炉舱和舵机房等部位安全检查，晚间10点钟以后，全面巡回检查机炉舱一次。

j. 主机转车、冲车、试车前，应通知并征得值班驾驶员同意后方可进行。

k. 发生火警和意外危险时，如轮机长不在船上，应在船舶领导统一指挥下（或协助值班驾驶员指挥），组织轮机部全体人员进行抢救。

l. 根据船长和值班驾驶员的通知，按时做好移泊准备工作。

m. 当轮机长不在船上时，负责处理轮机部的日常工作和外单位来船人员的接待工作。重要事项应向轮机长汇报。

②交接班规定。

a. 值班轮机员每天早上8点交接班。

b. 交班轮机员应向接班轮机员介绍：值班人员情况；船舶动态、机舱状况、机电设备包括甲板机械运转情况；抢修工作、明火作业及落实安全措施的情况；上一班发生过的事情及提醒下一班注意的事项。

c. 交班人员必须得到接班人员同意后方可下班。

（3）无人值班机舱船舶的轮机值班制度

①由驾驶台操纵时的轮机值班规定。

a. 不论航行或停泊，每班由1名轮机员和1名机工从08:00到次日08:00，实行24小时值班责任制。

b. 为确保安全，每天08:00~16:00由值班机工按值班职责和各项规定在集控室监视并处理警报，巡回检查动力设备的运转情况。在值班时间内如需暂时离开值班处所，必须经值班轮机员同意并将召唤警报开关转至值班轮机员房间的位置。用餐时间应不超过半小时。

c. 值班轮机员在15:30时开始检查值班机工的工作和机电设备的运转情况，确认正常后值班机工方可离去。从16:00至次日08:00由值班轮机员按值班职责处理警报，并在22:00到机舱巡回检查一次。离开机舱前应将召唤警报开关转至自己房间的位置。

d. 值班轮机员可以在自己房间或集控室内和衣休息。但不得在超越召唤警报呼叫范围的场所活动。一旦发生报警，应立即到机舱检查处理。

e. 值班时间内应认真按规定填写轮机日志、辅机日志和各种记录本。规定每日08:00、16:00、22:00三次记录各种设备运转参数，每日08:00的记录数据还应与机旁仪表的读数相核对。

f. 设有车钟记录器、警报记录器和巡回监测数据记录器等设备的船舶，应使用这些设备持续地监测运转中的动力装置。各种记录资料均应完整保存。

g. 应使巡回监测数据记录器至少每4小时进行1次巡回监测。特殊情况下，由轮机长确定自动巡回检测的周期。

h. 下列情况轮机长必须到机舱亲自指挥：在遥控监测装置进行模拟试验或功能试验时；每次启动主机之前直至主机达到正常工况时；机电设备发生故障危及安全运转时；值班轮机员有疑难要求轮机长前往时；应变部署时；特殊情况下船长命令时。

i. 在各种需要机动操纵且持续时间不超过4小时的情况下，轮机长的工作岗位在机舱或驾驶台，应由各公司根据各船舶设备和操纵特性分别予以确定，并明确布置各轮，船长和轮机长必须坚决执行。如轮机长因有其他重要工作必须暂时离开岗位，应经船长同意并由大管轮暂代。

②中止机舱无人值班。

a. 下列情况下，应中止机舱无人值班，恢复有人值班制：机电设备或控制系统发生故障，不能满足无人值班的要求时；进出港、移泊、过运河等机动操纵持续时间超过 4 小时者；过狭水道，在恶劣天气中航行并在船长命令时；在其他特殊情况下，轮机长认为必要并命令时。

b. 中止机舱无人值班后，不论航行或停泊，均应按本制度规定的航行和停泊的值班职责以及相应的联系制度执行，直至恢复无人值班时止。

c. 机舱实行有人值班后，轮机长应组织好轮机部人员的值班并安排好日常工作，必须确保安全生产。

③无人值班机舱的值班轮机员职责。

a. 当班期间负责所有机电设备的安全运转。

b. 督促检查本班机工严格遵守机炉舱规则及各项安全操作规程，当值班机工有疑难并要求时，应及时前往机舱处理。

c. 按时检查机电设备、轴系运转情况，当机舱警报呼叫时，应速前往检查处理。

d. 经常对设备的工况和运转参数进行正确的判断，在故障发生前或发生后进行有效的处理，并将情况如实记入轮机日志。

e. 根据驾驶台的命令，负责主机的备车和完车工作，确保推进装置处于良好操纵状态，当电机人员不在机舱时，负责发电机的配电工作。

f. 在值班期间如遇进出港、移泊等机动操纵，以及接到船长或轮机长命令时，应在集控室坚守值班，随时准备推进装置的操纵转换。当遥控操纵系统失灵时，应立即转换至机舱操纵或应急手动操纵并同时报告驾驶台和轮机长，保证推进装置的正常功能和航行安全。

g. 在恶劣天气中航行时，为防止主机空车和超负荷，需要降低主机转速或改变桨叶角时应先取得轮机长同意并通知驾驶台。

h. 机舱发生火警或设备故障等意外引起主机减速、停车以及电网停电等危及航行安全情况时，应采取一切必要的有效措施，并立即报告值班驾驶员和轮机长。

i. 船舶发生火警或意外危险时，如果轮机长不在船上，应在船舶领导统一指导下（或协助值班驾驶员指挥），组织轮机部全体在船人员进行抢救。

j. 当轮机长不在船时，负责处理轮机部的日常工作和外单位来船人员的接待工作。重要事项应向轮机长汇报。

k. 凡与本职责不相矛盾而未曾规定的工作，应参照前述“轮机员航行值班职责”和“轮机员停泊值班职责”。

l. 在未配备机工的船上或本班无值班机工时，还须履行值班机工的职责。

④无人值班机舱轮机人员的工作制度。

a. 不论航行或停泊，除当班人员外，所有人员均实行 8 小时工作制。在 07:30～11:30 和 13:00～17:00 的工作时间内进行日常的维修保养工作。

b. 值班轮机员在其当值次日休息半天，一般安排下午。必要时轮机长可另行安排休息。

c. 从 16:00 到次日 08:00 期间，在特殊情况下，如值班轮机员认为必要，可以命令本班机工参加抢修工作或进行值班，并报告大管轮，由大管轮酌情在第二天安排适当时间休息。

d. 因工作需要，非当值人员受大管轮指派在 8 小时工作时间以外参加检修或值班，应由大管轮酌情在第二天安排适当时间休息。

e. 如因特殊原因不能参加工作时，轮机员请假必须经轮机长同意，普通船员必须经轮机长或大管轮同意。

3. 我国船员调动交接制度

(1)一般规定

①交班船员接到调动通知，做好交接准备，抓紧完成工作，集中并整理好应交物品。

②接班船员到船后，应立即向直接领导人报到并按指示抓紧接班(外派船舶交接通常仅一小时，交班后立即离船)。

③交班时间一般不应超过三天。交接时交方应耐心细致，接方要虚心勤问，不含糊接班。属于设备问题和遗留工作交方一定要交代清楚，接方不应因本身的业务能力而过多地拖延时间，如有争议应报告领导处理。

④涉及事故处理，各种海损、机损、货损报告以及保险索赔等手续的当事人和有关负责人等均应亲自办理完毕，不得移交给接班船员代办，但应向接班船员详细说明情况。

⑤交接完毕应共同向直接领导人汇报交接情况，经其认可或监交签署后，交接方告完毕。在此之前，工作由交班船员负责；之后由接班船员负责。干部船员还应办理"调动交接记录"，双方签署后，由直接领导人加签监交。持有适任证书的干部船员，不论调离职或到任，应由船长、轮机长、电台负责人分别在有关日志记载并签署。船长、轮机长、大副、电台负责人交接后还应分别在航海日志、轮机日志、电台日志上共同签署。交接完毕后，交班船员应在三天内离船。

(2)交接

调动职务交接工作由实物交接、情况介绍和现场交接三部分组成。

①实物交接。

个人保管的工具、仪表、图书、文件、公用衣物、住室的门和柜的钥匙，均应按配备清单逐项清点交接。如果实物短缺，一般物品应在交接记录中注明，重要物品或者虽为一般物品但数量甚多者，应报告领导处理。实物交接时应结合介绍情况。

②情况介绍。

a. 本船、本部门和本专业的概貌、特点、总的技术状况和存在的主要问题。

b. 涉及本专业和本职的各项规章制度，包括引导熟悉 SMS 和介绍重点文件。

c. 本职在本船的具体分工职责及有关规定；需协调的工作项目及其主从关系和工作习惯等；有关工作计划及其执行情况。

d. 正在进行的和待办的工作及领导指示；下航次计划和开航准备的进行情况。

e. 本职在应变部署中的岗位和职责，实地交代救生衣、应变任务卡及应携带或操作的设备、器材的位置、用途、性能和使用方法、注意事项等。

f. 详细介绍下属船员的技术业务能力、思想表现、工作态度和其他特点等。

③现场交接。

双方共同到设备现场和工作现场，包括共管或协作的项目，由交方详细介绍。

a. 所管设备及其附属设备、装置、属具、专用仪表(器)和工具的名称、性能、运转现状、易出故障或事故的部分及其解决办法或应急措施以及注意事项等。

b. 有关管系、(电)线路的各种阀门和开关，操纵控制装置和监测指示仪表的位置、工况数据、使用方法，操作时容易发生的错误及其注意事项。

c. 重要仪表的准确程度,安全报警装置或指示信号的可靠性,各种安全应急设备(或装置)的位置及其操作使用方法。

d. 油、水柜的分布,各柜容量和残留量(即死油死水),测量管或测量装置的位置,测量数据的换算方法以及误差等情况。

e. 结合实物交接弄清各种属具、备件、工具、器具、材物料的存放位置、储备情况和急待补充的品种和数量;专用物料(如化学品剂等)的性能、保管、使用方法及安全注意事项。

f. 除严格规定不得任意拆动,或者有碍安全生产者外,当接方认为必要时,可进行操作示范或者拆开某些机具部件,使接方更清楚地了解情况。对于某些无法直观或拆检工作量很大的部件,交方应尽其所知详细介绍。

g. 其他需要说明或强调的问题。

④各种现存问题,遗留问题,正在进行尚未结束的工作,重要待办事项等均应详细交接并记入交接记录内。

4. 轮机日志的记载

船舶必须持有统一格式的轮机日志。轮机日志是反映船舶机电设备运行和轮机管理工作的原始记录,是轮机部工作的主要法定记录文件,在航行中(包括移泊)由值班轮机员负责填写;停泊中由大管轮负责记载和保管。船长命令弃船时,轮机日志应由轮机长(或轮机员)携带离船。轮机日志的记载必须真实。

(1)记载规定

①记载轮机日志应依时间顺序逐页连续记载,不得间断,不得遗漏,不得撕毁或增补。必须使用不褪色的墨水,各栏内容要记载准确、完全、字体端正,词句清楚明确,不得任意删改涂抹。若有记错或漏写,应将错误处画一横线,但必须使被删的原写处仍清晰可辨。改正字写在错字上方;补充字也应写在漏写处的上方,并在改正处或补充字后签名,签名应标以括号。计量单位一律采用国家法定计量单位。记录数据的精度应按该仪表的精度等级记载。轮机日志至少应每两小时记载一次。

轮机长全面负责监督审查轮机日志的记载及其保管。航行中,轮机长必须每日定时认真查阅轮机日志的记载情况,对于记载栏内一昼夜的燃料耗存量、航行时间、航速、主机平均转速和副机运转时间等情况的记载,进行核对并签署。轮机长离任时,应由离任轮机长和新任轮机长在轮机日志上签字。

轮机日志内页所列船舶主要资料和轮机部人员姓名表经轮机长审定后由大管轮负责填写。

航行中,二管轮负责将每日驾驶台的正午报告中的有关内容填入轮机日志;并根据推进器速率及航行速率求出推进器的滑失率记入轮机日志。

公司机务监督员有责任对轮机日志进行审阅并签署。

轮机日志应妥善在船保存。特殊情况下,由公司有关部门收回公司存放。

②各项数据应按下列精度要求记载:

主机转速:应记平均值,小数点后 1 位;涡轮增压器转速:百位;油门开度:小数点后 1 位,末位数只记 5 或 0,其余的就近舍入;排烟温度:个位,末位数只记 5 或 0;油水温度:小数点后 1 位,末位数只记 5 或 0,其余的就近舍入;扫气压力:小数点后 2 位,以 MPa 为单位;其余压力:小数点后 2 位;以 MPa 为单位;燃油耗存量:小数点后 1 位,以公吨为单位;润滑油耗存量:个位,以 kg 为单位;使用时间:主、副机精确到分钟,其他设备精确到半小时,就近舍入。

(2)记载内容

轮机日志记录表格按右、左两台主机编制。如系一台主机,其参数一律在右主机栏内记载。

值班记事栏应记载在值班时间内的下列内容:

①船长、轮机长的命令,驾驶台的通知或命令,重要的车钟令(如备车、第一次用车、正常航行最后一次用车、完车等);

②主机启动、停止的时间,正常运行时的转速;

③船舶靠离码头、进出港区、航行于危险航区及进行编解队作业的时间、地点和必须记载的车钟令;

④柴油发电机组、辅助锅炉及其他重要机电设备的启用、停止时间;

⑤驳油、驳水情况,燃油舱(柜)转换情况及轻重燃油转换的时间;

⑥本班发生的问题(机电设备发生故障)及其处理情况(恢复正常的时间);

⑦其他需要记载的事项。

燃、润料的耗存量,不得使用估计数字或定额数字,航行中由二管轮负责计算并记载从昨日中午至当日中午的燃、润料耗存量;停泊中除仍需每日一次计算记载燃料耗存量外,其余各项可在离港、移泊等适当时机统计并填写。

主、副机的使用时间,分别由大、二管轮每天进行统计和记载;其他在轮机日志内列有所要求的设备的使用时间,在每单航次结束后由各主管轮机员统计和填写。

大事记栏(工作记录栏)由轮机长或大管轮负责填写,应当记载下列内容:

①船舶的重要活动(如船舶检验、签证、进厂修理、试航、各种应变演习等);

②主要检修工作(包括承修人、厂名或姓名);

③燃、润料加装、调驳的时间、地点、品种及数量;

④船舶防污染设备的使用情况,污油水的排放时间、地点;

⑤机电设备的损坏及检修的概述,包括轻微事故和隐性事故在内的各类事故的概况;

⑥船舶应急设备的检查、试验情况;

⑦船舶固定消防系统的检查、试验情况;

⑧船舶重要设备的检修及进行明火作业的部位、审批情况;

⑨船舶重要设备的更换情况及主要技术数据;

⑩船舶交通事故、机损事故发生的时间、地点、主要经过及其处理情况;

⑪轮机部人员的调动或职务变更(轮机员、电机员和冷藏员的调动或职务的变更应由轮机长负责记载并签署);

⑫其他需要记载的重要事项。

船舶停航或进厂修理期间,仍应继续填写轮机日志。船舶可根据实际情况由轮机长或大管轮负责将每日的工作情况,主要设备的修理以及需要记载的其他事项,记入轮机日志。

对于仍在使用的机电设备,则必须按规定填写轮机日志。

长期停航或封存的船舶,可根据实际情况,由值班人员负责轮机日志的记载和保管。对于仍在使用的机电设备,则必须按规定填写轮机日志。

5.6.2　舰船轮机兵勤务管理

舰船值班勤务，是指组织舰船和舰船人员轮流担任值班的工作，是维护正常的工作和生活秩序，确保舰船安全和随时完成各种任务的一项制度。舰船值班勤务分为值班舰船，舰船值班员，舰船值更和值日。舰船停泊时，通常设值班舰船、舰船值班员、武装更或锚更、机舱值口，住舱值日、厨房值日；舰船航行时，通常设舰船值班员、航行值更，住舱值日和厨房值日等。无论舰船处于何种状态，均需组织派遣严密的值班勤务。

1. 舰船值班勤务的组织派遣

（1）值班舰船

值班舰船，是轮流担任水上值班勤务并处于待命状态的舰船。按舰船编制序列轮流担任，由舰船分队值班首长或编队指挥员派遣与领导。值班舰船，要停泊在便于出航的位置，按出航待命等级做好准备，加强观察瞭望，保持通信联络畅通，保证舰船随时机动，必要时备便武器值班，白天悬挂值班旗号，夜间悬挂值班灯号，严格交接班制度。

（2）舰船值班员

舰船值班员，是为保证本舰船安全，维护日常工作和生活秩序而排定的值班人员。它是本舰船的总值班，代理舰船首长处理日常事务。通常由舰船部门长（班长）轮流担任，由舰船首长组织派遣与领导。

（3）舰船值更

舰船值更，是由数人轮流值班一昼夜，不间断的管理使用装备和保持一定戒备的活动，分为舰船航行值更、武装更和锚更。

航行值更，是担负航行中专业值班任务的官兵。其派遣和领导按舰船航行部署的规定执行。

武装更，是担负本舰船停泊中安全警戒任务的卫兵。由水兵轮流担任，舰船长排定，受舰船长和舰船值班员领导。在舰船人员少或遇有敌情、恶劣气象、发生舰船事故等情况下，舰船首长可指派警官扭任武装更。

锚更，是舰船锚泊时为保持高度戒备而设立的值班人员。通常由水兵轮流担任，必要时也可由警官担任，由舰船长排定。

（4）舰船值日

舰船值日，是监督管理舰船日常生活秩序的活动，包括机舱值日、住舱值日和厨房值日。

机舱值日，是担负机舱日常管理任务的值班人员。由机电兵轮流担任，机电长（班长）排定，受舰船值班员领导。

住舱值日和厨房值日，是担负船员居室及厨房日常事务和安全管理工作的值班人员。由水兵轮流担任，舰船值班员排定与领导。部分舰船因编制员额少，可将住舱值日和厨房值日合二为一，统称卫生值日。为便于舰船值班员、武装更和各种值日工作的组织派遣与领导，舰船长应制定出全船性值班轮流表，并张贴公布，便于舰船值班员组织实施。在派遣值班勤务时，不应使官兵同时担任两种以上值班勤务，并尽量避免在节假日内连续值班。

2. 舰船值班勤务职责

（1）值班舰船

担负停泊舰船警戒，待命执行各种临时任务，发现灾情立即报告，维持停泊舰船秩序，在无信号台基地负责组织舰船部队每日升降旗,执行抢险救灾和其他特殊任务。

(2)舰船值班员职责

负责领导全船值班人员,检查督促各值班人员履行职责;组织舰船的日常活动,督促船员遵守行动规则,维护舰船正规生活秩序;根据舰船首长指示,派遣公差勤务,负责船员集体活动时的带队;掌握当日船员变动情况,对离船和来船人员及时登记,检查外出人员的警容风纪并交代注意事项;随时掌握舰船所处的状态,保持规定的戒备,维护舰船停泊安全;填写舰船日记,当舰船首长离船时,代行舰船首长日常工作。

(3)武装更职责

负责舰船停泊安全警戒,检查官兵的警容风纪和外来人员的证件,根据水位变化情况,检查和调整系缆、碰垫,主动给靠离舰船带、解缆;担任码头岗哨时,维护码头秩序和整洁;当发现危及舰船安全情况时,采取有效措施,同时报告舰船首长。舰船锚泊时武装更即为锚更。

(4)住舱值日职责

负责维护住舱内的生活秩序和清洁卫生。

(5)机舱值日职责

负责机舱设备的管理,保障全船供电、供水和动力需要。

(6)厨房值日职责

负责掌握伙食标准开支,协助炊事工作。

(7)锚更职责

负责对海、空域了望,加强安全警戒;编队锚泊时注意指挥船及他船的呼叫信号;定时测量水深,经常检查锚位、号灯、号型及锚链受力情况,防止拖锚;监视驶近船只的动向;给靠离本船的他船带解缆;雾天锚泊时,定时施放雾号;灯火管制时,监督灯光遮蔽情况;发现有人落水时,立即取下救生圈抛向落水者,并大声呼救。

(8)航行值更职责

按航行部署规定的职责执行。

3. 舰船值班勤务交接

为了保持高度戒备和安全管理的不间断,必须建立舰船值班勤务的交接班制度。

(1)舰船值班勤务交接班时机

①值班舰船交接班,通常每周一次,于周日 18 时,交接值班的舰船长参加,在舰船分队值班首长的领导下对口交接。编队停泊时的交接班时间与形式由编队指挥员确定。

②舰船值班员,舰船住舱、机舱和厨房值日交接班,在每日晚饭后半小时采取会议或列队的形式进行。

③武装更(锚更)按《内务条令》和《部队执勤规定》进行交接班。

④航行值更是在舰船航行指挥员的领导下,按照舰船航行值更规则进行交接班。

(2)舰船值班勤务交接班程序

①值班舰船交接程序。由舰船分队值班室(编队指挥船)事先通知接班舰船做好接班准备。到交接时间,交接班舰船长在值班首长(编队指挥员)的领导下对口交接。交接完毕后,由接班舰船长向首长报告就位情况,受领值班任务,交班舰船解除值班任务。

②舰船值日人员交接班程序。由舰船值班员事先通知各值日接班人员,值日接班人员提前 15 分钟到达值班部位,舰船值班员先发出交接班信号后口头宣布:“各值班部位开始

交接班”。交接班人员按规定交接有关事宜,舰船值班员检查督促。值班部位交接完毕后,由舰船值班员宣布:“各交接班人员到XX地点集合讲评”。讲评由舰船值班员整队后向舰船首长报告,根据舰船首长指示实施讲评,讲评完毕后,各值日交接班人员对口交接值班袖章和相关值日登记本,交接完毕,根据舰船首长指示解除交接班。

【巩固与提高】

扫描二维码,进入过关测试。

任务5.6闯关

项目6　舰船油类、物料及备件管理

【项目描述】

通过舰船油料、物料及备件管理等相关知识的学习与技能训练，达到士官第一任职能力所要求具备的有关舰船物质、装备管理的标准要求。

一、知识要求

1. 了解舰船油料的基本特性与种类；
2. 了解舰船燃油与滑油的管理基本要求；
3. 了解舰船备件与设备管理要点；
4. 了解舰船物料种类及管理要点；
5. 了解舰船生活管理的内容与要求。

二、技能要求

1. 能合理使用舰船各种油料；
2. 能管理好舰船油料；
3. 熟悉舰船装设备管理原则；
4. 能管理好舰船的装设备器材；
5. 能管理好舰船各种物料；
6. 能够遵守舰船各项日常制度，适应舰船生活节奏，完成各项工作。

三、素质要求

1. 具有自主学习意识，能主动建构知识结构；
2. 具有团队意识和协作精神。

【项目实施】

任务6.1　舰船油料

【任务引入】

船用燃油种类和特点

【思想火花】

青岛中石化输油管道爆炸事故案

【知识结构】

舰船油料结构图

【知识点】

船用燃油的种类及特点

舰船燃油主要来自石油，一般通过蒸馏、热裂化、催化裂化和加氢裂化等加工工艺提炼而成，组成燃油的基本元素是碳和氢，石油中还含有微量其他元素，以化合物形态存在于石油中。

6.1.1　舰船燃油主要特性指标

燃油质量是以其理化性能指标来衡量的，根据其对柴油机工作的影响大致可分为三类：

①影响燃油燃烧性能的指标，如十六烷值、柴油指数、热值和黏度等；

②影响燃烧产物成分的指标，如硫分、灰分、沥青分、残炭值、钒和钠含量等；

③影响燃油管理工作的指标，如闪点、密度、凝点、倾点、浊点、机械杂质、水分、黏度等。

1. 影响燃油燃烧性能的指标

(1) 十六烷值

十六烷值是评定燃油自燃性能的指标。其定义为在标准的四冲程柴油机上，将所试柴油的自燃性（通常以滞燃期长短计量）同正十六烷（十六烷值定为100）与α甲基萘（十六烷值定为0）的混合液相比较，当两者相同时，混合液中的正十六烷的容积百分比，即为所试验燃料的十六烷值。

(2) 苯胺点

苯胺点指同体积的燃油与苯胺混合加热成单一液相溶液，然后使之冷却，当混合液开始混浊（析出沉淀物）时的温度（℃）。燃油中各族烃类在苯胺中有不同的溶解度，燃油中芳香烃最易溶于苯胺。燃油和苯胺越易溶解，则其苯胺点越低。燃油的苯胺点低则自燃性差,根据燃油的苯胺点可大致判断其十六烷值的高低。

(3)柴油指数

柴油指数也是衡量燃油自燃性的指标。

(4)计算碳芳香指数(C.C.A.I)

计算碳芳香指数(C.C.A.I.)是SHELL公司提出用来测定燃料油发火性能的指标,它是根据燃料油的密度和黏度来确定的,若C.C.A.I.值大于875时,燃油难以发火。

(5)热值

1 kg燃油完全燃烧时放出的热量称为燃油的热值,单位用kJ/kg表示。其中不计入燃烧产物中水蒸气的汽化潜热者称低热值,用符号H_u表示。重油的基准低热值H_u=42 000 kJ/kg;轻油的基准低热值H_u=42 700 kJ/kg。

(6)黏度

燃油在管路中输送的流量和压差、燃油在喷射时的雾化质量、燃油对喷油泵偶件的润滑能力等都与黏度有密切关系。液体的黏度值有绝对黏度和条件黏度(又称相对黏度)两种表示法。绝对黏度表示内摩擦系数的绝对值,相对黏度是在一定条件下测得的相对值,并因测定仪器而异。属于绝对黏度的有:动力黏度和运动黏度;属于相对黏度的有:恩氏黏度、赛氏黏度和雷氏黏度。

国际标准化组织(ISO)组织规定,1977年10月开始采用50 ℃时运动黏度值(mm^2/s)作为燃油的黏度值。

(7)密度

燃油在温度t(℃)时单位体积的质量称密度ρ_t。常用单位是kg/m^3或g/cm^3。在20 ℃时的密度称标准密度ρ_{20}。燃油的密度随温度而变,其温度修正公式如下:

$$\rho_t=\rho_{20}-0.000\ 672(t-20)$$

2.影响燃烧产物成分的指标

(1)硫分

燃油中所含硫的质量百分数叫硫分。燃油中含硫的危害如下:其一,液态的硫化物(如硫化氢等)对燃油系统的设备有腐蚀作用;其二,燃烧产物中的SO_3和水蒸气(H_2O)在缸壁温度低于其露点时,会生成硫酸附着在缸壁表面产生强烈的腐蚀作用。由于这一腐蚀只发生在低温条件下,故称为低温腐蚀;其三,燃烧产物中的SO_3能加速碳氢化合物聚合而结炭,而且此结炭较硬,不易清除;其四,硫燃烧后产生的SO_2是柴油机排放的主要有害成分。

(2)灰分

灰分是在规定条件下燃油完全燃烧剩余物的质量百分比。燃烧后残存的灰分中含有的各种金属氧化物,可造成燃烧室部件的高温腐蚀和磨料磨损,加剧气缸的磨损。

(3)钒、钠含量

燃油中所含钒、钠等金属的质量浓度用10^{-6}(ppm)表示。钒以金属有机化合物形式存在于原油中。一般其熔点最低,仅为300 ℃左右。当排气阀和缸壁温度过高而超过这些化合物的熔点时,它们就会熔化附着在金属表面上,与金属表面发生氧化还原反应而腐蚀金属。由于这种腐蚀只发生在高温条件下,故称为高温腐蚀。

(4)沥青分

沥青分表示沥青占燃油质量的百分数。沥青是多环的大分子量芳香烃,悬浮在油中呈胶状。沥青不易燃烧,导致滞燃期长,产生后燃,冒黑烟;使用中易形成沉积胶膜和结炭,增加磨损并使喷油器偶件咬死。

(5)残炭值

燃油在隔绝空气条件下加热干馏,最后剩下的一种鳞片状炭渣物称残炭。残炭占试验油质量的百分数称残炭值。残炭值表示燃油燃烧时形成结炭、结焦的倾向,并不表示形成结炭的数值。残炭值中包括了机械杂质和灰分。当燃用残炭值较大的燃油时,将在燃烧室产生较多的结炭使热阻增加,引起过热、磨损,缩短柴油机的维修周期。

3. 影响燃油管理工作的指标

(1)闪点

燃油在规定条件下加热到它的蒸气与空气的混合气能同火焰接触而发生闪火时的最低温度称闪点,根据测试仪器的不同,分为开口闪点和闭口闪点。闭口闪点低于开口闪点。闪点是衡量燃油挥发成分产生爆炸或火灾危险性的指针。按国内外舰船建造规范规定,舰船使用的燃油闭口闪点不得低于 60 ℃。从防爆、防火的观点出发,在低于燃油闪点 17 ℃的环境温度下倾倒燃油或敞开容器才比较安全。

(2)凝点、倾点和浊点

凝点、倾点与浊点都是说明燃油低温流动性和泵送性的重要指标。

燃油在试验条件下冷却至液面不移动时的最高温度称凝点。燃油的凝点取决于它的成分和组成结构。燃油尚能够流动的最低温度称倾点。燃油开始变混浊时的温度称浊点。

通常,燃油的浊点高于凝点 5~10 ℃;倾点高于凝点 3~5 ℃。燃油的温度低于浊点时将使滤器堵塞,供油中断。燃油温度低于凝点时,将无法泵送。从使用观点,浊点是比凝点更重要的指标。燃油的使用温度至少应高于浊点 3~5 ℃。

(3)机械杂质和水分

燃油中所含不溶于汽油或苯的固体颗粒或沉淀物的质量百分数称为机械杂质。轻质燃油不允许含机械杂质,重质燃油允许含有少量机械杂质。

燃油中的水分以容积百分数表示。燃油中的水分能降低燃油的低热值,破坏正常发火,甚至导致柴油机停车。如含有海水将会造成腐蚀,加剧缸套磨损。因此应限制燃油中的水分,尤其对轻柴油应限制其水分不大于痕迹(即不大于 0.025%)。

在舰船上可以使用燃油净化措施降低燃油的机械杂质和水分。

6.1.2　船用燃油的种类、规格与选用

1. 国产柴油机燃油的规格

我国的柴油机燃油分为轻柴油、重柴油、内燃机燃料油和重油四类。

(1)轻柴油

国产轻柴油是由直馏(常压蒸馏)柴油馏分及二次加工的柴油馏分所制成的。其主要性能及质量指针取决于原油品质与炼制方法。轻柴油以其凝点数值作为柴油的牌号,分为 10 号、0 号、-10 号、-20 号和-35 号五个规格。轻柴油是质量最好、价格最贵的柴油机燃料,在舰船上用作高速柴油主机、高速柴油发电机组、应急设备柴油机和救生艇柴油机等使用的燃油。

(2)重柴油

国产重柴油由石蜡基原油炼制而成的,凝点相应较高,按凝点数值分为 10 号、20 号和 30 号等三个牌号。重柴油主要用于中低速柴油主机、发电柴油机等。

(3)内燃机燃料油

国产内燃机燃料油是由渣油、重油与重柴油调制而成的,供舰船低速柴油机使用,目前尚无国家标准,一般执行炼油厂与有关单位商定的协议标准。

(4)重油(燃料油)

重油按 80 ℃时的运动黏度分为 20 号、60 号、100 号及 200 号四个牌号,可供舰船锅炉使用。

2. 国外柴油机燃油的规格与选用

长期以来,习惯用来表达燃料油性能的唯一准则是黏度。国外船用燃油基本上分为四类,主要包括:

①轻柴油(marine gas oil,简称 MGO),常用于救生艇柴油机和应急发电柴油机。

②船用柴油(marine diesel oil,简称 MDO),常用作发电柴油机和柴油机主机机动操纵时的燃料。

③中间燃料油(intermediate fuel oil,简称 IFO),是渣油与柴油调制而成的掺和油,可用于各类大功率中速及低速柴油机。

④船用燃料油(marine fuel oil,简称 MFO),也叫 C 级燃油,主要用于锅炉,也可用于最新型的大功率中速柴油及大型低速柴油机。

ISO 在 1987 年 9 月制定了船用燃料油标准,即 ISO 8217。ISO 8217 将船用燃料油分为 DM(marine distillate fuel)级和 RM(marine residual fuel)级两个大的等级。这一修订在黏度等级和含硫量限制方面普遍被海事组织认可。ISO 8217 在 1996 年、2001 年、2005 年、2010 年、2012 年和 2017 年进行了 6 次修订,现在执行的是 2017 年修订的标准。

DM 级是指蒸馏燃油,也称直馏油或船用柴油。在 ISO 8217 船用燃油标准中,将该类燃油分为四种规格,即 DMX, DMA, DMZ 和 DMB。

3. 舰艇用油

舰艇用油,是舰艇动力装置、船体设备及导航、通信、探测、液压系统等用的液体燃料、润滑油、润滑脂和特种液的统称。现代舰艇动力装置类型和船体设备较多,用油品种复杂,按用途可分为液体燃料、润滑剂和特种液三大类。

①舰艇用液体燃料,有舰用柴油、舰用锅炉燃料油和车用汽油。舰用柴油,闪点较高,能满足舰艇的安全使用要求,抗乳化性好,主要用于以柴油机或燃气轮机为动力装置的中小型舰艇,如驱逐舰、护卫舰、潜艇、导弹艇等,作为主机和辅机的燃料。此外,还用于核动力舰艇,作为应急柴油发电机的燃料。舰用锅炉燃料油,黏度较民用锅炉燃料油小,泵送性、燃烧性和安定性好,使用较安全,主要用于以蒸汽轮机为动力装置的大中型舰艇,作为主、辅锅炉的燃料。车用汽油,作为汽油机的燃料,主要用于舰艇操舟机、发动机油泵等辅助机械。

②舰艇用润滑剂,主要品种有汽轮机油、柴油机润滑油、燃气轮机润滑油、齿轮油、压缩机油、冷冻机油、仪表油、锂基润滑脂和舰用润滑脂等。

③舰艇用特种液,主要品种有液压油(液)、声呐换能器液体、内燃机冷却水防蚀剂等。部分军用油品样品如图 6-1 所示。

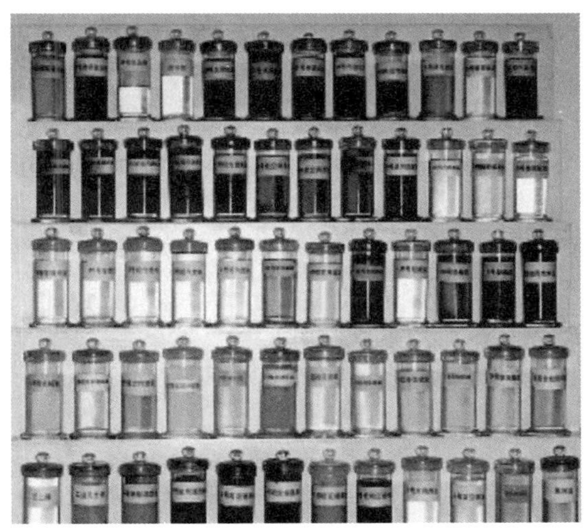

图 6-1　军用油品样品

6.1.3　润滑油的特有特性指标、种类

1. 柴油机的气缸油

气缸油主要应用于低速二冲程和大功率四冲程柴油机上，是“一次性”“全消耗”滑油，管好和用好气缸油对柴油机安全运转和延长寿命都有重要关系。

(1)气缸油的性能指标

①密封载荷性。

柴油机的气缸油应有足够的黏度，油膜具有一定的承载能力，以确保在活塞环和缸套表面形成的油膜不被破坏。

②扩展性。

气缸油要在每个工作行程期间从注油口注入，并迅速向下方、侧面散布，使气缸和活塞环整个表面均布一层油膜，因为对气缸油要求具有一定扩展性。

③清洁分散性。

气缸油的工作条件是最恶劣的，要在高温、高压下完成润滑，在每个循环对外做功后，润滑油将暴露在燃烧室中并被烧掉。因此要求气缸油具有良好的清洁分散性。

④酸中和性能。

气缸油要能够中和掉燃油燃烧生成的酸性产物，防气缸内表面产生酸性腐蚀（低温腐蚀）。

⑤抗氧化安定性。

气缸油应在气缸内高温下有良好的抗氧化性，防止生成积炭沉积物，使活塞环区和气口处沉积物减至最少，使缸壁上的油膜得以保持。

(2)气缸油的种类

根据机型和运转状态的不同要求，气缸油有以下几种类型：

①SAE50 黏度等级，此类气缸油使用广泛，总碱值可覆盖 10~100，燃用不同硫分的燃油应选用不同总碱值的气缸油；

②)SAE40 黏度等级，总碱值 40；

③黏度等级大于50,总碱值有70,85和100三种,用于长行程高负荷柴油机;

④不含添加剂的SAE50高黏度气缸油,用于新柴油机及换新缸套磨合使用。

(3)气缸注油率影响因素

气缸油注油率通常根据主机负荷、机型、扫气形式、行程缸径比及燃油硫含量等因素来确定。一般来说,主机负荷和转速降低时,要求提高气缸注油率;弯流扫气的柴油机,对比自流扫气的柴油机,要求较高的气缸油注油率;新式高效、大的冲程缸径比柴油机,气缸注油率也要根据冲程缸径比加大而增加。

2. 十字头柴油机曲轴箱润滑油

曲轴箱润滑油又称系统油、循环油。

曲轴箱油主要润滑部件有主轴承、曲柄销(连杆大端)轴承、推力轴承、凸轮轴轴承、活塞销轴承、十字头轴承及导板等。除了润滑之外,曲轴箱油还对润滑部件有冷却及清洁功能。

3. 筒式活塞柴油机润滑油

筒式活塞柴油机,其曲轴箱润滑油通过飞溅、喷注等方式,一般同时用于气缸的润滑,因此其工作条件比较恶劣。因此,对筒式活塞柴油机润滑油的要求要兼有气缸油和曲轴箱油功能。

(1)筒式活塞柴油机润滑油的性能要求

①抗氧化抗腐蚀性;

②清洁分散性;

③抗磨损及耐压性能。

(2)筒式活塞润滑油的分类

一般分类标准有两种,一种是以黏度为标准,另一种是以总碱值(T. B. N)为标准。

①黏度标准分类。

a. SAE黏度等级。

SAE黏度等级是由美国汽车工程师协会制定的黏度标准(表6-1)。

表6-1 发动机润滑油的SAE黏度等级

SAE黏度等级	黏度(CP)/℃ 最大	可泵温度/℃ 最高	温度顷点/℃ 最高	黏度/(mm^2/s)(cSt)(100 ℃)	
				最小	最大
0W	3 250(-30 ℃)	-35	—	3.8	—
5W	3 250(-25 ℃)	-30	-35	3.8	—
10W	3 250(-20 ℃)	-25	-30	4.1	—
15W	3 250(-15 ℃)	-20	—	5.6	—
20W	3 250(-10 ℃)	-15	—	5.6	—
25W	3 250(-5 ℃)	-10	—	9.3	—
20	—	—	—	5.6	<12.5
30	—	—	—	9.3	<12.5
40	—	—	—	12.5	<16.3
50	—	—	—	16.3	<21.9

b. ISO 黏度等级。

ISO 黏度等级是由 ISO 对液体润滑剂制定的黏度标准。除了柴油机润滑油和气缸油外，舰船大多数润滑油都采用这种黏度标准，黏度都在 40 ℃下进行。

②总碱值 TBN 分类。

总碱值 TBN：

a. 高：总碱值 30~40，适合 IFO 120 mm^2/s(cSt)及 180 mm^2/s(cSt)燃油。

b. 中：总碱值 15~25，适合 MDO 或 IFO 30 mm^2/s(cSt)燃油，即 RW1 雷氏一号，黏度为 200S。

c. 低：总碱值 15 以下，适合 0 号轻柴、20 号柴油，即 MDO，船用柴油。

4. 其他主要润滑油

舰船使用的润滑油除柴油机润滑油（气缸油和曲轴箱油）外，还有许多小用量的润滑油，如液压油、透平油、齿轮油、冷冻机油等。

(1)液压油

液压油广泛用于液压控制和动力传送系统中。随着液压控制技术的发展，在舰船上得到了更广泛的应用，图 6-2 给出了其在舰船上的应用情况。液压油除了在传动动力时受压力、剪切等作用外，还具有对机件的润滑、冷却、密封、防锈等功能。对液压油要求如下：

①良好的黏温性。液压设备在舰船分布广泛，从机舱到甲板，温度变化范围较大，要求其黏温指数在 90 以上，特种液压油则要求高达 200 以上。

②良好的抗氧化安定性。

③良好的抗磨性。液压油在工作中频繁地受剪切作用，并保持液压部件密封，因此要求具有良好的抗磨性，且在传递动力时本身不受压缩。

④不得含有易气化或产生气体的杂质。

⑤有良好的抗乳化性和抗泡沫性能。

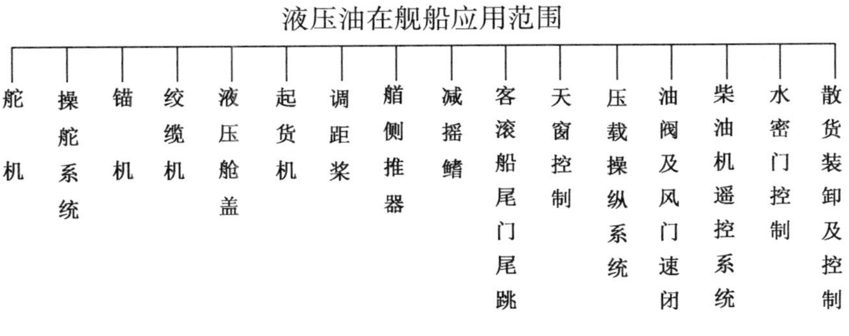

液压油在舰船应用范围

- 舵机
- 操舵系统
- 锚机
- 绞缆机
- 液压舱盖
- 起货机
- 调距桨
- 艏侧推器
- 减摇鳍
- 客滚船尾门尾跳
- 天窗控制
- 压载操纵系统
- 油阀及风门速闭
- 柴油机遥控系统
- 水密门控制
- 散货装卸及控制

图 6-2　液压油在舰船应用范围

⑥凝固点要低。

另外，选用液压油黏度应依工作油压而定，一般油压高，黏度应大些，防止漏泄。环境温度低时，凝固点也应低。部件运动的速度越高，黏度应越低，以减少能量损失。

(2)透平油

透平油也称汽轮机油，在舰船上主要用于主、副机增压器轴承、废气涡轮透平机等。

对透平油的主要要求是：

①具有良好的抗氧化安定性。由于透平的转速高,其轴承对油质变化敏感,因此要求透平油能不被氧化分解以确保轴承能形成足够的油膜。

②抗泡沫性能好。泡沫影响传热和润滑,要求透平油中产生的泡沫能迅速消失。

③防锈防腐性能好,以防轴承和机件腐蚀。

④抗乳化性好,以便使进入系统的水或蒸汽在使油乳化后能较快地从油中分离出来。

⑤黏度要合适。

(3)冷冻机油

冷冻机油又称冰机油,用于润滑和冷却制冷压缩机的气缸、活塞、曲轴等部件,并在气缸和活塞环间起密封作用。由于现在专业冷藏运输船、冷藏集装箱、冷藏舱的出现,冰机油的使用也越来越广泛。

(4)齿轮油

齿轮油分为闭式齿轮油与开式齿轮油两种。闭式齿轮油通常都是液态的,而开式齿轮油多半是用黏度高的油品或润滑脂。

(5)压缩机润滑油

压缩机通常是空气压缩机的简称,也称空压机,主要用来满足启动和操纵主机、副机及各种设备仪表控制系统所需气源要求。

(6)应急设备润滑油

目前船用应急设备(应急发电机、救生艇、救助艇、应急消防泵等)的原动机大多是中高速柴油机。其润滑油的要求基本一致,即驱动这些设备的原动机能根据需求在任何环境下,随时可以启动并投入正常运转,并要求设备工作可靠、有良好机动性能。

所有应急设备一般位于机舱之外,工作条件受环境影响较大,一般应选用多级黏度指数的10W-30,15W-40油品作为润滑油。以便于随时可以启动,保证良好机动性和可靠性。

(7)润滑脂

润滑脂又称“牛油”“黄油”“黄干油”。它是一种常温下呈膏状的可塑性润滑剂。润滑脂种类繁多,应用范围广泛,其使用历史比润滑油还长,按其成分和性能的不同,可达数百种之多。

【巩固与提高】

扫描二维码,进入过关测试。

任务6.1闯关

任务 6.2　燃润油管理

【任务引入】

船用燃油管理

【思想火花】

中国战机首次空中加油画面

【知识结构】

燃润油管理

【知识点】

船用燃油的管理

6.2.1　燃油管理

1. 燃油的加装

(1)加油申请

①船长会同轮机长根据航次任务，计算本航次燃油消耗量、备用油量和油舱、油柜内的存油量，按公司（机务管理部门）规定的燃油规格，拟定加油计划，并向公司（或租家）提出加油申请。

②船长接到公司（或租家）指定加油的港口及油品的规格、数量，并经轮机长确认后，舰船应及时回电确认。如对确定的燃油规格、数量、加油港口有异议，及时报告公司（或租家）。

③船长应在舰船抵港前通过代理与油商联系并商定具体的加油时间和地点，并及时通知轮机长。届时轮机长及主管轮机员应留船等候。如有变动，应尽早通知代理，并应得到供油公司的同意，避免发生装驳费、空驶费等。

(2)加油前的准备工作

轮机长和主管轮机员根据加油数量及舰船储油情况，做好“详细受油计划书”，具体格式可以参照SMS文件的相关附表，再与船长和大副商讨后执行。

①轮机长应组织召开由轮机部全体成员和大副、水手长参加的加油准备会议。会议应包括以下内容：

a. 通报“详细受油计划书”；

b. 进行相关法律法规的学习及防污染操作教育；

c. 根据加油港的具体情况，明确各自的职责和分工；

②轮机长根据受油计划，书面通知大副加油的油舱及各油舱的加油量，以配合装货和水尺调整。

③大管轮负责安排好受油中的使用工具、通信工具、警告牌、清洁油污材料（木屑、棉纱及化学药剂）、试水膏及其他用品，并逐一检查确认无误。

④主管轮机员根据受油计划进行必要的并舱（如需要），以避免加油时造成混油。在油船到来前负责检查并打开受油舱的甲板透气管活瓣并确认透气管、测量管的溢油池旋塞可靠关闭。

⑤大副负责安排于油气可能扩散到的区域悬挂“禁止吸烟”的警告牌并备妥消防器材，严禁明火作业。

⑥在船靠妥油码头或油驳靠妥本船装油前，值班驾驶员应根据港口的规定转挂指示标志。如白天悬挂“B”信号旗，夜间开亮桅杆红灯等。

⑦木匠或水手长负责加油前堵塞甲板疏水孔。

⑧如加油被供方延误，造成我方直接或间接损失，船长应即通知代理向供方提交滞期损失索赔通知，同时书面上报公司。

(3)受油工作

①加油前。

加油开始前，轮机长应携同主管轮机员与供方代表联系，商定如下事项：

a. 燃油的规格、品种、数量是否符合要求。

b. 确定装油的先后顺序。

c. 最大泵油量（添装过程中泵油速度）及其控制方法。

d. 装油过程中的双方联系方法。

e. 加油泵应急停止方法。

f. 装油开始前，轮机长应亲自或指派主管轮机员检查油驳或油罐的检验合格证和规范图表，弄清油驳的舱位分布及数量，与供油方代表一起测量并记录供油油驳的所有油舱或油罐的油位、油温和密度，计算出储油量；审核驳船装单，如发现不一致，需当即弄清；要核对并记录流量计的初始读数，如为油罐车供油则应检查其铅封是否完好；双方确认后，轮机长在供方提交的装前状况确认书签字。

g. 装油开始前，应提请供油方按正确方法提取油样，并监督取样装置的安装及调整。

h. 检查本船各有关阀门开关是否正确，各项工作准备妥善后，即可通知供方开始供油，并记录开泵时间。

②加油中。

a. 开始泵油后，注意倾听装油管的油流声，检查装油舱透气管的透气情况，证实油确已装入指定的油舱中，并及时测量受油舱液面的变化情况。

b. 在全部装油过程中，要勤测量，记录每次测量值，同时计算加油速度，监督装油速度是否符合约定速度，必要时与供方联系调整。注意装油引起舰船倾斜对测量的影响及可能造成油面首先封住透气管引起的跑油现象发生。

c. 受油舱油已达到本舱容量的70%左右，打开下一个受油舱进口阀若干圈，防止溢油。

d. 换装油舱时，应先全开下一个受油舱的进口阀，然后关闭正在装油的受油舱的进口阀。

e. 在寒冷天气装油时，应适当提高加油温度。

f. 油驳上均有油样提取装置，轮机长或主管轮机员应使用油样提取装置，在加油全过程中点滴取样，最后混为两到三瓶标准油样，每瓶至少1 L，加油完毕后摇匀（约30 s），均分成2到3份，由双方代表现场铅封瓶口，再将有双方签字的标签贴在瓶上，并注意铅封是否完好，有无铅封号。油样一瓶交油公司，一瓶留船保存一年（一瓶送实验室化验）。

g. 加油过程中，当有公证人员（bunker surveyor）在船时，如果轮机长对公证人员的工作程序或文件有异议，应当面提出，并应在加油操作前达成一致。加油数量应以公证人员测量数字为准。但是，舰船轮机长必须组织主管轮机员和其他人员在加油全过程中进行现场监装、监测、监督提取油样。油样应由船方、供方和公证共三方代表签字，船方不得接受供方提供的未经三方代表签字的油样。

h. 在整个受油过程中，取样器要由专人照看，不得离人。

③加油后。

a. 待油舱中的油气稳定后（正常情况下，1~2 h可消除90%以上的气泡）轮机长和主管轮机员与供方代表一起测量并记录装毕后供方油驳所有油舱或油罐的油尺、油温和密度，并结合舰船装油后舰船的吃水差及左右倾斜角，计算得出剩余油量；核对并记录流量计的读数和停泵的时间（如果有流量计）。双方确认一致后，轮机长在供油方提供的加油收据上签字。

b. 于加油当天，将受油数量记录在轮机日志上。

c. 如受油发生争议，轮机长与供应代表交涉，并告知船长，待解决后再在加油收据上签字。若现场双方不能通过协议解决，轮机长不要在加油收据上签字，也暂不要让供方代表及油驳等离开现场。如果船期允许，可以通过代理申请第三方实施公证检验，对双方的油舱、油舱的容积、标尺、油泵的流量计及泵油管路等进行检验、测算，做出裁决，同时将此情况报告公司。公证检验时，我方轮机长及主管轮机员须在现场。如果船期不允许，则轮机长必须在加油收据上加批注（供方不同意加批注时，可书面声明并由双方代表签字），并将此情况通知油公司，同时上报公司，验船费用将由败诉方负担。

（4）加油工作报告

加油工作结束后，轮机长应向船长汇报在港加油量（准确到小数点后三位）、规格、存油量及加油过程中的问题。船长应在离港电报中将加油的规格及数量（准确到小数点后三位）上报公司。如加油中出现争执问题，轮机长应及时将争执的起因、过程及处理情况写出详细的书面报告连同有关的日志摘要寄往公司。

2. 燃油存储和驳运

①燃油存量记录簿由主管轮机员保存记录，一般对加油前后、抵离港及长航中间进行测量（一般一周一次），详细记录各油种的存量及存放舱柜。轮机长要定期检查，并签字确认。

②舰船每天消耗量要准确无误记入轮机日志，误差不应大于 0.5%（有流量表的要定时记录流量表读数）。

③轮机长应认真填报燃润油航次报告表、抵离港存油电报、申请加油电报，其填报油量要与实际相符，存油误差不应大于 1%。

④主管轮机员交接班对燃油存量核实，并在燃油存量记录簿及轮机日志上签字确认。

⑤轮机长负责监督指导主管轮机员对燃油的正确使用及储存工作，杜绝出现由于不合理用油而发生的混油或不能按计划加油等现象，并对此造成的损失负责。

⑥舰船在用油中，如油舱或用油设备出现故障，影响下次加油，应书面报告公司，以便在以后安排加油时予以考虑。

⑦当舰船污底影响航速时，及时书面报告公司，由公司根据港口情况负责安排刮船底工作。

⑧舰船油舱油角、油泥的清除要书面报公司，然后根据公司安排进行处理。

⑨舰船期租期间，要严格监督租家所定油品规格是否符合合同规定，对于不符合规定的油品要拒绝接受，并电告公司，根据公司的指示执行。

⑩对于期租期间的燃油质量问题在报租家的同时要抄报公司。

⑪期租结束交接船时，轮机长应根据租家雇用的公证人员（bunker surveyor）测定的舰船存油数量从新修订轮机日志的燃油数量。如果公证人员测定的舰船存油数量与轮机日志记录的舰船燃油数量相差较大，应协商妥善解决。如果不能达成一致，应及时请示公司。

⑫每日正午，轮机长应计算当日燃油消耗和舰船燃油存量，并由船长电报公司及租家；每航次结束后，轮机长应根据公司或租家要求格式填写航次燃油消耗报告，由船长签字后发送公司或租家。

⑬舰船转卖时，轮机长记录舰船交船时的存油量并及时上报公司。

3. 燃油的使用管理

（1）燃油的取样方法

燃油的取样应使用专用的全程点滴取样器进行。如图 6-3 和图 6-4 所示，为一符合要求的 DNV 燃油取样器。该取样器主要由三部分组成，连接法兰、调节阀、取样瓶。连接法兰内有不锈钢穿孔的探针，针孔规格为 $4\times\varphi 2$ mm，针孔应延法兰直径均匀分布；调节阀可调节取样油滴的滴落速度，全程的点滴取样速度一致，取样量满足在加油结束时刚好充满取样瓶为最佳。取样器的前两部分一般由供油方提供，取样瓶由船方提供。应将取样器的连接法兰安装在舰船加油总管上，安装前应检查取样器中的取样孔是否有堵塞情况，调节阀是否工作正常。在加油的全程连续点滴取样，加油结束后，将混合均匀的油样分装在三个油样瓶内，受、供双方现场铅封，填签油样瓶标签（如果有公证人员在船，也应在场并签字）。双方各保存一瓶，另一瓶寄往实验室化验。

MARPOL 公约新修正案施行后，将有三种 MARPOL 燃油样品，它们是 MARPOL 交付样品（MARPOL delivered sample）、在用样品（in-use sample）、在船样品（onboard sample）。

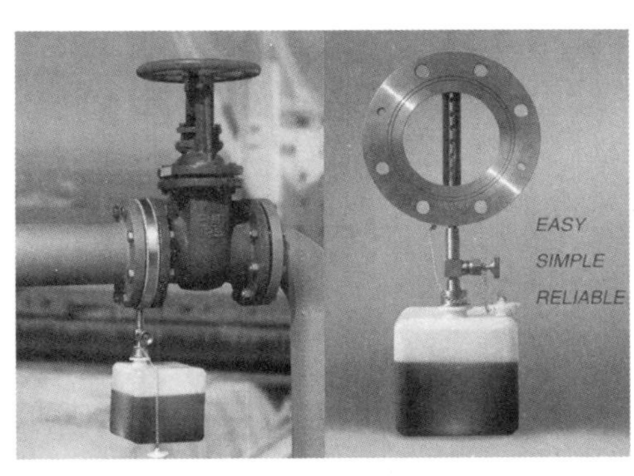

图 6-3　燃油油样

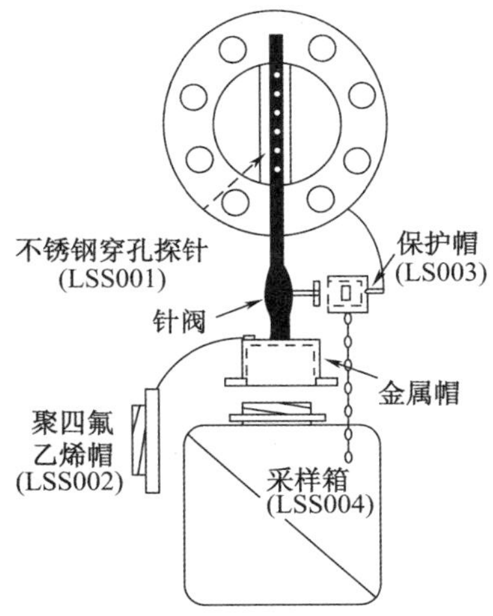

图 6-4　DNV 燃油取样器

(2)燃油存量的计算

舰船燃油消耗和存量都以吨为计量单位,但舰船舱容表和流量计的读数全是以体积(m^3)为单位,在使用舱容表计算燃油舱、柜存量时,应首先确定燃油的密度。一般舰船加油得到的燃油密度(或实验室化验单提供的燃油密度)都是 15 ℃时的密度,而不同舱的燃油温度不同,计算时必须分别对密度进行修正。密度 ρ 的修正值由下式获得:

$$\rho=\rho_{15}-A(t-15) \tag{6-1}$$

式中　t——燃油温度;

ρ_{15}——燃油在 15 ℃时的密度;

A——燃油密度/温度修正系数,见表 6-2。

表 6-2　燃油密度/温度修正系数

ρ_{15}	A	ρ_{15}	A
0.990~0.999	0.000 61	0.870~0.879	0.000 66
0.980~0.989	0.000 62	0.860~0.869	0.000 66
……	……	……	……

由于舰船燃油舱柜的自由面积比较大,各部分的液体测深 S(自由液面到舱底的深度)随舰船的不同方向的倾斜而不同,在查取舱容表前应对测深值进行修正。一般舰船舱容表含有两方面的修正关系,即舰船前后吃水差(trim)修正值 T 和舰船左右偏斜(heel)修正值 H。就是说在测量出燃油舱的测深 S 后,应首先确定 T 和 H,T 和 H 可从各自的修正表查得。S 由下式进行修正:

$$S=S+(T+H) \tag{6-2}$$

式中　T——舰船前后吃水差代修正值;

H——舰船左右偏斜修正值。

经过式(6-2)修正后的 S 值,可通过舰船舱容表查得该油舱燃油体积值,再通过经式(6-1)修正的燃油测量温度下的密度计算出燃油的质量值(t)。

如果燃油的体积值是通过流量表读出的,可直接通过经式(6-1)修正的燃油测量温度下的密度计算出燃油的质量值(t)。由于舰船各污油舱柜的加热温度不同,为精确求得舰船机舱各污油舱的污油量,也应按式(6-1)进行分别修正计算。

(3)劣质燃油使用与管理

①当两种燃油出现不稳定、不相容时,就会产生沥青质沉淀,有黑灰色或棕色胶状物质析出,易堵塞泵、管系、滤器及分油机等处,为了防止出现此类问题,要求采取下列措施:

a. 分开储存不同来源燃油,加油前要把储存的燃油集中存放,进行并舱,尽可能避免将两种不同规格油加入同一油舱中。

b. 相同规格不同产地的混装尽可能避免 1:1混对,7:3混对后需要尽快用完。

c. 注意不要将硫分不同、黏度不同、直馏燃油和催化裂化燃油混放在一起。

d. 新加油根据规定的试用程序试用,早发现问题及时解决,减少危害程度,缩短危害时间。

e. 国产 20 号重油不能与国外相混。

②认真掌握测量油品数量、取好油样。

当前舰船所用燃油黏度都很高,通常加油温度高于 40 ℃。加油过程中连续滴油取样,避免瓶内油品与实际供应油品出现差异,当出现问题后引起争执缺乏法律依据,难以进行索赔。

③认真做好预热加温确保燃油充分雾化燃烧。

燃油处理好坏的重要标准就是经过处理后,燃油由喷油嘴射进燃烧室能充分雾化燃烧,在不损坏运动部件状况下,燃油充分发挥热效率推动活塞对外做功,达到最大热效率。

(4)燃油化验报告

每次加完油后立即将油样寄往公司指定的实验室化验,一般化验报告一周内即可返船。

6.2.2 润滑油管理

1. 日常管理

①做好润滑油的净化分离工作。

a. 滑油分油机的分离温度保持在 85~90 ℃。

b. 大型低速柴油机的滑油分油机的分离量为额定流量的 1/4,中速筒式活塞为 1/5。

c. 有比重环的分油机应选择合适的比重环,保持油水分离界面在分离盘架的外边缘;无比重环的分油机应确保水传感器的工作精度,保证可靠的排水。

d. 停泊期间,如果停泊时间不长(一周左右),应使滑油分油机连续工作;如果停泊时间较长(十天以上),可考虑适当地停止滑油分油机一段时间。

②对于筒式活塞柴油机,每一年对滑油循环舱进行一次清洁,每两年对滑油储存舱进行一次清洁。对于十字头式柴油机,可适当加长清洁时间间隔。

③对于筒式活塞柴油机,应按说明书的要求定期更换系统润滑油。

④滑油化验单反映出润滑油的部分指标变化异常或超标时,应及时采取措施。

⑤更换或报废主机系统润滑油必须得到公司的批准。

2. 润滑油的化验

①滑油取样器具,包括取样瓶、取样标签、邮寄用包装物等,随润滑油添加一同定购。

②各种润滑油的取样主要包括:主机系统油、副机系统油、艉轴管油、舵机油、甲板液压设备油等。一般主机、副机和艉轴管 3~4 个月取样 1 次;甲板机械为 5~6 个月一次。

③取样点的选择应能代表使用中的润滑油情况,每次选择同一地点取样。

④取样应在机器运行期间,首先放掉足够的油量,以保证取样的代表性。

⑤取样标签应至少注明:船名、舰船 IMO 编号、公司名、取样港口、取样日期、设备运行时间、滑油牌号、油样邮寄日期及港口等。

【巩固与提高】

扫描二维码,进入过关测试。

任务 6.2 闯关

任务 6.3　舰船装备设备管理

【任务引入】

设备管理

【思想火花】

中国北斗　与新时代同频共振

【知识结构】

舰船装备设备管理结构图

【知识点】

轮机备件的管理

6.3.1 装设备管理的目的与原则

舰船装备设备管理,是指对舰船本体及其配置的各种武备、设备、装置系统与配套能源的管理,简称装设备管理。舰船装设备管理的工作范围主要包括各种装设备、装设备器材的申请、补充、动用、调整、储备、封存、保管、换装、改装、维修、退役、报废、处理等。

1. 舰船装设备管理的目的

舰船装设备管理的目的,就是通过掌握舰船装设备的使用、腐蚀、老化规律,正确使用和精心保养舰船装设备,使之经常处于良好状态,充分发挥其技术性能,延长使用寿命,确保装备完好率和舰船在航率,以保障部队顺利完成平时和战时的各项任务。

2. 舰船装设备管理的原则

舰船装设备管理工作的基本原则,即领导负责,统一计划,分级管理。这是管理好舰船装设备所必须遵循的准则。考虑舰船装设备的高度密集性和装设备的专一性,其管理工作应进一步贯彻预防为主、正确使用、精心保养、合理修理、妥善保管这一具体原则。五个方面的具体原则是相互渗透、紧密结合、缺一不可的统一整体。根据舰船的性能、使命,科学地使用舰船装设备,满足时间、人员、内容、质量、安全等落实的要求,做到舰船装备无丢失损坏、无锈蚀、无霉烂变质、无积油积水。

6.3.2 装设备管理的要求

根据舰船装设备的实际情况,舰船各级领导和全体船员必须遵循以下要求,切实搞好舰船装设备管理。

1. 正确使用舰船装设备

(1)各级领导必须正确使用舰船

①根据舰船装设备性能和海区气象以及舰船装设备状况,正确合理地调派舰船。

②禁止派遣非交通舰船充当交通工具。

③不得派遣非拖带舰船执行拖带。特殊情况下,须考虑舰体强度和拖带能力,并报批。

④舰船出航前,编队详细检查舰船的装设备状况和各项准备工作。多艘舰船编队出航及执行特殊任务时,由上级业务部门组织检查。

⑤舰船返航前,安排好泊位,做好补给油、水等准备工作,避免不必要的临时调动。

⑥舰船返航后,及时检查、保养。自修难以完成的项目,须向修理部门报告。

⑦按规定的制度,保证保养计划的落实。

(2)舰船不得带故障出海

出航前应组织检查舰船装设备的安全状况,有下列任一情况时不得出海执行任务。

①舰船主体水密性受损,影响不沉性。

②主动力装置或其保险装置、换向装置、转车装置、主要阀门、仪表、离合器、减速器、冷却管、凝汽柜等重要附属装置有故障。

③主要辅机有故障，且影响主动力装置的安全使用。

④配两台主发电机的舰船有一台不能使用，或配三台主发电机的舰船有两台不能使用。

⑤主消防泵、主排水泵及其主管系统或化学灭火系统有故障不能使用。

⑥舵机或锚机失灵。

⑦主要航海、观察、通信装备不能使用，或没有按规定消除和测定误差；海图、航海资料不全或未改正至出航日期，影响航行安全。

⑧装载不合理，影响舰船稳性或存在其他影响航行安全的因素。

(3)各级领导必须正确操纵舰船和使用动力装置

①熟悉本舰船动力装置的性能、特点和使用、操纵的规定，严禁超负荷、超性能。

②适时下达备航命令，严格执行预热和空车暖机规定，并减少空车运转和待航时间。

③有危及舰船安全的可能或执行紧急任务外，不应使用紧急出航，训练中亦应适当控制。

④尽量减少主机启动次数和正倒车次数，加减速时逐级进行，不得在临界转速下停留或工作，避免在全速时突然高速倒车。

⑤停泊后，及时通知机舱停机，并保证机电班有足够时间完成停车后的检查保养工作。

⑥了解各种装载情况下舰船稳性的变化情况，做到正确、合理的装载。

⑦靠码头后及时通知机电班转用岸上设备供电、供汽和充气等。

(4)船员必须正确使用装设备及器材

①熟知装设备和装设备器材性能、构造、原理、使用保养条例以及常见故障的排除方法。

②未经考试合格者，不得独立操纵和使用装设备及器材。

③按制度规定使用装设备及器材。使用前必须检查准备工作是否符合规定，不得超性能使用，按规定检测各项装设备参数；注意机械运转是否正常，发现不正常的现象及时报告，并采取应急措施，防止发生事故；使用后进行检查、保养，及时恢复原状。

④装设备及器材发生故障时，立即报告并设法排除。当本单位无法排除时，及时上报有关业务部门，尽快修复。

⑤按使用保养条例规定，及时保养所执掌的装设备及器材，使之经常处于良好状态。

⑥对所掌管的备品、配件、工具和仪表，要妥善保管、登记，定期清洁保养，防止丢失和损坏。按时领取所需的备品、配件和消耗品，注意节约使用。如发现备品、配件和消耗品质量不符合要求时，报告直接领导及时处理。未经批准，不得将专用或重要工具、仪表外借。

⑦可移动器材、设备、工具和仪表，保持其完好并放置在规定地点，不准挪作他用。

⑧对装设备及器材使用的登记簿、经历簿和随机装设备文件，妥善保管，及时准确填写。

2. 坚持制度，搞好维护保养

搞好舰船装设备的维护和保养，提高自修能力，是提高舰船装设备管理效益的重要途径和有效办法。凡自身维护保养搞得好，自修能力强的舰船，虽装设备老旧，服役时间长，但总体性能仍比较好，在航率也比较高。

①各级领导把装设备管理真正摆到议事日程上来，明确责任，抓好检查落实。

②要对船员进行深入教育，增强搞好装设备管理的责任心和紧迫感。

③要发扬光荣传统，树立不等、不靠、不要的思想，自觉、积极、主动的坚持制度，进行装设备的维护保养，使之经常处于良好状态。

3. 研究抓好深层次管理

(1)智能化管理，专业化管理

许多高新技术不断应用于舰船装设备，舰船装设备的自动化、智能化程度越来越高，如无人水面舰船、无人靶艇等。装设备的智能化管理，是指装设备的管理、检查等过程要引进、使用先进的检测仪器、检测设备，积极利用计算机进行决策与管理，提高智能化水平，减小人为因素，使装设备管理更加科学与规范。专业化管理是指装设备的使用与管理者要经过专业学习、培训，不仅要会操作使用，还必须熟悉装设备的性能、结构、原理，要能够针对性地进行装备的保养、管理。

(2)搞好物理场管理

舰船装设备管理，要关注舰船装设备本身的使用与维护情况，还应做好舰船装设备在工作中所产生的物理场的管理，主要包括磁场、振动与噪声、热辐射、核辐射、电磁辐射等。

(3)搞好装设备状态监测

舰船装设备的维护保养，应注意做好舰船装设备的状态监测，要能通过勤听、勤看、勤摸、勤嗅，以及利用相关设备对装设备的温度、润滑、腐蚀、泄露、噪声、振动等状态进行性能监测，及时发现问题，保证舰船装设备的安全使用。

4. 做到奖罚严明

舰船装设备管理，做好检查评比工作是加强舰船装设备管理的一种方法，组织开展群众性的护装、爱装竞赛活动。对于在评比竞赛中表现突出的单位和个人，通过“光荣榜”“评比栏”“流动红旗”等形式予以表彰和奖励；装设备管理的好坏，作为年终评选先进单位和个人的重要条件；对管理不严、制度落实不好，甚至造成装设备事故的单位和个人给予批评、纪律处分直至追究刑事责任。

舰船装设备管理要做到管理工作的时间、人员、内容、质量、安全等落实。人员落实就是人员必须到齐，没到的人，必须由代理职责的人代理；时间落实是指维护保养制度规定的时间要有保障，保证装设备维护保养有足够的时间；内容落实是指维护保养制度规定的内容必须按规定逐项进行；质量落实是指维护保养内容必须保质保量地落实，对各项装设备参数、指标要求不符合的，决不放过；安全落实是指在维护保养过程中，要严格执行相关规定和操作规程，避免造成人为损坏，保证人员、装设备的安全。

6.3.3 舰船装设备维护保养要求

舰船装设备维护保养是一项经常性的工作，关键是抓好装设备日常维护保养要求的落实，主要内容包括日保养要求、周保养要求、月保养要求、季度保养要求、年度保养要求。

1. 每日保养要求

每日保养主要是查看装设备器材是否完好，并清洁其外部；检查各阀门、把手、开关等是否处于规定位置；润滑、转动机械和阀门；测量绝缘后，通电检查各电器设备和各机械、仪器及其仪表是否正常；排除已发现的细小故障。舰船装设备应根据使用保养要求，制订机械保养细则，明确规定每个船员要完成保养的具体内容。每次保养完毕，要及时将结果进行登记。

2. 每周保养要求

每周保养主要是按装设备保养要求所规定的项目进行检查、调整和定期运转,排除发现的故障,并对舰体漆膜脱落部分进行除锈补漆工作。保养完毕要进行机械复原并进行登记。

3. 每月保养要求

每月保养主要是按装设备保养要求的规定和装设备的实际状况进行检查、保养和排除故障,并对装设备及备品、配件进行检查保养。每月保养时间根据任务需要及舰船情况统一安排,并给予时间保障,列入月工作计划,以便做好准备。如有的装备保养和排除故障需厂、所配合进行的,亦要提前做出计划。

4. 每季度保养要求

舰船每三个月后,须对舰体和有关装设备的状况进行全面检查。检查结果要及时详细记入舰船检查登记簿和专业机械、仪器登记簿。季度保养的内容包括:舰船的保养情况,装设备、装设备器材及舱室的状况。

5. 每年度保养要求

年度保养主要是对舰船主动力装置按保养要求规定使用到规定时间后,应及时进行一次工程范围较大的保养,其他装设备亦应进行相应的保养,并结合进行舰体水线附近和水线以上部分除锈保养。年度保养尽可能地与坞(排)修理保养结合进行,其时间可适当延长。

【巩固与提高】

扫描二维码,进入过关测试。

任务6.3闯关

任务 6.4　备件物料管理

【任务引入】

备件管理

【思想火花】

蛟龙号潜水器

【知识结构】

备件物料管理结构图

【知识点】

备件物料管理

6.4.1　备件管理

1. 备件的数量要求

为了保证舰船的航行安全，船上必须备用主推进装置及辅助设备的主要备件。舰船库存适量的备件，可减少停航时间，但备件数量过多，则需占用大量资金和库存空间。在正常情况下，一般远洋舰船需备有大约 4 000 件价值 60 万美元的备件。因此，建立一套完善的备件管理系统，做好备件保管工作，及时地从供应商、岸上仓库得到备件，尽可能控制备件库存量，是轮机管理工作的重要组成部分。

(1) 备件数量的控制

备件库存最少数量应满足船级社规定的最低数量需要，在正常适航情况下备件数量不得低于这个最少数量。

订货时间系指必须订货的最迟时间，否则将出现库存备件低于最少数量的情况（它与交货时间的长短有关）。

订货的数量主要取决于经济效益。订货量大则占用资金多。库存数量的变化，取决于备件消耗、订货数量和订货次数。对船上库存备件的数量可从下列几个方面来考虑：

①从安全上考虑，船上应配带哪些备件；

②应满足船级社的备件要求；

③适应舰船备件消耗的具体情况；

④应估计到备件交货时间的长短。

（2）法规对备件数量的要求

中国船级社《钢质海船入级规范》和《舰船与海上设施法定检验技术规则》（1999）对主要备件的数量都做了明确规定。船上备件如不能满足要求，不仅影响轮机入级证书的签发，而且影响法定证书（舰船航行安全证书或适航证书）的签发。各船级的规定不尽相同，在建造和营运中船东可引用有利于自己的规定。

①轮机装置的备件数量。

对装有多机推进装置的舰船，仅需配备 1 台主机所需备件。如果发电机和空气压缩机的数量多于法规所要求的数量时，则可不需要备件。CCS 对主柴油机、副柴油机备件的具体要求参见表 6-3 和表 6-4。

表 6-3　主柴油机备件

项目	备件名称	备件数量	
		无限航区	有限航区
主轴承	每种尺寸和形式的一个轴承或壳体，包括所有垫片和螺母总成	1	
主推力轴承	单环式推力轴承的推力块或滚柱力轴承的内外垫圈	1 套	1 套
气缸套	气缸套，包括密封环和垫圈总成	1	—
气缸盖	气缸盖，包括阀、密封环和垫片总成，对无缸盖的机器，每一个缸组的各种阀	1	—
	一个缸的气缸盖所需的螺栓及螺母	1/2 套	
气缸阀	一个缸的排气阀，包括阀套、阀座、弹簧和其他附件总成	2 套	1 套
	一个缸的进气阀，包括阀套、阀座、弹簧和其他附件总成	1 套	1 套
	启动空气阀，包括阀套、阀座、弹簧和其他附件总成	1	1
	安全阀总成	1	1
	一台机的每种尺寸和形式的燃油阀，包括所有附件总成	1 套	1/2 套
连杆轴承	一个缸的每种尺寸和形式的下端轴承或轴承壳，包括垫片、螺母和螺母总成	1 套	—
	一个缸的每种尺寸和形式的上端轴承或轴承壳，包括垫片、螺母和螺母总成	1 套	—

表 6-3(续)

项目	备件名称	备件数量	
		无限航区	有限航区
活塞	十字头式:每种形式的活塞,包括活塞杆、填料函、刮油环、活塞环、螺栓和螺母总成	1	
	筒形活塞式:每种形式的活塞,包括刮油环、活塞环、螺栓、螺母、活塞销和连杆总成	1	
活塞环	一个缸的活塞环	1 套	—
活塞冷却	一个缸组的套管冷却管和附件,或其他相当的设备	1 套	—
凸轮轴传动齿轮及链环	由船东决定		
喷油泵	喷油泵总成或当在海上能够更换时,一台泵工作部件组合(柱塞、柱塞套、阀、弹簧等)	1	—
喷油管	每种尺寸和形式的高压燃油管,包括接头总成	1	—
扫气鼓风机(包括涡轮增压器)	转子、转子轴、轴承、喷嘴环、齿轮或其他形式的相应工件部件。 注:如一台鼓风机发生故障,但机器能保持舰船操纵所要求的功率时,则备件可省略。一台鼓风机发生故障时,应能在船上配备机器运转所需的盲板或盖板装置	1	—
扫气系统	每种形式一台泵的进排气阀	1 套	—
减速和/或倒车齿轮	齿轮箱中每种尺寸的轴承衬套	1 套	—
	齿轮箱中每种尺寸的滚子或球座圈	1 套	—
主机带动空气压缩机	每种尺寸的活塞环	1 套	—
	每种尺寸的进、排气阀总成	1/2 套	—

表 6-4 副柴油机备件

项目	备件名称	备件数量	
		无限航区	有限航区
主轴承	每种尺寸和形式的一个轴承的主轴承或壳体,包括垫片,螺栓和螺母总成	1	
气缸阀	一个缸的排气阀,包括阀套、阀座、弹簧和其他附件总成	2 套	—
	一个缸的进气阀,包括阀套、阀座、弹簧和其他附件总成	1 套	—
	启动空气阀,包括阀套、阀座、弹簧和其他附件总成	1	—
	安全阀总成	1	—
	一台机的每种尺寸和形式的燃油阀,包括所有附件总成	1/2 套	—

表 6-4(续)

项目	备件名称	备件数量	
		无限航区	有限航区
连杆轴承	一个缸的每种尺寸和形式的下端轴承或轴承壳,包括垫片、螺母和螺母总成	1套	—
	筒形活塞式:一个曲拐的带有衬套的活塞销	1套	—
活塞环	一个缸的活塞环	1套	—
活塞冷却	一个缸的活塞冷却附件	1套	—
喷油泵	喷油泵总成或当在海上能够更换时,一台泵工作部件组合件(柱塞、柱塞套、阀、弹簧等)	1	—
喷油管	每种尺寸和形式的高压燃油管,包括接头总成	1	—
垫片及填料	一个缸的气缸盖和气缸套每种尺寸和形式的专用垫片	1套	—

②自动化系统的备件。

船上应备有自动化系统的必要备件,以保证自动化系统的可维修性和可靠性。备件一般应为完整的单元,但如单元中的易损件易于更换,则可由这些零件代替单元。永久装设在自动化系统的储备元件,可作为规定的备件看待。

2. 备件的管理系统

为了管理好船上的备件,必须建立一个备件管理系统,它包括备件管理、备件编号、备件标签、备件卡片、资料表格、备件存放位置、确定备件最大数量和最小数量、交货时间、订货单、定期记录等。

(1)对备件管理系统的要求

一个合适的备件管理系统应满足下列要求:

①完善的库房和备件货架;

②备件的良好库存,包括分类编号、标签、卡片等;

③备件的及时订购和修复;

④完整的备件订货资料,包括备件编号册、规格说明书等;

⑤各供应厂家的资料。

(2)人工备件管理系统

人工备件管理系统适用于分散管理的舰船,也适用于集中管理的舰船。在分散管理的舰船上,往往由轮机长负责备件管理的各项事务,如购置和收货,各类备件订货和备件控制,档案文件。这种系统适用于长时间与岸上人员机构缺乏联系的舰船。

所有备件的资料都可在备件表里查到。如备件存放位置、订货资料(正常库存、订货时间、订货数量等)、技术规格和备件名称。

每个设备应按分类编码给出编号。在各备件表格中应填写备件库存量,记录备件的消耗和订购。每个月轮机长应在相应表格中记录备件的收货和消耗情况。

(3)计算机备件管理系统

计算机备件管理系统既能用于备件管理,又能用于维修保养系统,以便利用共同的技术资料。这种系统应具有备件供应的各种功用,如掌握整个船队的备件数据;控制备件的订货、接收和发送，当备件到了最小库存量时，计算机具有自动订购的能力；计算机打印出船上和仓库里现有的备件和应订购的数量，以及消耗和费用情况。

计算机备件管理系统的主要优点是：

①易于得到所有有关的备件技术资料；

②便于备件的成本控制（对资金影响较大的特殊备件的消耗数据）；

③有利于备件标签的打印；

④具有备件自动订购系统；

⑤可进行备件消耗的预测。

3. 备件管理

备件管理是一项重要而复杂的技术工作，它不仅关系到备件费用的多少，而且也涉及航行安全和船期。备件数量过多会积压资金，而缺少备件甚至是很小的备件，有时也会影响舰船安全。及时提出备件申请。管理备件的业务是公司和舰船的共同工作，船方的及时申请和公司的及时定购，在备件管理中同等重要。目前正逐渐有效地应用电子计算机技术以提高备件管理水平。

（1）备件的管理原则

①由轮机部、甲板部船员主管的机、电、动力设备和其他设备备用的成品零部件等都属于备件范围之列。

②轮机部备件由大管轮直接管理。亲自或指定其他轮机员负责备件的接收和登记入库工作，各主管轮机员在详细掌握所管设备备件的库存情况的基础上，具体负责各自设备的备件补充申请工作，经大管轮确认，轮机长审批后报公司。

（2）备件的管理制度

公司所制定的有关舰船备件的管理制度如下：

①各船应加强对备件的管理和合理使用，按备件清册的要求，对备件进行定期清点、登记，并把消耗情况报公司，重大备件消耗要简要说明损坏原因。

②凡申请舰船年度备件，应在该年二月份以前，向公司提出备件申请单。申请单必须准确地注明机型、出厂号、名称、备件号（或图号）、规格和数量。

③船在国外购买少量急用备件，必须经公司批准后方可购买，如来不及批复也应电告公司，并将订购情况及账单寄回公司，以便结账。除少量急用备件，一律不要空运。

④船在国内领取备件，根据船存备件情况，提出备件申领单，并由公司船技部门批准。

⑤备件专人保管，并负责填写备件清册，半年统计一次，清单交轮机长审查报公司。

（3）备件的申请

①备件的订购。

舰船备件的订购一般由公司负责。可以从备件系统（设备说明书）里找到备件编码和设备号码，将要订购的备件编码和数量填进去。订购备件必须填写连续的订货号码。此外，还要告知供应厂家要求的交货时间、交货地点等。当公司收到供应厂的备件供应的具体时间、地点后，应及时通知舰船，以便舰船做好备件的接收工作。

对于应急的备件需求，在获得公司的批准后，舰船可通过舰船当地代理直接向备件供应厂家订购备件。一般由轮机长在船上填写 4 份备件订单。将订单分送给供货厂家（原件）和船公司（副本）；船上的 1 份副本放在已订购文件夹内，待收到备件后再送给船公司；船上的另 1 份副本存入“已订购”文件夹内长期存查。

②舰船备件的申请。

备件申请必须向供应商或备件制造厂提供本船和机型的详细资料，以便舰船供应商查找到所需要的备件。如果缺乏这方面的详细资料，可能购不到需要的备件。

订购单应提供下列资料：

a. 船名（包括原船名）；

b. 船级社；

c. 主机机型和气缸编号；

d. 主机编号；

e. 主机制造厂；

f. 所需要的零件名称；

g. 零件的编号；

h. 需要的零件数量。

备件编号册对迅速正确地选购所需备件是十分重要的，因此轮机人员应熟练地使用备件编号册。如订购 Sulzer 6RTA48 型柴油机的备件，根据其编号册（code book for parts）可迅速查找到有关备件的编号，并正确填写订购单，见表 6-5。

表 6-5　订购单

ITEM（项目）	CODE No.（编号）	Name of Parts（部件名称）	Quantity（数量）	Unit（单位）
1	T 34101	Piston-crown（活塞头）	1	pc
2	T 34121	Piston skirt（活塞裙）	1	pc
…	…	…	…	…

备件申请还应注意下列事项：

a. 备件改型后是否可以通用。有的柴油机型号和备件编号不变，但某些备件如喷油器等的结构做了改进，应注意到它的适用性。

b. 备件质量有时差别很大，因为备件来源不同，有原制造厂生产的，有备件厂加工生产的，还有翻新的备件，所以要严格把好质量关。

c. 为了节约开支，必须向舰船供应商做好报价工作。

d. 对急需的备件，要求交货迅速，按期送上船。

e. 做好备件验收工作，凡型号不对、质量不合格、不能使用的备件应及时退货。

③舰船备件的接收。

a. 备件送船时，大管轮应组织机舱人员对到船备件进行分类验收，验收项目应包括：备件号的核实、备件数量核实、备件质量的检查等，对任何有问题的备件应登记，及时报告轮机长；

b. 轮机长对有问题（备件号、数量、质量等问题）的备件，如果时间允许应立即联系公司，根据公司的指示进行处理；

c. 在所有的送船备件被核实后，轮机长应在签收单上签字，一般还应加盖船章；

d. 签收的备件签收单应随舰船月报表寄往公司。

6.4.2 物料管理

舰船物料包括工具、电工物料、生产物料、清洁物品及化学药品等。

1. 物料订购

申请单中申请的物品一定要写明型号、规格、尺寸、数量，特殊需要的物品要画图及标明材质及用于何处并注明船存量。

一般舰船都配有舰船物料手册，手册中有各种物料的编号、规格、性能、材料、图示等，以便指导对物料的选用和订购。物料申请单一年一次向公司申请。

根据公司规定或工作需要，一般由大管轮填写物料申请单，申请单需由船长、轮机长签字盖章，公司经审核安排方便港口供应。急需的物料，事先经公司批准，一般通过港口代理购买。

物料供应到舰船时，一般由大管轮或其指定的人员具体负责，并及时清点入库。

2. 物料的保管

为了保证物料储存的安全和按计划使用，避免丢失和浪费现象的发生，根据物料的化学性质、价值和使用，一般分别集中储存。如设有电器物料存储间、易燃易爆物料存储间、易耗物料存储间等。

轮机部物料由轮机长负责，甲板部物料由大副负责。可根据舰船类型和配员情况分别指派轮助、机匠长、电机员等分别负责不同物料的具体保管工作。

船用化学品的供应，每年集中供应 1~2 次。由船上写申请单，至少申请半年的用量，公司物资库安排供应。供船物料的产品说明书、合格证轮机长要妥善保管，船检证书船长统一管理。

船存物料要建立物料帐册，重点物品、技术性物料要建立档案，如海事局检查物品、安全物品、直接影响生产的物品等。

物料清册要做到帐、物相符。物料季度消耗报表是考核舰船物料基础管理的重要标准，舰船每季度向公司技术部呈报，舰船和技术部各持一份。消耗报表必须与船存及实际消耗相符。

3. 工具的分类与管理

机舱使用的工具种类繁多，一般可分为三类：标准工具、推荐的专用工具、可租用的大型专用工具。

标准工具是指机舱日常保养维修工作所需的通用工具及装置，如活络扳手、梅花扳手、开口扳手、六角扳手、套筒扳手等。

推荐的随机器配备的专用工具对进行有关保养工作要比使用标准工具简便而省时间。缺乏专用工具不仅难以完成某些保养维修工作，而且还可能损坏设备。各种设备都随机配备推荐专用工具，一般都随设备一起供应或订购。如各种专用扳手、专用拉具、专用吊环螺钉、专用顶丝、专用液压工具、气动工具、专用测量工具、清洗工具、研磨工具等。

可租用的专用工具是指可向制造厂租借的、用于柴油机和重要部件的运输和安装的大型专用工具，如吊运横梁、托架、导轨、固定架等，安装结束后应归还给制造厂。

(1)工具清单

大管轮应编制好上述各类工具的清单，并根据工具清单每年清点一次，报告给公司。如果需要订购附加的专用工具或者需要更换工具时，应查明工具的名称、代号以及设备的型号。这些资料一般都附在设备说明书的工具表中。

(2)标准工具的使用和管理

每天的保养工作都离不开各种工具,大管轮应根据舰船实际情况制定工具使用和管理制度。通常有下列措施:设专人保管工具,负责工具的保管和借还;常用工具发放给个人保管使用;在不同地点架设工具板,将常用工具悬挂在板上固定位置,用后放回原处。

(3)专用测量工具的管理

专用测量工具应保持良好的精度,否则会对机器的技术状况和维修计划带来麻烦。专用测量工具一般由轮机长或大管轮使用和保管。

(4)液压工具的使用和管理

液压拉伸器由一个千斤顶和一个间隔环组成。使用时应按照说明书规定的压力数值泵油,无论何时均不得超过规定压力的10%,切不可超负荷或敲打碰撞,也不可超过"最大拉伸量"。使用后释放油压并使拉伸器活塞复位,以备再用。万一超过了最大的拉伸量,润滑油由特殊设计的泄油孔泄放,在多数情况下,下密封圈容易损坏,因此要检查这道密封圈,必要时换新。

液压工具不使用时,应仔细地涂上油脂,放在干燥清洁的地方,防止损坏。长期存放或频繁使用后,密封圈会老化变硬,从而失去良好的密封作用。因此应储存一定数量的符合规定尺寸和质量要求的密封备件。安装新的密封圈时,应十分小心,不能损伤,不能过分拉紧而造成变形。

(5)专用工具的使用与管理

各轮机员所分管的专用工具由负责轮机员分管和使用;专用工具应在使用后清洁干净,涂上油脂防止生锈,损坏应及时补充;应放在固定的地方或专用工具箱内。

【巩固与提高】

扫描二维码,进入过关测试。

任务6.4闯关

任务 6.5　舰船生活管理

【任务引入】

随舰出海,带你走进舰艇官兵训练生活

【思想火花】

中国海军护航十周年 数说海上卫士,守护和平

【知识结构】

舰船生活管理结构图

【知识点】

6.5.1　舰船生活管理的内容与要求

舰船生活管理区别于作战管理,是战时管理的基础,又是取得战斗胜利的重要保证。舰船生活管理要围绕提高部队战斗力这个根本目的进行,依照舰船管理的原则、法规、程序和方法,切实搞好生活管理。

1. 舰船生活管理的内容

舰船生活管理贯穿于舰船一切工作、一切活动之中,其具体内容繁多,从吃、喝、拉、撒、睡,军容、军风、军纪、礼节、礼貌,到战备、训练,工作中的职责、制度,协调内外、上下各种关系以及舰船各种事务的处理等。从舰船经常性生活管理工作来看,其基本内容有以下几项:

(1)学习条令条例

①学习条令条例的意义。

条令条例是舰船生活管理的基本依据,学习、掌握和运用条令条例是生活管理的根基,不懂得条令条例就无从管理,就不可能有正确、有效、科学的管理。经常有计划有组织地进行条令条例学习,是日常生活管理最重要的内容。

②学习条令条例的要求。

一是要建立学习、检查和考核制度,把条令条例作为新兵入伍的第一课,带兵班长的主课,全体船员的必修课。要把集中时间学习、教育和经常性学习结合起来。通过学习教育,使每名船员都熟悉条令条例的内容,知道自己应该做什么,怎么做以及不该做什么。

二是弄明白条令条例的精神实质,理解条令条例要求自己这样做的意义,自觉地努力做好,条令不允许的坚决不做。这是一件看起来平常而实际上很细致的工作。因为,学习、教育不漏一人,不留“死角”并不容易,只有非常认真、扎实地抓,才能做得到。

(2)完善规章制度

①完善规章制度的内涵。

所谓完善规章制度,是指条令条例虽有规定,对基层单位还须进一步具体化,才能抓好落实,或者条令条例尚未有规定,这都必须根据条令条例的基本精神,制定具体的规定。

②完善规章制度的要求。

完善规章制度,主要是根据条令条例精神,结合本单位的实际情况,制定具体的规章、措施。无特殊情况下必须坚决执行条令条例规定。完善规章制度,要防止与纠正那种违背条令条例的基本精神另搞一套的错误倾向。

(3)建立健全组织

①建立健全组织的意义。

舰船生活管理依靠行政组织进行。建立与健全行政组织,是生活管理一项重要的基本内容。因此,要按照舰船编制配齐人员,各岗位上有职、有责、有权,严格履行岗位职责。行政组织除人员到位外,关键是责任到人。职责不明确,容易导致相互推诿,人浮于事的现象;职责明确了,还要有强烈的责任心。

②建立健全组织的要求。

日常生活管理行政组织的健全,一方面要加强思想政治教育工作,提高船员的觉悟和革命事业心,增强责任感,自觉地履行职责,严格按规定办事。另一方面,要做到有位、有人、有职、有权、有责,特别要做到职责明确,严格执行纪律和奖惩制度。

(4)正确行使权力

①正确行使权力的内涵。

正确使用权力是舰船生活管理的一项经常性基本内容。没有权力当然谈不上管理,但是,权力不用是失责;权利滥用则失威。

②不正确行使权力的表现。

有权不用和滥用都属于不正确行使权力的表现。

(5)处理日常事务

①日常事务的内涵。

生活管理经常性工作是处理日常事务。日常事务指在日常行政生活方面所发生的事情与公务。它与其他事务既有联系,又有区别。日常事务可以归纳为两类:一是常规性事务,即经常重复出现的事务,已经有了处理的一套原则与具体规定;二是非常规性事务,多是不常出现或第一次出现的事务,没有处理的一套现成具体依据。

②常规性事务处理要求。

对常规性事务的处理,要在弄清事实的基础上,严格按规定办。

③非常规性事务处理要求。

对于非常规性事务的处理，首先要分清事情的性质、大小，其次分类处理：一是在紧急情况下，来不及向上级请示报告时，积极机断行事，根据上级指示和有关规定的精神进行处理，事后立即报告上级。二是在一般情况下，应详细向上级报告情况，接受上级指示。另外还应十分注重日常工作计划、组织以及规章制度的落实工作。

2. 舰船生活管理的要求

舰船生活管理在于建立正规的日常工作、生活秩序，培养船员具有良好的作风、严格的纪律和健壮的体魄，以保障海上作战、训练等各项任务的顺利完成。舰船生活管理坚持以条令条例和规章制度为依据，依法管理，严格要求，从小事着手，从一点一滴抓起，坚持训管结合，教养一致；管理者要以身作则，做好表率，抓好督促检查，使部队养成令行禁止、雷厉风行、服从命令、听从指挥、艰苦奋斗以及团结、紧张、严肃、活泼的优良作风。具体要求如下。

（1）要重视养成教育，狠抓日常作风

①养成教育的内涵。

注重养成教育，是我军的优良传统。教育是为了使大家懂得法规的意义，理解精神，掌握内容，增强养成的自觉性。养成实质上就是要改变或克服掉那些不符合军人作风要求的习气。

②养成教育的要求。

一是要做到管教结合，教养一致。教育是前提，只有教得好，才能养得成。教育和养成不能脱节。教育要有针对性，要结合实际。

二是要从大处着眼，小处着手，一点一滴，持之以恒，这样才能养成良好的习惯，培养出良好的作风。

三是在养成教育和作风培养上，既要重言传，更要重身教，管理者的言行举止，对下属都有着重要影响，自身良好的举止和优良作风，就是无声的命令。管理者凡要求下属做到的，首先自己要做到，而且要做好。

（2）要重视规范性，防止随意性

①规范性的依据。

舰船生活管理就是要以人民军队的法规作为管理规范，作为船员行动的准则，即使有些可以补充的内容也必须符合人民军队法规的精神原则，也要符合舰船的实际情况。

②规范性的要求。

舰船生活管理中一定要严格落实我军法规。舰船生活管理不能准确掌握原则，不从实际出发，搞花架子，这样即丢失了规范性，也必然使管理实效受到影响。

（3）要培养严格的组织纪律性

①组织纪律性的内涵。

每艘舰船都是一个高度集中统一的整体。只有执行严格的组织纪律，才能达到高度集中统一，才能有战斗力。每个船员必须坚决服从命令，下级服从上级，一切行动听指挥，令行禁止。

②明确组织纪律性的要求。

船员严格的组织性，高度的组织纪律观念，要靠舰船生活管理来实现。纪律不仅是对船员行为的约束，同时也是搞好舰船生活管理的保障。纪律和自由在阶级社会中，是一对矛盾统一体，二者相辅相成，鱼水相依，没有纪律，就没有自由。

③人民军队的组织纪律性。

人民军队的纪律,是建立在广大官兵根本目标利益一致基础上的纪律,在执行中强调自觉,强调说服教育,不搞打骂,不是压迫纪律。在培养严格的组织纪律性方面,要坚持赏罚严明,正确实施批评和表扬、奖励和处分,以扬其长,克其短,维护纪律的严肃性。

(4)齐抓共管,协调一致

①齐抓共管的要求。

舰船生活管理具体问题多,牵扯面广,各级管理者必须共同努力,协调一致才能抓好。

②齐抓共管的方法。

要用系统管理的思想,充分发挥各层次的积极性,实行按级管理,各负其责,把行政工作和政治工作在舰船生活管理上统一起来,全船上下才能拧成一股劲,提高舰船生活管理效能。

6.5.2　舰船日常生活制度

舰船日常生活制度是舰船对日常生活内容和时间进行合理统一分配的依据,按照日常生活制度要求,科学制定日常生活内容和时间,是舰船日常生活制度化的重要内容。舰船一日生活内容确定和时间分配并不是长期固定的,而是随着季节、地理环境、气候条件及舰船的特点、任务等的变化做出适当的调整。

①起床:听到起床铃声(信号)后,船员应立即起床,按规定着装,做好出操准备。

②早操:早操是船员早晨起床后所进行的体育活动和队列训练。其目的是增强舰船人员的体质,培养军人良好的军姿和令行禁止、雷厉风行的作风。早操是一项全船性的集体活动,任何人不得无故缺席。

③整理内务:船员按规定每日必须进行内务整理及个人洗漱,值班人员要做好检查工作。

④就餐:船员应按规定时间就餐,就餐时自觉遵守厨房和就餐秩序。就餐应在指定地点进行,通常,同一专业人员相对集中就餐,餐桌值日由就餐人员轮流担任,负责准备餐具、领取饭菜、洗刷餐具并清洁就餐地点。

⑤扫除:舰船按规定要求每日进行扫除。扫除的具体工作是:清扫甲板、上层建筑物的脏物和积水、积雪;擦拭装设备器材的外部和铜器;清扫舱室并进行通风。

⑥升旗:舰船人员必须按规定要求进行升国旗和军旗。

⑦设备检拭:舰船每日按规定要进行设备检拭。各班组人员按照设备检拭要求进行检拭。检拭结束后,及时进行登记检拭情况。

⑧演练:除节假日外,舰船每日要组织班组人员进行演练,其间可视情况安排适当的休息。

⑨课外活动:由舰船上安排组织科学文化学习、文娱体育活动等。

⑩点名:船上点名通常在晚上进行,称为晚点名。舰船晚点名是舰船掌握所属人员的在位率及了解舰船人员去向的一种有效手段,是加强经常性管理工作的重要环节。晚点名通常包括清点人数,对近期的工作、训练、管理等进行讲评。

⑪就寝:舰船在熄灯前由舰船值日下达就寝号令。船员除值班人员外均应在熄灯前就寝,舰船值日在熄灯前检查并讲评各舱室卫生情况。听到“熄灯”号令后,舱内应保持安静,舰船值日则应关闭照明灯,打开夜灯。

【巩固与提高】

扫描二维码,进入过关测试。

任务 6.5 闯关

项目7　机舱资源管理

【项目描述】

通过舰船机舱资源管理、管理的基本职能、团队、通信与沟通、人为失误与预防、风险评估与决策等知识学习与技能训练，达到军士第一任职能力所要求具备的有关舰船资源管控的能力标准要求。

一、知识要求

1. 掌握计划的含义及组织实施。

2. 掌握组织的含义、类型、划分组织部门的原则、人员配备及轮机部组织机构及成员的基本职责；掌握领导、沟通、协调及激励的含义、作用。

3. 掌握团队的含义及作用；掌握高效团队的特征；掌握团队成员的角色及作用；掌握轮机部团队工作内容。

4. 掌握通信的含义及船内通信系统；掌握机舱值班人员与驾驶台及值班人员相互之间的沟通；掌握轮机部与公司职能部门、其他人员之间的沟通。

5. 掌握人为失误的分类与原因；掌握疲劳与压力的原因及对工作的影响；掌握情景意识的含义及对安全的影响。

6. 了解风险评估的过程；了解决策的基本程序。

二、技能要求

1. 能充分利用舰船各种资料，合理分配与使用这些资源；

2. 能组织管理好自己班或小组的工作；

3. 能管理好团队，从而充分发挥团队每个成员的作用；

4. 在日常工作中，能沟通和协调好本部分以及相关各方的关系；

5. 工作中，能识别 near missing，从而快速准确斩断失误链；

6. 工作中，能识别存在的风险，从而有效避免风险导致的危害。

三、素质要求

1. 具有自主学习意识，能主动建构知识结构；

2. 具有团队意识和协作精神。

【项目实施】

任务 7.1 舰船机舱资源管理概述

【任务引入】

洛克比空难

【思想火花】

人为因素

【知识结构】

舰船机舱资源管理概述结构图

【知识点】

舰船机舱资源管理概述

7.1.1 人为因素

大量海难事故的统计分析表明，海事事故中有80%以上与人为因素有关。所谓人为因素是指人的行为或使命对一特定系统的正确功能或成功性能的不良影响。国际海事组织(IMO)的《海事调查员示范教程》第八部分“人为因素”中，也强调了事故与人为因素有关，而且明确人为因素在事故的初发阶段起着十分重要的作用。

所以，海上安全委员会和海洋环境委员会合发布的《人为因素统一术语》，将海上事故中人为因素的主要表现归纳为五点：

1. 人的行为能力的降低

主要体现在易激动(冲动)、恐慌、焦虑、个人问题、精神创伤、酗酒、服用药物或吸毒、注意力不集中、伤害、思维疾病、身体疾病、消极、故意误操作、疲劳、士气低落、缺乏自律、视力障碍、工作负荷过大。

2. 海上环境

环境因素是指航区天气、海况以及船舶自身等因素。主要体现在自然环境险恶、机舱设计方面的不良情况对人为因素的影响。影响海运安全的气象海况条件包括能见度、风(浪)、洋流和潮汐等。

3. 安全管理

主要体现在操作知识不足、对相应局面的联系认识不足、缺乏联系和协调、对规则和标准的认识不足、对船舶操作程序不了解、对岗位职责不了解、缺乏语言技能。统计分析表明,人为因素中约有80%可以通过有效的管理加以控制,即通过强化公司的内部管理和船舶的安全管理加以控制。

4. 营运

主要体现在不遵守纪律、指挥失败、监督不足、协调或联系不足、硬件资源管理不善、配员不合适、没有足够的人力资源、工作计划不良、规章或程序实践不良以及错误应用。

5. 脑力劳动

主要体现在缺乏对局面的认识、缺乏洞察力、辨认错误、识别错误。所以综合分析造成船舶严重事故的深层次原因,可以看出影响船舶航行安全的因素主要有人的行为能力、环境因素、安全管理、营运和脑力劳动等方面。然而,作为人为因素研究的前提和基础,由于理解和分类的偏差,在海事调查中常常会忽视或遗漏人为因素的关键信息。

7.1.2　资源与管理

1. 资源的含义

广义的资源指人类生存发展和享受所需要的一切物质和非物质的要素,所以资源包括物质和非物质的要素。狭义的资源仅指自然资源,是指在一定的时间、地点的条件下能够产生经济价值的,以提高人类当前和将来福利的自然环境因素的总和。

总体来讲,资源是指在一定历史条件下被人类开发利用以提高自身福利水平或生存能力的,具有某种稀缺性,受社会环境约束的各种环境要素或事物的总称。

通常我们将资源按以下几种情况分类:

①按资源的基本属性不同分为:自然资源,社会资源。

②按利用限度划分:可再生资源,不可再生资源。

③按其性能和作用的特点:硬资源,软资源。

④按资源的更替特点:可更新资源,不可更新资源。

⑤按自然资源的固有属性:可耗竭性,可更新性,可重复使用性,发生起源等。

2. 管理的含义

西方各个管理学派,按照其各自的管理理论,对管理的概念有不同的解释。有以下几种情况:

①管理是一种程序,通过计划、组织、控制、指挥等职能完成既定目标。

②管理就是决策。决策程序就是全部的管理过程,组织则是由作为决策者的个人所组

成的系统。

③管理就是领导，则强调管理者个人的影响力和感召力对管理工作的重要意义。

④管理就是做人的工作，它的主要内容是以研究人的心理、生理、社会环境影响为中心，激励职工的行为动机，调动人的积极性。

综合各种观点，对管理的比较系统的理解应该是：管理是管理者或管理机构，在一定范围内，通过计划、组织、控制、领导等工作，对组织所拥有的资源（包括人、财、物、时间、信息）进行合理配置和有效使用，以实现组织预定目标的过程。

这一定义有四层含义：第一，管理是一个过程；第二，管理的核心是达到目标；第三，管理达到目标的手段是运用组织拥有的各种资源；第四，管理的本质是协调。

3. 资源管理的含义

资源管理是指对所拥有或应当拥有的资源进行组织、协调、控制、改进，以使其正常发挥其效用的过程。所拥有的资源一般可分为人、机、料、信息、环境等五种主要资源，而这些资源是企业生存和发展所必备的条件，没有资源或没有完备的资源就不能或不可能正常进行企业经营运作，不可能有目的地产出，也就不会有满意的产品或服务。因此，从某种意义上说，企业管理，特别是质量管理，就是对资源的管理。

7.1.3 机舱资源管理

1. 机舱资源的构成

机舱资源的构成见表 7-1。STCW 公约马尼拉修正案中强调的是机舱人力资源（软资源）的管理，人力资源管理是整个机舱资源管理的核心。

表 7-1 机舱资源的构成

机舱资源	人力资源	计划与时间管理
		资源配置与优先顺序
		交流与沟通
		团队建设
		情景意识
		领导与抉择
	设备资源	推进装置
		辅助装置
		管路系统
		甲板机械
		防污染设备
		自动化设备

表 7-1(续)

机舱资源	消耗资源	油类
		淡水
		备件及物料
		工具
	信息资源	内部通信和外部通信
		船舶局域网传达的信息
		船舶广域网传达的信息
	环境资源	机舱环境
		航行环境
		航运界环境

2. 机舱资源管理的特点

机舱资源管理的工具是机构,没有机构也无法实现管理。机舱配备的一定编制的技术管理人员,他们的组织形式就是机构。

管理的手段是“法”,不仅包括有关法规、规范和公约,也包括航运企业内部和船舶各种规章制度。机构是由人员组成的,“法”是靠人员制订和执行的。人除了制订和执行“法”以外,还要传递信息了解情况,同时又运用信息进行联系。

机舱资源管理的对象,有物、财、时间和信息,同时也包括人。机舱所属的各种设备、备品、燃油、物料、材料以及工具仪器等就是物;在管理中达到某些经济指标,如节油、节水以及节省修理费用等就是财;提高船舶装卸效率,加快船舶周转就是时间;各种形式的交流经验,互通情报,就是信息。

机舱资源管理体系中人是主体,机舱的各项工作都要落实到人,所以机舱管理很大程度上是人员管理。在其他条件相同的情况下,由于不同的人在管理上差异所表现出来的生产能力是截然不同的。所以搞好人力资源管理,提高人的责任意识,提高人的技术业务能力,调节好人与人之间的关系,是搞好机舱资源管理的关键。

3. 机舱资源管理的目的

其目的就是结合船舶机舱可能发生或遇到的紧急情况,要求机舱值班人员通过机舱组织和程序的执行,根据应急计划对人为因素进行管理,有效地利用船舶机舱现有的各种机械动力设备、安全设备,发挥每个人在团队工作中的作用,从而严格而有条不紊地执行与完成相关工作的操作程序,以保证船舶的安全航行,减少和避免潜在的人为事故。

7.1.4　舰船管理

舰船管理是对舰船各项业务工作进行计划、组织、指挥、控制和协调的军事活动。它是舰船管理者在一定的环境条件下对管理对象施加影响的过程。其含义:一是以组织舰船获取最大的军事效益和提高战斗力为目标;二是舰船管理的主体是各级管理者;三是舰船管理是一个动态过程,其绩效受管理对象、环境、理论、方法和条令条例所制约;四是舰船管理活动的性质是军事活动;五是舰船勤务的重要组成部分。

舰船管理包括舰船大队和舰船支队(团)管理。其部队管理目标是将舰船部队建成一支规章制度健全落实，战备工作扎实有效，舰船人员训练有素，舰船装备性能良好，业务设施完善配套，与部队“执勤、处突、反恐、作战”相适应的水上舰船部队。

舰船任务包括：协助公安部门堵截外逃、抓捕偷渡登陆分子、缉私缉毒等；担负水上运输、交通巡逻和重大目标的守护等；维护领海、内河、湖泊和水库等地的治安等；国家处于战争状态时，积极配合中国人民解放军防卫作战，抵抗侵略，保卫国家等。

【巩固与提高】

扫描二维码，进入过关测试。

任务 7.1 闯关

任务 7.2 管理的基本职能

【任务引入】

计划职能

【思想火花】

心理学“五分之一效应”

【知识结构】

管理的基本职能结构图

【知识点】

管理的基本职能

7.2.1 管理的基本职能概述

管理任务的实现,需要发挥各项管理职能的作用。管理职能是对管理职责与功能的简要概括。管理的四大基本职能包括计划、组织、领导和控制。

7.2.2 计划职能

计划职能是指为实现组织的目的而研究组织活动的环境和条件,在此基础上做出决策、制定行动方案等一系列工作。它是管理的首要职能。

1. 计划的含义

计划工作有广义和狭义之分。

狭义的计划工作是指制定计划,即根据组织内外部的实际情况,权衡客观的需要和主观的可能,通过科学的调查预测,提出在未来一定时期内组织所需达到的具体目标以及实现目标的方法。也就是一种管理文件,是指组织在未来一定时期中,用文字和指标等具体形式表达的,关于组织成员的行动方针、行动目标、行动内容及行动安排的管理文件。

广义的计划工作是指制定计划、执行计划和检查计划三个阶段的工作过程。

计划的主要内容包括 5W2H,计划必须清楚地确定和描述这些内容:

What——做什么?目标与内容。Why——为什么做?原因。Who——谁去做?人员。Where——何地做?地点。When——何时做?时间 How——怎样做?方式、手段。How much——需多大代价?

2. 计划的组织实施

计划编制完成后,就要把计划所确定的目标任务在时间和空间两个角度展开,落实到组织各个单位和个人,规定他们在计划期内应该从事什么活动,达到什么要求,这个过程就是计划的组织实施过程。其行之有效的方法主要有目标管理和 PDCA 循环等。

(1)目标管理

目标管理是指在计划内,组织以目标作为一切管理活动的出发点、归宿点和手段。它要求把组织的总目标分解为下属单位与成员的分目标。一切活动的进行以目标为导向,活动的结果用目标来评价,管理者通过目标-责任链对下级进行领导,并以此来保证组织总目标的实现。

目标管理的程序一般包括三个阶段实施,即目标的制定与展开,目标的组织与实施,成果的实施与考核。

第一阶段,目标的制定与展开。组织目标的制定是目标管理的中心内容。一般应由组织的领导决策层首先制定出组织的总体目标,然后由组织下属各单位依据组织总目标制定出分目标,再由组织各成员依据单位分目标制定出个人目标。

在目标制定过程中，首先，要求分目标必须保证总目标的实现，个人目标必须保证组织目标的实现。其次，要求在上、下级之间进行目标协商，各部门之间的目标要相互协调配合。组织对整个目标体系要进行综合平衡。组织的总体目标这种从上到下、层层分解、逐级落实的过程，就叫作目标展开。在目标展开的过程中，除了必须做好目标分解工作，还要抓好目标责任的落实。

第二阶段，目标的组织与实施。“自我控制”是目标管理的组织实施过程中一个十分重要的指导思想。所谓自我控制，就是组织的下属机构和全体员工都按照自己单位和个人所承担的目标责任，在实现目标的过程中，充分发挥主动性和积极性，进行自主管理，即不断进行自我分析、自我检查、自找差距、自我激励、自我完善。上级的管理则主要表现在指导、协助、授权、提供情报、提出问题、创造条件、纵横协调、改善环境等工作上；此外，就是做好检查和考核工作，实施奖惩。

第三阶段，成果的检查与考核。目标实施的全过程必须进行控制和检查，其基本做法是通过信息反馈系统，将组织所属各级单位和全体员工的目标实施情况定期逐级反馈到上级单位，从中发现差异，查清原因，以便及时采取措施，纠正偏差。若在检查中发现预定目标与实际情况不符，或因不可抗拒的原因造成无法实现预定目标，则应对原定目标进行调整修改。在检查工作中，可以把自我检查与上级检查相结合，把专业检查与全面检查相结合，把定期检查与经常检查相结合。

在对目标实施过程进行检查、控制的同时，还应对检查结果做出评价和考核，并与经济责任制联系在一起，实施奖励和惩罚。具体做法就是按月份或季度和年度定期组织管理人员对组织下属各级单位和全体员工的目标责任完成情况进行检查考评，并据考评结果决定工资、奖金的发放水平，组织行政的嘉奖惩罚和岗位职务的升降调动。

（2）PDCA 循环

“PDCA”循环的特征包括：

①“PDCA”循环是大循环套小循环的循环。“PDCA”循环是大循环套小循环，小循环保大循环，一环扣一环的综合体系。大循环是指整个组织的计划管理活动的“PDCA”循环，小循环是指组织下属各级单位和部门的计划管理活动的“PDCA”循环。上一级循环是下一级循环的根据，下一级循环又是上一级循环的保证。通过“PDCA”循环，使组织各个方面、各个环节的计划组织实施工作有机结合起来，形成一个相互制约、相互促进的整体，更有利于实现组织的计划目标。

②“PDCA”循环每循环一次，就提高一步。“PDCA”循环不是原有水平的重复，而是螺旋式的上升，每循环一次，就前进一步，使计划管理水平和组织目标水平上升到一个新的高度，并在新的高度基础上，制定更高的组织目标，不断提高管理水平，开始进行新的更高一级的循环。

③“PDCA”循环是综合性的开放式的循环。“PDCA”循环是包含组织内部各种资源要素（人力、财力、物力、信息等）和各个职能部门管理活动以及各级下属单位的全方位的、综合性的循环。在循环过程中，要不断根据客观环境的变化，不断适应新情况，解决新问题。在动态管理过程中，进行新的综合平衡。因而循环的四个阶段不是绝对的，各阶段之间也不是截然分开，而是紧密相连的，有时还得一边计划，一边实施，一边检查，一边处理，各个环节交叉进行。

“PDCA”循环体现了计划管理过程是一个从实践到认识，再从认识回到实践，并且不断地通过再认识,再实践,从而使主观认识和客观实际逐步趋于统一的事物发展过程,这正是辩证唯物主义的认识论和方法论在计划管理工作中的具体应用。

"PDCA"循环的运转程序一般要经历四个阶段八个步骤。

①计划制定阶段(P)。编制组织计划可分为四个步骤:

第一步,对组织现状进行分析,找出组织营运中存在的主要问题。

第二步,对组织存在问题的产生原因和影响因素进行分析。

第三步,从影响组织活动的各种可控因素中找出主要因素,以便抓住主要矛盾,解决主要问题。

第四步,针对组织存在的主要矛盾和问题及其产生的主要原因制定组织计划和对策。

②计划实施阶段(D)。这一阶段就是按照计划的要求,切实执行计划,努力实现目标,这是第五步。

③计划检查阶段(C)。检查,就是把执行计划的结果与计划预期的目标进行对比,对实施计划的效果进行考核与评价。这是第六步。

④计划处理阶段(A)。处理阶段,是在计划执行完毕之后的善后阶段。这一阶段包含两个步骤:

第七步,总结经验,吸取教训,巩固成绩,处理问题。这项工作主要通过发动全体员工,上下一起来进行。

第八步,修订计划,克服偏差,协调平衡,以利再战。修订计划可采用滚动计划的方法,使组织计划更适合新的环境变化的要求,更切实可行。

在"PDCA"循环的运转过程中,旧的问题解决了又会产生新的矛盾,随着"PDCA"循环的不停运转,矛盾和问题不断地出现又不断地解决,计划管理水平也就不断地得以提高,组织也因而不断地发展和壮大。

7.2.3　组织职能

组织职能是指为了实现既定的目标,根据计划安排,对组织拥有的各种资源进行制度化安排,包括组织设计、人员配置、组织变革与发展。

组织设计包括机构设计和结构设计。机构设计是根据计划安排的事务设置相关的岗位和职务,然后按一定标准组合这些岗位和职务,形成不同工作部门。结构设计是根据组织活动和环境特点,规定不同部门之间的相互关系。

人员配置是根据各个岗位活动的要求以及组织成员的素质和技能特点,选拔适当的人员安置在相关的岗位上。具体涉及人员招聘、选拔、安置、培训、考核、定级、提升及薪酬策划等工作。人员配置中管理人员的选聘是组织工作的重心。

组织变革是根据作业活动及其环境的变化,对组织机构和结构做必要的调整。这是消除组织老化,克服组织惰性,优化资源配置,实现组织中人与事动态平衡的需要,是确保组织活力,有效实现组织目标的需要。

1.组织的含义与类型

组织的含义从静态方面看,指组织结构,即反映人、职位、任务以及它们之间的特定关系的网络。这一网络可以把分工的范围、程度、相互之间的协调配合关系、各自的任务和职责等用部门和层次的方式确定下来,成为组织的框架体系。

从动态方面看,指维持与变革组织结构,以完成组织目标的过程。通过组织机构的建立与变革，将生产经营活动的各个要素、各个环节，从时间上、空间上科学地组织起来，使每个成员都能接受领导、协调行动，从而产生新的、大于个人和小集体功能简单加总的整体职能。

组织的类型，一般有正式组织与非正式组织。

正式组织一般是指组织中体现组织目标所规定的成员之间职责的组织体系。我们一般谈到组织都是指正式组织。在正式组织中，其成员保持着形式上的协作关系，以完成企业目标为行动的出发点和归宿点。

非正式组织是指人们在共同劳动、共同生活中，由于相互之间的联系而产生的共同感情自然形成的一种无名集体，并产生一种不成文的非正式的行为准则或惯例，要求个人服从，但没有强制性。非正式组织是自发产生的，具有共同情感的团体。非正式组织形成的原因很多，如工作关系、兴趣爱好关系、血缘关系等。非正式组织常出于某些情感的要求而采取共同的行动。

2. 划分组织部门的原则

(1)目标任务原则

企业组织设计的根本目的，就是为了实现企业的战略任务和经营目标。组织结构的全部设计工作必须以此作为出发点和归宿点。

(2)责权利相结合原则

责任、权力、利益三者之间是不可分割的，必须是协调的、平衡的和统一的。权力是责任的基础，有了权力才可能负起责任；责任是权力的约束，有了责任，权力拥有者在运用权力时就必须考虑可能产生的后果，不致于滥用权力；利益的大小决定了管理者是否愿意担负责任以及接受权力的程度，利益大责任小的事情谁都愿意去做，相反，利益小责任大的事情人们很难愿意去做，其积极性也会受到影响。

(3)分工协作原则及精干高效原则

组织任务目标的完成，离不开组织内部的专业化分工和协作，因为现代企业的管理，工作量大、专业性强，分别设置不同的专业部门，有利于提高管理工作的效率。在合理分工的基础上，各专业部门又必须加强协作和配合，才能保证各项专业管理工作的顺利开展，以达到组织的整体目标。

(4)管理幅度原则

管理幅度是指一个主管能够直接有效地指挥下属成员的数目。由于受个人精力、知识、经验条件的限制，一个上级主管所管辖的人数是有限的，但究竟多少比较合适，很难有一个确切的数量标准。同时，从管理效率的角度出发，每一个企业不同的管理层次的主管的管理幅度也不同。管理幅度的大小同管理层次的多少成反比的关系，因此在确定企业的管理层次时，也必须考虑有效管理幅度的制约。

(5)统一指挥原则和权力制衡原则

统一指挥是指无论对哪一件工作来说，一个下属人员只应接受一个领导人的命令。权力制衡是指无论哪一个领导人，其权力运用必须受到监督，一旦发现某个机构或者职务有严重损害组织的行为，可以通过合法程序，制止其权力的运用。

(6)集权与分权相结合的原则

在进行组织设计或调整时，既要有必要的权力集中，又要有必要的权力分散，两者不可偏废。集权是大生产的客观要求，它有利于保证企业的统一领导和指挥，有利于人力、物力、财力的合理分配和使用；而分权则是调动下级积极性、主动性的必要组织条件。合理分权有利于基层根据实际情况迅速而准确地做出决策，也有利于上层领导摆脱日常事务，集中精力抓大问题。

3. 人员配备

人员配备是组织根据目标和任务需要正确选择、合理使用、科学考评和培训人员，以合适的人员去完成组织结构中规定的各项任务，从而保证整个组织目标和各项任务完成职能活动。

(1)人员配备的任务

①物色合适的人选。

组织各部门是在任务分工基础上设置的，因而不同的部门有不同的任务和不同的工作性质，必然要求具有不同的知识结构和水平、不同的能力结构和水平的人与之相匹配。人员配备的首要任务就是根据岗位工作需要，经过严格的考查和科学的论证，找出或培训为己所需的各类人员。

②促进组织结构功能的有效发挥。

要使职务安排和设计的目标得以实现，让组织结构真正成为凝聚各方面力量，保证组织管理系统正常运行的有力手段，必须把具备不同素质、能力和特长的人员分别安排在适当的岗位上。只有使人员配备尽量适应各类职务的性质要求，从而使各职务应承担的职责得到充分履行，组织设计的要求才能实现，组织结构的功能才能发挥出来。

③充分开发组织的人力资源。

现代市场经济条件下，组织之间的竞争的成败取决于人力资源的开发程度。在管理过程中，通过适当选拔、配备和使用、培训人员，可以充分挖掘每个成员的内在潜力，实现人员与工作任务的协调匹配，做到人尽其才，才尽其用，从而使人力资源得到高度开发。

(2)人员配备的程序

①制定用人计划，使用人计划的数量、层次和结构符合组织的目标任务和组织机构设置的要求。

②确定人员的来源，即确定是从外部招聘还是从内部重新调配人员。

③对应聘人员根据岗位标准要求进行考查，确定备选人员。

④确定人选，必要时进行上岗前培训，以确保能适用于组织需要。

⑤将所定人选配置到合适的岗位上。

⑥对员工的业绩进行考评，并据此决定员工的续聘、调动、升迁、降职或辞退。

(3)人员配备的原则

①经济效益原则。组织人员配备计划的拟定要以组织需要为依据，以保证经济效益的提高为前提；它既不是盲目地扩大职工队伍，更不是单纯为了解决职工就业，而是为了保证组织效益的提高。

②任人唯贤原则。在人事选聘方面，大公无私，实事求是地发现人才，爱护人才，本着求贤若渴的精神，重视和使用确有真才实学的人。这是组织不断发展壮大，走向成功的关键。

③因事择人原则。因事择人就是员工的选聘应以职位的空缺和实际工作的需要为出发点，以职位对人员的实际要求为标准，选拔、录用各类人员。

④量才使用原则。量才使用就是根据每个人的能力大小而安排合适的岗位。人的差

异是客观存在的，一个人只有处在最能发挥其才能的岗位上，才能干得最好。

⑤程序化、规范化原则。员工的选拔必须遵循一定的标准和程序。科学合理地确定组织员工的选拔标准和聘任程序是组织聘任优秀人才的重要保证。只有严格按照规定的程序和标准办事，才能选聘到真正愿为组织的发展做出贡献的人才。

4. 轮机部组织机构

(1)船舶组织机构

远洋货轮一般都在万吨以上，全船人员一般定员 19~24 人。除船长、政委外，高级船员 8 人，普通船员 10 人，厨师 2 人。船员组织结构分为甲板部(包括事务部)、轮机部。每个部门内部都有明确的岗位分工。

甲板部：主要负责船舶航海、船体保养和船舶营运中的货物积载、装卸设备、航行中的货物照管；主管驾驶设备包括导航仪器、信号设备、航海图书资料和通信设备；负责救生、消防、堵漏器材的管理；主管舱、锚、系缆和装卸设备的一般保养；负责货舱系统和舱外淡水，压载水和污水系统的使用和处理。

轮机部：主要负责主机、锅炉、辅机及各类机电设备的管理，使用和维护保养；负责全船电力系统的管理和维护工作。

事务部：主要负责全船人员的伙食、生活服务和财务工作。

(2)轮机部组织机构

轮机部人员分为三个级别：管理级、操作级和支持级。

7.2.4 领导职能

领导职能是指领导者对组织成员施加影响，使他们以高昂的士气、饱满的热情为实现组织目标而努力，具体包括指导、沟通和激励等工作。

指导工作是领导者对下属的指点和引导，使他们明确方向和任务。具体指导方式包括以指令、指示形式指导和身先士卒、以身作则等形式指导。

沟通工作是领导者与同事或下属交流思想、互通信息、协调关系，在相互理解基础上求同存异，增强组织的凝聚力。沟通是消除隔阂、解决矛盾和冲突的有效途径。

激励工作是领导者把实现组织目标与满足个人需要有机结合起来，通过激励元素激发和强化下属工作的动力。

要有效发挥领导的作用，领导者还必须正确认识权力的性质和作用，努力提高自身素质，不断改善领导作风，从实际出发随机选择领导方式，并充分发挥领导集体的作用。

所谓领导，是指管理者运用其权力和管理艺术，指挥、引导、带动、激励和影响组织成员，协调他们的行动，激发他们的积极性和创造性，使他们为实现组织目标而做出努力和贡献的过程。

1. 沟通

(1)沟通的含义和特征

①沟通的含义。

沟通也称为信息交流，是指发信者把信息(也包括发信者的思想、知识、观念、意图、想法等在内)按照可以理解的方式传递给收信者，达到相互了解和协调一致的效果，以确保组织目标的实现。

沟通应具备的基本条件：一是沟通必须在两个或两个人以上之间进行；二是沟通必须

有一定的沟通客体,即沟通情况等;三是沟通必须有传递信息情报的一定手段,如语言、文字等。

②沟通的特征。

a. 主要通过语言和非语言渠道进行。

b. 人际沟通不仅仅传递情报、交换消息,还包括思想、情感、观念、态度等的交流。

c. 人际沟通涉及双方的动机、目的等特殊需要。这使人际交流变得更加复杂,需要相应的沟通艺术和技巧。

d. 人际沟通过程中,会出现特殊的沟通障碍——心理障碍。

(2)沟通的分类与作用

①沟通的分类。

a. 正式沟通与非正式沟通。

b. 上行沟通、下行沟通和平行沟通。

c. 单向沟通和双向沟通。

d. 口头沟通和书面沟通。

②沟通的作用。

a. 沟通有利于消除误会,确立互信人际关系,营造良好的工作氛围,增强组织凝聚力。

b. 沟通有利于协调组织成员的步伐和行动,确保组织计划和目标的顺利完成。

c. 沟通有利于领导者准确、迅速、完整地了解组织及部属的动态,获取高质量的信息,有助于提高领导工作的效率。

d. 沟通有利于加强组织与外部环境的联系,同外部环境进行物质、信息及能量的交换,保证组织与环境协调一致。

e. 沟通有利于激励下属的斗志,激发整体创新智慧,增强组织的持续发展动力。

(3)有效沟通

①有效沟通的内涵。

达成有效沟通须具备两个必要条件:首先,信息发送者清晰地表达信息的内涵,以便信息接收者能确切理解;其次,信息发送者重视信息接收者的反应并根据其反应及时修正信息的传递,免除不必要的误解。两者缺一不可。有效沟通主要指组织内人员的沟通,尤其是管理者与被管理者之间的沟通。

②有效沟通的原则。

a. 能听话:不随意插断对方的话,听懂别人的想法。

b. 能赞美:沟通对象的话,有道理的地方,应适当予以赞美。

c. 能平心静气:沟通两方如无“平心静心”的心理准备,沟通起来就易于“斗气”。

d. 能变通:解决事情的方案绝对不止一个。

e. 能清楚说明:“某块地有一英亩”,听的人不见得清楚,再加以解说,一英亩大约等于一个足球场,从来没去过足球场的人还不清楚,那就再加以举例说好像我们会议室的几倍大。

f. 能幽默:有一次时任美国总统里根打电话给时任众议院议长欧尼尔,他说:“依神的旨意,你我为敌,只能到下午六点,现在是下午四点,我们就把它假装现在是六点,好不好?”一句话,就此解决了彼此沟通的障碍,多高明呀!

③沟通障碍。

所谓沟通障碍,是指信息在传递和交换过程中,受噪音的干扰而失真或中断。沟通障碍包括传送障碍、接受障碍、信道障碍。

克服沟通障碍的艺术有:建立正式、公开的沟通渠道;克服不良的沟通习惯;领导者要善于聆听。

(4)提高全员的沟通技巧

组织全员沟通技巧的培训,促进员工的沟通能力:

①改变沟通心态,建立平等、尊重、设身处地、欣赏、坦诚的沟通心态。

②清晰和有策略地表达。不同的事情,采取不同的表达方式。口语沟通做到简洁、清晰、对事不对人、注重对方感受;同时多利用身体语言及语音语调等,使对方利于理解,并产生亲和感。书面沟通做到有层次、有条理、学会运用先“图”后“表”再“文字”的表达方式。

③仔细倾听。专注、耐心、深入理解式地倾听发言者所表达的全部信息,做到多听少说。

④积极反馈。对信息发送者所表达的信息给予积极的反馈(书面或口语回复、身体语言反馈、概括重复、表达情感等)。

(5)外部沟通和内部沟通

沟通分外部沟通和内部沟通。

①外部沟通,是通过公共关系手段,利用大众传媒、内部刊物等途径,与客户、政府职能部门、周边社区、金融机构等,建立良好关系,争取社会各界支持,创造好的发展氛围;二是企业导入企业形象识别系统,把理念系统、行为系统、视觉系统进行有效整合,进行科学合理的传播,树立良好企业形象,提高企业的知名度、美誉度、资信度,为企业腾飞和持续发展提供好的环境。

②内部沟通,内部沟通是指为了实现组织的目标,组织内部领导班子成员之间、领导与下属之间、组织各部门之间以及职工之间的关系的协调与信息交流。内部沟通有两个70%值得注意。作为一个领导,每天大概有70%的时间是用来沟通的;在工作中所遇到的问题、障碍,70%是由沟通不畅造成的。一般来说,在内部沟通中容易存在三大障碍和问题:向上沟通无胆,向下沟通无心,平行沟通无肺。

2. 领导协调

(1)领导协调的含义与作用

①领导协调的含义。所谓领导协调,就是对可能影响组织和谐的各种矛盾、冲突进行调整、控制,使组织保持一种平衡状态以实现组织的预定目标。

②领导协调的对象:协调群体中的个人;协调组织中的群体;协调不同的组织。

③领导协调的种类。纵向协调,是指组织内部上下阶层的协调工作,通常经过指挥渠道来完成;横向协调,是指组织内同级阶层之间的协调。

④领导协调的作用:协调是积极的平衡;协调是组合组织力量,实现组织目标的根本手段。

(2)领导协调冲突的艺术

①冲突的含义。

冲突是指两个或两个以上的行为主体,由于在目标、认知与情感方面产生差异,在特定问题上采取相互排斥、对抗、否定等行为或情绪而形成的一种状态。

②冲突的两重性。

冲突作为一种矛盾的存在形式，存在着正面与反面、建设与破坏、有益与有害两种功能。在特定的情况下，冲突往往是促进组织向前发展的重要诱因。最早提出冲突不是坏事是L. A. 科塞，他在《社会冲突的功能》一书中认为，有益冲突表现在：

a. 群体内的分歧与对抗，能造成一个各社会部门相互支持的社会体系。

b. 让冲突暴露出来，恰如提供一个出气孔，使对抗的成员采取适当方式发泄不满，否则压抑怒气反而酿成极端反应。

c. 冲突增加内聚力，在外部压力下反而更加团结，一致对外。

d. 两大集团的冲突可以显现出它们的实力，并最后达到权力平衡，结束无休止的斗争。

e. 冲突可以促进联合，以求共存，或为了战胜更强大的敌人而结成同盟。

有害冲突是组织中具有破坏性的或阻碍组织目标实现的冲突。这种冲突会使人力、物力和精力分散，凝聚力下降，造成人际关系紧张与敌意，减低工作关心与效率等。

(3)冲突与发泄——“安全阀”理论

德国社会学家齐尔美针对传统冲突对策的不彻底性、消极看待和处理冲突的方法而提出的“宣泄”理论和由此而来的社会冲突论中的“安全阀”理论是很有借鉴意义的。因此，领导者应从多维视角来看待冲突，既要看到它破坏性，也要看到它的建设性，不能简单地把冲突等同于破坏。面对冲突与矛盾要因势利导，化害为利，而不能一味地采取压制与打击的办法。

(4)处理冲突的艺术

领导者可以采取的解决冲突的方法归纳为五种：回避、建立联络小组、树立更高目标、采取强制办法、解决问题。

3. 激励

(1)激励的含义

激励是指激发人的行动动机的心理过程，是一个不断朝着期望的目标前进的循环过程。简言之，就是在工作中调动人的积极性的过程。

①激励是一个过程。人的很多行为都是在某种动机的推动下完成的。对人的行为的激励，实质上就是通过采用能满足人需要的诱因条件，引起行为动机，从而推动人采取相应的行为，以实际目标，然后再根据人们新的需要设置诱因，如此循环往复。

②激励过程受内外因素的制约。各种管理措施，应与被激励者的需要、理想、价值观和责任感等内在的因素思想吻合，才能产生较强的合力，从而激发和强化工作动机，否则不会产生激励作用。

③激励具有时效性。每一种激励手段的作用都有一定的时间限度，超过时限就会失效。因此，激励不能一劳永逸，需要持续进行。

(2)需要激励理论

作为人类行为的原动力，需要是行为科学中激励理论的重点研究对象之一。

①马斯洛的需要层次论。

马斯洛认为，人类的需要可分为五类：生理的需要，安全的需要，社交的需要，自尊的需要，以及自我实现的需要。

a. 生理的需要，是指人类生存最基本的需要，如食物、水、住房、医药等。这是动力最强大的需要，如果这些需要得不到满足，人类就无法生存，也就谈不上其他的需要。

b. 安全的需要，是指保护自己免受身体和情感伤害的需要。这种安全需要体现在社会生活中是多方面的，如生命安全、劳动安全、职业有保障、心理安全等。

c. 社交的需要，包括友谊、爱情、归属、信任与接纳的需要。人们一般都愿意与他人进行社会交往，想和同事们保持良好的社会关系，希望给予和得到友爱，希望成为某个团体的成员，等等。这一层次的需要得不到满足，可能会影响人的精神上的健康。

d. 尊重的需要，包括自尊和受到别人尊重两方面。自尊是指自己的自尊心，工作努力不甘落后，有充分的自信心，获得成就感后的自豪感。受人尊重是指自己的工作成绩、社会地位能得到他人的认可。这一层次的需要一旦得以满足，必然信心倍增，否则就会产生自卑感。

e. 自我实现的需要，这是最高一级的需要，是指个人成长与发展，发挥自身潜能、实现理想的需要。即人希望自己能够充分发挥自己的潜能，做他最适宜的工作。马斯洛认为，如果一个人想得到最大的快乐的话，那么，一个音乐家必须创作乐曲，一个画家必须绘画，一个诗人必须写诗。一个人能做哪样的人，他就必须成为那样的人。

②赫茨伯格的双因素理论。

“双因素理论”是“保健、激励因素理论”的简称，是美国匹茨堡心理学研究所的赫茨伯格于 20 世纪 50 年代后期提出的。赫茨伯格认为，使员工感到满意的因素与使员工感到不满意的因素是大不相同的。使员工感到不满意的因素往往是由外界环境引起的，使员工感到满意的因素通常是由工作本身产生的。

a. 保健因素。赫茨伯格发现造成员工非常不满意的原因有：公司政策、行为管理和监督方式、工作条件、人际关系、地位、安全和生产条件等。这些因素改善了，只能消除员工的不满、怠工与对抗，但不能使员工变得非常满意，也不能激发他们的积极性，提高效率。赫茨伯格把这一类因素称为保健因素，就像某些保健物品只能预防疾病，但不能提高身体状况一样。

b. 激励因素。赫茨伯格还发现使员工感受到满意的原因有：工作富有成就感、工作成绩能得到认可、工作本身具有挑战性、负有较大的责任、在职业上能得到发展等。这类因素的改善，能够激励员工的工作热情，从而提高生产率。如果处理不好，也能引起员工的不满，但影响不是很大，赫茨伯格把这类因素称为激励因素。这两类因素见表 7-2。

表 7-2　保健因素与激励因素

保健因素	激励因素
金钱	工作本身
监督	赏识
地位	进步
安全	成长的可能性
工作环境	责任
政策与行动	成就
人际关系	……

(3)激励的原则

激励是一门科学,正确的激励应遵循以下原则。

①组织目标与个人目标相结合的原则。

在激励机制中,设置目标是一个关键环节。目标设置必须体现组织目标的要求,否则激励将偏离实现组织目标的方向。目标设置还必须能满足员工个人的需要,否则无法提高员工的目标效价,达不到满意的激励强度。

②物质激励与精神激励相结合的原则。

鉴于物质需要是人类最基础的需要,但层次也最低,物质激励的作用是表面的,激励深度有限。因此,随着生产力水平和人员素质的提高,应该把重心转移到以满足较高层次需要即社交、自尊、自我实现需要的精神激励上去。换句话说,物质激励是基础,精神激励是根本,在两者结合的基础上,逐步过渡到以精神激励为主。

③外在激励与内在激励相结合的原则。

凡是满足员工生存、安全和社交需要的因素都属于保健因素,其作用只是消除不满,但不会产生满意。这类因素叫外在激励。满足员工自尊和自我实现需要,最具有激发力量,可以产生满意,从而使员工更积极地工作,这些因素属于内在的激励因素。内在的激励因素所产生的工作动力远比外在的保健因素要深刻和持久。因此,在激励中,领导者应善于将外在激励与内在激励相结合,以内在激励为主,力求收到事半功倍的效果。

④正激励与负激励相结合的原则。

根据强化理论,可把强化分为正强化和负强化,也称为正激励与负激励。显然,正激励与负激励都是必要而有效的,不仅作用于当事人,而且会间接地影响周围其他人。通过树立正面的榜样和反面的典型,扶正祛邪,形成一种好的风气,产生无形的压力,使整个群体和组织的行为更积极、更富有生气。因此,领导者在激励时应该把正激励与负激励巧妙地结合起来,而坚持以正激励为主,负激励为辅。

⑤按员工需要激励的原则。

领导者在进行激励时,必须深入地进行调查研究,不断了解员工需要层次和需要结构的变化趋势,有针对性地采取激励措施,才能收到实效。

⑥坚持民主公正的原则。

公正是激励的一个基本原则。公正就是赏罚严明,并且赏罚适度。赏罚严明就是铁面无私,不论亲疏,不分远近,一视同仁。赏罚适度就是从实际出发,赏与功相匹配,罚与罪相对应,既不能小功重奖,也不能大过轻罚。

(4)激励的方法

激励的方法多种多样,国内外的先进企业在这方面积累了丰富的经验,大体上有如下行之有效的方法:

①目标激励。

企业目标是一面号召和指引千军万马的旗帜,是企业凝聚力的核心。在进行目标激励时,还应注意把组织目标与个人目标结合起来,宣传企业目标与个人目标的一致性,企业目标中包含着员工的个人目标,员工只有在完成企业目标的过程中才能实现其个人目标。使大家具体地了解:企业的事业会有多大发展,企业的效益会有多大提高,相应地,员工的工资奖金、福利待遇会有多大改善,个人活动的舞台会有多少扩大,使大家真正感受到“厂兴我富,厂兴我荣”的道理,从而激发出强烈的归属意识和巨大的劳动热情。

②奖罚激励。

奖励及表扬的方法是很多的,以下几类都可适当加以选择并应用:

a. 薪酬与奖励。用加薪、奖金、奖品、礼品等以示奖励。

b. 增加责任。鼓励员工参与管理,减少外加的监督与控制,实现员工建议制等。

c. 对个人和群体实行适当灵活的优惠。如实行弹性工作时间、延长休息或午餐的时间、获准提早下班、带薪或无薪的假期、特殊待遇(如为员工装电话、组织旅游等)、单位资助出席专业会议或送海外培训等。

d. 职务与地位的升迁。诸如获得新的职务、给予委派授权、工作轮换培训、职务多元化、升迁新的职衔、提供更佳的工作场所、被邀请参加"高层"会议或负责督导更多的下属。

e. 衷心的嘉许与表扬。具体赞扬所取得的成绩,做出坦率、真诚的评价,鼓励继往开来。

f. 社交活动。提供免费工作午餐,增加个人和群体的交往接触,组织运动会、户外活动及聚会,通过社交和与工作有关的场合使员工与上司有更多的相处时间。

③评比、竞赛、竞争激励。

竞争是市场经济的重要特点之一,组织中经常开展必要的评比、竞赛、竞争,能使员工的情绪保持紧张,提高士气,克服惰性。同时,通过评比竞赛,能使劳动者的业绩得到公正合理的评价,促使他们为企业做出更大的贡献。

④榜样激励。

榜样激励的方法是在组织中树立先进模范人物和标兵的形象,号召和引导员工向先进模范人物学习,引导员工的行为到组织目标所期望的方向。榜样激励的一个很重要的方面是领导者本人的身先士卒,率先垂范。人们常说身教重于言教,正如一些企业负责人所说:"喊破嗓子,不如做出样子。"领导的一个模范行动,胜过十次一般号召。领导的模范行动,像无声的命令,对其下属有巨大的影响力,可以激发出员工的工作积极性和工作热情。

⑤参与激励。

员工是企业的主人,企业应该把员工摆在主人的位置上,尊重他们,信任他们,让他们在不同层次和不同深度上参与决策,吸收他们中的正确意见,全心全意地依靠他们办好企业。通过参与,形成员工对企业的归属感、认同感,进一步满足自尊和自我实现的需要。

⑥感情激励。

人与动物的基本区别是人有思想、有感情。感情投资在现代管理中是一个非常重要的因素,对人的工作积极性有重大影响。它能密切上下级关系,增强员工的动力,振奋员工的精神。感情激励就是加强与员工的感情沟通,尊重员工、关心员工,与员工之间建立平等和亲切的感情,千方百计创造条件满足他们的合理需要,并且积极为员工排忧解难,办实事,让员工体会到领导的关心、企业的温暖,从而激发出他们的主人翁责任感和爱厂如家的精神。感情激励的技巧在于"真诚"二字。

⑦员工持股激励。

员工持股激励是在市场经济条件下,对员工激励的最根本的方法之一。其出发点是实行产权多元化,鼓励员工在企业持股,利润共享。员工持股增加了他们对企业的认同感,使他们迸发出巨大的工作热情和责任感,促使了企业效益的提高。

⑧危机激励。

危机激励的实质是树立全体员工的忧患意识,做到居安思危,无论是在组织顺利还是困难的情况下,都永不松懈,永不满足,永不放松对竞争对手的警惕。

⑨组织文化激励。

推行组织文化有助于建立员工共同的价值观和组织精神，树立团队意识。美国、日本有许多组织全面推行组织文化，取得了非常成功的经验，不但增加了员工对组织的凝聚力和自豪感，而且提高了组织素质和整体实力。优良的组织文化也是组织必不可少的激励手段。

7.2.5 控制职能

控制职能是指管理者根据既定计划要求，检查组织活动，发现偏差，查明原因，采取措施给予纠正，或者根据新的情况对原计划做必要调整，保证计划与实际运行相适应。控制过程包括依据计划制定控制标准，衡量实际业绩，发现偏差，纠正偏差。

控制工作之所以成为管理的一个基本职能，是因为计划的制定和执行在时空上相对分离，只有依靠控制，才能防止或纠正执行中的偏差，把计划落到实处。同时，内外情况的变化，需要管理者及时对原计划做必要的调整，避免计划僵化。随着人类有组织活动的规模不断扩大，加强和改善控制显得格外必要。

【巩固与提高】

扫描二维码，进入过关测试。

任务 7.2 闯关

任务 7.3 团队与舰船管理组织

【任务引入】

最新狼性团队励志视频

【思想火花】

潜艇突遇“水下断崖”急速“掉深” 官兵 180 秒自救

【知识结构】

团队与舰船管理组织结构图

【知识点】

团队与舰船管理组织

7.3.1 团队

1. 团队的含义及作用

(1)团队的含义

所谓团队,指的是具有不同知识、技术、技能、技巧,拥有不同信息,相互依赖紧密的一流人才所组成的一种群体。团队有几个重要的构成要素,总结为 5P:

①目标(purpose)。

团队应该有一个既定的目标,为团队成员导航,知道要向何处去,没有目标这个团队就没有存在的价值。

②人(people)。

人是构成团队最核心的力量。3 个(包含 3 个)以上的人就可以构成团队。目标是通过人员具体实现的,所以人员的选择是团队中非常重要的一个部分。在一个团队中可能需要有人出主意,有人定计划,有人实施,有人协调不同的人一起去工作,还有人去监督团队工作的进展,评价团队最终的贡献。不同的人通过分工来共同完成团队的目标,在人员选择方面要考虑人员的能力如何,技能是否互补,人员的经验如何。

③团队的定位(place)。

团队的定位包含两层意思:

a. 团队的定位,团队在组织中处于什么位置,由谁选择和决定团队的成员,团队最终应对谁负责,团队采取什么方式激励下属?

b. 个体的定位,作为成员在团队中扮演什么角色?是定计划还是具体实施或评估?

④权限(power)。

团队当中领导人的权利大小跟团队的发展阶段相关,一般来说,团队越成熟领导者所拥有的权利相应越小,在团队发展的初期阶段领导权相对比较集中。

⑤计划(plan)。

计划的两层面含义:

a. 目标最终实现,需要一系列具体的行动方案,可以把计划理解成目标的具体工作程序。

b. 提前按计划进行可以保证团队的顺利进度。只有在计划的操作下团队才会一步一步地贴近目标,从而最终实现目标。

(2)团队的作用

组织在组建团队之前,必须明确组建团队的目的,团队只是手段而不是目标。团队的功能主要表现在两个方面:一是更好地完成组织任务,二是更好地满足个体人员的心理需求。在完成组织任务方面,团队与传统的部门结构或其他形式的稳定性团体相比所具有的优点:

①不同的职能并行进行,而不是顺序进行,从而大大节省了完成组织任务的时间。

②当完成某项任务需要综合技能、判断力和经验才能时,团队明显增加个人产出。

③在应对不断变化的环境时,团队要比传统的部门或其他形式的固定工作部门更具弹性,反应速度也更快。

④它可以由团队成员自我调节、相互约束,促进员工参与决策过程,增强组织的民主气氛,并且削减组织中的某些中层管理职能。

⑤团队不仅仅可以使组织提高效率,改进工作绩效,还可以提高工作的满意度,因为团队加强了员工的参与度,提高了员工的技能,也促进了员工工作的多元化。

团队主要通过以下途径满足成员的心理需求:

①获得安全感。个体在团队中可免于孤独、寂寞、恐惧感等。

②满足自尊的需要。个体在团队中的地位,如受人欢迎、受人尊重、受人保护、承认他的存在价值等,都能满足个体自尊的需要。

③增强自信心。在团队中通过成员交换意见得出一致的看法,可使个体将某些不明确、没有把握的看法弄明白,从而增强自信心。

④增强力量感。团队成员相互支持、相互帮助、相互依存,能使个人具有力量感。

⑤团队还可以成为进行有效信息沟通的窗口。在团队里,人们可以利用各种正式和非正式渠道,互通信息、交换情报,沟通与各方面的联系。

⑥团队还能协调人际关系,促进成员之间的相互激励。团队可以有针对性地做好成员的思想工作,化解隔阂和矛盾,促进成员间思想和感情的交流,激发成员你追我赶,奋发向上,团结互助完成组织目标。

⑦团队还有制约个体行为的功能。有关心理学家的研究指出,改变个体的不良行为,如果单纯从个体出发,往往效果不佳。要改变一个人的行为,可以借助于团队的影响和压力,从外在舆论、环境上改造人的行为。

2. 高效团队的特征

高效团队具有以下的一些特征。

(1)清晰的目标

高效的团队对所要达到的目标有清晰了解,并坚信目标包含着重大的意义和价值。而且,这种目标的重要性还激励着团队成员把个人目标升华到群体目标中去。在有效的团队中,成员愿意为实现团队目标做出承诺,清楚地知道希望他们做什么工作,以及他们怎样共同工作来最终完成任务。

(2)充分的人际技能

高绩效团队的成员之间的角色是经常发生变化的,这要求团队成员具有充分的人际技能,即勇于面对并协调成员之间的差异。由于团队中的问题和关系时常变换,成员必须能面对和应付这种情况。成员之间有高度的相互作用和影响,因而易于调整彼此的关系。

(3)相互的信任

成员间相互信任是有效团队的显著特征。每个成员对其他人的品行和能力都确信不疑。组织文化和管理层的行为对形成相互信任的群体内氛围很有影响。如果组织崇尚开放、诚实、协作的办事原则,同时鼓励员工的参与和自主性,它就比较容易形成信任的环境。

(4)一致的承诺

高效的团队成员对团队表现出高度的忠诚和承诺,为了能使团队获得成功,他们愿意去做任何事情。我们把这种忠诚和奉献称为一致的承诺。成员对团队具有认同感,他们很看重自己属于该团队的身份。成员对团队目标具有奉献精神,愿意为实现团队目标而发挥自己最大潜能。

(5)良好的沟通

这是高效团队一个必不可少的特征。团队成员之间以他们可以清晰理解的方式传递信息,包括各种言语和非言语信息。此外,良好的沟通还表现在管理者与团队成员之间健康的信息反馈上,这种反馈有助于管理者对团队成员的指导,以及消除彼此之间的误解。

(6)成员的工作自主性和精神状态

在高绩效团队中,成员被分配了合适的角色,并对其工作具有一定的自主权。成员有较强的工作动机和良好的精神状态,充满自信和自尊。目前的一些非传统型企业实行灵活的工作时间制度,正是为了充分调动员工的工作自主性和精神状态。

(7)有效的领导

高绩效团队的领导者能为团队建立愿景,指明前途,鼓舞成员的信心,帮助他们更充分地挖掘自己的潜力。领导者往往担任的是教练或后盾的角色,他们对团队提供指导和支持,而不是试图去控制下属。这不仅适用于自我管理团队,当授权给小组成员时,它也适用于任务小组、交叉职能型团队。对于那些习惯于传统方式的管理者来说,这种从上司到后盾的角色变换,即从发号施令到为团队服务,实在是一种困难的转变。

(8)内部支持和外部支持

高绩效团队必须有一个支持环境。从内部条件来看,团队应拥有一个合理的基础结构,这包括:适当的培训,一套清晰而合理的测量系统用以评估总体绩效水平,一个报酬分配方案以认可和奖励团队的活动,一个具有支持作用的人力资源系统。恰当的基础结构应能支持团队成员,并强化那些取得高绩效水平的行为。从外部条件来看,管理层应该给团队提供完成工作所必需的各种资源。

3. 团队成员的角色及作用

“天生我材必有用”,讲的是人们在人类社会活动过程中,任何人都会有自己的价值和贡献。从团队成员性格和行为的角度可以将团队成员分成如下 8 种类型。

(1)实干者

角色描述:实干者非常现实,传统甚至有点保守,他们崇尚努力,计划性强;喜欢用系统的方法解决问题;实干者有很好的自控力和纪律性。对团队忠诚度高,为团队整体利益着想而较少考虑个人利益。

典型特征:有责任感、高效率、守纪律,但比较保守。

作用:由于其可靠、高效率及处理具体工作的能力强,因此在团队中作用很大;实干者不会根据个人兴趣而是根据团队需要来完成工作。

优点:有组织能力、务实,能把想法转化为实际行动;工作努力、自律。

缺点:缺乏灵活性、可能会阻碍变革。

(2)协调者

角色描述:协调者能够引导一群不同技能和个性的人向着共同的目标努力。他们代表成熟、自信和信任,办事客观,不带个人偏见;除权威之外,更有一种个性的感召力。在团队中能很快发现各成员的优势,并在实现目标的过程中能妥善运用。

典型特征:冷静、自信、有控制力。

作用:擅长领导一个具有各种技能和个性特征的群体,善于协调各种错综复杂的关系,喜欢平心静气地解决问题。

优点:目标性强,待人公平。

缺点:个人业务能力可能不会太强,比较容易将团队的努力归为已有。

(3)推进者

角色描述:说干就干,办事效率高,自发性强,目的明确,有高度的工作热情和成就感;遇到困难时,总能找到解决办法;推进者大都性格外向且干劲十足,喜欢挑战别人,好争端,而且一心想取胜,缺乏人际间的相互理解,是一个具有竞争意识的角色。

典型特征:挑战性、好交际、富有激情。

作用:是行动的发起者,敢于面对困难,并义无反顾地加速前进;敢于独自做决定而不介意别人的反对。推进者是确保团队快速行动的最有效成员。

优点:随时愿意挑战传统,厌恶低效率,反对自满和欺骗行为。

缺点:有挑衅嫌疑,做事缺乏耐心。

(4)创新者

角色描述:创新者拥有高度创造力,思路开阔,观念新,富有想象力,是“点子型人才”。他们爱出主意,其想法往往比较偏激和缺乏实际感。创新者不受条条框框约束,不拘小节,难守规则。

典型特征:有创造力,个人主义,非正统。

作用:提出新想法和开拓新思路,通常在项目刚刚启动或陷入困境时,创新者显得非常重要。

优点:有天分,富有想象力,智慧,博学。

缺点:好高骛远,不太关注工作细节和计划,与别人合作本可以得到更好的结果时,却喜欢过分强调自己的观点。

(5)信息者

角色描述:信息者经常表现出高度热情,是一个反应敏捷、性格外向的人。他们的强项是与人交往,在交往的过程中获取信息。信息者对外界环境十分敏感,一般最早感受到变化。

典型特征:外向、热情、好奇、善于交际。

作用:有与人交往和发现新事物的能力,善于迎接挑战。

优点:有广泛的人际关系、喜欢挑战。

缺点:当初的兴奋感消逝后,容易对工作失去兴趣。

(6)监督者

角色描述:监督者严肃、谨慎、理智、冷血质,不会过分热情,也不易情绪化。他们与群体保持一定的距离，在团队中不太受欢迎。监督者有很强的批判能力，善于综合思考谨慎决策。

典型特征：冷静、不易激动、谨慎、精确判断。

作用：监督者善于分析和评价，善于权衡利弊来选择方案。

优点：冷静、判别能力强。

缺点：缺乏超越他人的能力。

(7)凝聚者

角色描述：是团队中最积极的成员，他们善于与人打交道，善解人意，关心他人，处事灵活，很容易把自己同化到团队中。凝聚者对任何人都没有威胁，是团队中比较受欢迎的人。

典型特征：合作性强，性情温和，敏感。

作用：凝聚者善于调和各种人际关系，在冲突环境中其社交和理解能力会成为资本；凝聚者信奉“和为贵”，有他们在的时候，人们能协作得更好，团队士气更高。

优点：随机应变，善于化解各种矛盾，促进团队合作。

缺点：在危机时刻可能优柔寡断，不太愿意承担压力。

(8)完美者

角色描述：具有持之以恒的毅力，做事注重细节，力求完美；他们不大可能去做那些没有把握的事情；喜欢事必躬亲，不愿授权；他们无法忍受那些做事随随便便的人。

典型特征：埋头苦干，守秩序，尽职尽责，易焦虑。

作用：对于那些重要且要求高度准确性的任务，完美者起着不可估量的作用；在管理方面崇尚高标准、严要求，注意准确性，关注细节，坚持不懈。

优点：坚持不懈，精益求精。

缺点：容易为小事而焦虑，不愿放手，甚至吹毛求疵。

实干者善于行动，团队中如果缺少实干者，则会太乱；协调者善于寻找到合适的人，团队中如果缺少协调者，则领导力不强；推进者善于让想法立即变成行动，团队中如果缺少推进者，则工作效率将会不高；创新者善于出主意，团队中如果缺少创新者，则思维会受到局限；信息者善于发掘最新“情报”，团队中如果缺少信息者则会比较封闭；监督者善于发现问题，团队中如果缺少监督者，则工作绩效不稳定甚至可能大起大落；凝聚者善于化解矛盾，团队中如果缺少凝聚者，则人际关系将会变得紧张；完美者强调细节，团队中如果缺少完美者，则工作会比较粗糙。

4. 轮机部团队工作

团队工作又称小组工作，是指与以往每个人只负责一项完整工作的一部分不同，由数人组成一个小组，共同负责完成这项工作。在小组内，每个成员的工作任务、工作方法以及产出速度等都可以自行决定。在有些情况下，小组成员的收入与小组的产出还挂钩，这样一种方式就称为团队工作方式。

在远洋船上工作生活，当身体不适的时候，特别渴望同事给予关心和安慰，让船员感觉到个人受到了重视，感觉到这个集体的温暖，一旦有了困难会得到帮助，从而有安全感；如若这个集体发生了问题，需要他的时候，他也会毫不犹豫地挺身而出。这就是团队精神。

所谓团队精神，简单来说就是大局意识、协作精神和服务精神的集中体现。团队精神的核心是协同合作，反映的是个体利益和整体利益的统一。良好的团队精神可以充分发挥集体的潜能。当然，团队精神并不是以牺牲自我为前提的，相反，团队精神尊重个人兴趣和成就，培养和肯定每个成员的特长，从而充分发挥每个成员的作用。

(1)团队精神包含的内容

①团队的凝聚力。

团队的凝聚力是针对团队和成员之间的关系而言的。团队精神表现为团队强烈的归属感和一体性，每个团队成员都能强烈感受到自己是团队当中的一分子，把个人工作和团队目标联系在一起，对团队表现出一种忠诚，对团队的业绩表现出一种荣誉感，对团队的成功表现出一种骄傲，对团队的困境表现出一种忧虑。当个人目标和团队目标一致的时候，凝聚力才能更深刻地体现出来。

②团队合作的意识。

团队合作意识指的是团队和团队成员表现为协作和共为一体的特点。团队成员间相互依存、同舟共济，互敬互重、礼貌谦逊；他们彼此宽容、尊重个性的差异；彼此间是一种信任的关系、待人真诚、遵守承诺；相互帮助、互相关怀，大家彼此共同提高；利益和成就共享、责任共担。良好的合作氛围是高绩效团队的基础，没有合作就谈不上最终很好的业绩。

③团队高昂的士气。

团队高昂的士气从团队成员对团队事务态度体现出来，表现为成员对团队事务尽心尽力及全方位投入。

(2)团队精神在船舶上的体现

良好的团队精神在船舶上至少体现在四个方面：

①良好的团队精神可以预防事故的发生，有益于安全工作。事故的发生有多方面因素，人的因素占很大的成分，大家相互协作，取长补短，彼此提醒，事故就一定会大幅度减少。

②良好的团队精神有助于增加船员之间互相沟通、交流，实现船舶的准班、节能增效目标。降本增效不是一句空洞的口号，需要大家共同努力，共同钻研才能够取得显著效果。

③良好的团队精神可以促进船员个人事业的发展。每个人在工作上都可能遇到这样或那样的问题，如果和周围的人经常沟通，就会及时化解一些矛盾，解决相关的问题，对自己的个人业务也会有促进和帮助，一旦有了发展的机遇也能很好把握。

④良好的团队精神可以健全人格，完善和提高个人素质。集体中的每个人各有各的长处和缺点，只有融入这个团队，才会发现对方的美，同时也能在比较中看到自己的不足，逐步培养自己求同存异、与人为善的素质，形成良性循环。在日常生活中，培养良好的与人相处的心态，并在日常生活中运用，这不仅是培养团队精神的需要，而且也是获得人生快乐的重要方面。

(3)团队精神的培育

第一是要营造一个相互信任的氛围。彼此信任是最坚实的基础，它会增加我们对船舶的认可，让大家在心理上有充分的安全感，从而才能真正把“以船为家”的观念落实下来。

第二是要建立合理有效的沟通机制。多一些沟通、交流，始终抱着合作的心态，多理解别人的苦衷，多设身处地为别人想一想，要懂得以恰当的方式同他人合作，用恰当的方式让别人接受，学会被别人领导和领导别人，这样工作起来就会得心应手、事半功倍了。

第三是强化业务知识、敬业精神的学习和提高。态度并不能解决所有的问题，远洋船员不仅要有高度的责任感，良好的敬业精神，同时还应该有丰富的技能，多几手，成为某方面的专长，能够帮助别人解决问题。帮助别人的同时也是在帮助自己，使别人快乐的同时也使自己快乐。

第四是船舶管理人员的带头作用。“火车跑得快，全靠车头带”。管理干部的行为有着极强的示范意义。他们应该注意自己的言行举止，有宽广的胸怀和长者的风范，懂得关心和体恤下属，有包容之心，能够营造大家庭的环境。

7.3.2 舰船管理组织

舰艇组织，是舰艇进行日常工作和军事活动的组织结构，分为日常组织和战斗组织。舰艇部署，是对船艇人员在船艇上战斗岗位的安排和职责的规定，分为日常性部署和战斗性部署。

1. 舰艇分队组织

海警部队组织形式是在部队首长直接领导下，各级部门统筹谋划，分工协调围，绕部队中心任务来组织，由于各船艇部队隶属关系和执勤任务的不同，在编制体制上存在着差异，所以，组织结构也不尽相同。但基本形式都是属于“直线职能参谋制”结构。这种组织形式，在坚持直线指挥的前提下，充分发挥各职能部门的作用，对于各职能部门工作范围的事宜，直线领导授予它们一定程度的决策权、控制权和协调权。从行政上讲，司、政、后是同级部门，在工作上是协同关系，是船艇部队首长的参谋职能部门和业务助手。这种管理组织结构是直线制组织形式中最完善、最有效的结构。

海军共分为五大兵种：水面舰艇部队、潜艇部队、航空兵、岸防兵和陆战队。水面舰艇部队编有战斗舰艇部队和勤务舰船部队。海军下辖三个舰队，分别是北海舰队、东海舰队和南海舰队。每支舰队下辖水警区、舰艇支队、舰艇大队等。

北海舰队下辖青岛（辖威海、胶南水警区）、旅顺基地（辖大连、营口水警区）、葫芦岛基地（辖秦皇岛、天津水警区）；东海舰队负责防卫中国东海水域的安全，司令部设在浙江宁波，下辖上海基地（辖连云港、吴淞水警区）、舟山基地（辖定海、温州水警区）、福建基地（辖宁德、厦门水警区）；南海舰队负责防卫南中国海水域，特别是南海诸岛的安全，司令部设在广东湛江，下辖湛江基地（辖湛江、北海水警区）、广州基地（辖黄埔、汕头水警区）、榆林基地（辖海口、西沙水警区）。

2. 舰艇组织

中国海军现役舰艇有一级、二级、三级、四级、五级五个不同的等级。一级舰艇：航空母舰、巡洋舰，055 型万吨驱逐舰，暂列一级舰艇。二级舰艇：驱逐舰、护卫舰、核动力潜艇、常规动力潜艇、大型登陆舰、万吨级远洋补给船等的舰艇。三级舰艇：猎潜艇、扫雷舰、中型登陆舰、导弹护卫艇、千吨级辅助舰船等的舰艇。四级舰艇：导弹艇、护卫艇、登陆艇、百吨级的辅助船艇等的船艇。五级舰艇：交通艇、小型辅助船艇等的船艇。

海警舰艇（单船艇）隶属于部队建制，目前船艇级别营级船艇、连级船艇、班级船艇。他们战斗级别、人员编制有所差异，但其组织形式均采用“直线职能参谋制”结构。舰艇在平时主要以“执勤，处突”为中心。

3. 舰艇日常组织

舰艇日常组织，是指船艇按照隶属关系设立的日常行政组织。下面以海警为例来说明。

为适应平战时船艇军事活动的需要，根据船艇所担负的使命和船艇技术装备的情况，通常设置航海、枪帆、观通、机电四个专业部门，营级船艇增设一个船务部门。

(1)各级船艇日常组织。海警营级船艇设立船艇、部门、班三级组织;连级船艇设立船艇、部门(专业)、班三级组织,有的专业部门可不编配部门长,只编配警士长或班长代理;排级船艇设立船艇、班(驾驶班和机电班)两级组织;班级船艇只设立班级组织,其主管人员仍称为船长或艇长。

(2)船艇人员的称谓。船艇官兵的职务名称按其工作性质的不同,军官主要包括舰(艇)长、教(指)导员、副船(艇)长、航海长、枪帆长、观通长、机电长、军医和司务长。水兵分别为航海(驾驶)、电航、枪帆、信号、报务、雷达、机电(轮机)和炊事兵等。

4. 舰艇战斗组织

舰艇战斗组织是指按照不同类型舰艇所担负的战斗使命及其内部关系,自上而下建立的指挥与战斗的组织。由指挥所、战位和战斗号码组成。

(1)指挥所设置

舰艇上的指挥所分为舰艇指挥所、预备指挥所和部门指挥所。舰艇指挥所,是舰艇长对全船实施统一指挥的组织;预备指挥所,是副舰艇长在舰艇指挥所失去指挥职能时,代理舰艇长对全船实施统一指挥的预备组织;部门指挥所,是舰艇部门长对本部门实施指挥的组织。

(2)舰艇战位设置

舰艇战位是舰艇水兵履行战斗职责的岗位。凡是关系到舰艇生命力和战斗力的重要设备处均应设立战位,两人以上的战位应指定临时负责人。舰艇战位的编排,以舰艇为单位,按照专业部门(班)的顺序,分别从上到下,从前到后,右单左双的原则统一编号。舰艇战位的标志为红色圆圈,按照规定编号、字体、名称和尺寸涂刷在水兵战斗岗位的明显处。

(3)战斗号码的编排

战斗号码是舰艇官兵在战斗中的编号。由军官编号和水兵战斗号码组成。军官编号以舰艇为单位实行统一编号,用自然数表示。水兵战斗号码,以舰艇一级战斗准备部署为基础,并与航行值班更次相适应,按照舰艇战位的顺序编排。战斗号码由两组数字组成,第一组数字表示战位;第二组数字中的第一个数字表示值班更次,第二个数字表示在本战位中的名次。如:3-12 表示第 3 战位,第 1 更次,第 2 名。

军官的编号和水兵的战斗号码均以红色或显著的颜色,涂刷于个人使用的公用物品上,并填入船艇部署表和水兵手册。在实施战斗行动中,舰艇官兵要认真履行战斗职能,保证与相关指挥所、战位的联系,获得或供给各种物资消耗料件,实施灭火、堵漏和修复破损,预防核、生、化武器的伤害并实施洗消,急救伤员等。

【巩固与提高】

扫描二维码,进入过关测试。

任务 7.3 闯关

任务 7.4 通信与沟通

【任务引入】

桑吉轮燃爆事故救援揭秘:视频记录——发现黑匣子全过程

【思想火花】

挑战极限“蛟龙”之最:最遥远的对话 隔着天空和海洋

【知识结构】

通信与沟通结构图

【知识点】

7.4.1 船内通信系统

通信,指人与人或人与自然之间通过某种行为或媒介进行的信息交流与传递,从广义上指需要信息的双方或多方在不违背各自意愿的情况下无论采用何种方法,使用何种媒质,将信息从某方准确安全传送到另方。

船内通信系统主要有船用电话、车钟、广播与警报装置三种类型。《钢质海船入级规范》规定各种不同用途的船内通信装置,其声响信号应有不同的音色,以利于辨别。

1. 船用电话

规范要求下列处所以电话为通信工具时,则应为声力电话或蓄电池供电的指挥电话:

①驾驶室—机舱。

②驾驶室—应急操舵站及舵机舱。

③驾驶室—火警信号站及消防设备集中控制站,船首船尾。

④驾驶室—无线电室等。

其中①②须为直通电话。

对于船用电话通信系统的使用与管理，要注意以下几点：

①目前建造的大型船舶中，都有对讲(直通)电话系统、指挥电话系统和自动电话系统。平时维护重点应是前两种，因为它们结构简单、接通迅速、工作可靠，多作为船舶指挥联络之用，与船舶航行安全直接相关。

②必须消除话机侧音，以免使受话方不能正确理解另一方的意图，影响指挥联络效果。

③自动电话拨号时从话机送出是脉冲信号，不是用劲越大，速度越快越容易接通。

④及时排除指挥电话系统的故障。

2. 车钟装置

为了传达驾驶员的车速命令，控制船舶速度，船上设有车钟设备。

(1)车钟的组成及作用

在驾驶室、机舱集控室和主机机侧操纵台旁，各设一个车钟。车钟的两面各有圆形钟面，上面印有各种速度标志，钟面中央有一指针，针上装有可以前后摇动的扳手。如在有两部推进器的船上，右边的车钟代表右舷的推进主机；左边的车钟代表左舷的推进主机。在船舶利用双车掉头时，切莫搞错左或右。小船上的车钟多为链条式，由人工操纵，比较笨重。较大型的船舶一般都安装轻便的电传令钟(电车钟)。车钟是用来传送改变主机转速的发令和回令装置，主要使用在船舶航行特别是机动航行用车时。

(2)车钟的使用和注意事项

①车钟的使用关系到船舶安全，必须注意听清车令，按照指挥人员的命令，正确摇动车钟并复述车令，他人不得任意摇动车钟。在改变车令时，须按规定在车钟记录簿上记录。

②备车时校对驾驶室和机舱车钟，校对方法是：先用电话与机舱联系，摇动驾驶室车钟至各个速度的位置，看机舱回令是否指在所要求的速度位置上。如果没有误差表示正常。车钟校对完毕后置于“备车”位置。转车、冲车、试车完毕后置于“停车”位置，表示车已备妥。

③如果摇动车钟，机舱没有回令，应再摇一次。若发现车钟信号不正确或有疑问时，应来回多次摇动，以引起机舱注意。船舶航行过程中，若与前方船舶有碰撞危险需紧急倒车时，驾驶台可连续两次将车钟拉到倒车位置，机舱应立即执行车令。

④改变车速时，应及时观察转速表所指的数值(转数)。

⑤如要定速航行，驾驶台应向机舱重复一次“前进三”车令。

⑥车钟应结构良好，当船舶在任何摇摆或颠簸的情况下，都能正常工作。平时应经常保持清洁光亮，活动部分须涂上润滑油(脂)。

3. 舱内警报系统

船上应急警报系统有全船性警报系统和局部性警报系统。全船性警报系统通常挂接火灾自动警报系统、烟火探测自动警报系统、手动火警按钮和驾驶台警报器等。局部性警报系统主要有：主机、舵机、供电、锅炉等的故障自动警报系统；用于通知机舱值班人员的值班呼叫警报系统；用于机舱施放二氧化碳前通知机舱人员立即撤离的警报系统。除上述的声光警报系统外，船上还使用汽笛和有限广播报警。必要时，船钟、铜锣、口哨等均可用于报警。

机舱设备发出的报警信号一般为声、光两种信号。值班人员先确认警报，消声，保留灯光信号，再排除故障。弃船信号的发出是船舶在海上出现紧急情况，驾驶台连续向机舱发出完车信号，通知机舱人员迅速撤离。

7.4.2 机舱值班人员相互之间通信与沟通

1. 值班期间

(1)值班轮机员应告示其他值班人员有关机器的潜在危险情况,以及危及人命和船舶安全的情况。

(2)值班轮机员应将保证安全值班的一切适当指示和信息告知值班人员,日常的机器保养工作应纳入值班日常工作制度之内。

(3)在进行一切预防性保养、损害控制或维修工作时,值班轮机员应与负责维修工作的轮机员合作。

(4)在船舶推进系统发生故障引起速度变化或停止运转、舵机瞬间失灵或失效、机舱发生火灾、电站发生故障或类似这种威胁安全的其他情况时,应立即通知驾驶台。通知应在采取行动之前完成,以便驾驶室有最充分的时间采取一切可能的措施来避免可能发生的海难。

(5)在下班前,值班轮机员应将值班中有关主、辅机发生的事情完整记录下来,并提醒接班人员注意。

(6)出现紧急情况而需要时,拉响警报并采取一切可能的措施避免船舶及其货物和船上人员遭受损害。

2. 值班交接

(1)在交接班前,值班轮机员应向接班轮机员告知以下事项:

①当日的常规命令,有关船舶操作、保养工作、船舶机械或控制设备修理的特殊命令。

②所有机构和系统进行修理工作的性质、涉及的人员以及潜在的危险。

③使用中的舱底污水或残渣柜、压载水舱、污油舱、粪便柜、备用柜的液位高度及状态以及对其中贮存物的使用或处理的特殊要求。

④有关卫生系统处理的特殊要求。

⑤移动式或固定式灭火设备以及烟火探测系统的状况和备用情况。

⑥获准从事机器修理的人员,其工作地点和修理项目,以及其他获准上船的人员和需要的船员。

⑦有关船舶排出物,消防要求,特别是在恶劣天气将来临时船舶的准备工作等方面的港口规定。

⑧船上与岸上人员可使用的通信线路,包括万一发生紧急事件或要求援助时与水上安全监督机关的通信线路。

⑨其他有关船舶、船员、货物和安全以及防止环境污染等重要情况。

⑩由于轮机部造成环境污染时,向水上安全监督机关报告的程序。

(2)接班轮机员在承担值班任务前,应对交班轮机员告知的上述事项充分满意,同时还应:

①熟悉现有的和可能有的电热、水源及其分配情况。

②了解船上的燃油、润滑油及一切淡水供给的可用程度和情况。

③尽可能地将船舶及机器准备妥,以便在需要时备车或应付紧急状况。

(3)下列情况时,值班轮机员应立即通知轮机长:

①当机器发生故障或损坏,可能危及船舶的安全运行时。

②发生失常现象,经判断会引起推进机械、辅机、监视系统、调节系统损坏或破坏时。

③发生紧急情况或对于采取什么措施和决定无把握时。

7.4.3 机舱与驾驶台的通信与沟通

1. 开航前

(1)船长应提前24 h将预计开航时间通知轮机长,如停港不足24 h,应在抵港后立即将预计离港时间通知轮机长;轮机长应向船长报告主要机电设备情况、燃油和炉水存量;如开航时间变更,须及时更正。

(2)开航前1 h,值班驾驶员应会同值班轮机员核对船钟、车钟、试舵等,并分别将情况记入航海日志、轮机日志及车钟记录簿内。

(3)主机冲车前,值班轮机员征得值班驾驶员同意。待主机备妥后,机舱通知驾驶台。

2. 航行中

(1)每班下班前,值班轮机员应将主机平均转数和海水温度知告值班驾驶员,值班驾驶员应回告本班平均航速和风向风力,双方分别记入航海日志和轮机日志;每天中午,驾驶台和机舱校对时钟并互换正午报告。

(2)船舶进出港口,通过狭水道、浅滩、危险水域或抛锚等需备车航行时,驾驶台应提前通知机舱准备。如遇雾或暴雨等突发情况,值班轮机员接到通知后应尽快备妥主机。判断将有风暴来临时,船长应及时通知轮机长做好各种准备。

(3)如因等引航员、候潮、等泊等原因须短时间抛锚时,值班驾驶员应将情况及时通知值班轮机员。

(4)因机械故障不能执行航行命令时,轮机长应组织抢修并通知驾驶台速报船长,并将故障发生和排除时间及情况记入航海日志和轮机日志。停车应先征得船长同意,但若情况危急,不立即停车就会威胁主机或人身安全时,轮机长可立即停车并通知驾驶台。

(5)轮机部如调换发电机、并车或暂时停电,应事先通知驾驶台。

(6)在应变情况下,应立即执行驾驶台发出的信号,及时提供所要求水、气、汽、电等。

(7)船长和轮机长共同商定的主机各种车速,值班驾驶员和值班轮机员都应严格执行。

(8)船舶在到港前,应对主机进行停、倒车试验,当无人值守的机舱因情况需要改为有人值守时,驾驶台应及时通知轮机员。

(9)抵港前,轮机长应将本船存油情况告知船长。

3. 停泊中

(1)抵港后,船长应告知轮机长本船的预计动态,以便安排工作,动态如有变化应及时联系;机舱若需检修影响动车的设备,轮机长应事先将工作内容和所需时间报告船长,取得同意后进行。

(2)值班驾驶员应将装卸货情况随时通知值班轮机员,以保证安全供电。在装卸重大件或特种危险品或使用重吊之前,大副应通知轮机长派人检查起货机,必要时还应派人值守。

(3)如因装卸作业造成船舶过度倾斜,影响机舱正常工作时,轮机长应通知大副或值班驾驶员采取有效措施予以纠正。

(4)对船舶压载的调整,以及可能涉及海洋污染的任何操作,驾驶和轮机部门应建立起有效的联系制度,包括书面通知和相应的记录。

(5)每次添装燃油前,轮机长应将本船的存油情况和计划添装的油舱以及各舱添装数量告知大副,以便计算稳性、水尺和调整吃水差。

7.4.4 轮机部与公司职能部门的通信与沟通

1. 轮机部向公司主管部门送报

(1)各种机务报表和维修保养计划执行情况报告;

(2)机舱备件、物料的申领、入库、消耗和库存报表;

(3)机电动力设备事故报告;

(4)有关船机状态的报告;

(5)有关设备安全和性能的特殊情况报告。

2. 公司机务部与轮机部的沟通

(1)审核、确认机舱的备件、物料、油料、修理、检验等申请,批注要求的供船时间、地点和其他相关的要求。

(2)收集最新生效的公约、规则、规范和船旗国、港口国等外部组织的最新要求,及时通报船舶,提示船舶注意相关的营运安全问题。

(3)确认以下方面是否需提供岸基支持:备件、物料、油料;临时修理或计划修理;证书/检验;PSC 检查。

(4)在登轮时,听取轮机长的工作汇报,对提出的问题在职权范围内做出合理的解释,阐明本人登轮的工作任务和需要船方配合的事项。

(5)调查了解主要干部船员的技术状况和人员的配合情况、思想状况。

(6)检查船舶维修保养情况,根据船舶的实际状况,布置下阶段工作,并提交轮机长书面确认。

(7)收集船舶应报送的各种机务报表,在可能情况下审阅并提出意见。

(8)检查船舶的 SMS 运行情况,尤其是各种档案、报表、报告的归档与保管情况。

7.4.5 轮机部与其他人员的通信与沟通

1. 轮机部与加装燃润料人员的沟通

(1)加装燃油

加油开始前,轮机长应携同主管轮机员与供方代表联系,商定如下事项:

①燃油的规格、品种、数量是否符合要求。

②确定装油的先后顺序。

③最大泵油量(添装过程中泵油速度)及其控制方法。

④装油过程中的双方联系方法。

⑤加油泵应急停止方法。

⑥装油开始前,轮机长应亲自或指派主管轮机员检查油驳或油罐的检验合格证和规范图表,弄清油驳的舱位分布及数量,与供油方代表一起测量并记录供油油驳的所有油舱或油罐的油位、油温和密度,计算出储油量;审核驳船装单,如发现不一致,需当即弄清;要核对并记录流量计的初始读数,如为油罐车供油则应检查其铅封是否完好;双方确认后、轮机长在供方提交的装前状况确认书签字。

⑦装油开始前,应提请供油方按正确方法提取油样,并监督取样装置的安装及调整。

⑧检查本船各有关阀门开关是否正确，各项工作准备妥善后，即可通知供方开始供油，并记录开泵时间。

加油中注意如下事项：

①在全部装油过程中，监督装油速度是否符合约定速度，必要时与供方联系调整。

②轮机长或主管轮机员应使用油样提取装置，在加油全过程中点滴取样，加油完毕后摇匀（约 30 s），均分成 2 到 3 份，由双方代表现场铅封瓶口，再将有双方签字标签贴在瓶上。

（2）加装润滑油

加油中注意如下事项：

①轮机长与供油方代表确认加油品种和数量。

②在散装情况下，轮机长应同供油方代表确定加油量计量方式。并由主管轮机员与供油方代表，一起记录供油驳的流量表初始数值和船舶相关油舱初始存油量，如果供油驳没有流量表，一般由主管轮机员与供油方代表一起测量供油驳的相关油舱的初始存油量。

③监督油样的采取，并在油样瓶上做好相关的标记。

加油结束注意如下事项：

①等油舱（柜）中的油稳定后，主管轮机员与供油代表一起测量船方的加油舱（柜）的加油量，同时测量供油驳的供油量，确认一致后，由轮机长在供油收据上签字。

②如果发生争议，轮机长应与供油方代表协商，一般应与船方的测量记录为准，如果协商不能达成一致，轮机长应告知船长，由船长决定下一步的措施，如果船期不允许，轮机长可以签署书面声明（抗议），并由轮机长与供油方代表签字。

2. 轮机部与备件物料供应人员的沟通

首先是确保供应人员准确无误的理解采购内容，包括型号、色泽、数量、质量要求、供货进度等。

其次，与供应人员的沟通一定要充分并形成文字记录，既然是沟通，就切忌将自己的主观意识强加给供应人员，所以协商时，要善于引导供应人员积极配合。与供应人员打交道，最忌“以为”两字。充分有效的沟通，才能保证主观上出错的概率最低。把能讲的事讲完讲到位，并形成双方确认的书面记录，出了事，是谁犯错一目了然。

【巩固与提高】

扫描二维码，进入过关测试。

任务 7.4 闯关

任务7.5　人为失误与预防

【任务引入】

搁浅货轮“若潮”号燃油泄漏 毛里求斯陷入生态危机

【思想火花】

超大型船碰撞事故案例

【知识结构】

人为失误与预防结构图

【知识点】

人为失误与预防

7.5.1　人为失误

人为失误，即人的行为失误，是指工作人员在生产、工作过程中导致实际要实现的功能与所要求的功能不一致，其结果可能以某种形式给生产、工作带来不良影响的行为。换句话说，人为失误就是工作人员在生产、工作中产生的错误或误差。

1. 人为失误的分类

①极限失误：导致操作失败的一种程序上的失误。

②设计失误：设计不周引起的失误。

③操作失误：因操作不正确引起工作失败，程序上的失败，包括使用错误的程序，使用不当的工具，也包括动机上的失误。

④记忆与注意失误：忘记、看错、想错等。

⑤过程失误：确认失误、解释失误、判断失误，以及操作过程中的失误。

2. 人为失误的原因

人为失误产生的主要原因，是一个很复杂的问题。既有人的主观原因，也有客观原因；有生理、心理因素，也有环境因素。

(1)产生不安全行为的内在因素

船员在船舶生产活动中，产生的不安全行为活动，主要的内在因素是船员本身的初始条件的不足所导致不安全行为的发生。

①生理、心理因素上的不足：船员在上岗时，身体健康条件及心理因素没有达到岗位要求，如视力弱、听力差、反应迟钝，身体本身存有不同的疾病，性格孤僻等。

②安全素质差：船员本人缺乏安全意识，没有接受安全知识和安全技能的专业培训，安全认识水平低下，应急应变的能力更差。

③道德品质不良：缺乏服从意识，无组织无纪律，自私自利，道德败坏，自我为中心。

④违背生产规律：不服从管理，不遵守操作规章，冒险蛮干，随心所欲，急于求成等。

⑤身体疲劳：精神不振，神志恍惚，力不从心，偷懒耍滑，作业中睡觉，心不在焉。

(2)产生不安全行为的外在因素

船员产生不安全行为的外在因素，主要是客观环境对船员的身心影响，促成船员不安全行为的发生。其中主要的外在因素有：

①社会和家庭的影响：由于社会和家庭的原因，使得船员思想情绪反常，加深烦恼和忧虑，思想混乱、注意力不集中，深深陷入苦闷冲动的情绪中。

②客观环境影响：船员在高温、严寒、风、雨、雪的环境中作业，船员在作业中受到噪声、异光、异物等的刺激，身心受到严重的影响和刺激。

③各种信息不准：船员在作业中得到了错误的警报、指令，或者在船舶工作、生活中接收到了一些不正确或不准确的信息，造成心慌意乱、恐惧胆怯，作业时措手不及。

④作业使用的设备存在缺陷：船舶设备存在缺陷，技术性能差，超载运行，操作使用的索具不标准，没有安全保护。

⑤船舶管理失控：船舶管理混乱，无章可循，违章操作无人追究，随意放任岗位职责，人人在混时间赚钱。

7.5.2　疲劳与压力

1. 疲劳

目前，航运界已经普遍认识到疲劳是造成人为失误的主要原因之一。它能降低人的工作能力和判断能力，使人反应迟钝，这些足以对航行安全构成严重威胁。

疲劳是指降低人的工作水平，使人的工作能力下降的一种状态。在 IMO 人为因素术语中，对疲劳的定义是："由于身体、精神或情绪上的消耗，导致体力和(或)思维能力上的降低。它可以使行为者能力降低，这种降低包括力量、速度、反应时间、协调性或平衡性。"

(1)疲劳容易引起的现象

①不能集中注意力——不能组织有效的活动，注意一些琐碎的小事而忽略了重大的问题，警惕性降低。

②决策能力降低——错误的判断和理解，没有注意应该做的事情，具有冒险倾向。

③记忆力降低——遗忘掉某项任务或任务的一个部分，工作程序错漏，工作不认真。

④反应迟钝——对正常、非正常或紧急情况的反应迟钝。

⑤活动失去控制——不能保持清醒，提起重物时不能尽全力，语言障碍。

⑥行为改变——沉默寡语、沮丧、易发怒及具有反社会的行为。

⑦态度改变——估计不到危险，观察不到警告信号，具有较高的冒险倾向。

(2)疲劳产生的原因

疲劳产生的原因很复杂，可能是长时间的脑力或体力劳动造成的，也可能是不适当的休息或是不理想的环境因素造成的。通常从4个方面加以分析：

①船员自身方面，它与船员的生活方式、行为、个人爱好等有关。主要包括：睡眠和休息；生物钟或生理节律；心理和感情因素；服用药物；工作量。

②管理方面，它与船舶的管理及操作有关。主要包括：组织因素；航行/航次计划。

③船舶方面，它与可能引起疲劳的船舶特性有关。主要包括：船舶设计；设备可靠性；检查与维护；船舶的运动。

④环境方面，它包括外部环境与内部环境两个方面。内部环境可能是噪音、船舶振动、温度等。外部环境有港口情况、天气情况、船舶交通情况等。

对船员而言，公认的疲劳原因有可能是以下一种或几种：

①睡眠不足或睡眠质量不高。

②休息不够或休息质量不高。

③紧张或不安。

④噪声或振动。

⑤船舶移动。

⑥饮食不当，疾病或服用药物。

⑦超负荷工作。

(3)睡眠

虽然引起疲劳的原因很多，但有研究表明睡眠问题是造成疲劳的主要原因。有研究显示"睡眠不足将导致疲劳和工作能力变差"。而IMO专家们认为对付疲劳的最有效的方法是保证船员获得高质量和足够的睡眠。毫无疑问，对船员，尤其是值班人员而言，有效的睡眠是保证航行安全的前提。

一个有效的睡眠必须同时具有以下3个条件：

①合适的持续时间，每个人所需的睡眠时间不尽相同，通常认为平均7~8 h是合适的。

②高质量的睡眠。

③较好的连续性，睡眠不应被打断。实践证明：一个持续7 h的睡眠，其效果远胜于7个持续1 h的打盹。

STCW公约关于"适于值班"规定："各主管机关为了防止疲劳，应制定和实施值班人员的休息时间。要求值班的安排能使所有值班人员的效率不致因疲劳而削弱，班次的组织能使航次开始的第一个班及其后各班次人员均已充分休息，或者用其他办法使其适于值班。"可见，防止疲劳也是各主管机关的责任。

2. 压力

压力是当人们去适应由周围环境引起的刺激时，人们的身体或者精神上的生理反应，它可能对人们心理和生理健康状况产生积极或者消极的影响。换句话说，压力是人与所处环境的交互作用。来自环境而引起压力的物理或生理要求称为紧张性刺激。这种刺激产生压力或潜在的压力。人们能感觉到压力是代表着超过人的反应能力的一种要求。紧张性刺激包括像噪声、振动、热,暗光和高加速度等工作环境特征。也包括诸如焦虑、疲劳和危险等的心理因素。这些紧张性刺激体现为主观经验、心理变化和效率降低。它能产生直接或间接的影响。直接影响是指由影响操作者或机器反应精度的信息质量的刺激,如振动降低了视觉输入质量,噪声影响了听觉输出质量。时间压力仅仅减少信息的数量,自然地降低了性能。直接影响也包括噪声对工作记忆的影响,如噪声中很难再现指令或相匹配之物。直接影响也包括关心个人问题或安危的操作者的精力分散。操作者因此再次关注所思考的问题,而不是手头的工作。一些能被观察到的间接影响性刺激(如焦虑、害怕)与其他的直接影响性刺激(如噪声、振动)一样也影响着信息处理的效率。

(1)造成压力的原因

在工作环境中造成压力的原因是多种多样的,压力的起因或来源大体分为三方面:工作压力、家庭压力、社会压力。

①工作压力。工作压力是指在工作中产生的压力。它的起源可能有多种情况。如工作环境(包括工作场所物理环境和组织环境等),分配的工作任务多寡、难易程度,工作所要求完成时限长短,员工人际关系影响、工作新岗位的变更等,这些都可能是引发工作压力的诱因。

②家庭压力。每一个员工都有自己的个人家庭生活,家庭生活是否美满和谐对员工具有很大影响。这些家庭压力可能来自父母、配偶、子女及亲属等。

③社会压力。还有一些压力来自社会方面。包括社会宏观环境(如经济环境、行业情况、就业市场等)和员工身边微观环境的影响。员工所处社会阶层的地位高低、收入状况同样对其构成社会压力。

(2)人对压力的反应

人对压力的反应受多种因素影响,例如,人的身体素质、心理承受力、对局面的控制程度和人实际感知潜在压力事件的情况。克服压力需要某种适应形式。如果不能适应,会导致身体损耗、虚弱和与压力有关的疾病,并导致更加无法承受以后在生活中遇到的压力。另外,成功的适应会使人愉快地成长和具有安全感,对以后的压力更具抵抗力。

①短期反应,一方面来自生理方面,另一方面来自精神、情绪方面。生理方面有:头痛,偏头痛;背痛;眼睛和视力问题;皮肤过敏反应;睡眠紊乱;消化失调;心跳加速;血液胆固醇增加和肾上腺激素/非肾上腺激素含量增加。精神/情绪方面有:对工作不满;焦虑;沮丧;易怒;失落;家中或单位人际关系破裂;酗酒和吸毒;吸烟和无法放松。

②长期反应。就个体而言是指:胃/消化器官溃疡;哮喘;糖尿病;关节炎;中风;高血压;心血管疾病和心理疾病。对组织而言是指:旷工;不守时;员工流动率高;病假率高和生产效率低。

(3)压力对工作的影响

压力对工作的影响是多方面的,主要表现在:旷工、事故、工作表现不稳定、注意力不能集中、出错、不正常的个人外表、同事关系不佳、焦虑和沮丧等。

①旷工。尤其在星期一早上或早餐或加餐休息时的旷工是压力的典型表现。

②事故。饮酒造成的事故是事故平均数的 3 倍。许多事故的发生与压力有间接的联系。

③工作表现不稳定。有时,由于个人外部的变化而使工作效率发生高低的交替,这通常是肌体中存在压力的征兆。

④注意力不能集中。生活充满压力通常导致人们注意力不能集中,因而人容易心烦意乱,或不能及时完成工作。

⑤出错。压力是判断错误的根本原因,判断错误容易引起事故。

⑥不正常的个人外表。一个人变得龌龊,可能有酒精味道,后者是处于压力状态下的普遍表现。

⑦同事关系不佳。人们处于压力状态一段时间后,变得易怒,对批评过于敏感。这可能伴有情绪变化,所有这些对同事间的关系都有直接影响。

⑧焦虑。这是紧张与忧虑、担心、内疚、不安全感共同表现出来的一种状态,是恢复轻松状态的经常性需要。它伴有一些身体症状,如大量出汗,呼吸困难,胃紊乱,心跳加速,尿频,肌肉紧张或高血压。

⑨沮丧。其特征是感觉颓废和消沉,以及如感觉没有希望、无用和内疚等的其他表现。它也被描述为丧失对事件逻辑发展认识的一种悲哀。它可轻可重,轻微时可导致工作关系出现危机;严重时表现出生化机制混乱;极端时导致自杀。

(4)压力管理

为了预防和减少压力对员工个人和组织造成的消极影响,发挥其积极效应,企业实施适当的压力管理能有效地减轻员工过重的心理压力,保持适度的、最佳的压力,从而使员工提高工作效率,进而提高整个组织的绩效、增加利润。

①个体层面的压力管理。

a. 认知性自我管理技能:这是指个体通过对自身和压力源的剖析,减轻压力反应的技能。

这种技能包括认知训练、运动和呼吸训练等。认知自己的性格特征、生活习惯和工作状态,聆听自己的压力信号,审视自己对每日生活中面对压力付出的代价,注意可能引起高压力的个人嗜好、特殊生活习惯和工作情况,找出压力来源并积极地减少或消除压力。另外也可以通过运动放松和呼吸训练来减轻压力体会。

b. 应对性自我管理技能:这是指个体在感觉到很大的压力时如何通过工作和时间的调整,使自身从过分紧张状态恢复到乐观放松心态的技能。

时间管理的原则是一个非常好的手段,也就是将任务根据紧急和重要两个维度分类。时间管理的原则可以概括为:列出每天要完成的事情,根据重要程度和紧急程度对事情进行排序,根据优先顺序进行日程安排,努力确定所有任务中最关键的,了解自己日常活动的周期状况,在自己最清醒、最有效率的时间段内完成工作中最重要的部分。

c. 支持性自我管理技能:这是指个体在面对较大的压力时,通过寻求外部支持性途径排遣压力的技能。建立并扩大支持网络是应对压力的重要途径,它使个体之间可以交流挫折和不满,得到建议和鼓励,并体验到情感上的联系,提供应付压力事件所需的共鸣和支持。

d. 保护性自我管理技能:这可以增强个体的适应能力,从根本上减少过度压力反应的机会。

这些措施包括精神构想、放松技巧、合理膳食和运动调节等,注意科学、合理、均衡的饮食习惯;保证充分的睡眠和休息时间;营造舒适放松的生活空间,坚持定期运动等方式,它们都可以有效地缓解压力。

②工作层面的压力管理。

a. 合理的工作安排：工作安排是指根据具体工作的重要性和难易程度对任务进行合理的安排，有效的工作安排可以缓解过多的压力。先做不喜欢的工作，然后再做喜欢的工作的整体效率要比先做喜欢的工作，后做不喜欢的工作效率高。合理地安排时间，有效的时间管理可以提高工作效率，降低烦琐的工作带来的压力。

b. 自我工作能力提升：个人的能力与压力感有密切的关系，能力越强，感受到的压力越小，而对压力的态度越积极。对压力的态度积极可使压力变为动力，而对压力的消极态度可使压力变为阻力。个人应注意自身良好的心态和正确人生观的培养，努力增强自身实力，如知识、技术、人际交往等技能，可有效减少因自身能力不足而体会到的压力。

③组织如何解压。

改善组织的工作环境和条件，减轻或消除工作条件恶劣给员工带来的压力。给员工提供一个赏心悦目的工作空间，有利于达到员工与工作环境相适应。提高员工的安全感和舒适感，减轻压力。

从组织文化氛围上鼓励并帮助员工提高心理保健能力，学会缓解压力、自我放松。组织可为员工订阅有关保持心理健康与卫生的期刊、杂志，可开设宣传专栏普及员工的心理健康知识，有条件的还可开设有关压力管理的课程或定期邀请专家讲座、报告。可告知员工诸如压力的严重后果、代价，压力的自我调适方法，向员工提供各种锻炼、放松的设备。通过运动和健身释放和宣泄员工的压力。

组织制度、程序上帮助减轻员工压力，加强过程管理。第一，向员工提供组织有关的信息，及时反馈绩效评估的结果，并让员工参与与他们息息相关的一些决策等，使员工知道企业里正在发生什么事情，他们的工作完成得如何等，从而增加其控制感，减轻由于不可控、不确定性带来的压力：第二，与下属积极沟通，真正关心下属的生活，全方位了解下属在生活中遇到的困难并给予尽可能的安慰、帮助，减轻各种生活压力源给员工带来的种种不利影响和压力，并缩短与下属的心理距离。

④船舶抵御压力的方法。

抵御压力对轮机部团队的影响；良好的培训；岸上管理部门保证船上有足够的适任人员进行工作；良好的个人时间管理；良好的健康状况和充足的睡眠；按已建立的标准操作程序来开展每项工作；即使在紧张的工作中，也应用幽默和愉快作为防止压力积累的良药；按团队的管理方式工作，其他成员可以发现存在的不足。

⑤预防压力的措施。

下述为工作中减轻压力的方法。

a. 清理工作现场。利用一些技术减轻压力，创造一个良好的工作环境。

b. 设计一份未来工作计划表。该计划分为短期和长期两种，并写在记事本上。小便条或小纸片很容易丢掉，而记事本会提醒注意并指导去做这项工作。无论何时完成它，都可以在记事本中划掉。这样有助于去筹划，始终感到欣慰的是又成功地完成了一项工作。一些人已发现利用软件程序记录每天的工作并自动将未完成的任务顺延到第二天，非常有用。

c. 每隔 20 min 休息一次。研究表明我们在 20 min 的时间段内工作最有效。休息片刻、闭上眼睛，散散步或做深呼吸。只要你改变工作的节奏，做短时间的中断是值得的。

d. 不能中断必须完成的一项工作。拿掉你的电话听筒,避免他人干扰,关上办公室的门或躲藏在无人能发现的会议室中。

e. 按时回家。学会确定和平衡工作、家庭和私人时间之间的关系。有时,加班让人觉得你愿意做那些推到你头上的工作。

f. 利用已经讨论的一些技术减少工作量。为自己、家庭和朋友留些时间。

g. 澄清工作责任和工作期望值问题。如不知道如何处理某一特殊工作的话,摆脱压力就不是轻而易举的事了。

h. 使工作更加有趣。研究表明喜欢工作的人会更加投入和机警,且压力较少。关键是将自己的工作变得像游戏那样轻松,找到诀窍使工作更有趣。把压力转换成学习的机会或是寻找解决问题的方法。

i. 决定哪些是绝对要自己做的、哪些是分派给他人做的工作。分配任务可以节省时间,提高工作效率。许多情况下,分配任务表明对他人能力的一种肯定。

j. 善于挖掘自己的聪明智慧。若对某项任务不满意,建议采取更可操作或富有成效的办法。设法利用经验,采取更有效、更能驾驭命运的方法。

7.5.3 情景意识

1. 情景意识的含义

情景意识是人们对于事故发生的一种预知和警惕,是指在一个特定的时间对影响机器的因素和条件的准确感知,能敏捷地察觉和了解周围情况变化及影响,能正确考虑和计划好即将面临的局面,能随时知晓与团队任务相关的将发生的事情,能够识别失误链和在事故发生前将其破断的能力。简单说,情景意识是指识别一个过失链和在事故发生前将其破断的能力,可随时知晓与团队任务相关的将要发生的事情,识别和找出失误。

2. 情景意识对安全的影响

情景意识是安全意识的一个重要组成部分,情景意识对安全有很大的影响:工作人员的理解力、判断力和适应性越强,情景意识就越高,事故风险就越小,安全系数就越高;工作人员不良身体和心理状况、经验与操作技能差,领导与管理技能低,导致低情景意识的产生,安全性就低, 发生事故的可能性就很大;同时,工作人员对工况的熟悉程度越高,对局面和条件的感知越清晰准确,团队协作能力越强,情景意识自然越高,这是预防和控制轮机事故发生的有效方面。

3. 机舱管理中情景意识的培养

(1)轮机知识的积累是情景意识培养的基础

没有相关的轮机知识,对轮机管理中情况和条件的变化就缺少联想的基石,甚至是熟视无睹,更谈不上灵活运用轮机知识来推断变化的原因或预料即将发生的结果,轮机情景意识就成了无源之水,无本之木。作为轮机人员应自觉地进行系统性的轮机理论知识的学习,将设备说明书研究透彻,弄清各种运行参数的具体内涵,结合公司安全管理体系搞清方方面面的规定标准和安全裕量;并随着新科技在船舶上的广泛应用,不断更新专业知识与技术,从而使自己储备足够数量的专业知识。同时,要重视专业知识间的联系,有意识地沟通书本与实际、不同知识点之间的纵横交叉联系,使自己所获得的专业知识不是一个孤立的点,而是能够融会贯通、有机配合的网络化、一体化的知识结构,以提高轮机知识的质量。只有这样,掌握了数量足够和质量较高的专业知识的轮机人员才具备产生相应的情景意识的基础和做出相应专业判断的前提条件。

(2)加强轮机管理的关联研究是培养情景意识的关键

轮机本身就是一个多学科的共同结晶,设备种类纷繁芜杂,运行环境变化多端,这些便造就了各轮有各轮的情景,不同时段有不同时段的情景。这就要靠轮机人员对整个系统进行关联研究,形成对应的情景意识。

具体的关联包括轮机内部系统间的关联、轮机与运行环境间的关联,轮机与人的干预之间的关联等。如排气温度高,从内部关联考虑,要检查喷油设备是否发生异常,气缸状态有无变化,排温表有无失灵等;从外部关联考虑,要核查是否由于航行工况改变导致了负荷增加,抑或是环境温度变高了等;从人的干预的关联考虑,油门是否被人为增加了,是否更换了不同的品质燃油等。

对关联的研究的方法通常有两种途径。其一,是寻根求源法,即利用很多表象的参数由其根源作用来进行推断。比如,主机各缸缸头出水温度高,应首先对照脑海中存储的参数,试问自己主机缸头进水温度高不高,从而判断是否是主机负荷变化引起的;若进水温度也高,要结合海水温度或海水流量有无变化,再检查淡水的循环量及淡水冷却器的冷却能力如何。其二,是内外联系法。轮机运行参数的变化经常受到外部环境变化的影响,如船舶由深水区向浅水区航行情景出现,就要与船舶阻力变大、主机负荷增加相联系,与海水水质、海水流量相关联等。

(3)良好工作态度的形成是培养情景意识的保证

工作态度包括轮机人员对轮机管理工作的认知要素、情感要素以及行为倾向要素。当轮机人员认识到自身工作的重要性和对轮机管理安全的意义时,就会对工作充满热情和兴趣,表现出工作认真踏实、责任心强、积极主动的特点,能够迅速地注意到异常信息,形成相应的情景意识,便于及时发现问题和解决问题。反之会缺乏主动性,对异常信息和潜在的问题就不能形成相应的情景意识,造成事故隐患。轮机人员是否具有良好的工作态度,将直接影响到轮机人员对情景的感知状态,其情景意识的高低与工作态度良好与否密切相关。

培养轮机人员良好的工作态度,可从以下三方面入手:第一,应提高轮机人员对轮机管理工作的认识,使其明确轮机管理工作的重要性及意义,并使之内化为自我的认知观念。第二,应充分调动一切积极因素,激发轮机人员对轮机管理工作的兴趣。第三,应严格管理制度,借助公司安全管理体系等使轮机人员在工作中形成良好的行为习惯,养成对工作兢兢业业、认真负责、一丝不苟的作风。

(4)重视注意力的分配是情景意识培养的重要环节

情景意识形成的整个映射过程是由轮机人员感官所收集的信息触发的,并且感官收集的信息的数量及其质量对形成的情景意识正确与否有着决定性的影响。

这些信息可能包括:船舶驾驶台信息,如船舶位置、航向、航速、载货状态、风、流的方向及强弱和航道环境和交通状况、驾驶台用车用舵情况等;轮机部信息,如主机、副机、锅炉、甲板机械、其他设备的各种参数技术状态及轮机人员的操作信息等。实践证明:每个人的注意力的容量是有限的。合理分配注意力是情景意识形成的重要环节。

(5)做好轮机管理中特殊情景的预想是培养情景意识的助推器

情景意识其实是一种触景生“情”的反应能力。例如:在机动航行时驾驶台突然由全速前进转换为全速后退,或主机存在部分参数越限等非正常情况时,一些轮机人员脑子就懵了,根本不能按车钟指令及时给出相应的转向和转速。这是因为这些轮机人员没有对紧急倒车、参数越限时操车等情景做任何预想，而当这个情景突然到来时，便感到目不暇接、手忙脚乱，不知道先做什么，后做什么，思维暂时停顿，情景意识出现断档，待克服慌乱，重新镇定下来，忆起紧急倒车、参数越限操车的程序，想按部就班时，船舶的状态和速度等现实情景早已超越起始的情景，错过根据现实情景采取"应景措施"的机会了。所以，轮机管理人员在平时不但要做好正常情况下的情景预想，还要对在轮机管理关键阶段可能出现的特别情况进行情景预想，从容应对轮机管理中情景的不断变化。

(6)加强对轮机管理案例的学习研究是情景意识培养的捷径

轮机运行工况变化多端，影响轮机安全的因素千千万万，而公司安全管理体系、设备说明书等只能提供有限的程序帮助，而且其中大多还是基于其他系统、外部环境都正常的逻辑基础之上建立的；另外，单靠自己的经验，不但许多特殊情况个人体验不到，而且由于经历局限于某些常用的情况，还会使某些思维通道因频数效应而畸形发展，导致思维定式的缺陷；所以要想更多地获取各种情况下的情景意识，学习和研究别人的轮机管理案例不失为一个快捷而有效的途径。

4. 机舱管理中良好情景意识的保持

保持良好的情景意识是预防和控制事故发生的有效措施。根据情景意识原理及案例分析并结合轮机资源管理理念，良好情景意识的保持表现在以下六个方面：

(1)身心状况

情景意识是属于思维和思想活动的范畴，是工作态度和情感的产物，身体和心理状况是思维与情感的基础，良好的身体和心理状况是良好的情景意识的基本条件。很难想象一位没有充分的休息、健康状况不良的轮机管理人员会有足够体力去学习和灵活应用自己的知识和技能，会适应海上多变的自然条件以及机舱繁重、恶劣的工作环境，会保持良好的情景意识。同时强烈的责任心、充分的安全意识、优秀的职业道德水准、顽强的意志、忠于职守的热忱与执着及临危不惧巧于应变的能力等，也都是轮机部人员具有良好的情景意识应有的心理表现。

(2)经验与训练

经验和训练是获取知识的重要途径。知识越丰富，理解力、判断力和适应性越强，情景意识自然越高。虽然不同级别的船舶要求轮机员知识的深度、广度有所差别，但随着机舱自动化程度越高，所要求的知识水平就越高。轮机部人员日常工作中的传统习惯和适任性的操作训练，即当值人员应具有的知识、经验、技能和在各种情况下所要求的戒备以避免危险的做法，都可以作为有效应付不同条件和局面的经验，这些经验可以认为是良好情景意识的基本表现。

(3)理解力与操作技能

理解力与操作技能是良好情景意识的重要表现，理解力与操作技能越强，情景意识越高。机舱是轮机部人员操作和控制的重要场所，是船舶的心脏，其对船舶安全有着重要的影响。理解力是指对于动力装置的实际状态与变化趋势能正确地感知，并对轮机各种设备适航状态的完全理解。操作技能是指通过实际技术的训练才能获得的能力，特别是机舱实际操作与维修技术，必须能够适应经常不断变化的各种工况的要求，又能够及时跟上不断更新的现代技术与设备的发展。

(4)适应性与熟悉程度

海上环境千变万化，加上船舶昼夜航行，长时间连续不断的机器振动、噪声使船员得不到充足的睡眠。特别是在机舱的恶劣工作环境中,轮机员必须在短时间内处理这些迅速多变的航行工况。这就要求轮机人员具有良好的适应性。同时,轮机人员对轮机工况的熟悉程度越高,认识过程中对局面和条件的感知越清晰明白;在思考、分析和判断上会达成与实际情况的一致性,情景意识就越高。

(5)注意力与判断力

注意力是指轮机部人员能敏捷地察觉各自负责维护和保养的设备的实际运行情况与变化趋势。发扬团队精神,同事间及时善意的提醒和知识技能互补,能增加失误链破断的能力,确保轮机设备安全高效运行。信息输入是轮机人员进行判断的前提,这些信息包括:船舶驾驶台信息,如船舶位置,航向,航速,载货状态,风、流的方向及强弱和航道环境和交通状况等;轮机部信息,如主机、副机、锅炉、甲板机械和其他设备的信息等。为了实现有效而正确的决策判断,轮机人员还必须对信息进行整理、分析,以便正确确定其真伪。因此,轮机人员具有良好的注意力与判断力也是情景意识的重要表现。

(6)领导与管理技能

船舶作业是一项多部门多人员协同配合的工作。轮机长、电机员、轮机员、机工是常见的一种工作组合,单凭个人的力量是很难保持高水平的情景意识的。在轮机部工作的领导与管理中,要获得良好的情景意识,在注意物的不安全状态的同时,要密切注意人的不安全行为。良好的轮机部领导与管理技能是保证该团队所有成员具有良好的情景意识的关键,也是预防和控制轮机事故发生的有效措施。

7.5.4　人为失误的预防

1. 加强船员的安全意识,坚持预防为主的原则

安全意识是一种自觉意识,即遇到某种情况时,会不假思索地按相关的法律、法规、规章办事。这种意识要通过严格训练和反复灌输才能养成。船员端正的安全态度是保证船舶安全营运的基本前提,只有具备正确的安全意识,才能具备良好的安全态度,从而正确调控自身的行为,避免侥幸心理。把培养船员的安全意识放在船员教育和培训的首要位置,使船员主动防御安全隐患。坚持预防为主的原则,就是要不断地研究和掌握事故发生的规律,提前采取防范措施,要防患于未然,把事故消灭在萌芽状态。

2. 改善人、机、环境系统安全状况,提高系统整体的可靠性

保证机械设备、电器仪表的制造安装质量,提高日常检修维护水平,消除装置设备和电气仪表的隐患。采取科学的手段来弥补人的不足,防止误操作造成事故。如:重要设备或工艺过程,要有紧急停车和放空泄压的安全联锁装置;对重要安全设施要采用限位开关、声光报警信号和自动停车功能;对易发生人身伤害的转动设备、危险设施、危害场所安装防护罩、防护栏、警戒线和警示标志。不断提高系统本质安全化程度,当发生误操作时,系统应给出提示或警报,或有防范误操作的执行功能;改善、优化人机界面状况以及环境因素,从而达到提高系统安全性的目的。

3. 培养船员良好的心理素质

在航海理论知识、实际操作技能和心理素质三者中,心理素质至关重要。良好的心理状态能使人心情愉快、精神饱满、头脑清醒,能提高工作效率,较好地处理各种突发事件。良好的心理素质能使理论知识和操作技能得到正常的发挥,某种程度上还可以弥补理论知识和操作技能的不足,同时还可以感染周围的船员。如果遇事不冷静,情绪急躁,手忙脚

乱，会使局面陷入混乱。因此，要培养船员良好的心理素质，要求船员掌握一定的航海心理学知识，接受相关的心理训练，以提高船员在实际工作中的心理承受能力和心理调节能力。

4. 做好团队协作，增强情景意识

个人的能力并不是保证安全的决定因素，安全取决于全体船员是否协调配合，取长补短，最大程度地发挥船员的整体功能。为了降低航行风险，保证航行安全，除了应全面认识人为因素与船舶事故的关系外，还应对船舶事故的综合因素加以认真分析。

根据船舶事故发生的实际情况，涉及人的原因及其综合因素包括主体原因及客体原因。主体原因中往往涉及船舶轮机员自身技术方面的原因。客体原因主要有机械设备、环境因素等。这就要求轮机员加强自身素质及技能的训练，制订有效措施来消除或减少人为失误。除此之外，还要重视情景意识与安全的关系，将失误链在事故发生之前破坏掉。由情景意识与安全的关系理论可知，情景意识越好，事故风险越小。低情景意识产生高风险，而高情景意识减少风险。

【巩固与提高】

扫描二维码，进入过关测试。

任务 7.5 闯关

任务 7.6　风险评估与决策

【任务引入】

封闭空间进入

【思想火花】

风险评估

【知识结构】

风险评估与决策结构图

【知识点】

7.6.1　风险评估

1. 风险评估的含义

风险评估是对信息资产所面临的威胁、存在的弱点、造成的影响，以及三者综合作用所带来风险的可能性的评估。作为风险管理的基础，风险评估是组织确定信息安全需求的一个重要途径，属于组织信息安全管理体系策划的过程。

2. 风险评估的主要任务

①识别评估对象面临的各种风险；

②评估风险概率和可能带来的负面影响；

③确定组织承受风险的能力；

④确定风险消减和控制的优先等级；

⑤推荐风险消减对策。

3. 在风险评估过程中需要考虑的几个关键问题

首先，要确定保护的对象（或者资产）是什么？它的直接和间接价值如何？

其次，资产面临哪些潜在威胁？导致威胁的问题所在？威胁发生的可能性有多大？

第三，资产中存在哪些弱点可能会被威胁所利用？利用的容易程度又如何？

第四，一旦威胁事件发生，组织会遭受怎样的损失或者面临怎样的负面影响？

最后，组织应该采取怎样的安全措施才能将风险带来的损失降低到最低程度？

解决以上问题的过程，就是风险评估的过程。进行风险评估时，有几个对应关系必须考虑：

①每项资产可能面临多种威胁；

②威胁源（威胁代理）可能不止一个；

③每种威胁可能利用一个或多个弱点

4. 风险评估的三种可行途径

风险评估战略，就是进行风险评估途径，也就是规定风险评估应该延续的操作过程和方式。

风险评估的操作范围可以是整个组织，也可以是组织中的某一部门，或者独立的信息系统、特定系统组件和服务。影响风险评估进展的某些因素，包括评估时间、力度、展开幅度和深度，都应与组织的环境和安全要求相符合。组织应该针对不同的情况来选择恰当的风险评估途径。目前，实际工作中经常使用的风险评估途径包括基线评估、详细评估和组合评估三种。

5. 风险评估的常用方法

在风险评估过程中,可以采用多种操作方法,包括基于知识(knowledge-based)的分析方法、基于模型(model-based)的分析方法、定性(qualitative)分析和定量(quantitative)分析,无论何种方法,共同的目标都是找出组织信息资产面临的风险及其影响,以及目前安全水平与组织安全需求之间的差距。

(1)基于知识的分析方法

基于知识的分析方法又称作经验方法,在基线风险评估时,组织可以采用基于知识的分析方法来找出目前的安全状况和基线安全标准之间的差距,识别组织的风险所在和当前的安全措施,与特定的标准或最佳惯例进行比较,从中找出不符合的地方,并按照标准或最佳惯例的推荐选择安全措施,最终达到消减和控制风险的目的。

(2)基于模型的分析方法评估对象是安全要求高的系统,特别是 IT 系统。CORAS 风险评估的优点是提高了描述安全相关特征的准确性,提高了分析结果的质量;图形建模机制便于沟通,减少了理解偏差;提高了不同评价方法的效率等。

(3)定性分析操作具有很强的主观性,往往需要依靠分析师的经验和直觉,或行业的标准和实践来判断,但分析结果也可能由于操作经验和直觉的偏差而不准确。

(4)定量分析就是试图从数字上对安全风险进行分析评估的一种方法。对定量分析来说,有两个指标是最为关键的,一个是事件发生的可能性(可以用 ARO 表示),另一个是事件可能造成的损失(可以用 EF 来表示)。

7.6.2 决策

所谓决策,就是指为了达到一定的目标,从两个以上的可行方案中选择一个合理方案的分析判断过程。

决策能力是指领导者或经营管理者对某件事拿主意、做决断、定方向的领导管理效绩的综合性能力。包括:经营决策能力、经营管理能力、业务决策能力、人事决策能力、战术与战略决策能力等。

1. 决策者应具备的素养

决策者除了要具备一般领导者的素质,如政治思想素质、道德品格素质、文化素质、组织能力素质、心理素质外,还必须具备以下决策素养:

(1)要有较高的科学素养

领导科学素养,是指他要经过科学的基本训练,具有多方面的科学知识,如数学、信息论、控制论、系统论等基本知识;具有科学的思维方法;特别是要有丰富的本行业的专业知识和工作经验,并且要从感性认识提高到理性认识;要熟悉党的方针、政策,了解经济的发展趋势。

(2)要有敏锐的目光和创新精神

决策是创造性活动,它总是以变革现状为出发点和归宿。因此,决策者要目光敏锐,有辨别分析的能力,能一针见血地看出问题的症结和本质。同时思路要开阔,如果不善于发现问题或者安于现状,就不能前进。可以说没有创新就没有决策。决策者有开创创新精神,才能着眼一个地区或企业的未来,冲出传统制定新战略,才能冒一定的风险去实现较为先进的决策方案。决策者如果思想保守,不敢承担责任,不敢冒风险,他所做出的决策,也只能是因循守旧、无所作为的决策,不可能促进一个地区或企业的发展。

(3)要有当机立断的魄力

当机立断的魄力是指决策者必须善于和勇于不失时机地做出决策,并迅速实施。面对层出不穷的新问题,要审实度势,综观全局,权衡利弊,把握时机,做出科学的决策,才能促进改革和发展。如果优柔寡断,当断不断,就会错过良机,这是领导的大忌。当机立断的魄力,是建立在真实的情报和细致的方案比较基础之上的,绝不是主观臆断,更不是盲目武断。

(4)要有集思广益的民主作风

民主作风就是在决策过程中充分相信群众,依靠群众。在领导决策中表现为广征博采,集思广益。在决策前,要认真听取各方面的意见,特别是听取本行业专家的意见;要善于团结与自己意见不同的人,善于听取不同的声音;善于从众说纷纭中,找到客观真实的信息,获得符合客观规律的认识,将各种方案的优点,综合成一种方案。科学正确的决策,必须经过正反两方面意见的交锋,论证后才能产生。领导者要善于创造一个宽松的、民主的环境和气氛。决策民主化是实现决策科学化前提和基础。

2. 领导决策应遵循的基本原则

决策应遵循以下几条基本原则。

(1)选准目标原则

在决策前,要善于发现问题,分析问题,找出症结所在,准确地确定决策课题。课题不准,决策非但无效,还可能走偏。决策目标是指要达到的目的,决策目的明确与否,直接关系到决策效果的好坏。

(2)信息准确原则

现代决策涉及各方面的因素,需要取得比较广泛的准确信息。必须深入实际做调查,获取全面的、准确的信息,才能做出符合客观规律的决策。

(3)可行性原则

决策方案必须切实可行。判断决策方案是否可行,就要对其有利因素和不利因素,主观条件和客观条件做出周密而细致的分析。对已形成的多种方案的利弊得失,必须做认真的定量和定性的分析比较,做出评估。只有经过审定、评价、可行性分析后的决策,才能有较大的把握和可实现性。

(4)系统的原则

这是决策的灵魂。任何决策都应从整体出发,以整体利益为重。一切局部的、暂时的利益要服从全局的、长远的利益。然而全局利益又寓于局部利益之中。这个全局和局部的辩证关系,是系统原则的精髓。

(5)集体决策的原则

在小生产条件下,主要靠个人的经验决策。决策的正误,主要取决于决策者的个人学识、经验和胆略等。在大生产条件下,决策的内容是很复杂的,个人的经验决策已行不通了,要吸收多方面的意见。特别要听取专家的意见,进行充分的分析,然后集中正确合理的内容,才能做出科学的决策。

(6)分层次多系统决策的原则

根据总的决策目标,由各个层次、各个系统进行具体目标的决策。也就是把总的目标,变成各个层次、各个系统的具体责任。这样,才能最终实现决策目标。一般情况下,上级领导不应过于干涉下级决策,更不能代替下级决策,而应让他们根据本地实际情况自主决策,这样可以增强各级组织的责任,调动他们的积极性。

3. 科学决策的步骤

科学决策是一个过程,由一整套决策程序,即若干决策步骤所构成。领导者在决策中的作用绝不仅仅是“拍板”决断,在“拍板”的前前后后都有大量工作要做。一个完整的决策过程,一般需要经过如下几个步骤:

第一步:发现问题,确定目标。

处理事物一般包括三个环节,即发现矛盾、分析矛盾和解决矛盾。可见发现问题是解决问题的起点。客观事物是复杂多变的,因而发现问题和确认问题,必须要经过调查研究。没有调查,就没有发言权,只有深入实际中去调查,才能发现和确认问题。确认矛盾以后,就要分析矛盾,找出矛盾的主要方面,然后提出解决矛盾的总体设想,即目标。

第二步:分析价值,拟订方案。

目标确定后,要分析目标价值,就是做这件事的投入与产出合不合算。确认了目标价值,就要寻求实现和达到目标的有效途径和办法,即拟订方案。要拟订多种方案备选。

第三步:专家评估,选定方案。

对于拟订的若干方案,只有进行充分的评估,才能成为决策的基础。而正确的评估,只能由各方面的专家来实现。所谓评估,就是对方案进行定量和定性的分析、预测方案近期和远期、局部和整体、经济和社会的效益,如果同时具备这些效益则是最佳方案。但在现实中,同时具备多种效益的方案是极少的,那么就要在各种方案中进行比较,选出那种正效益较高、负效益较低,即比较满意的方案。

第四步:实验试行,检验效果。

方案选定后就要实施,为了减少失误,在方案全面实施前,一般都要进行实验或试点,以验证方案的可行性和实效性。在实验试点过程中,要认真分析、总结经验和教训,找出带有普遍性的规律来,具体分析出成功与失败的偶然因素和必然因素。如果试点成功,就可进入全面实施阶段。

第五步:修改方案,普遍实施。

这是决策程序的最后一环。如果在实验试点后这个方案是可行的,在修正弊端的基础上,就可以推广实施。实施方案是一个动态过程。因此,要加强方案实施过程中的监督和控制,并且及时进行反馈。如果出现小的偏差,那么只做微调;如果主客观条件发生了大的变化,影响了决策目标的实现,那么就必须对原定目标做根本修改。

以上决策程序,只是一般规律,在不同的决策中,各个步骤可以互相交叉进行,有时也可以合并或省略。

【巩固与提高】

扫描二维码,进入过关测试。

任务 7.6 闯关

参 考 文 献

[1] 韩寿家. 造船大意[M]. 大连:大连海运学院出版社,1993.
[2] 蒋德志,李品芳. 机舱资源管理[M]. 大连:大连海事大学出版社,2011.
[3] 黄连忠. 船舶动力装置技术管理[M]. 大连:大连海事大学出版社,2017.
[4] 张跃文,郭军武. 船舶管理(操作级)[M]. 大连:大连海事大学出版社,2021.
[5] 交通运输部海事局. 船舶管理:含机舱资源管理(操作级)[M]. 北京:人民交通出版社,2022.
[6] 任明华. 舰艇训练与管理[M]. 北京: 中国人民公安大学出版社,2014.